Abenteuer Führung

Mario Neumann ist Trainer für Führungskräfte aus dem unteren und mittleren Management. Mit seiner Talent-Academy, in der er den Führungsnachwuchs auf seine künftige Rolle vorbereitet, gewann er den Deutschen Weiterbildungs-Innovationspreis sowie zweimal den Internationalen Deutschen Trainingspreis in Bronze.

www.marioneumann.com

Mario Neumann

Abenteuer Führung

Der Survival Guide
für den ersten Führungsjob

Campus Verlag
Frankfurt/New York

ISBN 978-3-593-50251-9 Print
ISBN 978-3-593-43198-7 E-Book (PDF)
ISBN 978-3-593-43216-8 E-Book (EPUB)

Das Werk einschließlich aller seiner Teile ist urheberrechtlich geschützt.
Jede Verwertung ist ohne Zustimmung des Verlags unzulässig. Das gilt
insbesondere für Vervielfältigungen, Übersetzungen, Mikroverfilmungen
und die Einspeicherung und Verarbeitung in elektronischen Systemen.
Copyright © 2015 Campus Verlag GmbH, Frankfurt am Main.
Umschlaggestaltung: hausammeer.org
Umschlagmotiv: © Istockphoto
Satz: Fotosatz L. Huhn, Linsengericht
Gesetzt aus: Sabon und Motiva
Druck und Bindung: Beltz Bad Langensalza
Printed in Germany

www.campus.de

Inhalt

Vorwort 11

Etappe 1: Der Ruf des Abenteuers 15
    Begleiterin auf der Etappe: Helga Breuninger 16
    Ausblick auf die Etappe 17
  Die Zerreißprobe 18
    Erwartungsdruck von allen Seiten 19
    »Machen Sie mal!« – Erwartungen des Vorgesetzten 20
    Ein bisschen egoistisch – die Erwartungen der Mitarbeiter 22
    Moderator statt Entscheider – Erwartungen des Teams 23
    Grabenkämpfe und Fürstentümer – Erwartungen der Kollegen . . 24
    Beruf und Familie – Quadratur des Kreises? 26
    Streit im inneren Team – die Erwartungen an Sie selbst 27
    Wie Sie die Vielfalt der Erwartungen souverän meistern 29
  Die Dynamik des Wechsels 32
    Die Bewährungsprobe des High Potential 33
    Der Aufsteiger aus den eigenen Reihen 36
    Durchstarten mit einem neuen Team 38
    Der Seiteneinsteiger in die neue Firma 41
    Tom – Quereinsteiger in der eigenen Firma 43
  Die Reifeprüfung 44
    Wenn Fachleute aufsteigen: Karrierefalle Führung 46
    Was Sie mitbringen müssen: die wichtigsten Kompetenzen . . . 47
    Führungskompetenz – warum Charisma allein nicht reicht 48
    Fach- und Methodenkompetenz – in die Breite statt in die Tiefe . 50
    Soziale Kompetenz: Lässt sich Chefsein überhaupt lernen? 51
    Kommunikative Kompetenz – der Ton macht die Musik 53

Stress lass nach! – Alles eine Frage der Selbstkompetenz 55
Die Bedeutung der Gefühle: emotional kompetent handeln 56
Merlin, Gandalf oder Obi-Wan 58
Früh gescheitert: der Fall Thomas K 59
Was einen guten Mentor ausmacht 61
Wie Sie Ihren Mentor finden 64
Phasen des Mentoring: von der Auswahl bis zur Auswertung . . . 65
Das erste Treffen mit dem Mentor 66
Helga Breuninger im Interview 69

Etappe 2: Das Abenteuer beginnt 75

Begleiter auf der Etappe: Menno Harms 75
Ausblick auf die Etappe 76
Der Sprung ins kalte Wasser 77
Der offizielle Beginn: ein aufregender Tag! 79
Die Mitarbeiter gewinnen: von der Wirkung des ersten Auftritts 80
Auf die ersten Worte kommt es an 83
Zeigen Sie sich in Ihrem besten Licht! 84
Vermeiden Sie leichtfertige Versprechungen! 85
Hohe Erwartungen 88
Eine Arbeitsbeziehung mit dem Chef aufbauen 89
Beispiel Karin F: Wer untätig bleibt, gerät auf die Verliererstraße 91
Die Lage sondieren: ein Bericht zur Lage der Nation 92
Die wirklichen Erwartungen herausfinden 94
Rechtzeitig Unterstützung einfordern 96
Den Arbeitsstil finden: Beinfreiheit für den Neuling 97
Aufregende Tage 99
Devise für den Einstieg: Erst verstehen, dann loslegen 101
Arbeitsfähigkeit herstellen 102
Gespräch mit dem Vorgänger führen 103
Nähe zu den Mitarbeitern suchen 106
Erste Mitarbeitergespräche führen 106
Beziehungslandkarte erstellen 108
Kickoff-Workshop durchführen 110
Führungskollegen kontaktieren 110
Toms heimliche Konkurrenten 112
Sondierung der Lage 113
Vorsicht Falle: die typischen Anfängerfehler 115
Die grobe Struktur: drei Phasen für die ersten 100 Tage 117
Startpunkt: vier mögliche Ausgangssituationen 117

    Prioritäten setzen: die ersten wichtigen Aufgaben festlegen 119
    Bestandsaufnahme: sieben Kernfragen für die Analyse 121
Auf in den Kampf 126
    Die Schlacht vorplanen: Stellen Sie Zielklarheit her 129
    Aufstellung nehmen: Beziehen Sie Ihre Mitarbeiter ein 131
    In den Kampf ziehen: Sorgen Sie für sichtbare Erfolge 132
Menno Harms im Interview 137

Etappe 3: Die ersten Bewährungsproben 141

    Begleiter auf der Etappe: Matthias Bäumer 141
    Ausblick auf die Etappe 142
Experte, Manager oder Leader 143
    Die vier Hauptrollen einer Führungskraft 145
    Mehrere Rollen – eine Person 149
    Führungsstärke entwickeln 150
Die Sandwich-Position 155
    Manager zwischen den Ebenen: sich im Sandwich positionieren . 156
    Die untere Brötchenhälfte: die Mitarbeiter führen 158
    Die obere Brötchenhälfte: Den Chef führen 161
Kritiker, Rivalen und Widersacher 165
    Politik im Büro – ohne Koalition auf verlorenem Posten 166
    Die Kräfte im Umfeld identifizieren 168
    Den Schatten des Vorgängers abschütteln 171
    Kontakte knüpfen und Mitstreiter finden 172
Diktatur oder Basisdemokratie 175
    State of the Art: der Ansatz der situativen Führung 177
    Bestimmung der Reifegrade 177
    Die Wahl des richtigen Führungsstils 179
    Situativ führen – Hinweise für den Alltag 182
Machtspiele 184
    Das Paradoxon der Macht 186
    Die Kraftquellen der Macht 187
    Entwickeln Sie Ihre persönliche Macht 191
Matthias Bäumer im Interview 193

Etappe 4: Die treuen Weggefährten 197

    Begleiter auf der Etappe: Erwin Staudt 197
    Ausblick auf die Etappe 198
Die Gefährten 199

Unterschätztes Risiko: die falschen Leute im Team 201
Der Maßstab: die sechs goldenen Teamfähigkeiten 203
Stellen Sie Ihr Team auf den Prüfstand 204
Organisieren Sie Ihr Team neu 207
Das perfekte Team 211
Vom Zusammenspiel der Charaktere: Belbins Teamrollen 213
Konflikte und Konkurrenz fördern die Teamarbeit 215
Echter Teamgeist 219
Ein gefährlicher Trugschluss 221
Teamentwicklung: in vier Stufen zu einem Spitzenteam 223
Die besondere Situation des Führungswechsels 224
Re-Forming: Das Team beäugt die neue Führungskraft 225
Storming: Das Team probt den Aufstand 226
Norming: Die Spielregeln werden gesetzt 229
Performing: Das Team entfaltet Höchstleistung 230
Auf alle vier Stufen kommt es an 232
In Höchstform 233
Basis effektive Teamarbeit: Spielregeln und Prinzipien 235
Geregelte Kommunikation: Jour Fixe und Teambesprechung . . . 237
Zur Förderung der Zusammenarbeit: das Teamgespräch 239
Was Ihr Team erwartet: die Führungsaufgaben im Überblick . . . 240
Standortbestimmung: Merkmale eines guten Teams 242
Erwin Staudt im Interview 244

Etappe 5: Das Ziel vor Augen 249

Begleiterin auf der Etappe: Anette Bronder 250
Ausblick auf die Etappe 250
Blick voraus 251
Operative und strategische Führung 253
Baustein 1: Ein motivierendes Zukunftsbild 255
Baustein 2: Analyse der Ausgangslage 256
Baustein 3: Formulierung der Strategie 257
Baustein 4: Umsetzung der Strategie 258
Ideenwerkstatt 261
Das Strategiemodell: aus der Vergangenheit in die Zukunft 263
Der Kraftakt 271
Im »Death Valley« der Strategie-Umsetzung 273
Die Strategie-Umsetzung als Projekt anlegen 274
Das Geheimnis einer erfolgreichen Strategie-Umsetzung 276
Drei Prinzipien für die Strategie-Umsetzung 277

Drei Führungsaufgaben für die Strategie-Umsetzung 279
Die Strategie-Umsetzung im Alltag verankern 280
Führungsstärke 282
Vorsicht Falle: die häufigsten Führungsfehler bei Projekten 284
Die Leadership-Formel: Wie Sie Führungskompetenz entwickeln 286
Anette Bronder im Interview 293

Etappe 6: Prüfungen und Hindernisse 297

Begleiter auf der Etappe: Jens Bohlen 298
Ausblick auf die Etappe 298
Der Tyrannosaurus 299
Die größten Fehler im Umgang mit dem Chef 301
Entscheidungen bekommen: Machen Sie Ihrem Chef Beine! 303
Entscheidungen abwehren: Begegnung mit dem Tyrannosaurus . . 306
In Schieflage 312
Unkontrollierbare Dynamik 313
An Bord gehen und Flagge zeigen 314
Als Krisenmanager an Bord bleiben 316
Die Krise in den Griff bekommen 318
Nur keine Panik! 322
Die häufigsten Fehlreaktionen 323
Der Weg aus der Krise 327
Eingerichtet im Schützengraben:
Konflikte als Ursache von Krisensituationen 331
Paukenschlag für Toms Team 332
Jens Bohlen im Interview 333

Etappe 7: Der entscheidende Kampf 339

Begleiter auf der Etappe: Reinhard Hamburger 340
Ausblick auf die Etappe 340
Donnergrollen 342
Die eigene Angst besiegen 343
Auf die Mitarbeiter zugehen 344
Bei den Mitarbeitern präsent sein 346
Abstimmung im Führungskreis 347
Flagge zeigen 348
Zerstörerische Dynamik 350
Souverän im Sturm: Führungsstärke beweisen 351
Gefährlicher Flurfunk: Kommunizieren in der Krise 353

An Deck stehen und Flagge zeigen	355
Im Auge des Sturms	358
Die Nachricht überbringen	360
Unterstützung holen	361
Trennungsgespräche führen	362
Den Laden am Laufen halten	363
Ende oder Wende?	366
Jetzt heißt es kraftvoll zupacken!	367
Den Neuanfang einleiten	369
Reinhard Hamburger im Interview	371

Vorwort
Entscheidungen des Managements können alles zunichtemachen

Die Sonne brennt, der Schweiß strömt, die Füße schmerzen. Mit letzter Kraft sprintet unser Protagonist über die Ziellinie – 42 Kilometer hat er hinter sich, die Menge um ihn klatscht. Für viele Menschen ist der Marathon der Traum, den sie sich jedes Frühjahr vor Augen halten, wenn sie die Laufschuhe wieder herauskramen. Doch ist dieses Ziel zu schaffen? Ist es nicht eine Illusion, wenn etwa der bekennende Couch-Potato glaubt, in einem halben Jahr fit für den Marathon zu sein?

Vielleicht klingt es absurd: Ein Couch-Potato soll nach sechs Monaten Training seinen ersten Marathon laufen, ein Norddeutscher zur kommenden Saison den Mont Blanc besteigen oder ein Landbewohner beim nächsten Urlaub in die Tiefsee tauchen. Doch mit genau solchen Situationen ist es vergleichbar, wenn ein Mitarbeiter seine erste Führungsaufgabe übernimmt: Meist erhält er das Angebot überraschend und es fehlt die Zeit, sich darauf vorzubereiten. So kommt es, dass er für seine Führungsaufgabe so untrainiert ist wie der Stubenhocker für den Marathon, der Flachland-Tiroler für den Fünftausender oder die Landratte für die Tiefsee. Aus dem exzellenten Ingenieur wird plötzlich ein Produktionsleiter, das Talent wird überraschend zum Teamleiter, der Projektleiter unvermittelt zum Leiter einer ganzen Business-Unit.

Nun schlägt sie, die Stunde der Helden. Große Abenteuer, eine Vielzahl von Bewährungsproben müssen sie bestehen. Sie finden sich hineingeworfen mitten in eine unbekannte Welt. Vorgesetzte und Mitarbeiter, aber auch Familie und Freunde stellen zahlreiche neue Anforderungen – und die Gefahr ist groß, den Überblick zu verlieren und schon nach wenigen Monaten zu scheitern. Dieses Buch möchte ein Navigationsinstrument für solche Situationen sein. Es zeigt, wie das Überleben im Dschungel der Führung gelingen kann.

Abenteuer Führung – was ist damit gemeint? Wenn wir an Dschungel und Wildnis denken, wenn wir über gewonnene Schlachten und halsbrecherische

Abenteuer reden, fallen uns große Helden ein. Etwa ein Old Shatterhand, Indiana Jones oder Luke Skywalker. Keine Gefahr, die sie nicht meistern, kein Kampf, den sie nicht gewinnen! Im tristen Büroalltag, zwischen Dienstvorschriften, Arbeitsrecht und Controlling, mögen die strahlenden Filmgestalten schnell verblassen. Das ändert jedoch nichts daran, dass sich viele nach ihnen sehnen. Gerade in stürmischen Zeiten wird der Ruf nach einem Helden mit übernatürlichen Kräften unüberhörbar. Der Drachentöter hat Hochkonjunktur, wenn die Abteilung, der Bereich oder das Unternehmen am Boden liegt. Er soll das Ruder rumreißen und das Schiff durch die raue See manövrieren.

Doch keine Angst, *Abenteuer Führung* verlangt nicht von Ihnen, den großen Helden zu spielen. Als Führungskraft müssen Sie nicht Indiana Jones sein, der sich blindlings ins Abenteuer stürzt. Was vielmehr zählt, sind eine sorgfältige Vorbereitung und eine wildnistaugliche Ausrüstung – denn klar ist, dass Ihnen manches gefährliche Abenteuer bevorsteht, für das Sie sich wappnen sollten. Es erwartet Sie eine Abenteuerreise in sieben Etappen:

- Die **erste Etappe** widmet sich dem Aufbruch in die neue Führungsaufgabe. Es geht darum, sich nicht mit einem großen »Hurra« blindlings ins Abenteuer zu stürzen, sondern sich zunächst zu fragen: Bin ich bereit für die neue Führungsaufgabe?
- Mit der Übernahme der Führungsrolle überschreiten Sie die Schwelle vom Mitarbeiter zur Führungskraft. Damit beginnt die **zweite Etappe** – und mit ihr das Abenteuer Führung. Sie sind nun bereit, allen Konsequenzen ins Auge zu schauen, die sich aus Ihrer Entscheidung in den folgenden Tagen und Wochen ergeben.
- Mit der **dritten Etappe** ist die Schonzeit der ersten 100 Tage vorbei. Die ersten wirklichen Bewährungsproben stehen an. Sie lernen die Regeln einer neuen Welt kennen, suchen treue Gefährten, gewinnen Verbündete – und werden sich Feinde machen. Es lauern Gefahren, die es rechtzeitig zu erkennen gilt.
- Die **vierte Etappe** widmet sich Ihrem Team, das Sie nun auf den Prüfstand stellen: Wer sind die Leistungsträger? Auf wen können Sie zählen? Ziel ist, ein schlagkräftiges Team zu formen, das an einem Strang zieht. Zugleich geht es darum, für die Mitarbeiter ein motivierendes Arbeitsumfeld zu schaffen.
- Mit der **fünften Etappe** blicken Sie nach vorne. Nachdem Sie sich als Führungskraft freigeschwommen haben und mittlerweile das tägliche Geschäft beherrschen, richten Sie Ihr Augenmerk auf die Zukunft: Wie soll sich Ihr Bereich weiterentwickeln, wie kann er sich im Unternehmen erfolgreich positionieren? Hierzu stellen Sie einen Plan auf und mobilisieren die erforderlichen Kräfte, um ihn umzusetzen.

- Nun passiert, was passieren muss: Nicht alles läuft nach Plan, früher oder später gibt es Schwierigkeiten und erste Rückschläge. In der **sechsten Etappe** sehen Sie sich mit eskalierenden Konflikten, Hiobsbotschaften und falschen Entscheidungen aus dem Management konfrontiert. Jetzt kommt es darauf an, die Rückschläge wegzustecken und die Schwierigkeiten souverän zu meistern.
- Auf der **siebten Etappe** erwartet Sie ein wirklicher Härtetest. Das Unternehmen gerät in eine Krise. Sie hetzen von einer Krisensitzung zur nächsten, ein Klima der Verunsicherung breitet sich aus. Jetzt wird die Führungsaufgabe zu einer echten Herausforderung. Es zeigt sich, ob Sie auch in stürmischen Zeiten einen kühlen Kopf bewahren.

Die Gefahren sind ebenso zahlreich wie vielfältig: Ihre Antrittsrede vor den Mitarbeitern missglückt, Ihr Team ist den Aufgaben nicht gewachsen, ein Konflikt gerät aus dem Ruder, das Management torpediert Ihre Entscheidungen, eine Krise zwingt Sie zum Personalabbau und Sie verlieren Ihre besten Leute. Das Buch möchte in diesen und vielen anderen Situationen Ihr Begleiter sein und Ihnen dabei helfen, alle diese Bewährungsproben zu bestehen. Es schöpft aus dem Fundus erfahrener Führungskräfte, enthält viele Tipps – und gibt einfache Modelle und wirksame Werkzeuge an die Hand, um erfolgreich durch die Vielschichtigkeit und Komplexität einer Führungsaufgabe zu navigieren.

Für das Buch konnte ich sieben Führungspersönlichkeiten gewinnen, deren Empfehlungen in die einzelnen Kapitel eingeflossen sind und die zudem am Ende der Etappe in Form eines Interviews zu Wort kommen: Helga Breuninger, Unternehmerin und Tochter der Eigentümerfamilie der Breuninger-Warenhausgruppe, Menno Harms, viele Jahre Vorsitzender der Geschäftsführung von Hewlett-Packard in Deutschland und heute Aufsichtsratsvorsitzender des Unternehmens, Matthias Bäumer, General Manager des Sportartikel-Herstellers Puma, Erwin Staudt, ehemaliger Spitzenmanager bei IBM und Präsident des VfB Stuttgart, Anette Bronder, Geschäftsführerin der Digital Division bei T-Systems, Jens Bohlen, ehemaliges Vorstandsmitglied der Wincor Nixdorf AG, und Reinhard Hamburger, Vorsitzender der Geschäftsführung von Agilent Technologies in Deutschland.

Die zwei Topmanagerinnen und fünf Topmanager erinnern sich durchweg an ihre erste Führungsposition, die sie als einschneidendes Erlebnis empfunden haben. Seitdem haben sie zahlreiche Führungsabenteuer bestanden und können mit ihren Erfahrungen aufzeigen, worauf es in schwierigen Führungssituationen ankommt. Jede der sieben Persönlichkeiten steht mit ihrem Berufsweg für das Thema einer Etappe – und wird dort näher vorgestellt.

Auf allen sieben Etappen begleitet Sie Tom, den Sie bereits auf meiner *Projekt-Safari* kennengelernt haben. Der 38-jährige Diplom-Ingenieur heißt eigentlich Thomas, wird aber von seinen Kollegen in der Firma nur »Tom« gerufen. Er genießt im Unternehmen einen exzellenten Ruf als Projektleiter. Gegenüber Freunden hat er schon seit Monaten mit einem Job als Führungskraft geliebäugelt, der ihm nun angetragen wird: Er soll die Abteilung für Großkundenlösungen übernehmen.

Mit dieser Aufgabe, das ist Tom klar, erwarten ihn eine Menge Abenteuer. Für das Familienunternehmen, ein mittelständisches Maschinenbau-Unternehmen mit weltweit rund 6 000 Mitarbeitern, gewinnen Großkundenlösungen zunehmend an Bedeutung. Gleich bei seiner ersten Führungsaufgabe wird Tom daher direkt im Rampenlicht stehen – was ihm einen gehörigen Respekt einflößt.

Tom führt ein Tagebuch, das dieses Buch ergänzt und separat als kostenloses E-Book erhältlich ist (http://tinyqr.com/rs). Während das Buch das eigentliche Navigationsinstrument darstellt und aufzeigt, wie das Überleben im Dschungel der Führung gelingen kann, lädt das Tagebuch – ähnlich wie schon bei der *Projekt-Safari* – eher zum Reflektieren ein: Passend zu den Etappen im Buch notiert Tom dort seine Erlebnisse und lässt Sie an seinen Erfahrungen und Schlussfolgerungen teilhaben.

Noch eine letzte Vorbemerkung: Wenn ich allgemein von Mitarbeitern, Managern oder Abteilungsleitern schreibe, schließe ich selbstverständlich alle Mitarbeiterinnen, Managerinnen und Abteilungsleiterinnen mit ein. Um eine optimale Lesbarkeit sicherzustellen, möchte ich auf umständliche Formulierungen wie »Mitarbeiterinnen und Mitarbeiter« oder »MitarbeiterInnen« verzichten und verwende stattdessen die gemeinsam gültige männliche Form.

Etappe 1

Der Ruf des Abenteuers
Der Aufbruch in die neue Führungsaufgabe

Von Beruf mehr als Tochter – so titelte vor einigen Jahren die *Frankfurter Allgemeine Zeitung*. Die Rede ist von Helga Breuninger, Tochter der Eigentümerfamilie der Breuninger-Warenhausgruppe. Für die Leitung der familieneigenen Kaufhauskette kam sie nicht infrage – vermutlich, weil sie eine Frau ist. Heute, 40 Jahre später, blickt sie auf eine beeindruckende Karriere als Stifterin, Beraterin und Unternehmerin zurück.

Die Erfolgsgeschichte der Helga Breuninger begann mit einer Enttäuschung. Als Tochter des Kaufhausinhabers Heinz Breuninger war sie in jungen Jahren davon ausgegangen, dass sie in der vierten Generation die Nachfolge des Familienunternehmens antreten würde. Ihr älterer Bruder, auf den die Wahl sicherlich zuerst gefallen wäre, war bei einem Unfall ums Leben gekommen – und die junge Frau bereitete sich mit einem Studium der Volks- und Betriebswirtschaft gezielt auf die Aufgabe vor. »Mein Bruder ist gestorben, als ich 15 war«, erzählt sie. »Als er, der einzige Sohn, starb, nahm ich seinen Platz ein. Und für mich war klar: Du musst davon ausgehen, dass du auch die Firma übernimmst. Ich ging einfach davon aus, ohne dass ich es ausgesprochen und mit meinem Vater sozusagen ›verhandelt‹ habe. Als Kind einer Unternehmerfamilie geht man ungefragt in eine Nachfolgeverantwortung. Man fühlt sich dem Unternehmen verbunden und möchte seinen Beitrag zur Weiterführung leisten.«

Doch der Vater entschied sich gegen seine Tochter und entwickelte eine externe Nachfolgelösung. »Er konnte sich eine Frau in dieser Rolle nicht vorstellen«, mutmaßt Helga Breuninger. Auch wenn diese Entscheidung für sie unerwartet kam, erlebte sie die Lösung als zeitgemäß – in den 68er-Jahren war die Sozialisierung von Privateigentum eine politische Forderung. »Meine erste klare unternehmerische Leistung war ein Deal. Als mein Vater entschieden hatte, die Firmenanteile in eine Stiftung einzubringen, um darüber seinen Nachfolger zu etablieren, habe ich mich dafür eingesetzt, dass ich die Stiftung leite. Er hatte praktisch zwei Firmen zu übergeben – einmal das Warenhaus, wo es um Dinge geht, und dann die Stiftung, wo es um Ideen und Inhalte geht.«

Doch auch mit ihrem Ansinnen, die Leitung der Stiftung zu übernehmen, stieß die Tochter bei ihrem Vater auf Widersand. Erst als sie drohte, ihre Unterschrift unter die für die Gründung der Stiftung notwendige Pflichtteilserklärung zu verweigern, gab er nach. Heute lacht sie, wenn sie an ihre erste unternehmerische Tat zurückdenkt: »Als Unternehmerin muss man gelegentlich auch Bedingungen setzen und Druck ausüben. In der Forschung heißt das ›gekonnte Aggression‹.«

Gekonnt war dieser erste Schritt in der Tat: Er brachte ihr die Stiftung und machte sie zur Führungskraft. Hätte sie den ursprünglichen Vertrag ohne Murren unterschrieben, wäre sie die Tochter geblieben. Weil sie aber aus dem, was ihr Vater von ihr wollte, einen Deal heraushandelte, bewies sie Führungskompetenz und unternehmerischen Instinkt. Und noch wichtiger: Sie handelte auf Augenhöhe mit ihrem Vater – etwas, das ihr späteres Führungshandeln nachhaltig prägen wird (siehe Interview).

Stehen auch Sie vor der ersten Führungsaufgabe? Aufbruch in das Abenteuer Führung – das ist das Thema der ersten Etappe. Das Neue und Unbekannte lockt, bereitet aber auch Angst: Bin ich für diese Führungsaufgabe geeignet? Schaffe ich es, mich in dieser Rolle zu behaupten? Noch bestehen Zweifel, sich auf das Abenteuer wirklich einzulassen …

Begleiterin auf der Etappe: Helga Breuninger

Die Auseinandersetzung mit ihrem Vater war für Helga Breuninger ein prägendes Erlebnis. Die Themen Nachfolge, Unternehmertum und Führungshandeln ließen sie fortan nicht mehr los. Schon bald galt sie als Expertin für Nachfolgefragen: Firmenchefs suchten sie auf und wollten von ihr wissen, welcher Sohn oder welche Tochter für die Nachfolge geeignet sei. Immer tiefer stieg sie in die Komplexität von Familienunternehmen ein – jener »explosiven Mischung aus Geld, Macht und Liebe«, wie sie dieses Konglomerat aus Führungskompetenz, Motivation, Testamentsfragen und Gesellschaftsverträgen einmal genannt hat.

Aus dem Interesse am Thema entstand ein eigenes Unternehmen. 1996 gründete sie Successio, die »Gesellschaft für integrative Nachfolgeberatung«, die 2008 in Helga Breuninger Consulting umbenannt wurde. Als Nachfolgeberaterin moderiert sie mit ihren Mitarbeitern die hochemotionalen und konfliktbeladenen Gespräche in den Unternehmerfamilien, in denen es darum geht, die Zukunft der Unternehmen in die Hände der nächsten Generation zu legen. Ihr Unternehmen bringt die Familienmitglieder an einen Tisch, entwirrt Streitigkeiten, filtert aus den möglichen Kandidaten den oder die geeigneten heraus und begleitet den Übergabeprozess. Helga Breuninger schließt damit auch einen Kreis ihrer eigenen Familiengeschichte.

Ausblick auf die Etappe

Angenommen, Ihnen wird eine Führungsposition angeboten: Sind Sie wirklich bereit für diese Herausforderung? Die erste Etappe hilft Ihnen, hierauf die richtige Antwort zu finden. Sie erfahren, womit Sie bei Annahme der Stelle rechnen müssen, und erarbeiten sich eine Grundlage, um eine Entscheidung zu treffen.

Das Kapitel »Die Zerreißprobe« mündet in der eindringlichen Empfehlung, sich nicht kopflos ins Abenteuer zu stürzen, sondern zunächst die Lage zu sondieren. Aus gutem Grund: Viele gut ausgebildete Fachkräfte ahnen nicht, was die neue Position von ihnen abverlangt und mit welch vielfältigen Erwartungen sie konfrontiert werden. Hinzu kommt, wie im Kapitel »Die Dynamik des Wechsels« beschrieben, dass jeder Wechsel in der betreffenden Führungsposition Dynamiken auslöst: Die neue Führungskraft muss mit heftigem Gegenwind rechnen.

Bei all dem stellt sich die Frage: Bin ich der neuen Aufgabe gewachsen? Das Kapitel »Die Reifeprüfung« lädt dazu ein, innezuhalten und zu überlegen, ob der Sprung in die Führungsposition wirklich angebracht ist. Vorgestellt werden die entscheidenden Kompetenzen, die eine Führungskraft mitbringen sollte.

Ein letzter vorbereitender Schritt ist die Suche nach einem Mentor, um bei den bevorstehenden Abenteuern nicht auf sich alleine gestellt zu sein. Jede Führungskraft trifft früher oder später wichtige Entscheidungen. Wenn es hierfür noch an Erfahrung fehlt, können die Folgen gravierend sein. Das Kapitel »Merlin, Gandalf oder Obi-Wan« zeigt auf, wie ein Mentor helfen und damit einen gelungenen Start in das Abenteuer Führung gewährleisten kann.

Mit dem ersten Kapitel beginnen auch die Einträge in Toms Tagebuch, das Ihnen als kostenloses E-Book (http://tinyqr.com/rs) zur Verfügung steht. In seinem Tagebucheintrag berichtet Tom von einem Mittagessen mit Vertriebsleiter Hans-Joachim, der ihm gerade die Position des Leiters der Abteilung Großkundenprojekte angeboten hat. Tom ist völlig überrascht. Viele Gedanken schießen ihm durch den Kopf …

Die Zerreißprobe
Keine Führungskraft kann es allen recht machen

»Es ist besser, ein Problem zu erörtern,
ohne es zu entscheiden, als zu entscheiden,
ohne es erörtert zu haben.«
Samuel Joubert, amerik. Fotograf

 Die erste Führungsposition ist in greifbarer Nähe. Das Angebot erscheint verlockend, ein echter Karriereschritt! Und schnell ist es passiert: Der glückliche Anwärter nimmt die Stelle an, ohne wirklich zu wissen, was auf ihn zukommt und was künftig von ihm erwartet wird. Das kann sich bitter rächen.

Im Grunde liegt es nahe: Sie klären zunächst, welche Anforderungen die neue Aufgabe an Sie stellt und was Sie tun müssen, um diesen Anforderungen gerecht zu werden. Auch überlegen Sie, wie Sie die höhere Arbeitslast bewältigen, gleichzeitig ein Familienleben organisieren und Freundschaften erhalten – schließlich bildet ein funktionierendes Privatleben die Basis für souveränes Auftreten und schafft einen Rückzugsraum für schwierige Zeiten. Kurzum: Sie sondieren die Lage, bereiten sich systematisch vor, entscheiden dann, ob Sie die Stelle annehmen. Und wenn ja, steht einem guten Start nichts mehr entgegen.

Das klingt nachvollziehbar, eigentlich selbstverständlich. Doch die Wahrscheinlichkeit ist groß, dass die Dinge ganz anders ablaufen.

Nehmen wir Daniel R, Produktionsleiter in einem großen mittelständischen Maschinenbau-Unternehmen. Als er dort begann, war er begeisterter Tennisspieler, traf sich wöchentlich mit Freunden zum Volleyball, nahm an den Elternabenden im Kindergarten teil und hatte auch noch Zeit, regelmäßig mit seiner Frau auszugehen. Heute kommt es ihm vor, als läge das alles in einem fernen Zeitalter, vor dem Beginn der letzten Eiszeit. Das Klima ist für ihn tatsächlich kalt geworden, seit er sich – im Einverständnis mit seiner Frau – auf seine berufliche Karriere konzentrierte und den Job als Produktionsleiter übernahm. Sicher: Er hat eine Menge erreicht. Unter seiner Regie wurde die Produktion modernisiert, das Unternehmen errichtete neue Produktionsstätten in Osteuropa und eine ganze Reihe wichtiger Projekte wurden auf den Weg gebracht. Doch fehlt die Zeit für Frau und Kinder. Wann er zum letzten Mal mit seinen Söhnen auf dem Bolzplatz war, kann er sich kaum noch erinnern. Die Ehe steht kurz vor dem Zusammenbruch und aus den Freunden von damals sind Fremde geworden.

Oder Tina B. Auch sie kämpft mit ihrer neuen Rolle. Seit fast zwei Jahren leitet sie eine große Ganztagsschule vor den Toren Stuttgarts. Schon als kleines Kind wollte sie Lehrerin und später einmal eine Schulleiterin werden. Sie wollte gestalten, Dinge vorantreiben, ihre Ideen verwirklichen. Welcher Stress damit verbunden sein würde, hat sie gewaltig unterschätzt. Die zum Teil widersprüchlichen Erwartungen, die von an allen Seiten an sie herangetragen werden, drohen sie innerlich zu zerreißen. Einerseits möchte sie im Kollegium beliebt sein, andererseits muss sie ungeliebte Entscheidungen durchsetzen. Das Lehrerteam erwartet Fairness und Gerechtigkeit, die einzelnen Lehrkräfte hingegen Rücksicht auf ihre spezielle persönliche Situation. Der Schulträger drängt auf Einsparungen, während Eltern und Schüler berechtigte Forderungen aufstellen. Das Schlimmste dabei ist für sie ein andauernd schlechtes Gewissen, weil sie keinem dieser Ansprüche richtig gerecht werden kann.

Die beiden Beispiele stehen für viele Menschen, die sich auf das Abenteuer Führung einlassen. Das Angebot erscheint verlockend, sie freuen sich über den Karriereschritt – und blenden die Schattenseiten aus. Sie haben versäumt, systematisch zu klären, ob sie für die angebotene Führungsaufgabe wirklich bereit sind. Hört man sich unter Führungskräften um, wie sie auf ihre Position vorbereitet worden sind, dann lautet die spontane Antwort oft: »Es gab keine!« Meist schwingt Bedauern, manchmal auch ein leiser Vorwurf mit: Eigentlich hätte man sich Unterstützung gewünscht.

Zu den Aspekten, die bei der Übernahme einer Führungsposition besonders oft unterschätzt werden, zählt der Erwartungsdruck. Weder Daniel R noch Tina B haben damit gerechnet, dass die neue Position eine derartige Zerreißprobe mit sich bringt.

> **Die große Gefahr!** Die angehende Führungskraft versäumt, sich mit der angebotenen Führungsaufgabe gründlich genug auseinanderzusetzen. Dadurch unterschätzt sie den Erwartungsdruck und verfängt sich in einem Geflecht bislang unbekannter Rollen und Erwartungen.

Erwartungsdruck von allen Seiten

Ein Führungswechsel scheint eine fast magische Anziehungskraft auf Erwartungen zu besitzen. Von allen Seiten kommen Wünsche und Hoffnungen, verbunden mit dem Anspruch, dass der oder die Neue »das schon richten wird«. Was die Sache zusätzlich erschwert: Kaum jemand legt die Karten offen auf den Tisch, die Erwartungen bleiben meist unausgesprochen. So kommt es zwangsläufig zu Enttäuschungen, Missverständnissen und Konflikten.

Zugleich ist das Besteigen des Chefsessels mit Unsicherheit verbunden, verstärkt durch das Gefühl, plötzlich auf sich allein gestellt zu sein. Die Vorstellung, eine leitende Hand würde einem den Einstieg in die Führungsrolle erleichtern, erweist sich meist als Illusion. Erwartungen von allen Seiten, verbunden mit den Unsicherheiten des neuen Jobs: In dieser Kombination liegt eine Gefahr, die im Vorfeld oft viel zu leicht genommen wird und später zum Scheitern in der neuen Position führen kann.

Die widersprüchlichen Erwartungen erzeugen ein enormes Spannungsfeld, das nicht nur Nachwuchskräften zu schaffen macht. Alle, die in eine neue Führungsposition wechseln, bekommen es damit zu tun: Manche Mitarbeiter erhoffen sich Veränderungen, andere wiederum wollen, dass alles so bleibt, wie es ist. Das Unternehmen erwartet zusätzliches Engagement, die Familie möchte ihren Papa oder ihre Mama rechtzeitig zu Hause wissen. Der Vorgesetzte erwartet frischen Wind in der Abteilung, das Team will an altgeliebten Regelungen festhalten.

Die neue Führungskraft bekommt es nicht nur mit offen artikulierten, sondern ebenso mit unausgesprochenen Erwartungen zu tun. Die Kunst liegt darin, auch diese Erwartungen »zwischen den Zeilen« wahrzunehmen. Erfahrene Führungskräfte fahren hier schon frühzeitig ihre Antennen aus, um Signale aus allen Richtungen zu empfangen – aus Richtung des Vorgesetzten ebenso wie aus Richtung der Mitarbeiter, Kollegen oder Familie. Überlegen Sie deshalb:

- Was erwartet Ihr Vorgesetzter von Ihnen?
- Was erwarten Ihre Mitarbeiter von Ihnen?
- Was erwartet das Team als Ganzes von Ihnen?
- Was erwarten Ihre Kollegen von Ihnen?
- Was erwartet Ihre Familie von Ihnen?
- Welche Erwartungen stellen Sie an sich selbst?

»Machen Sie mal!« – Erwartungen des Vorgesetzten

Die Erwartungen der Vorgesetzten sind selbst für erfahrene Führungskräfte oft ein dunkles Kapitel. Von wegen klare Ziele! Fragt man Vorgesetzte nach ihren Vorstellungen, fallen die Antworten in vielen Fällen ziemlich mager aus. Anstatt nun auf einer klaren Ansage zu bestehen, neigen angehende Führungskräfte häufig dazu, auf eine Präzisierung der Erwartungen ihres künftigen Chefs zu verzichten. Schnell geben sie sich mit den gewohnten quantitativen Zielen zufrieden: mehr Umsatz, besserer Deckungsbeitrag, geringe Kosten. Doch was wirklich zählt, bleibt oft im Dunkeln.

Dazu gehört zuallererst die Frage nach dem eigentlichen Auftrag: Für welche Aufgabe werde ich hierher geholt? Und wie soll ich diese Aufgabe erfüllen? Weitere zentrale Erwartungen sind die Unterstützung des Vorgesetzten bei wichtigen Aufgaben, die Loyalität ihm gegenüber, aber auch die Sensibilität für bestimmte politische Ränkespiele. Diese Aspekte sollten im Vorfeld geklärt sein – denn sonst werden sie zum Thema, wenn ihnen nicht entsprochen wird.

Angenommen, Sie treten die neue Führungsposition an: Welche Erwartungen dürfte Ihr Vorgesetzter an Sie stellen? Zunächst ist es ihm wichtig, dass Sie sich als Führungsfigur etablieren, und das möglichst schnell. Denn sobald Sie Ihre Abteilung »im Griff« haben, kann er sich wieder voll seiner eigenen Arbeit widmen. Bis es so weit ist, wird er Sie allerdings besonders im Auge behalten.

Erwartungen Ihres Vorgesetzten

- Machen Sie es am besten so, wie ich es machen würde!
- Sorgen Sie für »frischen Wind« und Aufbruchstimmung!
- Verhalten Sie sich in jedem Fall loyal und übergehen Sie mich nicht!
- Unterstützen Sie mich in meiner Position!

Wollen Sie Ihren Führungsjob gut machen, müssen Sie wissen, was der Vorgesetzte unter »gut« eigentlich versteht. Sie brauchen Klarheit darüber, woran er Sie und Ihre Leistungen künftig messen wird. Suchen Sie deshalb das Gespräch mit Ihrem künftigen Chef, um seine Erwartungen kennenzulernen, vielleicht auch mit ihm gemeinsam zu präzisieren. Was nach diesem Gespräch an Unklarheit bleibt, führt in der Folgezeit, wenn Sie den Job annehmen, zu Missverständnissen und kann sich zu einem ernsthaften Problem auswachsen.

Denken Sie daran: Die Schonzeit ist kurz! Beim ersten Mal in einer Führungsposition sind die Erwartungen vielleicht noch nicht ganz so hoch gesteckt. Doch geben Sie sich keinen Illusionen hin: Schon nach wenigen Wochen sind Sie nicht mehr der »Anfänger«.

Klären Sie folgende Fragen, bevor Sie Ihren neuen Job überhaupt antreten:

- Was erwartet mein künftiger Chef von mir?
- Für welche Aufgabe werde ich geholt? Wie lautet mein Auftrag?

- Welches ist meine Rolle? Krisenmanager, Aufräumer, Stratege oder Innovator?
- Welches sind die drei wichtigsten Ziele meines Vorgesetzten für das erste halbe Jahr?

Ein bisschen egoistisch – die Erwartungen der Mitarbeiter

Die Erwartungen der einzelnen Mitarbeiter an eine neue Führungskraft sind recht vielfältig. Einerseits betreffen sie das Verhältnis zum neuen Vorgesetzten: »Wie komme ich mit dem Neuen klar?« Zum anderen beziehen sie sich auf die Aufgaben – da wollen die Mitarbeiter schlicht wissen, was sich für sie ändern wird.

Vom neuen Chef wird erwartet, dass er einen starken Auftritt hinlegt und das Team wirkungsvoll nach außen vertritt. Gleichzeitig soll er sich verständnisvoll, kompromissbereit und entgegenkommend zeigen. Hinzu kommt, so sicher wie das Amen in der Kirche, eine Litanei an typischen Forderungen: Lob und Anerkennung, Anleitung und Unterstützung, Rückmeldung, Verständnis, Nachsicht und vor allem Gerechtigkeit.

Doch Vorsicht: Manche Mitarbeiter glauben auch, der Chef sei schlicht dazu da, um ihre Wünsche und Ansprüche zu erfüllen. Sie erwarten Lob und Anerkennung für Selbstverständlichkeiten. Oder sie wollen erst einmal mehr Gehalt, bevor sie bessere Leistungen zeigen. Oder sie fordern Gerechtigkeit, wollen aber insgeheim immer ein bisschen besser abschneiden als die Kollegen.

Erwartungen Ihrer Mitarbeiter

- Seien Sie gerecht, aber zu mir ein bisschen gerechter!
- Drücken Sie auch mal ein Auge zu, wenn mal was nicht so gut funktioniert hat!
- Lassen Sie mir meine Position und mein Aufgabenfeld!
- Unterstützen Sie mich und sorgen Sie für meine berufliche Entwicklung!

Manche Themen werden Ihre Mitarbeiter offen ansprechen, wenn Sie die neue Stelle angetreten haben. Dazu gehört die Frage, welche Neuerungen auf sie zukommen. Sie wollen wissen, ob ihr gewohntes Arbeitsumfeld bestehen bleibt oder ob sich Grundlegendes ändern wird. Ebenso werden sie danach fragen, wie selbstständig sie arbeiten können und ob die Vereinbarungen mit dem Vorgänger weiterhin ihre Gültigkeit haben.

Wesentlich zurückhaltender geben sie sich, wenn es um ihre persönlichen Erwartungen geht. »Wird der Neue mir den Rücken stärken und auch mal ein Auge zudrücken? Wird sich mein Aufgabenfeld grundlegend ändern? Wie stehen meine Chancen, mich unter ihm beruflich weiterzuentwickeln?« Die eigene Sicherheit, das berufliche Weiterkommen, die Arbeitsatmosphäre – diese Themen bewegen Ihre Mitarbeiter, kommen aber nur auf den Tisch, wenn Sie lange genug nachfragen. Ihre Aufgabe als Vorgesetzter wird daher sein, folgende Fragen zu klären:

- Welche Erwartungen haben meine Mitarbeiter an mich?
- Welche Hoffnungen sind da? Welche sind davon sind unrealistisch?
- Welche impliziten Erwartungen werden an mich gerichtet?

Moderator statt Entscheider – Erwartungen des Teams

Die Mitarbeiter eines Teams oder einer Abteilung sind normalerweise aufeinander eingespielt. Den neuen Chef erleben sie daher zunächst als Störenfried. Sie erwarten von ihm, dass er das Teamgefüge nicht verschlechtert, sondern verbessert. Ginge es nach dem Willen dieser Teams, könnte sich der neue Chef von seinem klassischen Führungsverständnis sogleich verabschieden: Am liebsten würden sie ihn in der Rolle des Moderators und Coachs sehen, der das Teamgeschehen lenkt und fördert und außerdem die Anliegen des Teams nach außen vertritt. Diesen Teams schwebt ein Außenminister vor, der sich in die Innenpolitik, also die Belange des Tagesgeschäfts, nicht allzu sehr einmischt.

Wundern Sie sich also nicht, wenn Sie von Ihrem neuen Team zwar freundlich, aber doch mit vorsichtiger Zurückhaltung empfangen werden. Eventuell müssen Sie auch mit Distanz oder Ablehnung rechnen. Auf jeden Fall können Sie davon ausgehen, dass Ihr Team von Ihnen eine große Anpassungsfähigkeit erwartet.

Erwartungen Ihres Teams als Ganzes

- Lösen Sie unsere Probleme, ohne dass wir viel dafür tun müssen!
- Sorgen Sie für eine faire Zusammenarbeit und eine gerechte Aufgabenverteilung!

> - Machen Sie aus uns ein zielorientiertes und motiviertes Team!
> - Halten Sie uns den Rücken frei und vertreten Sie uns möglichst gut nach außen!

Der erfolgreiche Umgang mit dem Team hängt stark davon ab, wie schnell Sie sich mit den inoffiziellen Regeln vertraut machen – von der Besprechungskultur und den Arbeitszeiten über Urlaubsregelungen bis zum Kommunikationsstil. Die unausgesprochenen Regeln beeinflussen das Handeln des Teams oft stärker als die explizit festgelegten Abläufe. Das Team erwartet, dass Sie sich an die Regeln anpassen, ob Sie diese nun kennen oder nicht.

Finden Sie heraus, wo der Hase langläuft! Als Vorgesetzter benötigen Sie schnell ein Gespür dafür, welche Kultur in Ihrem Team herrscht, wie dieses System schwingt und welches die heimlichen Spielregeln sind. Nur so können Sie später mit Ihren eigenen Ideen ankoppeln.

Aus der Sicht des Teams sollen Sie in der Rolle des Innenministers Probleme lösen, ohne dabei jeden Stein umzudrehen. Das Positive und Angenehme soll Bestand haben, Defizite und Mängel sollen möglichst schnell behoben werden. Als Außenminister sollen Sie die Interessen des Teams würdig vertreten und sich gegenüber anderen Organisationen durchsetzen. Was dies aber genau ist und was das Team darunter versteht, müssen Sie erst noch herausfinden. Dabei sind folgende Fragen zu klären:

- Welche Erwartungen haben meine Mitarbeiterinnen und Mitarbeiter an mich?
- Welche Hoffnungen bestehen? Welche davon sind unrealistisch?
- Welche impliziten Erwartungen werden an mich gerichtet?
- Wie wollen wir in Zukunft miteinander umgehen?
- Welche Regeln wollen wir für den Umgang miteinander vereinbaren?

Grabenkämpfe und Fürstentümer – Erwartungen der Kollegen

Angehende Führungskräfte übersehen gerne, dass Erwartungen nicht nur von oben und unten an sie herangetragen werden, sondern auch von der Seite: Gerade die Kollegen im Führungskreis sind mit ihren »Fürstentümern« eine wichtige, oft sträflich vernachlässigte Gruppe, die ihrerseits Erwartungen an eine neue Führungskraft stellt. Der Neue möge sich als einer der ihren verhalten, wünschen sie sich. Zudem möge er das inoffizielle Ranking der »Fürsten« respektieren, sprich: sich gefälligst hinten anstellen.

Die Kollegen gehen davon aus, dass der Neuling auf sie zugeht und nicht umgekehrt. Wird er, wie das in manchen Unternehmen vorkommt, als Konkurrent angesehen, erleben sie sein allzu forsches Auftreten als Bedrohung. In diesem Fall werden sie alles daransetzen, dem Neuen die Grenzen aufzuzeigen – spätestens dann, wenn er aus der Solidarität der »Fürsten« ausbricht und allzu eng mit dem »König« kooperiert.

Erwartungen Ihrer Kollegen

- Bringen Sie uns neue Ideen, ohne dass unsere bisherige Leistung dadurch geschmälert wird!
- Zeigen Sie sich kollegial und respektieren Sie unsere Leistung!
- Verhalten Sie sich solidarisch und verbünden Sie sich nicht mit dem Chef gegen uns!
- Respektieren Sie die Spielregeln und lassen Sie unsere »Fürstentümer« unangetastet!

Rechnen Sie also damit, dass die künftigen Kollegen ihren jeweiligen Führungsbereich als »Fürstentum« ansehen, das unangetastet bleiben soll. Wenn Sie neu in den Führungskreis eintreten, tun Sie deshalb gut daran, sich offen, solidarisch und kooperativ zu zeigen. Stürzen Sie sich nicht mit zu offensichtlichem Elan auf Ihre neue Aufgabe, tragen Sie Ihre Ideen nicht allzu forsch vor. Ansonsten laufen Sie Gefahr, dass die Kollegen Sie ausbremsen oder in die Schranken verweisen. Ein etablierter »Gebietsfürst« möchte nun einmal seine bisherige Arbeit nicht von einem Neuling infrage stellen lassen.

Konzentrieren Sie sich deshalb zunächst auf die Aspekte, die zum Erfolg des Geschäftsbereichs beigetragen haben. Außerdem ist es wichtig, erst die Spielregeln zu verstehen und sich danach geschickt zu positionieren. Gehen Sie gleich nach Antritt der neuen Position auf Ihre Kollegen zu – und klären Sie folgende Fragen:

- Welche Erwartungen haben meine Kollegen im Führungskreis an mich?
- Wie funktioniert die Organisation? Und welche Spielregeln sollte ich beachten?

- Was hat bisher zum Erfolg der Organisation beigetragen? Welches kann künftig mein Beitrag dazu sein?

Beruf und Familie – Quadratur des Kreises?

Der Wechsel in eine neue Führungsposition kann für das persönliche Umfeld gravierende Folgen haben. Wer Kinder hat und Karriere machen möchte, zahlt einen hohen Preis – besonders als Frau. Es ist beschönigend, von einer Vereinbarkeit von Beruf und Familie zu sprechen. Denn die gibt es nicht. Familie und Beruf – das sind zwei völlig unterschiedliche Lebensbereiche, die sich, wenn man sie gleichzeitig ausübt, einfach addieren. Die neue Position fordert ihren Tribut und das wird unmittelbar auf das private Umfeld durchschlagen. Da sind Enttäuschungen und Spannungen auf beiden Seiten programmiert.

> **Erwartungen Ihrer Familie**
> - Komme rechtzeitig nach Hause und verbringe viel Zeit mit uns!
> - Denke nicht immer nur ans Arbeiten, sondern auch mal an uns!
> - Sei für uns da, wenn wir dich brauchen!
> - Übernimm weiter die Mitverantwortung im Haushalt und bei den Kindern!

Der Alltag in einer modernen Familie ist oft genug ein Kraftakt. Da wird gefeilscht und gestritten, verteilt und verhandelt, wie sonst nur auf dem Basar: Wer macht was, wie, wann? Beim Frühstück erfahren die Kinder, wie die Woche läuft. Gerade jüngere Frauen sind immer weniger dazu bereit, die Hintergrundarbeit für die Führungskarriere ihres Mannes zu leisten.

Sorgen Sie für Rückhalt in der Familie! Der Sprung auf den Chefsessel stellt so manche Beziehung vor eine harte Belastungsprobe. Dabei gibt ein intaktes Familienleben den Halt, der nicht nur in Krisenzeiten – dann allerdings in besonderem Maße – von zentraler Bedeutung ist.

Die hohe Arbeitsintensität mit langen Arbeitszeiten steht nun einmal im Widerspruch zu familiären Anforderungen. Andererseits hängt der Erfolg auf dem Chefsessel nicht nur vom Geschehen in der Firma ab, sondern auch von der Unterstützung durch Familie oder Partnerschaft. Wenn Ihr privates Umfeld nicht mitzieht und Sie bei Ihrem Rollenwechsel nicht unterstützt, sind Konflikte unausweichlich. Besprechen Sie deshalb vor der Entscheidung für den neuen Job die Auswirkungen mit Ihrem Partner:

- Was wird in der neuen Rolle von mir gefordert? Und welche Auswirkungen hat das auf uns?
- Wie gehen wir mit den geänderten Anforderungen als Partner oder Familie um?
- Wie kann unsere Partnerschaft oder Familie künftig trotzdem funktionieren?

»Frauen übernehmen sich in der Regel mit der Gleichzeitigkeit von Familie und Führungsrolle«, stellt Helga Breuninger fest. »Sie sind oft so stolz auf ihre neue Aufgabe, dass sie gar nicht darüber nachdenken, welche Konsequenzen das jetzt für sie hat.« Zusätzliche Arbeitsbelastung, Überstunden, weniger Zeit für die Kinder, Familie und Haushalt: Nur wenige Frauen wägen hier nüchtern ab. Die meisten laufen Gefahr, sich von der Aussicht auf die Führungsposition hinreißen zu lassen: »Für sie hat der Tag dann plötzlich 26 Stunden!«

Streit im inneren Team – die Erwartungen an Sie selbst

Als wäre es nicht schon kompliziert genug, mit all den Erwartungen umzugehen, die von außen an Sie herangetragen werden: Es gibt noch eine ganz andere Kategorie an Erwartungen, die Ihre Aufmerksamkeit verlangen. Ob Sie wollen oder nicht, auch Sie selbst stellen Erwartungen an sich, bewusst oder unbewusst. Und die haben es in sich. Vielleicht lässt sich ja noch damit leben, Mitarbeiter oder Kollegen im Führungskreis zu enttäuschen. Über sich selbst enttäuscht zu sein tut wirklich weh und frustriert ungemein.

Es bleibt Ihnen also nichts anderes übrig, als sich auch Ihren eigenen Erwartungen zu stellen. Nehmen Sie sich die Zeit, um in sich hineinzuhören und zu ergründen, mit welcher Einstellung Sie an die neue Herausforderung herangehen.

Dass es diese widerstreitenden inneren Erwartungen gibt, lässt sich immer wieder beobachten: Angehende Führungskräfte zögern plötzlich, selbst wenn die angebotene Stelle einen echten Karrieresprung verheißt. Stattdessen sitzen sie da, grübeln, wälzen die Argumente und wissen nicht, wie sie sich entscheiden sollen: »Sicher, es wäre der nächste Karriereschritt, ich würde mehr verdienen, aber auf der anderen Seite …«

In solchen Situationen, in denen unterschiedlichste Argumente durch den Kopf schwirren, bietet das Modell des »Inneren Teams« eine gute Hilfe. Es handelt sich hier um ein Kommunikationsmodell, das der Hamburger Psychologe Friedemann Schulz von Thun entwickelt hat. Das Modell geht davon aus, dass in jedem Menschen verschiedene Persönlichkeitsanteile stecken, die unterschiedliche Bedürfnissen, Motive und Ansichten haben. Diese Persönlichkeitsanteile lassen sich als inneres Team begreifen, deren Mitglieder – vergleichbar einem realen Team – jeweils ihre eigenen Anliegen und Erwartungen vertreten. In seiner Praxis als Kommunikationstrainer machte Schulz von Thun immer wieder eine frappierende Beobachtung: In der menschliche Seele herrscht eine rege innere Gruppendynamik, die eine erstaunliche Analogie zu realen Gruppen und Teams aufweist. Nicht selten stehen sich die verschiedenen Persönlichkeitsanteile gegenseitig im Wege.

Es sind also nicht nur »zwei Seelen in der Brust«, die in uns streiten und sich Gehör verschaffen wollen, sondern ein komplettes inneres Team. Nun kommt es darauf an, mit diesen inneren Stimmen klug umzugehen. Steht eine wichtige Entscheidung bevor, melden sich die einen lautstark, andere eher leise. Um überhaupt eine Entscheidung treffen zu können, neigen wir dazu, einer vorlauten Stimme Gehör zu schenken, während wir die anderen zurückdrängen. Das Ergebnis lässt uns dann unbefriedigt, weil wir spüren, dass wichtige Bedürfnisse nicht berücksichtigt wurden. Besser wäre es, auch die anderen Stimmen anzuhören und zu einer gemeinsamen Entscheidung des inneren Teams zu kommen.

Spielen Sie also Teamleiter für Ihr inneres Team! Vor die Wahl gestellt, ob Sie jetzt den Schritt in die Führungsposition wagen, berufen Sie eine Sitzung Ihres inneren Teams ein. Geben Sie den einzelnen Teammitgliedern einen Namen und hören Sie zu, was jedes einzelne zu sagen hat. Gehen Sie davon aus, dass jedes Mitglied eine wichtige Botschaft hat. Die Situation kann sich dann etwa wie folgt darstellen:

- Da ist der *Ehrgeizige*, der Sie antreibt, endlich mehr für Ihre Karriere zu tun und deshalb die neue Führungsrolle zu übernehmen. In seinem Plädoyer findet er es gut, eine verantwortungsvolle Aufgabe zu bekommen. Er will sich »reinhängen« und zeigen, was er kann.
- Auch der *Bauherr* freut sich. Er frohlockt, dass der lang gehegte Traum vom Eigenheim durch ein höheres Gehalt endlich in den Bereich des Machbaren rückt.
- Doch da ertönt der *Familienmensch*, der zu bedenken gibt, dass die neue Aufgabe eine wesentlich höhere und intensivere zeitliche Belastung bedeutet und für die Familie viel weniger Zeit bleibt.

- Auch der *Teamplayer* kann sich nicht so recht mit der neuen Aufgabe anfreunden. Er sieht voraus, dass gemeinsames Beisammensein und gemeinsame Unternehmungen mit den Arbeitskollegen nicht mehr möglich sein werden. Und die neuen Kollegen im Führungskreis sind alle nur Einzelkämpfer – von wegen Team!
- Zu Wort meldet sich der *Freund*, der daran erinnert, dass Sie die liebgewonnenen Menschen in Ihrem Umfeld nicht vergessen dürfen. Freundschaften wollen gepflegt werden!
- Der *Ängstliche* indes malt Schreckensszenarien an die Wand: Was kann nicht alles passieren! Ablehnung, Kritik, Einsamkeit und Misserfolg – die neue Stelle sei mit einer Fülle an Gefahren verbunden.
- Demgegenüber befürwortet der *Sohn* das Vorhaben. Mit der neuen Position könnten Sie Ihren Eltern endlich zeigen, dass doch noch etwas aus Ihnen geworden ist.

Ein ganz schönes Stimmengewirr. Jedes Teammitglied vertritt seine Interessen und versucht, seine Ziele durchzusetzen. Kein Wunder, dass manch einer angehenden Führungskraft der Kopf schwirrt, wenn sie vor der Entscheidung steht, ob sie den nächsten Schritt auf der Karriereleiter wagen soll. Folgt man weiter der Idee des »Inneren Teams«, so gilt es, unter Berücksichtigung der Einzelmeinungen zu einer einvernehmlichen Lösung zu finden.

Nehmen Sie nun die Rolle des Teamleiters ein und beweisen Sie Ihr Verhandlungsgeschick. Dem Ängstlichen versprechen Sie, dass Sie genau prüfen werden, ob Sie der neuen Aufgabe wirklich gewachsen sind. Den Ehrgeizigen müssen Sie, wenn Sie nicht irgendwann zusammenbrechen wollen, einfangen und abbremsen – auch das wird den Ängstlichen etwas beruhigen. Die Mahnungen des Familienmenschen nehmen Sie ebenso ernst wie die Stimme des Freundes. Letzterem sagen Sie zu, dass regelmäßige Treffen mit den engsten Freunden weiterhin stattfinden werden.

Wie die Erfahrung zeigt, lassen sich mit dem Modell des inneren Teams stimmigere Entscheidungen treffen als mit einer reinen Pro- und Kontra-Betrachtung. Eine von Ihnen geleitete innere Teamsitzung hat den Vorteil, dass alle relevanten Stimmen gehört werden und am Ende eine Entscheidung getroffen wird, die diese Stimmen tatsächlich berücksichtigt.

Wie Sie die Vielfalt der Erwartungen souverän meistern

Zweifellos sind sie wichtig – alle diese Erwartungen von Vorgesetzten, Mitarbeitern und Kollegen. Doch richtig ist auch: Erwartungen sind zunächst nur Wünsche, Ideen, Hoffnungen, Vorschläge und Anregungen. Sie sind kein Programm, das abgearbeitet werden muss. Würden Sie es versuchen, kämen Sie ohnehin schnell an Grenzen. Denn Erwartungen sind selten logisch, sondern bestehen aus einer Mischung aus emotionalen Wünschen und sachlichen Anregungen, die nicht selten im Widerspruch zueinander stehen.

Von vornherein verloren hat daher, wer nun versucht, allen Erwartungen gerecht zu werden. Andererseits ist es wichtig, sich mit der Vielzahl der Erwartungen ernsthaft auseinanderzusetzen und sie möglichst gut zu kennen. Indem Sie nach den Erwartungen fragen, auch den unausgesprochenen, lernen Sie Ihr neues Umfeld besser verstehen und entgehen einem Blindflug im neuen Job. Und keine Sorge: Wenn Sie nach Erwartungen fragen, wecken Sie noch keine unerfüllbaren Hoffnungen. Erwartungen stehen für eine abwartende Haltung in dem Sinne: »Mal sehen, ob er das gebacken bekommt.« Dahinter verbirgt sich die passive Haltung des Abwartens. Soll mehr daraus werden, müssen Sie die Erwartungen in Aufgaben übersetzen. Fragen Sie danach, welche Erwartungen zu einer gemeinsamen Aufgabe werden können.

Ihr Erfolg hängt in einem hohen Maße davon ab, wie Sie auf die unterschiedlichen Erwartungen reagieren. Da Sie niemals alle Erwartungen erfüllen können, müssen Sie sich von vornherein überlegen, auf welche Sie eingehen und welche Sie besser nicht beachten. Dazu ist es wichtig, eine eigene Position einzunehmen. Ansonsten laufen Sie Gefahr, willkürlich Wünschen zu entsprechen, nur um Ihre Sicherheit zurückzugewinnen. Das kann angesichts der Widersprüchlichkeit der an Sie herangetragenen Erwartungen fatale Folgen haben.

Finden Sie sich damit ab, dass Sie nicht alle Erwartungen erfüllen können. Wenn Sie eine klare Linie verfolgen, werden Sie den einen oder anderen enttäuschen müssen. Versuchen Sie aber, mit den unterschiedlichen Interessen klug und geschickt umzugehen. Ihre Aufgabe als Führungskraft ist von Anfang an, die unterschiedlichen Erwartungen und Sichtweisen so zu beeinflussen, dass sie sich einander annähern. Führen heißt auch politisch handeln. Je klarer die Ziele sind und je mehr Ihnen Ihre Interessen und Bedürfnisse bewusst sind, desto leichter steuern Sie sich und Ihren neuen Bereich – und desto klarer können Sie sich gegenüber den Erwartungen Ihres Umfelds abgrenzen.

Deutlich wird, welch hohe Anforderungen der souveräne Umgang mit den widerstreitenden Erwartungen stellt. Umso wichtiger ist es, sich bereits im Vorfeld mit diesem Thema auseinanderzusetzen. Die Frage, ob Sie sich auf das alles einlassen wollen, kann durchaus berechtigt sein. Wollen Sie wirklich der Vorgesetzte ihrer Kollegen werden? Möchten Sie das Beisammensein mit den Arbeitskollegen tatsächlich gegen das Haifischbecken der Führungskräfte eintauschen?

An dieser Stelle beginnen die Einträge in Toms Tagebuch. Darin berichtet Tom von einem Mittagessen mit Vertriebsleiter Hans-Joachim, der ihm gerade die Position des Leiters der Abteilung Großkundenprojekte angeboten hat. Wie Tom diese überraschende Nachricht verdaut, erfahren Sie in seinem Tagebuch.

Das Bestreben, es allen recht machen zu wollen

Die Erwartungen von Vorgesetzten, Mitarbeitern und Kollegen sind zweifellos wichtig. Erwartungen sind aber zunächst nur Wünsche, Ideen, Hoffnungen, Vorschläge und Anregungen. Sie sind kein Programm, das jetzt abgearbeitet werden muss. Wer das glaubt, der hat schon verloren, bevor er überhaupt auf dem Chefsessel Platz genommen hat.

So wappnen Sie sich ...

- Nehmen Sie sich etwas Zeit und überlegen Sie, wer was von Ihnen will. Sollten Sie nicht wissen, was von Ihnen erwartet wird, dann wird es höchste Zeit, danach zu fragen.
- Entscheiden Sie, inwieweit Sie auf die verschiedenen Erwartungen eingehen, zu ihnen Stellung beziehen, sich von ihnen abgrenzen oder sich ihrer annehmen.
- Finden Sie sich damit ab, dass Sie nicht alle Erwartungen erfüllen können. Wenn Sie eine klare Linie verfolgen, werden Sie den einen oder anderen enttäuschen müssen.
- Durchdenken und diskutieren Sie die Auswirkungen der neuen Position auf Ihr Privatleben, vor allem auf die Familie, und treffen Sie Vereinbarungen, die für alle akzeptabel sind.
- Hören Sie in sich hinein und machen sie sich bewusst, mit welcher Einstellung Sie an den Wechsel herangehen. Seien Sie dabei vor allem ehrlich zu sich selbst!

Die Dynamik des Wechsels

In der neuen Position erwartet Sie heftiger Gegenwind

»Du musst jeden Tag entscheiden,
wer den Preis für deine Führung zahlt:
du oder deine Leute.«

Kevin Lehmann

Mal schlägt ihnen das Misstrauen von Mitarbeitern entgegen, mal werfen ihnen Führungskollegen Knüppel zwischen die Beine: Viele angehende Führungskräfte ahnen nicht, welche unvorhersehbaren Kräfte die Neubesetzung einer Führungsposition erzeugt. Anstatt darauf gefasst zu sein und diese Dynamik klug zu managen, wirken sie überfordert und vermitteln den Eindruck, ihrer Führungsaufgabe nicht gewachsen zu sein.

Nicht nur die unterschiedlichsten Erwartungen stürzen auf Sie ein. Wenn Sie eine neue Führungsposition antreten, müssen Sie auch erst einmal mit heftigem Gegenwind rechnen. Denn mit dem Wechsel in die neue Position entsteht eine vielfältige Dynamik, die erhebliche Konfliktpotenziale in sich birgt. Etwas vereinfacht lassen sich vier unterschiedliche Ausgangslagen unterscheiden (siehe Abbildung 1.1):

- Fall 1: Die Bewährungsprobe des High Potential. Eine junge Nachwuchskraft erhält ihre erste Führungsposition. Die Erwartungen des Unternehmens sind groß, dementsprechend steht sie unter Beobachtung. Das kann sich ziemlich unkomfortabel anfühlen – eine echte Bewährungsprobe.
- Fall 2: Der Aufsteiger aus den eigenen Reihen. Aus dem Kollegen wird der Vorgesetzte – auch das löst die unterschiedlichsten Reaktionen aus. Es erfordert von der Führungskraft, sich abzugrenzen und freizuschwimmen – nach dem Motto: »Ich bin nicht mehr euer Kollege, ich bin jetzt Führungskraft!«
- Fall 3: Durchstarten mit einem neuen Team. Die Aussicht auf große Gestaltungsspielräume beim Aufbau eines Teams mag reizvoll klingen. Aber Vorsicht: Der Komplexität dieser Aufgabe und den vielen Herausforderungen muss man gewachsen sein.
- Fall 4: Seiteneinsteiger in einer neuen Firma. Der Unternehmenswechsler bleibt zwar in der Regel fachlich in seinem Bereich, muss sich aber in eine völlig neue Unternehmenskultur einfinden – was eine ganz eigene Dynamik in sich birgt.

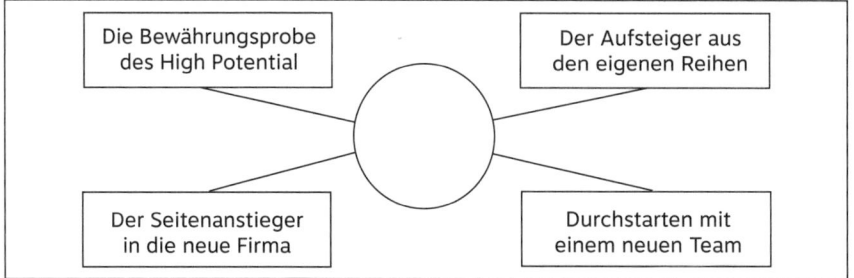

Abbildung 1.1: Vier Konstellationen des Wechsels: Jede von ihnen stellt vor besondere Herausforderungen

Stehen Sie als High Potential vor Ihrer ersten Bewährungsprobe? Sind Sie ein Aufsteiger, der in seiner Abteilung vom Kollegen zum Vorgesetzten wird? Wollen Sie an anderer Stelle im Unternehmen mit einem neuen Team durchstarten? Oder kommen Sie als Seiteneinsteiger in ein neues Unternehmen? Wie auch immer: Alle vier Konstellationen bringen ihre Dynamiken mit sich – und werden Sie in besonderer Weise fordern.

Die große Gefahr! Die Führungskraft unterschätzt die Dynamiken und Konfliktpotenziale, die mit einem Führungswechsel grundsätzlich verbunden sind, und tut sich schwer, diese in den Griff zu bekommen. Dadurch erweckt sie den Eindruck, ihrer Führungsaufgabe nicht gewachsen zu sein.

Die Bewährungsprobe des High Potential

»Wir haben ein ausgeklügeltes Auswahlverfahren durchlaufen und damit das Ticket gelöst, um auf der Überholspur zur Chefetage zu fahren.« So stellen sich viele High Potentials ihre Karriere vor. Tatsächlich werden junge Nachwuchskräfte in größeren Unternehmen durch spezielle Förderprogramme schon sehr früh auf künftige Managementaufgaben vorbereitet. Eigentlich zu früh.

Ein Beispiel hierfür ist Katja D. Im Traineeprogramm eines Versicherungskonzerns war sie durch ihr kommunikatives Geschick und ihr Engagement aufgefallen. So zählte sie zu den 15 Auserwählten, die sich gegen rund 1 000 Mitbewerber durchsetzten, und ergatterte einen Platz im High-Potential-Programm des Konzerns. In zehn Jahren, so wurde den Teilnehmern in Aussicht gestellt, sollten sie im oberen Management angekommen sein.

Schon bald übernahm Katja D die Leitung einer Projektgruppe, die für das Unternehmen ein neues Kundensegment erschließen sollte; wenige

Monate später wurde sie Teamleiterin im Marketing. Die eigentliche Bewährungsprobe folgte zwei Jahre später: Ein personeller Engpass führte dazu, dass ihr – zweifellos zu früh – die Position einer Abteilungsleiterin im Marketing angeboten wurde. Von heute auf morgen stand sie vor der Aufgabe, fünf Produktgruppen mit insgesamt 35 Mitarbeitern zu leiten. Zeitgleich hatte das Unternehmen Absatzrückgänge zu beklagen und kündigte einen Mitarbeiterabbau an.

Eine unheilvolle Lage für Katja D. Von wenigen Ausnahmen abgesehen war sie mit ihren knapp 34 Jahren die Jüngste im Team. Die bevorstehenden Entlassungen schlugen hohe Wellen, viele Mitarbeiter waren verunsichert. Als dann bekannt wurde, dass die junge, in Führungsaufgaben wenig erfahrene Frau die vakante Position übernehmen würde, war die Ablehnung groß. Es dauerte Monate, bis Katja D die Situation halbwegs im Griff hatte. Sie stand unter einem enormen Druck und kämpfte bald auch mit gesundheitlichen Problemen. Einige Male dachte sie daran, aufzugeben.

Das Schicksal von Katja D ist bei Weitem kein Einzelfall. Große Konzerne ebenso wie viele mittelständische Unternehmen haben mittlerweile Programme aufgelegt, mit denen sie die besten Nachwuchskräfte fördern. Die Absolventen dieser Programme eint meist eine Eigenschaft: Sie sind noch sehr jung. Selbstbewusst treten sie ihre erste Führungsaufgabe an, schließlich haben sie den Auftrag, neue Ideen einzubringen und für frischen Wind zu sorgen. Dabei unterschätzen sie die Reaktion ihres Umfelds: Anstelle von Respekt und Anerkennung schlägt ihnen Skepsis entgegen. In den Augen der Mitarbeiter und Kollegen gehört zur Führungskompetenz vor allem Erfahrung und eben diese fehlt den High Potentials. Das Umfeld traut den jungen Chefs einfach nicht zu, die Führungsaufgabe zu bewältigen.

Hinzu kommt: Ältere Mitarbeiter fühlen sich häufig gekränkt, wenn sie einen jüngeren Chef vorgesetzt bekommen. Sollte sich dann in den Reihen der Mitarbeiter auch noch ein heimlicher Mitbewerber befunden haben, fällt die Ablehnung besonders heftig aus. Die Gefahr ist groß, dass der junge High Potential schnell seinen anfänglichen Elan verliert, innerlich verkrampft – und seine Kritiker am Ende recht behalten: Er ist seiner Führungsaufgabe tatsächlich nicht gewachsen.

Worauf Sie sich als High Potential gefasst machen müssen

- Viele Mitarbeiter begegnen Ihnen mit einem großen Misstrauen. Möglicherweise lassen sie Sie ins offene Messer laufen, um zu prüfen, ob Sie wirklich das Zeug zur Führungskraft haben.

- Die Kollegen im Führungskreis beobachten Sie mit Argusaugen, fürchten sie doch um ihren Einfluss. Sie stellen Sie immer wieder auf die Probe. Hier müssen Sie Ihre Fähigkeiten erst noch unter Beweis stellen, bevor man Sie wirklich akzeptiert.
- Der lange Schatten Ihres Vorgängers begleitet Sie auf Schritt und Tritt. Es wird nicht leicht sein, sich die ständigen Vergleiche anhören zu müssen und so auf angebliche Führungsdefizite hingewiesen zu werden.
- Als junge Nachwuchskraft sind Sie immer wieder auf die Erfahrungen und Kenntnisse Ihrer meist älteren Mitarbeiter angewiesen. Diese sind jedoch nur bedingt bereit, Ihnen unter die Arme zu greifen.
- Aufgrund fehlender eigener Erfahrungen pflegen Sie guten Kontakt zu Ihrem Vorgesetzten und holen sich von ihm Tipps und Unterstützung. Dadurch vergrößert sich jedoch zwangsläufig die Distanz zu den Mitarbeitern.

Das Manko der fehlenden Erfahrung

Als junge Nachwuchskraft müssen Sie in Ihrer ersten Führungsposition mit rauem Gegenwind rechnen. Die Gefahr ist groß, dass Sie sich überfordert fühlen und im Arbeitsalltag verkrampfen. Die Verunsicherung treibt Sie in die Isolation – und schnell verbreiten sich Gerüchte, dass Sie der Führungsrolle vielleicht doch nicht gewachsen sein könnten.

So wappnen Sie sich ...

- Bauen Sie eine gute Beziehung zu den Leistungsträgern Ihres Teams auf. Nehmen Sie sich Zeit für Einzelgespräche und würdigen Sie ihre Leistungen.
- Achten Sie auf heimliche Mitbewerber und informelle Führer in Ihrem Team. Sorgen Sie dafür, dass sie trotzdem loyal zu Ihnen stehen.
- Zeigen Sie sich auch als Mensch und scheuen Sie sich nicht, Unsicherheiten und Schwächen zuzugeben oder auch mal ihre Mitarbeiter um Rat zu fragen.
- Machen Sie deutlich, dass es Ihnen nicht nur um schnelle Erfolge und den nächsten Schritt auf der Karriereleiter geht, sondern dass Sie die Leitungsfunktion wirklich ernst nehmen.
- Gehen Sie vorsichtig mit Ihrem eigenen Erwartungsdruck um – Sie müssen sich nichts beweisen. Wer zu viel auf einmal will, droht zu scheitern.

Der Aufsteiger aus den eigenen Reihen

Gestern noch Kollege, heute Vorgesetzter: Der Glaube ist weit verbreitet, dass dieser Rollentausch nicht allzu schwer fällt – schließlich kennt man ja die Abteilung und weiß auch, welche Verbesserungen und Änderungen sich die Mitarbeiter wünschen. Tatsächlich hat es dieser Wechsel jedoch in sich. Für die neue Führungskraft beginnt eine schwierige Gratwanderung: Einerseits darf sie die ehemaligen Kollegen nicht vor den Kopf zu stoßen, andererseits muss sie ihnen aber auch klarmachen, dass sie jetzt nicht mehr Kollege, sondern Vorgesetzter ist.

Wenn ein Mitarbeiter zum Vorgesetzten wird, sind Konflikte nahezu unvermeidlich. Da gibt es nicht nur den Neid ehemaliger Kollegen, die nicht zum Zuge kamen und ihrem neuen Chef zunächst die Loyalität verweigern. Auch enttäuschte Hoffnungen sind programmiert: Während die ehemaligen Kollegen eher darauf setzen, dass alles beim Alten bleibt, erwarten die Vorgesetzten, dass in der Abteilung frischer Wind einkehrt und die Unternehmensinteressen umgesetzt werden. Auf der eine Seite murren die enttäuschten Mitarbeiter, auf der anderen Seite zweifelt die Geschäftsleitung an der Durchsetzungsfähigkeit – und gewinnt womöglich den Eindruck, es wäre vielleicht doch besser gewesen, die Position durch einen Manager von außen zu besetzen. Eine unangenehme Lage!

Typisch der Fall bei einem mittelständischen Maschinenbau-Unternehmen. Dort wurde im Zuge einer Dezentralisierung der Service in neue Regionen eingeteilt. Die Leitung der Regionen sollte möglichst durch Mitglieder aus den bestehenden Teams besetzt werden. Bernhard Z hatte gezögert, bis er schließlich doch den Sprung auf einen der neuen Chefsessel wagte. Seine Kollegen waren froh darüber, denn andernfalls hätten sie einen unbekannten Chef vorgesetzt bekommen. Nun waren alle überzeugt, dass die Dinge wie gewohnt weiterlaufen könnten. Jeder würde seinen Job machen und man würde weiter gut als Team zusammenarbeiten.

Eine heile Welt, die tatsächlich eine Zeit lang funktionierte. Bernhard Z verstand sich als Bindeglied zur Geschäftsführung; er vertrat das Team nach oben und versorgte es mit wichtigen Informationen aus der Zentrale. Eines Tages jedoch kam er mit einer unangenehmen Nachricht im Gepäck von der Geschäftsführung zurück: Die Arbeitsabläufe sollten standardisiert werden. Dass sich die Begeisterung in Grenzen halten würde, war ihm klar. Doch die Mitarbeiter waren geradezu entsetzt: »Wie kann nur ein ehemaliger Kollege so etwas gutheißen?« Mit derartigem Unverständnis, ja offenen Anfeindungen hätte er dann doch nicht gerechnet.

Bernhard Z steckte in einem Dilemma. Auf der einen Seite konnte er die Argumente seiner Mitarbeiter nachvollziehen, auf der anderen Seite verstand er aber auch die Geschäftsleitung. Das Unternehmen stand im Wettbewerb und die Standardisierung der Abläufe war eigentlich längst überfällig. Damit war klar, dass ihm seine Aufgabe als Führungskraft eine neuer Gangart abverlangte: Sein Job würde sein, die Vorgaben der Geschäftsführung auch gegen Widerstände der Mitarbeiter umzusetzen.

Der Fall zeigt, dass am Anfang oft ein Missverständnis steht: Die Mitarbeiter sind froh, dass einer aus ihren Reihen die Position bekommt, und gehen davon aus, dass sich nur wenig ändern und ihr ehemaliger Kollege sich für sie einsetzen wird: »Er kennt ja unsere Sorgen und Nöte und wird dafür sorgen, dass unsere Interessen bei der Geschäftsführung Gehör finden.« Dabei verkennen sie, dass der einstige Mitarbeiter eine neue Rolle eingenommen hat und von nun an vor allem daran gemessen wird, wie gut er die Entscheidungen der Geschäftsleitung durchsetzt.

Das Beispiel von Bernhard Z macht aber auch deutlich, wie schwer für die neue Führungskraft dieser Rollenwechsel sein kann. Nach vielen Jahren gemeinsamer Tätigkeit kennt man sich, blickt auf eine gemeinsame Geschichte zurück, ist vielleicht sogar befreundet. Man weiß um die Stärken und Schwächen des anderen, hat vielleicht sogar gemeinsame »Leichen im Keller« liegen. Da ist es nicht leicht, von heute auf morgen die Rolle des Vorgesetzten einzunehmen.

Worauf Sie als Aufsteiger achten sollten

- Ihr bisheriger Erfolg gründet vor allem auf Ihren fachlichen Leistungen – nicht zuletzt diesen Kompetenzen haben Sie Ihren Aufstieg zu verdanken. Die Gefahr besteht, dass Sie sich in Ihrer neuen Position weiterhin auf fachliche Aufgaben konzentrieren und dadurch ihre Führungsaufgaben vernachlässigen.
- Als Aufsteiger neigen Sie dazu, aus Unsicherheit mit übertriebener Härte und überzogener Führung auf erste Konfliktsituationen zu reagieren. Das verhärtet die Fronten und führt zwangsläufig dazu, dass die Motivation der Mitarbeiter leidet.
- Die enge Verbundenheit mit Ihrer Abteilung fördert eine gewisse Betriebsblindheit und kann Sie leicht daran hindern, wichtige Veränderungen einzuleiten – insbesondere dann, wenn Sie wissen, dass Ihre Mitarbeiter diesen Veränderungen nicht zustimmen werden.
- Sie kennen Ihre Abteilung seit Jahren und verfügen über großes Insiderwissen. Das verleitet dazu, dass Sie versäumen, sich aus dem Blickwinkel des Vorgesetzten umfassend über Ihre Abteilung zu informieren. Dadurch vergeben Sie die Chance, zu neuen Perspektiven und Einsichten zu kommen.

- Der Wechsel auf den Chefsessel kann sich als ein unangenehmer und schmerzvoller Prozess entwickeln, weil eine Kluft zwischen Ihnen und Ihren Mitarbeitern entsteht. Persönliche Beziehungen bekommen eine neue Qualität.

Zwischen allen Stühlen

Ein Aufsteiger aus den eigenen Reihen neigt dazu, seine neue Führungsaufgabe als Interessenvertretung für die Mitarbeiter zu verstehen. Das ist gefährlich, denn nur selten stimmen die Erwartungen der Mitarbeiter mit den Zielvorgaben aus dem Management überein. Als Aufsteiger laufen Sie Gefahr, zwischen allen Stühlen zu stehen.

So wappnen Sie sich ...

- Sprechen Sie offen mit Ihren ehemaligen Kollegen über Ihre neue Rolle. Geben Sie auch einen Teil Ihrer Aufgaben ab, um Ihrem Rollenwechsel Nachdruck zu verleihen.
- Reduzieren Sie schrittweise enge Kontakte zu Mitarbeitern, die Ihnen nahestehen, und gehen Sie mehr auf die anderen zu.
- Führen Sie Einzelgespräche mit Ihren Mitarbeitern. Sie entwickeln dadurch nicht nur neue Sichtweisen, sondern etablieren sich damit auch in Ihrer neuen Rolle.
- Sprechen Sie mit anderen Abteilungen oder Kunden über Ihr Team. Das hilft Ihnen, eine andere Perspektive einzunehmen und sich Ihrer neuen Rolle als Leiter bewusster zu werden.
- Benennen Sie nach einigen Wochen klar und eindeutig, was alles so bleibt wie bisher und was sich verändern wird.

Durchstarten mit einem neuen Team

Angesichts der Probleme, vor denen ein Aufsteiger aus den eigenen Reihen steht, klingt es wahrlich verlockend: als Führungskraft ein neues Team zu übernehmen oder eine neue Abteilung aufzubauen. Das hört sich nach Freiheit an – nach Gestaltungsspielräumen, die es ermöglichen, die Mitarbeiter nach eigenen Vorstellungen zusammenzustellen und eigene Ideen zu verwirklichen.

Dementsprechend begeistert war auch Christian F, als er den Auftrag bekam, bei einem namhaften IT-Konzern eine Abteilung für Securitysoftware aufzubauen. Jahrelang hatte er mit seiner Spezialisierung im Unternehmen ein Schattendasein gefristet. Doch eines Tages erkannte das Management die Bedeutung der IT-Sicherheit und setzte strategisch auf die Entwicklung von Securitylösungen. Damit schlug die Stunde von Christian F. Für den Aufbau der neuen Abteilung erhielt er alle Freiheiten, die man sich in einem großen Konzern nur wünschen kann. Damit verbunden war der Auftrag, so schnell wie möglich ein großes, schlagkräftiges Team aufzubauen und für die geplanten Umsätze zu sorgen.

Voller Elan widmete sich Christian F der neuen Aufgabe. Feldherr statt Fußvolk, Wolke 7 statt Schattendasein – endlich konnte er das realisieren, wovon er schon immer geträumt hatte. Doch schon nach wenigen Monaten riss ihn die Realität aus seinen Träumereien: Er hatte die Komplexität seiner Aufgabe gewaltig unterschätzt.

Um eine Mammutaufgabe wie den Aufbau einer neuen Abteilung zu bewältigen, kommt es darauf an, das richtige Maß zwischen Vorsicht und Mut zu finden. Christian F neigte dazu, den Gestaltungsrahmen sehr eng abzustecken. Aus dem Bestreben, die Dinge so zu gestalten, wie er sie sich schon immer vorgestellt hatte, wollte er den Aufbau seiner neuen Abteilung bis ins letzte Detail bestimmen. Damit frustrierte er nicht nur seine besten Leute, sondern verspielte auch die Chancen, die in einem Neuanfang liegen.

Seinen größten Fehler beging Christian F beim Recruiting von Mitarbeitern. Unter dem Druck, Ergebnisse liefern und deshalb offene Positionen zügig besetzen zu müssen, machte er Abstriche bei der Qualität der eingestellten Bewerber. Einige der neuen Mitarbeiter passten überhaupt nicht ins Team und traten durch ihr Verhalten eine Abwärtsspirale los, die bald die Leistung der ganzen Abteilung nach unten zog. Nach einem Jahr als Führungskraft hatte Christian F zwar ein Team von 50 Mitarbeitern aufgebaut, doch die Stimmung war mies und die Ergebnisse waren mager. An allen Ecken und Enden schwelten Konfliktherde. Das Management zog die Reißleine – und Christian F wurde gebeten, sich nach einem neuen Job umzuschauen.

Der Aufbau eines Teams oder einer Abteilung ist ohne Zweifel eine reizvolle Herausforderung. Beispiele wie das von Christian F belegen aber auch die Risiken – und wie schnell aus dem Durchstarter ein »Rohrkrepierer« werden kann. Die Aussicht auf große Gestaltungsspielräume sind zwar verlockend, aber der Komplexität der Aufgabe und den vielen Herausforderungen, die sich daraus ergeben, sind viele Führungskräfte nicht gewachsen.

Wägen Sie ab und überlegen Sie: Mit einem neuen Team durchstarten zu können hat unbestreitbar Vorteile. Es gibt keine Altlasten und auch keinen langen Schatten eines Vorgängers. Die Gestaltungsspielräume sind überdurchschnittlich groß und auf Sie warten Herausforderungen, an denen Sie wachsen können. Sie müssen nicht erst verkrustete Strukturen aufbrechen, sondern haben die Chance, ganz neue Prozesse und Abläufe zu schaffen. Auch können Sie sich Ihre Mitarbeiter meist selbst aussuchen und ein Team zusammenstellen, das Ihren Vorstellungen entspricht. Auf der anderen Seite gilt es zu bedenken: Der Aufbau eines Teams braucht Zeit, die in vielen Fällen schlicht fehlt. Die Vorgesetzten wollen Ergebnisse sehen, und zwar schnell. Häufig unterschätzt das Management, wie lange es dauert, bis ein neues Team »ins Fliegen kommt«. Die Folge davon ist, dass die Erwartungen, die an die neue Führungskraft gestellt werden, häufig überzogen sind.

Worauf Sie als Durchstarter achten sollten

- Wenn Ihr Team wächst, kostet das Recruiting von Mitarbeitern nicht nur sehr viel Zeit, sondern birgt auch jede Menge Sprengstoff. Prüfen Sie bei jedem neuen Mitarbeiter, ob er auch wirklich ins Team passt.
- Wenn Sie mit allzu viel Vorsicht an die neue Aufgabe herangehen, besteht die Gefahr, den Gestaltungsrahmen zu eng abzustecken. Damit können die Chancen des Neuanfangs verspielt und gute Mitarbeiter demotiviert werden.
- Wenn Sie die neue Aufgabe dagegen mutig angehen, steigt die Chance, dass Sie die Möglichkeiten des Neuanfangs tatsächlich ausnutzen. Gleichzeitig laufen Sie Gefahr, den Bogen zu überspannen und von den eigenen Vorgesetzten zurückgepfiffen zu werden.
- Der Aufbau eines neuen Teams wird oft von Neid, Argwohn und Missgunst begleitet. Die Kollegen aus dem Führungskreis könnten versucht sein, die anfänglichen Unsicherheiten zu ihren Gunsten zu nutzen.
- Achten Sie darauf, schnell vorzeigbare Ergebnisse zu erzielen. Nur so verschaffen Sie sich den notwendigen Respekt und die Unterstützung der anderen Abteilungen.

Chaos auf der grünen Wiese

Der Aufbau eines neuen Teams ist vergleichbar mit einem Neubau auf der grünen Wiese: Die Aufgabe bietet Gestaltungsspielräume und wird nicht durch irgendwelche Altlasten behindert. Das klingt verlockend – doch viele Führungskräfte unterschätzen, dass auch ein solcher Neubau eine Mammutaufgabe ist und schnell eine enorme Komplexität entwickelt.

So wappnen Sie sich ...

- Entwerfen Sie eine Vision, die beschreibt, was das Team erreichen will. Nur so sorgen Sie für die notwendige Identifikation der Mitarbeiter mit ihrer Aufgabe.
- Gehen Sie systematisch vor und entwickeln Sie eine Roadmap, die die wesentlichen Schritte beim Aufbau Ihres neuen Teams beschreibt.
- Versammeln Sie zunächst die richtigen Personen, um dann gemeinsam die Marschroute festzulegen.
- Machen Sie niemals Abstriche bei der Qualität Ihrer Mitarbeiter – auch dann nicht, wenn eine Position dringend besetzt werden muss.
- Sorgen Sie für ein gutes Onboarding Ihrer neuen Mitarbeiter.
- Setzen Sie Ihre besten Leute nicht auf die größten Probleme an, sondern auf die größten Chancen.
- Nehmen Sie sich Zeit für die Findungsphase im Team – und geben Sie Ihren Leuten die Gelegenheit, sich untereinander kennenzulernen.

Der Seiteneinsteiger in die neue Firma

Seiteneinsteiger tun sich oft schwer, in ihrer neuen Firma Fuß zu fassen. Das liegt auch daran, dass sie durch ihren Eintritt ins Unternehmen die internen Aufstiegswege unterbrechen. So kommt es, dass der Neue oft auf viel Skepsis trifft und keineswegs immer als Bereicherung empfunden wird. Dabei hat die Geschäftsführung den Seiteneinsteiger häufig genau aus diesem Grund geholt: Er soll das Unternehmen bereichern – sprich: wichtige Aufgaben übernehmen, für die das benötigte Know-how im eigenen Hause bislang fehlte.

Der Seiteneinsteiger besetzt meistens eine Position, die im Unternehmen stark beachtet wird. Schließlich handelt es sich um eine Stelle, die aus den eigenen Reihen nicht besetzt wurde. Meist geht es darum, dass die von außen geholte Führungskraft mit ihrem Wissen und ihrer Erfahrung ein zukunftsträchtiges Geschäftsfelder zum Erfolg führen soll. Fällt der Neue, der ohnehin im Fokus steht, dann auch noch durch Zielorientierung, Engagement, Eigeninitiative und Entscheidungsfreude auf, provoziert er damit leicht Gegenreaktionen. Man wird versuchen, »diesen Überflieger wieder auf den Boden der Tatsachen zurückzuholen«.

Das Wagnis, in ein anderes Unternehmen zu wechseln, ging Anna-Maria P ein. Sie hatte sich diesen Schritt reiflich überlegt. Die Vorstellungsgespräche waren gut verlaufen, auch die Vertragsbedingungen konnten sich sehen lassen. Vor allen aber reizte sie die Aufgabe, die wie auf sie zugeschnitten schien: »Bauen Sie so schnell wie möglich den neuen Bereich zu einem zukunftsfähigen Geschäftsfeld aus.«

Anna-Maria P brauchte ein gutes halbes Jahr, um sich zurechtzufinden. Die Einarbeitung kostete sie vergleichsweise viel Zeit und Nerven, weil sie erst noch verstehen musste, wie das neue Unternehmen »tickt«. Um sich ein Netzwerk aufzubauen und mit den Schlüsselpersonen vertraut zu werden, eilte sie von Termin zu Termin. Sie entwarf Konzepte, suchte Geschäftspartner und arbeitete an Vertriebsstrategien. Nach einer gewissen Zeit gab die Geschäftsleitung zu verstehen, dass sie Ergebnisse sehen wolle, schließlich habe man die Stelle extern besetzt, weil man sich davon schnelle Erfolge versprochen habe.

Die Managerin lieferte. Nach einem Jahr ist ihr Team von fünf auf 27 Mitarbeiter gewachsen und ihre Geschäftszahlen zeigen steil nach oben. Trotzdem steht sie kurz davor, den Job zu kündigen. Der Grund ist nicht die Aufgabe, auch liegt es nicht an der enormen Arbeitsbelastung. Was ihr wirklich zu schaffen macht, sind einige Kollegen im Unternehmen, die ihr Knüppel zwischen die Beine werfen und ihr ihre Kompetenzen streitig machen. Die ständigen Reibereien zermürben. Sie kämpft mit Akzeptanzproblemen und wird ständig daran erinnert, sich doch mehr an die Regeln des Unternehmens zu halten. So langsam fragt sie sich, ob es in dem Unternehmen überhaupt Platz für eine junge, engagierte Frau gibt.

Geschichten, die so oder so ähnlich laufen, hört man aus vielen Unternehmen. Nicht selten enden sie mit der überraschenden Kündigung des Seiteneinsteigers, der mit seinem Umfeld einfach nicht zurechtkommt.

Das oft unterschätzte Risiko liegt in einer doppelten Herausforderung: Zum einen verlangt die inhaltliche Aufgabe den vollen Einsatz. Meist wird der Seiteneinsteiger ja geholt, um für neuen Schwung zu sorgen oder einen neuen Bereich aufzubauen. Dazu muss er Konzepte entwerfen, Teams erweitern und Strukturen schaffen. Zum anderen bewegt sich der Neuling in einer ihm völlig fremden Organisation. Weder kennt er die Abläufe noch verfügt er über ein Netzwerk. Sich hier einzufinden und die notwendigen Kontakte zu knüpfen erfordert einen Zeitaufwand, der oft weit unterschätzt wird.

Worauf Sie als Seiteneinsteiger achten sollten

- Sie benötigen vergleichsweise viel Zeit, um sich in Ihre Aufgabe einzuarbeiten. Vor allem müssen Sie in der Lage sein, sich schnell in die Abläufe, Strukturen und Prozesse des neuen Unternehmens einzufinden.

- Zwischen den Erwartungen der Vorgesetzten und dem Erleben Ihrer Kollegen im Führungskreis liegen oft Welten. Der Vorgesetzte reiht Sie schnell gleichwertig in den Kreis der Führungskollegen ein und ist in erster Linie an den Ergebnissen interessiert. Die Kollegen hingegen beäugen Sie erst noch als den »Neuen«, dem man eher mit Skepsis gegenübertritt ist.
- Seiteneinsteiger stoßen oft auf mangelnde Akzeptanz. Häufig stehen Sie deshalb vor der Aufgabe, sich Respekt und Akzeptanz hart zu erarbeiten. Andernfalls laufen Sie Gefahr, dass Ihnen der notwendige Rückhalt im Unternehmen fehlt und wichtige Akteure demotiviert sind.
- Firmenkultur, Strukturen und Abläufe sind Ihnen am Anfang nicht vertraut. Langjährige Mitarbeiter können Ihre Unkenntnis ausnutzen, um Ihnen Knüppel zwischen die Beine zu werfen.
- Im neuen Unternehmen verfügen Sie am Anfang über kein Netzwerk. Ihnen fehlt der enge Kontakt zu wichtigen Ansprechpartnern und Schlüsselpersonen im Unternehmen. Das erschwert den Zugang zu wichtigen Informationen.

Tom – Quereinsteiger in der eigenen Firma

Tom fragt sich nach dem überraschenden Angebot von Hans-Joachim, ob er wirklich als Quereinsteiger in den Vertrieb wechseln soll. Als Projektleiter bringt er herzlich wenig Vertriebserfahrung mit. Doch seine Stärke sind die vielfältigen Projekterfahrungen, die er in den letzten Jahren sammeln konnte. Außerdem kennt er natürlich das Unternehmen. Ob Tom bereit ist, sich dieser Herausforderung als Quereinsteiger zu stellen, erfahren Sie in seinem Tagebuch.

Zermürbt und ausgebrannt

Der Seiteneinstieg in ein neues Unternehmen kostet viel Energie und Nerven. Sie benötigen Zeit für die Einarbeitung, müssen sich mit dem Umfeld vertraut machen und stehen unter einem erhöhten Erfolgsdruck. Gleichzeitig lassen die Kollegen aus dem Führungskreis oft keine Gelegenheit aus, Ihnen Knüppel zwischen die Beine zu werfen.

> **So wappnen Sie sich ...**
> - Recherchieren Sie besonders sorgfältig Informationen über Unternehmen, Strategie, Strukturen, Kultur, Leitbild und Führungsphilosophie, bevor Sie das Unternehmen wechseln.
> - Berücksichtigen Sie, dass Sie sich erst im neuen Unternehmen zurechtfinden müssen. Planen Sie dafür genügend Zeit ein.
> - Vereinbaren Sie mit Ihrem neuen Arbeitgeber ein Onboarding. Das hilft Ihnen, rasch Fuß zu fassen und handlungsfähig zu werden.
> - Starten Sie nicht zu schnell. Der Führungswechsel im Seiteneinstieg ist kein Sprint, sondern ein Langstreckenlauf.
> - Nehmen Sie sich Zeit, ein tragfähiges Netzwerk im Unternehmen aufzubauen. Das ist mindestens genauso wichtig wie die Bewältigung Ihrer fachlichen Aufgabe.

Die Reifeprüfung

Eine Führungskraft ist vielfältig gefordert

> »Wir müssen das, was wir denken, auch sagen.
> Wir müssen das, was wir sagen, auch tun.
> Wir müssen das, was wir tun, auch sein.«
> *Alfred Herrhausen, dt. Bankmanager*

 Die Berufung zur Führungskraft macht alleine noch lange keinen guten Chef – Naturtalente sind hier eine absolute Seltenheit. Diese Erkenntnis müssen viele junge Führungskräfte erst noch schmerzhaft gewinnen: Völlig unvorbereitet werden sie auf »fachfremden« Gebieten gefordert, machen Fehler – und fallen bei ihren Mitarbeitern allzu schnell in Ungnade.

Per Express in die Chefetage – so lässt sich die Karriere von Steffen S beschreiben. Mit 35 Jahren erreichte er, wovon andere in seinem Alter nur träumen: die Position eines Bereichsleiters. Doch kaum angekommen, fühlte sich der Shootingstar in seiner Rolle unwohl. Was sich so glänzend angelassen hatte, geriet immer mehr zum Albtraum. Was war schiefgelaufen?

Nach seinem Studium an der TU Berlin heuerte Steffen S bei einem führenden Biotechnologie-Unternehmen an. Drei Jahre später – er war gerade von einem Auslandseinsatz in den USA zurückgekehrt – wurde ihm die Leitung eines wichtigen Forschungs- und Entwicklungsprojekts übertragen. Er leitete ein Team hoch qualifizierter Spezialisten, mit denen zusammen er das Projekt mit Bravour abschloss. Das Unternehmen erzielte dadurch einen enormen Geschäftserfolg und Steffen S wurde zum Leiter Forschung und Entwicklung befördert.

Mit dem Aufstieg änderte sich schlagartig der Arbeitsalltag von Steffen S. Nun war er nicht mehr nur für sich alleine, sondern auch für seine Mitarbeiter zuständig: Aufgaben mussten delegiert, Mitarbeiter angeleitet, oft auch kontrolliert werden. Der junge FuE-Leiter hetzte von einer Besprechung zur nächsten, schrieb Berichte an die Geschäftsleitung, musste Rede und Antwort stehen, wenn ein Projekt dem Zeitplan hinterherhinkte. So viel er auch schuftete, die Arbeit wurde einfach nicht weniger.

Sehnsüchtig blickte er zurück: Früher war er den ganzen Tag damit beschäftigt, Mikroorganismen zu untersuchen oder neue Ideen zu verfolgen. Nun bestimmten Mitarbeitergespräche, Vorstandssitzungen und Vertragsverhandlungen seinen Arbeitsalltag. Was ihm vor Kurzem noch Freude bereitet hatte, nämlich das Tüfteln, Untersuchen und Forschen, gehörte schlicht nicht mehr zu seinem Job. Dafür waren jetzt andere zuständig, nämlich seine Mitarbeiter. Seine Aufgabe war, diese zu motivieren und zu befähigen, ihre Arbeit gut zu erledigen. Dass er selbst diese Arbeit beherrschte, wohl auch der bessere Entwickler wäre, spielte keine Rolle mehr.

Steffen S. merkte, wie er immer unzufriedener und frustrierter wurde. Hatte er dafür studiert, war er deshalb Master of Science geworden? Eigentlich würde er viel lieber die Arbeit machen, die nun seine Mitarbeiter ausführten. Der Gang ins Büro fiel ihm von Tag zu Tag schwerer. »Wozu das Ganze noch?«, seufzte er. »Ja, die Bezahlung stimmt, aber erfüllend ist dieser Führungsjob nicht.« Seine depressive Verfassung färbte bald auf die anderen ab. Die Stimmung im Team verschlechterte sich – und damit die Qualität der Arbeit.

Ein solches Szenario ist gar nicht so selten: Fachlich ist der neue Abteilungsleiter brillant, doch kaum sitzt er den ersten Monat im Chefsessel, hagelt es Beschwerden von oben, während in seiner Abteilung die ersten den Hut nehmen. Es ist eben ein Trugschluss, zu glauben, dass aus hervorragenden Fachleuten automatisch auch gute Führungskräfte werden. Fachkenntnisse haben mit Führungstalent nichts zu tun.

 Die große Gefahr! Die Führungskraft setzt weiterhin auf ihre Fachkompetenz, bislang Garant ihres Erfolgs. Dabei verkennt sie, dass es in ihrer neuen Funktion mindestens ebenso auf ganz andere Fähigkeiten wie soziale Kompetenz und Kommunikationskompetenz ankommt.

Wenn Fachleute aufsteigen: Karrierefalle Führung

»Adler fangen keine Fliegen«, heißt es so schön. Übertragen auf unser Thema: Führungskräfte befassen sich nicht mit den operativen Details, dafür sind die Mitarbeiter da. Dass Führungskräfte für Führungsaufgaben bezahlt werden, betonte schon Henry Ford I., als er sich einen leitenden Angestellten zur Brust nahm: »Ich sollte Sie entlassen. Sie vergeuden mein Geld mit Tätigkeiten, die ein Mitarbeiter mit einem Drittel Ihres Gehaltes genauso gut erledigen kann.«

Dieses Loslassen von den ausführenden Tätigkeiten fällt Nachwuchskräften oft sehr schwer. In der Regel sind sie zunächst in einem Fachbereich tätig. Als Akademiker oder Meister, als Ingenieur, Chemiker oder Betriebwirt sind sie auf ihrem Fachgebiet fit und können ihr fachliches Wissen optimal anwenden. Dadurch fallen sie im Unternehmen auf und bekommen ein attraktives Angebot. In der neuen Position ist jedoch eben dieses fachliche Geschick, das den Erfolg brachte, nicht mehr das Entscheidende – wie das Beispiel von Steffen S eindrucksvoll gezeigt hat. Der zunächst so verlockende Sprung in eine Führungsposition gerät damit leicht zur Karrierefalle.

Je höher ein Mitarbeiter auf der Karriereleiter steigt, umso größer wird der Zeitanteil für Führungsaufgaben – und dementsprechend kleiner der für fachliche Tätigkeiten. Mit der Annahme einer Führungsposition beginnt daher eine weitreichende Umstellung: Es beginnt ein Wandel vom Spezialisten zum Generalisten. Wer als Führungskraft tätig ist, wird nicht mehr daran gemessen, dass er der beste Ingenieur, der beste Verkäufer oder der beste Sachbearbeiter ist. Seine vorrangige Aufgabe liegt darin, ein Team zu führen und gemeinsam mit seinen Mitarbeitern die vereinbarten Abteilungs- oder Bereichsziele zu erreichen. Vielen Menschen fällt diese Abkehr von der inhaltlichen Tätigkeit unglaublich schwer. Im Grunde möchten sie lieber weiter als Experten tätig sein. Eine Fachlaufbahn würde ihnen viel eher liegen. Für das Abenteuer Führung sind sie schlicht nicht gemacht.

Wie ergeht es Ihnen, wenn Sie den Karriereschritt in eine Führungsposition unter diesem Blickwinkel betrachten? Auf Ihrem Fachgebiet sind Sie unschlagbar, meistern spielend jede Herausforderung – das gibt Sicherheit und jede Menge Anerkennung. Was geschieht aber, wenn Sie die Stelle annehmen? Sicher, zunächst müssen Sie Ihre Komfortzone verlassen, das gehört in jedem Fall dazu. Dann jedoch werden Sie im Laufe der Zeit an Fachwissen verlieren. Es fehlt die Zeit, sich in allen Details Ihres Fachgebiets auf dem Laufenden zu halten. Bald werden Sie feststellen und akzeptieren müssen, dass Ihre Mitarbeiter Ihnen in manchen Teilbereichen fachlich überlegen sind. Können Sie sich mit diesen Gedanken anfreunden?

Hier stellt sich die Frage, ob der Aufstieg in der Linie wirklich Ihr Weg ist. Wollen Sie sich auf das »Abenteuer Führung« einlassen oder stattdessen eine Expertenlaufbahn einschlagen? Bevor Sie entscheiden, sollten Sie sich gründlich mit den Kompetenzen auseinanderzusetzen, die für eine Führungsaufgabe notwendig sind.

Was Sie mitbringen müssen: die wichtigsten Kompetenzen

Auf die oft gestellte Frage »Was macht eine gute Führungskraft aus?« gibt es viele Antworten. Wahrscheinlich kennen Sie Sprüche wie »Indianer kennen keinen Schmerz« oder »Nur die Harten kommen in den Garten«. Im Sport dienen diese Redensarten als Ansporn, um bei ersten Zeichen von Ermüdung weiter Höchstleistungen zu erbringen. Bei Führungskräften haben sie die Funktion, den eigenen Führungsanspruch durch 16-Stunden-Tage zu unterstreichen, verbunden mit dem Raubbau an der Gesundheit.

Starker Wille, Durchhaltevermögen, großes Fachwissen: Diese Eigenschaften einer klassischen Führungskraft verlieren an Bedeutung. »Die Zeiten sind vorbei, in denen eine Führungskraft morgens ins Büro kommt und im Kommandoton die anstehenden Aufgaben unter den Mitarbeitern verteilt«, stellt Helga Breuninger fest. »Heute kommt es den Unternehmen weit mehr auf die Persönlichkeit ihrer Führungskräfte an.« Eine Führungskraft – das sei nicht nur ein Manager, sondern immer auch ein Mensch. Konkret heißt das: Je mehr es gelingt, sein Führungsverhalten mit der eigenen Persönlichkeit in Einklang zu bringen, umso erfolgreicher dürfte die Karriere als Führungskraft ausfallen.

Welches sind nun die wichtigsten Fähigkeiten und Fertigkeiten, über die Sie verfügen sollten, wenn Sie sich für eine Führungskarriere entscheiden? Im Kern sind es folgende fünf Kompetenzen:

- Führungskompetenz
- Fach- und Methodenkompetenz
- Soziale Kompetenz
- Kommunikative Kompetenz
- Selbstkompetenz

Sicherlich gibt es Naturtalente, die das alles beherrschen. Oft jedoch werden Führungskräfte für ihre Tätigkeit zu wenig ausgebildet. Komplexe Führungsaufgaben lassen sich nicht mit einer technischen oder betriebswirtschaftlichen Ausbildung plus einige Tage Führungsseminar bewältigen, wie man immer noch in vielen Unternehmen glaubt. In der Praxis zeigt sich, dass eine solche »Schnellbleiche« nicht ausreicht.

Auch Tom befürchtet, der angebotenen Führungsaufgabe nicht gewachsen zu sein. Er beschließt, sich einige Tage Zeit zu nehmen, um sich über die an ihn gestellten Anforderungen klar zu werden. Lesen Sie in seinem Tagebuch, welche Fragen ihm dabei durch den Kopf gehen.

Im Folgenden lernen Sie die genannten fünf Kompetenzen näher kennen und können anhand von Checklisten eine Standortbestimmung vornehmen. Dabei ist klar: Zu 100 Prozent werden Sie diese Anforderungen kaum erfüllen. Trotzdem ist es sinnvoll, sich mit dem Idealbild einer Führungskraft auseinanderzusetzen. So erhalten Sie eine Entscheidungsgrundlage, ob Sie die Führungsposition annehmen möchten – und wenn ja, bei welchen Fähigkeiten Defizite bestehen und eine Weiterentwicklung angebracht erscheint. Auf welche Eigenschaften es im Einzelfall besonders ankommt, hängt von den Anforderungen der jeweiligen Funktion ab. Es gilt also, den Maßstab anzulegen, den in Ihrem konkreten Fall die angebotene Position vorgibt.

Führungskompetenz – warum Charisma allein nicht reicht

Gute Führung beruht auf Verlässlichkeit, Vertrauen und Kompetenz – Charisma oder Ausstrahlung der Führungskraft reichen dafür alleine nicht aus. Wenn Sie sich für eine Leitungsfunktion entscheiden, heißt das vor allem: Sie sind bereit, für eine Aufgabe, für die vereinbarten Ziele und für Ihre Mitarbeiter Verantwortung zu übernehmen. Sie engagieren sich für Ihre Aufgabe und fühlen sich dem Ergebnis verpflichtet.

Die folgende Checkliste hilft Ihnen, Ihre Führungskompetenz einzuschätzen. Wenn Sie eine Frage nicht mit »Ja« beantworten, lohnt es sich, sich mit dem betreffenden Aspekt noch einmal eingehender auseinanderzusetzen.

Top-10-Checkliste: Führungskompetenz

- **Interne Orientierung.** Haben Sie mit Blick auf Ihren Verantwortungsbereich klare Ziele, vielleicht auch eine Vision entwickelt – und sind Sie in der Lage, Ihren Mitarbeitern Orientierung zu geben?

- **Kundenorientierung.** Kennen Sie Ihre Kunden – und sorgen Sie in Ihrem Team beziehungsweise Ihrer Organisation für eine konsequente Kundenorientierung?
- **Ergebnisorientierung.** Setzen Sie anspruchsvolle, aber realistische Ziele, verbunden mit einer klaren Zuordnung der Verantwortlichkeiten?
- **Delegationsfähigkeit.** Haben Sie Vertrauen zu Ihren Mitarbeitern – und geben Sie Aufgaben konsequent ab, anstatt sie selbst zu erledigen?
- **Entscheidungsvermögen.** Können Sie wichtige Entscheidungen selbst treffen? Wissen Sie, wann Sie ein offizielles »Okay« von oben brauchen und wann Sie autonom handeln sollten?
- **Entscheidungsfähigkeit.** Können Sie schwierige Situationen schnell einschätzen? Und sind Sie in der Lage, Entscheidungen effizient zu treffen und auch tatsächlich umzusetzen?
- **Risikobereitschaft.** Wenn sich Ihnen eine Chance bietet, die Sie gerne ergreifen möchten – sind Sie bereit, zuzupacken und auch Risiken einzugehen?
- **Durchsetzungsvermögen.** Haben Sie die Fähigkeit, sich bei Widerstand oder widerstreitenden Meinungen im Team durchzusetzen?
- **Beharrlichkeit und Disziplin.** Haben Sie Mut, Energie und Ausdauer, um Ihre Ideen, Konzepte und Pläne konsequent in die Tat umzusetzen?
- **Leidenschaft.** Sind Sie mit Begeisterung bei Ihren Aufgaben? Zeigen Sie Leidenschaft für Ihre vielfältigen Führungsaufgaben?

Achtung!

Mitarbeiter erkennen schnell, wenn Sie führungs- und entscheidungsschwach sind. Da die Abteilungsziele erreicht werden müssen, übernimmt dann oft ein Mitarbeiter aus dem Team die Führungsaufgabe, die eigentlich bei Ihnen liegt. Er verhilft Ihnen zu einer guten Entscheidung, indem er diese optimal vorbereitet und intern absichert.

Mit solchen »Eigeninitiativen« können Sie zwar eine Zeit lang überleben, doch sollten Sie sich davor hüten, die Situation schönzureden, etwa in dem Tenor: »Wieso? Es funktioniert doch.« Sehr bald entstehen sogenannte »dotted lines«, das heißt, die disziplinarische Ordnung von Mitarbeiter zu Vorgesetztem löst sich auf: Ihr Mitarbeiter beauftragt den »Führungskollegen«, Themen bei Ihnen durchzubringen – und umgekehrt wählen andere Abteilungsleiter Ihren »Unter-Führer« als Ansprechpartner aus, um schnellere

Absprachen zu erzielen. Damit beginnt Ihre Autorität zu bröckeln. Über kurz oder lang stehen Sie auf dem Abstellgleis.

Fach- und Methodenkompetenz – in die Breite statt in die Tiefe

Zu Ihren Kernaufgaben als Führungskraft zählt, Unternehmensziele in konkrete Ziele für Ihre Mitarbeiter umzuwandeln. Als Dirigent legen Sie die Arbeitsabläufe fest und ordnen den Mitarbeitern ihre jeweiligen Rollen und damit Aufgaben zu. Sie stellen Pläne auf, identifizieren Teilziele, initiieren Projekte und vieles mehr. Für all das benötigen Sie methodische Kompetenz, aber auch fundiertes Fachwissen.

Die folgende Checkliste hilft Ihnen, Ihre Fach- und Methodenkompetenz einzuschätzen. Auch hier gilt: Wenn Sie eine Frage nicht mit »Ja« beantworten, lohnt es sich, den betreffenden Aspekt näher zu reflektieren.

Top-10-Checkliste: Fach- und Methodenkompetenz

- **Fundiertes Fachwissen.** Verfügen Sie in Ihrem Bereich über ein umfassendes Fachwissen, sodass Sie auch schwierige Sachverhalte schnell erfassen und einfach vermitteln können?
- **Lernfähigkeit.** Sind Sie lernfähig, etwa wenn es darum geht, Methoden zu verbessern oder bei Bedarf sich neues Fachwissen schnell anzueignen?
- **Analytische Fähigkeiten.** Verfügen Sie über analytischen Fähigkeiten, um Situationen rasch zu erfassen und schnell zu reagieren?
- **Konzeptionelle Fähigkeiten.** Viele Projekte sind auf größere Zeiträume angelegt. Haben Sie die Fähigkeit, auch solche längerfristigen Vorhaben zu konzipieren und so zu begleiten, dass die gesteckten Ziele erreicht werden?
- **Gestaltungswille.** Trauen Sie sich zu, ein Team oder eine Organisation zu gestalten? Können Sie den Beteiligten vermitteln, welchen Sinn die Veränderungen haben und wie sie künftig zum Erfolg des Unternehmens beitragen?
- **Delegationskompetenz.** Können Sie Aufgaben, Kompetenzen und Verantwortlichkeiten delegieren – und zwar so, dass diese Aufgaben effizient erledigt werden?

- **Motivationsfähigkeit.** Gelingt es Ihnen, Ihre Mitarbeiter vom Sinn der Aufgabe zu überzeugen und ein motivierendes Umfeld zu schaffen – und zwar so, dass außergewöhnliche Leistungen möglich werden?
- **Systemisches Denken.** Begreifen Sie Ihr Team und Ihr Umfeld als ein System? Verstehen Sie die Wirkungsweise dieses Systems, sodass Sie Einflussfaktoren und Wirkungen berücksichtigen können?
- **Innovatives Handeln.** Sind Sie risikobereit, offen für Neues oder Ungewohntes? Fördern Sie innovative Mitarbeiter und deren Ideen?
- **Problemlösekompetenz.** Besitzen Sie die Fähigkeit, unter Einbeziehung von Mitarbeitern Sachprobleme zu analysieren und strukturiert zu lösen?

Achtung!

So wichtig fundiertes Fachwissen ist: Es dient nicht dazu, die fachlichen Aufgaben selbst auszuführen. Neu ernannte Führungskräfte überschätzen häufig die Bedeutung des Fachwissens, was sich negativ auf ihre Führungsweise auswirken kann. Mitarbeiter erwarten keineswegs, dass ihr Vorgesetzter stets unschlagbar fachkompetent ist. Schon gar nicht erwarten sie, dass er ihnen detaillierte inhaltliche Vorgaben macht. Stattdessen möchten sie, dass er klare Ziele vorgibt – denn dann können sie zeigen, dass sie »etwas draufhaben«.

Sollten Sie als Quereinsteiger die Position übernehmen und fachlich nicht wirklich in der Materie stecken, geben Sie das den Mitarbeitern klar zu erkennen – und lassen Sie sich bei fachlichen Fragen durch entsprechende Experten aus Ihrem Team beraten. Zeigen Sie Ihr Interesse, Ihre Begeisterung und Ihre Zugehörigkeit. Erarbeiten Sie sich aber auch zügig die notwendigen fachlichen Grundlagen, um die Gesamtzusammenhänge selbst zu verstehen.

Soziale Kompetenz:
Lässt sich Chefsein überhaupt lernen?

Fachlich brillant, menschlich eine Katastrophe: Schon mancher Kandidat ist mit dieser niederschmetternden Erkenntnis aus einem Assessment Center für angehende Führungskräfte herausgekommen. Das mag bitter sein, denn der Zugang zu einer Führungsaufgabe im Unternehmen bleibt damit erst einmal verwehrt. Tatsächlich dürfte die Entscheidung jedoch berechtigt sein. Wie die Praxis nämlich zeigt, scheitern etwa 90 Prozent aller Führungskräfte im Berufsalltag nicht an mangelnden Fachkenntnissen, sondern weil ihnen soziale Kompetenzen fehlen.

Internationale Studien belegen, dass der Erfolg in einer Führungsposition zu etwa 50 Prozent auf fachlichen und methodischen Kompetenzen beruht. Für den Rest sind soziale Kompetenzen verantwortlich. Sie helfen, innere und äußere Konflikte zu lösen, und stehen für ein gutes menschliches Miteinander am Arbeitsplatz. Dazu gehört das gegenseitige Schätzen und Anerkennen von Führungskraft und Mitarbeitern.

Wenn Sie erstmals eine Führungsposition angeboten bekommen, ist die fehlende Führungserfahrung natürlich ein Manko. Woher sollen Sie wissen, ob Sie über die soziale Kompetenz verfügen, um Ihr Team erfolgreich zu führen? Eine Hilfestellung gibt Ihnen die folgende Checkliste. Versuchen Sie, sich hierzu in Ihre künftige Führungsposition hineinzuversetzen, und überlegen Sie, ob Sie die Fragen mit »Ja« beantworten können.

Top-10-Checkliste: Soziale Kompetenz

- **Präsenz.** Können Sie sich im »Hier und Jetzt« spürbar auf Ihre Führungsaufgabe einlassen? Sind Sie offen und ansprechbar? Hören Sie aktiv zu?
- **Offenheit.** Hören Sie sich alle Meinungen an und würdigen die verschiedenen Sichtweisen, bevor Sie sich (vorschnell) ein Urteil bilden?
- **Integrität.** Stehen Sie hinter dem, was Sie sagen? Können Sie diese Haltung gegenüber dem Team ebenso wie nach außen vertreten?
- **Konfliktbereitschaft.** Bleiben Sie auch in schwierigen Situationen standfest, um Ihr Gegenüber von Ihrem Standpunkt zu überzeugen?
- **Konfliktfähigkeit.** Unterschiedliche Ziel- und Wertvorstellungen führen zwangsläufig zu Konflikten. Erkennen und bewältigen Sie diese Konflikte? Erreichen Sie in Mitarbeitergesprächen konstruktive Lösungen?
- **Menschenkenntnis.** Sind Sie in der Lage, Mitarbeiter und Kollegen schnell einzuschätzen und ihre jeweiligen Stärken und Schwächen zu erkennen?
- **Einfühlungsvermögen.** Besitzen Sie das notwendige Einfühlungsvermögen, um Ihre Mitarbeiter zu verstehen und in der Folge leichter von einer Sache zu überzeugen?
- **Fehlertoleranz.** Wenn es nicht »rund« läuft: Sprechen Sie das Problem offen an? Stehen Sie hinter Ihren Leuten, auch wenn sie Fehler machen?

- **Loyalität.** Verhalten Sie sich integer und folgen Sie im Umgang mit Mitarbeitern und Kollegen den Regeln des Fair Play?
- **Teamkompetenz.** Sind Sie in der Lage, Interaktionen und gruppendynamische Prozesse in Teams aktiv zu gestalten und effizient in und mit Teams zu kooperieren?

Achtung!

Soziale Kompetenz drückt sich schon bei Ihrem ersten Auftritt als Führungskraft aus. Innerhalb von wenigen Minuten kann sich entscheiden, ob Sie als neuer Chef Ihren Mitarbeitern sympathisch und sozial kompetent erscheinen oder eben nicht.

Soziale Kompetenzen entscheiden häufig über den Erfolg und Misserfolg einer angehenden Führungskraft. Wer als Führungskraft in der Lage ist, auf andere Menschen einzugehen, um konstruktiv mit ihnen zusammenzuarbeiten, bleibt selbst in schwierigen Situationen handlungsfähig. Fehlen dagegen diese sozialen Kompetenzen, leidet die ganze Abteilung darunter. Konflikte und Reibungsverluste sind dann meist an der Tagesordnung.

Kommunikative Kompetenz – der Ton macht die Musik

Je höher auf der Karriereleiter eine Führungskraft steht, desto stärker sollte ihre Wirkung und Überzeugungskraft auf andere Menschen sein. Entscheidend hierfür ist ihre kommunikative Kompetenz: Sie ist gefragt als »Vermittler« und »Vernetzer«, muss Sachverhalte und Rahmenbedingungen verständlich darstellen und unterschiedliche Interessen in Einklang bringen. Im Umgang mit den Mitarbeitern kommt es auf Lob und Anerkennung an, aber ebenso auf die Fähigkeit, wertschätzend und nachvollziehbar Kritik zu äußern.

Die folgende Checkliste hilft Ihnen, Ihre kommunikative Kompetenz einzuschätzen.

Top-10-Checkliste: Kommunikative Kompetenz

- **Authentizität.** Zeigen Sie sich, wie Sie sind, sodass jeder weiß, woran er bei Ihnen ist?

- **Überzeugungsvermögen.** Können Sie Ihre eigenen Argumente anderen gegenüber folgerichtig, nachvollziehbar und überzeugend darstellen?
- **Durchsetzungsvermögen.** Sind Sie in der Lage, Ihre eigenen Standpunkte auch bei heftigem Gegenwind überzeugend darzustellen und in Auseinandersetzungen argumentativ zu bestehen?
- **Verhandlungsgeschick.** Sind Sie in Verhandlungen erfolgreich? Kommen Sie mit Vorgesetzten, Kunden, Lieferanten oder Kollegen zu guten Vereinbarungen?
- **Schlagfertigkeit.** Sind Sie in der Lage, verbale Angriffe schlagfertig zu parieren, sodass Ihre persönliche Souveränität trotz des Angriffs gewahrt bleibt?
- **Anpassungsvermögen.** Können Sie verschiedene Rollen einnehmen, je nachdem, welcher Mitarbeiter, Kollege oder Geschäftspartner Ihnen gegenübersitzt?
- **Feedbackfähigkeit.** Sind Sie es gewohnt, anstelle von pauschalem Lob oder pauschaler Kritik Feedback für konkrete Leistungen zu geben?
- **Kontaktfähigkeit.** Gehen Sie auf neue Kunden, Kollegen und Mitarbeiter offen, freundlich und sympathisch zu? Sind Sie dabei weder zu aufdringlich noch zu zurückhaltend?
- **Präsentationsfähigkeit.** Verstehen Sie es, Ihre Ideen, Konzepte, Leistungen oder Produkte vor anderen Personen überzeugend zu präsentieren?
- **Moderationsfähigkeit.** Können Sie Gespräche oder Besprechungen als weitgehend neutraler Beteiligter steuern und auf gemeinsame Ziele hinführen?

Achtung!

Im Laufe einer Führungskarriere begegnen Ihnen viele Situationen, in denen Sie sich gegen andere behaupten müssen. Der Fähigkeit, sich durchzusetzen, kommt daher eine enorme Bedeutung zu. Notwendig sind hierfür überzeugendes Auftreten, durchdachte Argumente und sehr gute Kommunikationsfähigkeit. Durchsetzungsvermögen heißt allerdings nicht, auf einem Standpunkt auch dann noch zu beharren, wenn die Fakten klar widersprechen. Zu erkennen, wann Sie besser einlenken, erfordert einiges an Gespür, das sich letztlich erst im Führungsalltag entwickelt. In Kursen und Workshops lassen sich hierfür die Grundlagen vermitteln, doch letztlich ist es wie beim Schwimmen: Um es richtig zu lernen, müssen Sie ins Wasser.

Stress lass nach! – Alles eine Frage der Selbstkompetenz

Die Zeiten sind turbulent. Führungskräfte sehen sich mit immer neuen Anforderungen konfrontiert. Globalisierung, Beschleunigung, Komplexität und permanente Präsenz und Bereitschaft prägen die moderne Arbeitswelt und geben den Takt vor. Eine Fehleinschätzung der eigenen Persönlichkeit kann da schnell dazu führen, in ein Missverhältnis zur Umwelt zu geraten.

Für eine erfolgreiche und gewissenhafte Führungskraft ist es deshalb unabdingbar, sich der eigenen Rolle, Identität und Verantwortung bewusst zu sein. Sie sollte ihre Grenzen wahrnehmen und setzen können, ebenso die eigenen und fremden Bedürfnisse und Emotionen erkennen. Nur so wird es gelingen, den manchmal nötigen Spagat zwischen eigenen Werten und Unternehmenszielen unbeschadet zu leisten.

Prüfen Sie daher anhand der folgenden Checkliste Ihre Selbstkompetenz.

Top-10-Checkliste: Selbstkompetenz

- **Verantwortung.** Sind Sie bereit, Verantwortung für sich selbst, für Mitarbeiter, Aufgaben und Prozesse zu übernehmen und die eigene Vorbildrolle auszufüllen?
- **Bewusstheit.** Sind Sie in der Lage, sich selbst bewusst wahrzunehmen? Kennen Sie sich und Ihre eigenen Stärken und Schwächen?
- **Selbstwahrnehmung.** Wissen Sie, woraus Sie Kraft und Energie ziehen? Haben Sie für sich einen Weg gefunden, um wieder aufzutanken, zur Ruhe zu kommen, sich zu entspannen?
- **Selbstvertrauen.** Besitzen Sie das notwendige Selbstvertrauen, um zum Beispiel andere Menschen führen zu können?
- **Distanzfähigkeit.** Besitzen Sie die Fähigkeit, sich auseichend distanziert mit verschiedenen Standpunkten auseinanderzusetzen, sodass Sie den Überblick wahren?
- **Selbstkritik.** Sind Sie in der Lage, eigene Fehler und Fehleinschätzungen festzustellen und einzugestehen (anstatt den Fehler eher woanders zu sehen)?

- **Prioritätensetzung.** Können Sie Wichtiges von Unwichtigem unterscheiden, also notwendige Prioritäten setzen und sich auf das Wesentliche konzentrieren?
- **Veränderungsbereitschaft.** Sind Sie offen für Veränderungen, auch wenn Sie persönlich davon betroffen sind?
- **Positives Denken.** Vermitteln Sie Vertrauen, strahlen Sie Zuversicht aus, verbreiten Sie auch in schwierigen Situationen Hoffnung und Optimismus?
- **Gelassenheit.** Haben Sie Ihre Emotionen im Griff und bewahren Sie auch in kritischen Situationen einen kühlen Kopf? Können Sie mit Kritik und Emotionen gut umgehen?

Achtung!

Gehen Sie davon aus, dass vom ersten Tag an viel Neues auf Sie einstürzen wird. Darauf müssen Sie reagieren – was ohne effizientes Zeitmanagement und gute Arbeitsorganisation kaum zu bewältigen ist. Wenn Sie regelmäßig 16 Stunden am Tag arbeiten und schon morgens übermüdet im Büro erscheinen, werden Ihre Mitarbeiter das bestenfalls mit einem Kopfschütteln quittieren. Ein souveräner Chef sieht anders aus!

Natürlich wird die zeitliche Belastung in der Anfangsphase groß sein, schließlich müssen Sie sich in Ihren neuen Job einarbeiten. Aber spätestens nach den berühmten ersten 100 Tagen sollte Ihr Arbeitspensum wieder ein Normalmaß erreicht haben.

Die Bedeutung der Gefühle: emotional kompetent handeln

»Gefühle sind die wichtigste Quelle für den Umgang mit uns selbst und der Welt«, sagt Helga Breuninger, »sie durchdringen unser gesamtes Führungshandeln.« Biologisch betrachtet sind Gefühle unabdingbar für unser Überleben und auch bezogen auf das Abenteuer Führung warnen sie uns vor Gefahren und lösen überlebenswichtige Handlungsimpulse aus. Das Besondere daran: »Gefühle sind um ein Vielfaches schneller als das Denken. Sie bringen uns blitzschnell zum Handeln, noch bevor unser Verstand das Geschehene überhaupt registriert.«

Während uns im Alltagsleben Gefühle ganz selbstverständlich begleiten, sind sie im Führungskontext eher negativ belastet – werden als peinlich erlebt, gelten fast als Tabu. Als Führungskraft Gefühle zu zeigen gilt als unprofessionell, weil es angeblich verletzlich und angreifbar macht. »Wir haben offenbar nicht gelernt, kompetent mit unseren Gefühlen umzugehen«, beobachtet Helga Breuninger. Die Folge davon sei, dass »Führungskräfte im Geschäftsleben ihre Emotionen kontrollieren, unterdrücken, ausblenden oder auch überspielen«. Dieses Professionalitätsverständnis sei so weit verbreitet, dass ihm sogar erfahrene Führungspersönlichkeiten erlägen: »Selbst wenn ein Manager in der Diskussion um eine wichtige Investitionsentscheidung in den ersten fünf Minuten spürt, dass die Investition ein Fehler ist, lässt er sich auf stundenlange Sitzungen und endlose Folienschlachten ein. Am Ende lässt er sich dann umstimmen und entscheidet gegen sein intuitives Gefühl.«

An solchen Beispielen wird deutlich, wie wichtig es für eine Führungskraft ist, mit ihren Gefühlen kompetent umzugehen. Wirkungsvolles Führungshandeln setzt Kompetenzen wie Präsenz, Empathie und Mitgefühl sowie gekonnte Kommunikation voraus. Die Führungskraft

- versteht es, sich auf Situationen einzulassen und im Hier und Jetzt präsent zu sein,
- hat die eigenen empathischen Fähigkeiten entdeckt und versteht es, diese weiterzuentwickeln und im Dialog gewinnbringend einzusetzen,
- verfügt über das notwendige Mitgefühl, um gegenüber den Mitarbeitern angemessen reagieren zu können,
- versteht es, gekonnt zu intervenieren und konstruktive Dialoge zu führen, anstatt sich in konfliktgeladenen Wortgefechten zu verstricken. Die Kunst liegt dabei eher im Zuhören als darin, bestimmte Kommunikationstechniken zu beherrschen.

»Mit emotionaler Kompetenz hält eine Führungskraft eine kraftvolle Waffe in Händen«, resümiert Helga Breuninger. »Wer sich darauf versteht, für den öffnen sich viele Türen.«

Unvorbereitet auf den Chefsessel

Allzu oft werden gute Leute ins kalte Wasser einer Führungsaufgabe geworfen, um zu sehen, ob sie schwimmen oder nicht. Der Jubel über den Aufstieg auf der Karriereleiter ist noch nicht richtig verklungen, da unterlaufen Ihnen schon die ersten gravierenden Fehler.

So wappnen Sie sich ...

- Starten Sie keine Führungskarriere, ohne sich selbst einer harten Prüfung zu unterziehen. Die Frage lautet: Bin ich wirklich bereit für meinen ersten Führungsjob?
- Setzen Sie sich ernsthaft damit auseinander, was Sie für einen Führungsjob mitbringen müssen. »Gut sein« allein ist zu wenig, aber denken Sie auch daran: Führen kann man lernen.
- Stellen Sie sich den neuen Anforderungen, die auf Sie warten. Das Schlimmste wäre, wenn Sie sich stattdessen lieber mit Fachfragen beschäftigen, nur um sich nicht auf unbekanntes Terrain zu begeben.
- Übernehmen Sie Verantwortung für Ihre Aufgabe, für Ihre Ziele und für Ihre Mitarbeiter. Bleiben Sie dabei stets aktiv und nehmen Sie die Dinge nicht einfach hin!
- Suchen Sie nach einem Vorbild, an dem Sie sich orientieren können. Machen Sie sich klar, warum diese Vorbild-Führungskraft Ihnen in bestimmten Punkten voraus ist.

Merlin, Gandalf oder Obi-Wan

Ein Mentor hilft, die bevorstehenden Abenteuer zu bestehen

> »Wer nicht weiß, wohin er will,
> darf sich nicht wundern,
> wenn er woanders ankommt.«
> *Mark Twain, amerik. Autor*

Früher oder später steht jede Führungskraft vor schwierigen Situationen und Entscheidungen. Wer hier unerfahren und auf sich alleine gestellt ist oder bestenfalls bei engen Freunden oder der Familie Rat holen kann, dürfte mit seinem Latein schnell am Ende sein. Fehlt in kritischen Lagen ein kompetenter Ratgeber, droht der Führungskarriere das vorzeitige Aus.

Ob er nun Merlin, Gandalf oder Obi-Wan heißt: Große Abenteurer haben fast immer einen Meister an ihrer Seite. Bei König Artus war es der Zauberer

Merlin, der bei der Suche nach dem Heiligen Gral half; mit seiner Weisheit und seinen Traumdeutungen war er für den König und die Ritter der Tafelrunde von unschätzbarem Wert. Auch Gandalf, eine der Hauptfiguren in den Romanen »Der Herr der Ringe« und »Der Hobbit«, spielt die Rolle des Meisters und Helfers: Als Weißer Reiter unterstützt er den Hobbit Frodo und seine Gefährten bei ihrem Kampf gegen das Böse. Der »Krieg der Sterne« kennt zwar keine Zauberer, aber in Obi-Wan Kenobi die Figur eines weisen Lehrmeisters, der sich des jungen Jedi-Ritters Anakin Skywalker annahm. Gemeinsam bestanden sie zahlreiche Abenteuer.

Die Idee von Meister und Schüler, wie wir sie aus der Artussage, dem Herrn der Ringe oder dem Krieg der Sterne kennen, hat eine fast 3000 Jahre alte Tradition. In der Odyssee des griechischen Schriftstellers Homer spielte Mentor, ein Freund von Odysseus, die Rolle des Beschützers und Ratgebers. Während Odysseus in den Krieg gegen Troja zog und viele gefährliche Abenteuer bestehen musste, kümmerte sich Mentor um dessen Sohn Telemachos. Er unterrichtete den Jungen nicht nur in den damals üblichen Disziplinen, sondern half ihm auch mit seinen Erfahrungen und Kontakten – er wurde für ihn zum Lehrer und Ratgeber.

Der Trojanische Krieg ist lange vorbei, Odysseus wohlbehalten in seine Heimat zurückgekehrt. Der Name »Mentor« indes hat sich bis heute gehalten. Er ist zum Synonym für eine geachtete und gebildete Persönlichkeit geworden, die einen jüngeren und weniger erfahrenen Menschen beim Übergang in eine neue Aufgabe begleitet und berät. Bill Clinton, Steven Spielberg, Henry Ford, Michael Jordan oder Mick Jagger: Sie alle hatten Mentoren, die ihnen auf ihrem Weg nach oben als Ratgeber zur Seite standen. Der Bestsellerautor Bodo Schäfer ist überzeugt: »99 Prozent aller erfolgreichen Menschen hatten einen Coach.« Befragt man Führungskräfte nach ihrem Werdegang, wird die große Rolle der Mentoren in der Tat deutlich. Ohne sie blieben einer jungen Führungskraft die Geheimnisse einer Firma meistens verborgen – und der Weg in die Chefetage oft verschlossen.

⚠ **Die große Gefahr!** Eine junge Führungskraft ist in schwierigen Situationen auf sich alleine gestellt. Sie hat keinen erfahrenen Ratgeber an ihrer Seite, der sie unterstützen kann.

Früh gescheitert: der Fall Thomas K

Nehmen wir das Beispiel von Thomas K, einer jungen Führungskraft in einem großen Softwareunternehmen. Die verkürzten Studienzeiten hatten dazu geführt, dass er schon sehr jung in den Beruf einstieg und in eine verantwortungsvolle Position aufrückte. Dass ihm jede Führungserfahrung fehlte – vor dieser Tatsache verschloss das Unternehmen die Augen. Stattdessen stellte es höchste Erwartungen an den Youngster, schließlich hatte man mit ihm ja einen der heiß begehrten High Potentials ergattert.

Thomas K wollte seinen Arbeitgeber nicht enttäuschen. Er riss ganze Projekte an sich, führte neue Prozesse ein – ohne zu realisieren, dass ihm für viele Aufgaben schlicht die Erfahrung fehlte. Sein forsches, gut gemeintes Auftreten wirkte auf Kollegen und Mitarbeiter überheblich, löste allenthalben Kopfschütteln aus. Krasse Selbstüberschätzung und mangelnde Selbstkritik, dazu Zeitdruck und übersteigerte Erwartungen vonseiten des Unternehmens hinderten ihn daran, seine Fehler zu erkennen und daraus zu lernen. Nach drei Monaten hielt man ihm vor, er sei für eine Führungsposition ungeeignet, und zum Ende der Probezeit wurde ihm gekündigt.

Allzu oft wissen die frischgebackenen Chefs nicht, was auf sie zukommt. Unvermittelt stehen sie vor Aufgaben, die sie noch nie gelöst haben. Zum Beispiel müssen sie erstmals Zielvereinbarungsgespräche führen oder womöglich Mitarbeiter entlassen. Hoher Erfolgsdruck, unklares Jobprofil, sich ständig ändernde Herausforderungen – einem Youngster wie Thomas K bleibt in vielen Unternehmen kaum die Zeit, in verantwortungsvolle Aufgaben hineinzuwachsen. So kommt es, dass der Jubel über den Karriereschritt oft nur kurz währt und schnell ängstlicheren Tönen weicht. Die Gefahr ist groß, in den ersten kritischen Wochen zu scheitern.

Doch was tun, um dieser Gefahr zu begegnen?

Eine Führungskraft fällt nicht vom Himmel. Auch ein High Potential braucht Zeit und Anleitung, um in eine Führungsaufgabe hineinzuwachsen. Es genügt nicht, darauf zu bauen, dass der Wunschkandidat ein guter Ingenieur oder Informatiker ist – getreu dem Motto: »Der ist ein guter Mann, der macht das schon …« Auch Führungsseminare helfen nur bedingt. Zwar lernen die Teilnehmer hier das Handwerkszeug für die wichtigsten Führungsaufgaben, alles in allem bleibt es jedoch bei »Trockenübungen«.

Es ist deshalb schon richtig, eine angehende Führungskraft ins kalte Wasser zu stoßen und ihr tatsächlich Führungsverantwortung zu übertragen. Nur wer sich mit echten Führungsaufgaben herumschlägt, erkennt seine Stärken und Schwächen – und kann sich entsprechend weiterentwickeln. Erst dann merkt er zum Beispiel, dass er dazu neigt, sich vor jeder Entscheidung mehrfach abzusichern, bevor er sich zu einem Ja oder Nein durchringt. Oder dass er sich scheut, mit einem Mitarbeiter Klartext zu reden, wenn dieser die geforderte Leistung nicht erbringt.

Der Fehler liegt oft darin, den Neuling im kalten Wasser zappeln zu lassen, wie es mit Thomas K geschehen ist. Stattdessen käme es darauf an, ihm einen

Begleiter zur Seite zu stellen, der fragwürdige Verhaltensmuster thematisiert und als erfahrener Ratgeber dabei hilft, die anstehenden Herausforderungen zu meistern.

Mit anderen Worten: Eine junge Führungskraft braucht einen Merlin, Gandalf oder Obi-Wan – einen Lehrmeister, der vor Gefahren warnt und in kritischen Situationen Rat weiß, der mit Wissen und Lebenserfahrung zur Seite steht und auch dabei hilft, sich in der neuen Umgebung zurechtzufinden. Unschätzbare Vorteile, die kein Führungsseminar bieten kann! Helga Breuninger rät insbesondere Frauen dazu, sich einen Mentor zu suchen: »Frauen können mit der Unsicherheit in der neuen Führungsrolle nicht so gut umgehen wie Männer.«

Was einen guten Mentor ausmacht

Vielleicht haben Sie das Glück, für eines der wenigen Unternehmen tätig zu sein, in denen »Mentoring« bereits selbstverständlich ist. Andernfalls stehen Sie als junge Führungskraft vor der Aufgabe, selbst einen Mentor zu suchen. Aber auch wenn die Firma Ihnen einen Mentor empfiehlt oder zur Seite stellt, sollten Sie die Wahl des Mentors mitentscheiden – denn ein erfolgreiches Mentoring setzt voraus, dass die Chemie zwischen Mentor und Mentee stimmt.

> **Nutzen Sie Ihren Mentor!** Mentoren sind erfahrene Führungskräfte. Sie haben in ihrem Leben schon so viel erlebt, dass ihnen kritische Punkte schnell auffallen und sie oft ebenso schnell Lösungen parat haben.

Ein guter Mentor ist für seinen Schützling, den »Mentee«, Vorbild, Ratgeber, Coach, Kritiker und Förderer in einer Person (siehe Abbildung 1.2):

- **Vorbild:** Der Mentor lässt den Mentee über die Schulter schauen – bei Verhandlungen, Kundenterminen und in wichtigen Meetings. Anschließend kommentiert er sein Verhalten und erklärt, welche Erfahrungen dahinterstehen.
- **Ratgeber:** Der Mentor begleitet und unterstützt seinen Mentee ganz praktisch in dessen Arbeitsalltag. Er gibt konkrete Tipps in schwierigen Situationen, kommentiert und kritisiert dessen Leistungen.
- **Coach:** Der Mentor schlüpft immer wieder in die Rolle eines Coachs, der seinen Schützling in Karrierefragen berät – wobei er (im Gegensatz zu einem »richtigen« Coach) nicht zwangsläufig neutral sein muss. Er kann beispielsweise über eigene Erfahrungen berichten.

- **Kritiker:** Der Mentor hilft dem jungen Talent, nicht die Bodenhaftung zu verlieren, und bewahrt ihn vor übertriebenem Ehrgeiz. Für die weitere Entwicklung des Mentees ist dieses ständige konstruktive Feedback von enormer Bedeutung.
- **Förderer:** Als erfahrener und gut vernetzter Manager versorgt der Mentor seinen Mentee mit nützlichen Kontakten. Er öffnet Türen, die ihm sonst verschlossen blieben.

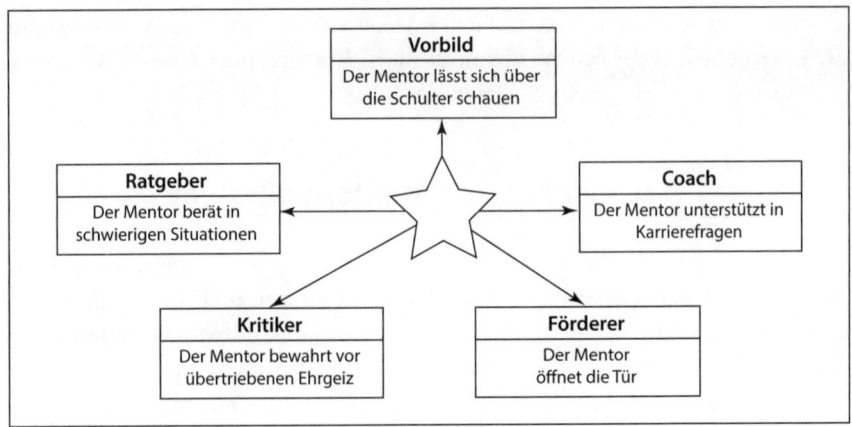

Abbildung 1.2: Die Funktionen eines Mentors

Gehen Sie bei der Suche nach dem Mentor als Erstes in Gedanken die Persönlichkeiten durch, die für Sie ein Vorbild sind und Ihre Werte leben. Gibt es einen solchen Menschen in Ihrer Umgebung – jemanden, der inmitten des »Hochgeschwindigkeitsalltags« seine inneren Werte vorlebt, eine kraftvolle Vision hat, immer klar und präsent ist? Das kann eine Führungskraft aus einer anderen Abteilung, ja sogar aus einem anderen Unternehmen sein.

Einen Mentor *innerhalb des eigenen Unternehmens* zu finden ist meist einfacher. Infrage kommende Kandidaten haben Sie schnell identifiziert und können aus diesem Kreis meist ohne allzu große Probleme einen Mentor gewinnen. Dieser Mentor kennt das Unternehmen und findet sich deshalb mit Ihren Anliegen schnell zurecht. Auch kann er dank seiner Beziehungen Türen öffnen, die ohne ihn vielleicht noch verschlossen blieben. Andererseits fehlt einem Mentor aus dem eigenen Unternehmen oftmals die Distanz zum Unternehmen, um Sie wirklich neutral begleiten zu können. Deshalb ist es wichtig, keine Führungskraft aus dem eigenen Arbeitsbereich als Mentor zu nehmen.

Weniger einfach ist es, einen Mentor *außerhalb des eigenen Unternehmens* zu finden. Ein solcher Mentor kennt zwar nicht die Interna Ihres Unternehmens, bringt dafür aber die notwendige Distanz mit. Er hat keine eigenen

Interessen im Unternehmen und kann sich deshalb vollständig auf Ihre Bedürfnisse und Ihre Entwicklung einstellen. Grundsätzlich gilt: Was zwischen Ihnen und dem Mentor besprochen wird, ist vertraulich. Dennoch dürfen Sie einem außenstehenden Mentor natürlich keine Betriebsgeheimnisse preisgeben. Blicken Sie bei der Wahl eines Mentors nicht allein auf dessen Position. Entscheidend sind viele weitere Aspekte. Zu ihnen zählen Sympathie, gegenseitige Achtung, Vertrauen, Respekt – und der gemeinsame Wunsch, gegenseitig bereichernd zu wirken.

> **Setzen Sie auf den richtigen Mentor!** Lassen Sie sich bei der Wahl eines Mentors nicht allein von Machtaspekten leiten. Sicher: Es mag verlockend sein, eine einflussreiche Person als Mentor zu gewinnen, doch das allein qualifiziert sie noch lange nicht, der richtige Mentor für Sie zu sein.

Im Idealfall ist Ihr Mentor erfolgreicher und erfahrener als Sie selbst. Er hat in vielerlei Hinsicht bereits erlebt und erreicht, was Sie noch vor sich haben. Als erfahrene Führungskraft kennt er alle jene Zwänge und Interessenkonflikte, mit denen Sie in Ihrer Führungsposition konfrontiert sein werden. Er versteht es, knifflige Situationen richtig einzuschätzen und als Rat- und Impulsgeber zu wirken. Auch erinnert er sich daran, dass er selbst einmal ein blutiger Anfänger war, der in viele Fettnäpfchen tappte und wegen so mancher Situation, die ihm heute nur ein müdes Lächeln abverlangt, selbst einmal nächtelang schlaflos im Bett lag.

Bei aller Souveränität versteht es ein guter Mentor auch, sich selbst zurückzunehmen. Gerade sehr erfolgreichen Managern fällt das oft schwer: Sie nehmen selbst die Zügel in die Hand, anstatt durch provokante Fragen oder gezielte Impulse Lernprozesse in Gang zu setzen. So entmutigen sie ihren Schützling eher, als dass sie ihm weiterhelfen.

Ein weiteres wichtiges Kriterium: Der Mentor braucht eine gewisse Distanz zu Ihrem Arbeitsbereich. Er sollte möglichst aus einem anderen Unternehmensbereich kommen oder zwei Hierarchiestufen über Ihnen stehen. Kollegen oder direkte Vorgesetzte sind für die Rolle eines Mentors vor allem aus zwei Gründen weniger geeignet:

1. Aufgrund der Nähe zueinander bestehen Zwänge und Interessenkonflikte, manchmal sogar Konkurrenzsituationen, die sich negativ auf das Mentoring auswirken können. Hängt etwa der eigene Erfolg des Mentors von Ihrem Aufgabenfeld mit ab, gerät er leicht in die Versuchung, Ihre Entscheidungen zu seinen Gunsten zu beeinflussen.
2. Kann der Mentor aufgrund seiner Position Ihr Einkommen und Ihre Karriere unmittelbar beeinflussen, werden Sie ihm kaum Ihre Schwächen

oder ähnlich heikle Themen anvertrauen. Doch genau diese Offenheit macht das Mentoring erst so richtig wertvoll.

Achten Sie deshalb darauf, einen Mentor finden, dem Sie sich wirklich anvertrauen können. Das kann eine Persönlichkeit sein, die ähnlich denkt und fühlt wie Sie selbst. Das erleichtert das gegenseitige Verständnis und hilft Ihnen, die Ratschläge Ihres Mentors anzunehmen. Doch auch ein Mentor mit sehr gegensätzlichen Haltungen kann ein »Erfolgsmodell« sein: Andere Einstellungen, Werte oder Denkweisen können Impulse geben und neue Horizonte eröffnen. Sie helfen, die noch unbekannte Welt als Führungskraft aus verschiedenen Blickwinkeln zu betrachten und für sich zu erschließen. Bei aller Unterschiedlichkeit bleibt aber entscheidend, dass Sie den Mentor als Vorbild und Lehrer anerkennen können.

Wie Sie Ihren Mentor finden

Bevor die Suche nach einem geeigneten Mentor beginnt, sollten die Voraussetzungen geklärt sein, unter denen das Mentoring stattfinden soll. Was genau möchten Sie erreichen? Im Grunde geht es um eine Auftragsklärung, die Sie im Vorfeld vornehmen. Dabei hilft es, folgende Fragen zu beantworten:

- **Was möchte ich mit dem Mentoring erreichen?** Geht es darum, bei wichtigen Entscheidungen punktuell Rat einzuholen – oder soll der Mentor über einen längeren Zeitraum regelmäßig Feedback geben?
- **Wie viel Zeit soll fürs Mentoring aufgewendet werden?** Gerade wenn der Mentor Sie über einen längeren Zeitraum kontinuierlich begleiten soll, sollte der Zeitrahmen klar abgesteckt sein. Damit sich eine tragfähige Arbeitsatmosphäre entwickeln kann, hat es sich bewährt, mindestens alle sechs Wochen für eine Stunde das Gespräch mit dem Mentor zu suchen.
- **Wer ist als Mentor geeignet?** Hier gilt es zu klären, ob Sie vor allem fachliche Unterstützung benötigen oder der Mentor Ihnen im Umgang mit Führungsaufgaben helfen soll. Im ersten Fall halten Sie nach einem ausgewiesenen Fachmann Ausschau, im zweiten nach einer erfahrenen Führungskraft.
- **Was macht mich für den Mentor interessant?** Erfolgreiches Mentoring ist stets durch Geben und Nehmen geprägt. Überlegen Sie daher, wie auch Ihr Mentor profitieren könnte. Das müssen keine großartigen Leistungen sein, mitunter genügt auch Ihre ehrliche Wertschätzung. Je attraktiver Sie jedoch für ihn sind, desto bereitwilliger wird er die Rolle des Mentors übernehmen.

Es kommt gar nicht so selten vor, dass unerfahrene Führungskräfte bei der Wahl ihres Mentors aufs falsche Pferd setzten. Sie lassen sich vom Ruf oder der Position blenden und merken nicht, dass die Voraussetzungen für eine vertrauensvolle Partnerschaft fehlen. Die folgende Checkliste hilft Ihnen, die richtige Wahl zu treffen. Je mehr Fragen Sie mit »Ja« beantworten, desto größer ist die Wahrscheinlichkeit, dass es sich um den richtigen Mentor handelt:

- Kann der »Kandidat« gut erklären und zuhören?
- Ermutigt er andere zu Eigeninitiative und Eigenverantwortung?
- Hat er Ausstrahlung, wird er als Führungskraft geschätzt?
- Weiß er, wie das Unternehmen »tickt«, kennt er die Zusammenhänge im Unternehmen?
- Hat er gute Kontakte zu anderen Personen im Unternehmen?
- Bringt er Fähigkeiten mit, die für meine weitere Entwicklung wichtig sind?
- Wird er als Sparringspartner und Ratgeber im Unternehmen geschätzt?
- Kann er die Leistung von anderen anerkennen und wertschätzen?
- Wirkt er auf mich vertrauenswürdig und zuverlässig?
- War er bereits Mentor einer anderen Person?
- Hat er genug Zeit, um mich als Mentor zu begleiten?

Phasen des Mentoring: von der Auswahl bis zur Auswertung

Ein Mentoring ist in der Regel auf eine bestimmte Zeit angelegt. Die üblichen Programme laufen ungefähr ein Jahr. Auch wenn das Unternehmen keinen festen Rahmen vorgibt, empfiehlt es sich, das Mentoring von Anfang an zeitlich zu begrenzen. Über eine Verlängerung lässt sich zu gegebener Zeit entscheiden – wobei es sich dann auch anbietet, dass der Mentee einen neuen Mentor sucht. So kann er auch andere Sichtweisen und Herangehensweisen kennenlernen.

Einen Überblick über den Ablauf eines Mentorings gibt folgende Einteilung in vier Phasen:

Auswahlphase (Matching) In der Auswahlphase finden Mentor und Mentee zusammen. Vor allem prüfen sie, ob die Chemie stimmt und eine enge, persönliche und vertrauensvolle Zusammenarbeit für beide Seiten möglich ist. Auch die zeitlichen Möglichkeiten werden ausgelotet – was vor allem aus Sicht des Mentees ein wichtiger Aspekt ist. Denn was nutzt es, einen hochrangigen Manager als Mentor zu gewinnen, wenn er für den Mentor-Job schlicht keine Zeit hat?

Vereinbarungsphase (Commitment) Hat man sich gefunden, folgt die Vereinbarungsphase. Mentor und Mentee stecken den Rahmen des Mentorings ab. Neben organisatorischen Fragen wie Ort oder Frequenz der Treffen geht es um die grundlegenden Aspekte des Mentorings: Welche Erwartungen haben Mentor und Mentee? Was soll erreicht werden? Wie soll es funktionieren? Um spätere Enttäuschungen zu vermeiden, ist es wichtig, realistische Ziele zu vereinbaren.

Arbeitsphase (Working) Während der Arbeitsphase treffen sich Mentor und Mentee regelmäßig, meist zu zwei- oder mehrstündigen Gesprächen. Der Mentor gibt Ratschläge und Tipps, hat aber nicht die Aufgabe, die Probleme seines Schützlings zu lösen. Die Umsetzung mit allen damit verbundenen Mühen ist allein Sache des Mentees.

Inhaltlich orientieren sich die Gespräche an den Zielen, die Mentor und Mentee in der Vereinbarungsphase festgelegt haben. Ein daraus abgeleiteter Themenplan bildet die Grundlage für die regelmäßigen Treffen und ermöglicht es dem Mentor, sich auf die einzelnen Termine vorzubereiten. Der Plan ermöglicht eine systematische Entwicklung und vermeidet, dass bei den Treffen kurzfristigen Ad-hoc-Themen dominieren. Ein neues Thema muss ganz bewusst auf die Agenda gesetzt werden – was selbstverständlich jederzeit möglich ist. Hatte der Mentee beispielsweise ein Problem bei einem kürzlich geführten Mitarbeitergespräch, lässt sich das Thema kurzfristig in den Plan aufnehmen und aktuell besprechen.

Auswertungsphase (Evaluation) In der Auswertungsphase blicken Mentor und Mentee auf die gemeinsame Arbeit zurück und bewerten die erreichten Veränderungen und Verbesserungen. Es folgen ein kleiner Ausblick und eine Vereinbarung, wie man weiter in Kontakt bleibt. Wichtig ist es jedoch, das Mentoring »offiziell« abzuschließen und diese besondere Form der Zusammenarbeit zu beenden. Für die Auswertungsphase genügt in der Regel ein Abschlussgespräch.

Das erste Treffen mit dem Mentor

Werfen wir noch einen Blick auf das erste Treffen mit dem Mentor. Von diesem Gespräch hängt maßgeblich ab, ob das Mentoring gelingt und tatsächlich eine konstruktive und vertrauensvolle Zusammenarbeit entsteht.

Das Wichtigste vorweg: Treten Sie auf keinen Fall als Bittsteller auf, sondern positionieren Sie sich als selbstbewusste Fachkraft oder selbstbewusster Young Professional. Nicht von ungefähr heißt es: Die besten Mentoren haben die besten Schüler. Das heißt aber auch: Ein Mentee muss sich einen richtig guten Mentor erst noch verdienen – etwa durch erste Erfolge oder ein überzeugendes Auftreten.

Ähnlich wie bei einer klassischen Bewerbung führt auch bei der Suche nach einem Mentor ein klares Profil am ehesten zum Ziel. Stehen Sie daher zu Ihren Stärken und Fähigkeiten, vertreten Sie im ersten Gespräch mit dem Mentor Ihre Standpunkte und Werte. Präsentieren Sie sich authentisch, verstellen Sie sich nicht. Zeigen Sie, dass Sie an Ihre Ziele glauben und nicht bei den ersten Schwierigkeiten aufgeben werden. Wie Sie diese Ziele erreichen wollen, müssen Sie noch nicht wissen – den Weg wollen Sie ja mit dem Mentor erst noch erarbeiten. Entscheidend ist aber, dass der Mentor Ihre Entschlossenheit spürt. Er möchte etwas von dem Geist sehen, der ihn selbst erfolgreich gemacht hat.

Letztlich kommt es darauf an, dass die Beziehung stimmt. Deshalb sollten Mentor und Mentee sich beim ersten Treffen intensiv kennenlernen und prüfen, ob eine vertrauensvolle Zusammenarbeit möglich ist. Hierfür können – quasi als Leitfaden für das Gespräch – folgende Fragen hilfreich sein:

- Wie sah unser bisheriger beruflicher Werdegang aus? Gab es Schlüsselerlebnisse?
- Welche Fähigkeiten und Erfahrungen können wir in die Beziehung einbringen?
- Welche Erwartungen und Befürchtungen haben wir hinsichtlich unserer Beziehung?
- Was will der Mentee erreichen und wobei kann der Mentor ihn unterstützen?
- Was ist innerhalb des Mentorings möglich und was nicht?
- Wie lange soll das Mentoring dauern? Wie oft und wo finden die Gespräche statt?
- Wie bleiben wir zwischen den Gesprächen in Kontakt?
- Welche Spielregeln gibt es untereinander?
- Wie vertraulich gehen wir mit den Inhalten der Gespräche um?
- Bei welchen Vorfällen brechen wir das Mentoring ab?
- Wann und wo findet das nächste Treffen statt?

Fordern Sie Ihren Ratgeber von Anfang an! Ein guter Mentor liebt Herausforderungen. Er möchte sich mit anspruchsvollen Themen beschäftigen. Achten Sie aber zugleich darauf, Ihren Mentor zeitlich nicht zu sehr zu beanspruchen, auch er muss mit seiner Zeit haushalten. Formulieren Sie Ihre Ziele und Anliegen so klar wie möglich, bereiten Sie die Treffen sorgfältig vor und halten Sie Ihren Mentor auf dem Laufenden. So zeigen Sie Zielstrebigkeit – und sorgen dafür, dass die wirklich wichtigen Punkte zur Sprache kommen.

Mittlerweile reift bei Tom der Entschluss, den Führungsjob anzunehmen. Noch ist er sich allerdings nicht ganz sicher – und so kommt er auf die Idee, sich nach einem Mentor umzusehen: Das Gespräch mit dem Mentor soll ihm letzte Gewissheit bei seiner Entscheidung bringen. Wer Toms Mentor wird und was er mit ihm bespricht, erfahren Sie in seinem Tagebuch.

Ohne Unterstützung Neuland betreten

Gute Führungskräfte fallen nicht vom Himmel, sie müssen sich erst noch entwickeln. Dabei wird die Bedeutung eines Mentors meistens weit unterschätzt, wenn es darum geht, bei den bevorstehenden Abenteuern nicht völlig auf sich alleine gestellt zu sein. Fakt bleibt: Wenn Sie eine Führungsposition annehmen, betreten Sie Neuland – immer auch mit der Gefahr des Scheiterns.

So wappnen Sie sich ...

- Erweitern Sie Ihre Perspektive. Was erwartet Ihr Chef und was verlangen Ihre Mitarbeiter?
- Übernehmen Sie Verantwortung für Ihre Aufgabe, für Ihre Ziele und für Ihre Mitarbeiter. Bleiben Sie dabei stets aktiv und nehmen Sie die Dinge nicht einfach hin!
- Machen Sie sich fachlich so weit fit, dass Sie die Zusammenhänge verstehen und Entscheidungen aus eigener Beurteilung treffen können.
- Suchen Sie nach einem Vorbild, an dem Sie sich orientieren können. Machen Sie sich klar, warum diese Vorbild-Führungskraft Ihnen in bestimmten Punkten voraus ist.
- Planen Sie für die Vorbereitung auf Ihre neue Aufgabe ausreichend Zeit ein. Finden Sie heraus, wie Ihr neues betriebliches Umfeld funktioniert.

Helga Breuninger im Interview
»Man muss bereit sein, sich auf dieses Abenteuer einzulassen.«

Frau Breuninger, Sie stehen für eine moderne Form der Führung, die mit alten Klischees und Rollenbildern aufräumt. Wir würden Sie Ihr Führungsverständnis umschreiben? Ich stehe für eine hierarchiearme Führung, bei der die Menschen beteiligt werden. Das ist die beste Motivation und führt zu Ownership und eigenverantwortlichem Handeln. Kontrolle von erwachsenen Menschen durch Führungskräfte finde ich würdelos. Zeitgemäße Führung heißt für mich, wertschätzende Beziehungen mit den Mitarbeitern zu pflegen. Wenn Menschen gesehen werden, bringen sie mehr Leistung und sind zufriedener. Wir haben viele empirische Studien, die belegen, dass alle Exzellenz-Teams eine solche Führung auf Augenhöhe praktizieren.

Wie genau muss man sich diese Form der Führung vorstellen? Lassen Sie mich das bildlich darstellen (siehe Abbildung 1.3): Im einen Fall hat der Chef Übung darin, dem Mitarbeiter auf Augenhöhe zu begegnen und ihn an der anstehenden Arbeit zu beteiligen. Der Chef tauscht sich mit seinen Mitarbeitern aus, bindet sie frühzeitig in Entscheidungen mit ein. Der andere Fall ist eine rangorientierte, hierarchische Führung – der Chef gibt Anordnungen. Sie bedingt ein anderes Persönlichkeitsprofil, auch einen anderen Führungsstil.

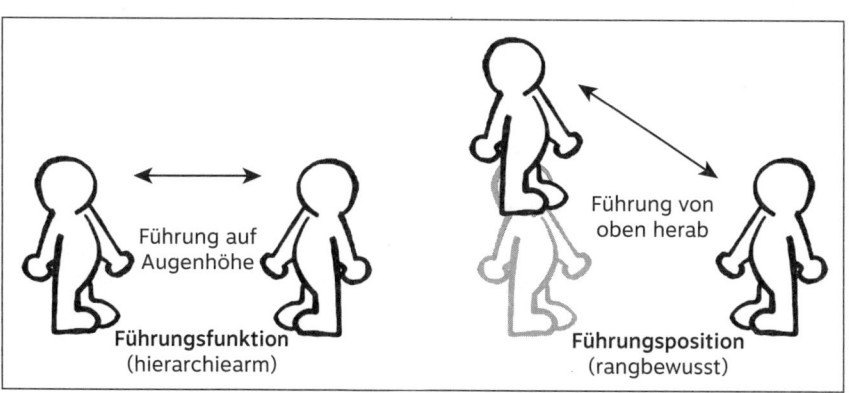

Abbildung 1.3: Führungsfunktion versus Führungsposition

Welches ist im Falle der hierarchiearmen Führung die Rolle der Führungskraft? Die Führungskraft ist dann Teil des Teams. Führung ist für sie eine »Funktion« und keine »Position«. Genau darin liegt der Unterschied: Wer Führung als eine Position begreift, bewegt sich automatisch nach oben und führt von oben herab. Wer dagegen Führung als eine Funktion ansieht, bewegt sich horizontal auf Augenhöhe – mal mit mehr Distanz, mal mit weniger Distanz. Ihm fällt es auch leichter, diese Funktion an andere abzugeben.

Wie sehen in diesem Modell die Beziehungen zwischen der Führungskraft und den Mitarbeitern aus? Als Psychologin weiß ich, dass die Emotionen zwischen uns fast das Wichtigste sind. Wenn ich für einen Menschen und mit einem Menschen gerne arbeite, bekommt er von mir viel mehr, als wenn ich nur ungern für ihn und mit ihm arbeite. Entscheidend ist das Verhalten im Konflikt – dass da nicht wieder das hierarchische Verhältnis aufbricht: »Der ist der Mächtige, der Ranghöhere, vor dem ich Angst habe.« Das schadet der Beziehung. Was vorher fröhlich und herzlich war, geht im Konflikt verloren. Plötzlich ist der Mitarbeiter sehr reserviert, weil er rangniedriger ist und sich nicht getraut, etwas zu sagen, das dem Vorgesetzten nicht gefällt.

Wie sind Sie auf dieses Führungsmodell gekommen? Als Frau! Männer und Frauen sind biologisch grundverschieden. Männer markieren gerne ihr Revier, um zu signalisieren, dass sie im Rang höher stehen und hier das Sagen haben. Wir Frauen haben das mit dem Rang nicht so drauf, also müssen wir etwas anderes können.

Was machen Frauen in der Führung anders? Hinsichtlich der emotionalen Intelligenz sind wir Frauen einfach besser ausgestattet. Wir haben im Gehirn doppelt so viele Spiegelneuronen wie die Männer. Diese Spiegelneuronen sind unsere Hardware, um uns einzufühlen. Die brauchen wir, damit wir als Mutter die Bedürfnisse unseres Babys erkennen, das sich noch nicht artikulieren kann. Durch diesen Überschuss an Spiegelneuronen spüren wir als Frau auch gleich, wenn es dem anderen schlecht geht – und dann leiden wir mit.

Mit diesen Unterschiedlichkeiten muss man lernen zu leben ... Stimmt! Dazu gehört auch die Kompetenz, dass wir uns mit unserer Empathie und unserem Mitgefühl nicht selbst schwächen. Ein Beispiel: Wenn mein Gegenüber einen schlechten Tag hat, fühle ich mit ihm – und es geht mir selbst schlechter. Ich schwäche mich mit meiner Empathie. An dieser Stelle müssen wir Frauen lernen, aus unserer Empathie herauszukommen. Wir müssen unserem Mitarbeiter zutrauen, dass er mit seinem schlechten Tag selbst fertig wird. Auch der Mitarbeiter benötigt diese Distanz, damit er den Raum hat, um zu wachsen.

Und was machen Männer anders? Nehmen wir dazu ein Beispiel. Eine 80-jährige kranke Frau hat einen Sohn und eine Tochter. Sie ruft die beiden täglich an, weil sie dringend den Kontakt zu Angehörigen braucht. Der Sohn freut sich über den Anruf, spricht mir ihr, liest aber parallel noch einige Nachrichten in seinem Touchpad. Er ist präsent, redet mit seiner Mutter, weiß aber, dass er ohnehin nichts ausrichten kann – er ist ja schließlich kein Arzt. Er bleibt im Kontakt, fühlt sich aber nicht so sehr ein in seine Mutter. Er legt nach einer halben Stunde auf, freut sich, dass er für seine Mutter da sein konnte – und fühlt sich gut dabei. Ganz anders die Tochter: Sie fühlt mit, spürt den Schmerz ihrer Mutter und ist nach dem Gespräch erledigt. Sie schwächt sich also mit ihrer Empathie. Frauen müssen lernen, aus der Empathie zu gehen, während Männer lernen müssen, mit den wenigen Spiegelneuronen, die sie haben, wenigstens kurzzeitig in die Empathie zu gehen.

Das erfordert viel emotionale Kompetenz! Ja, zumal im Konfliktfall. Damit der Umgang auf Augenhöhe auch dann noch funktioniert, braucht es Rollenklarheit. Ich muss schon klar signalisieren: »Ich sitze jetzt hier als Ihre Chefin« – erwarte aber auch vom Mitarbeiter, dass er für seine jeweiligen Aufgaben Verantwortung übernimmt. Ich mache also von Anfang an klar, dass ich die Chefin bin, ihn beteilige und in der Verantwortung sehe. So kann Führung auf Augenhöhe funktionieren.

Als Unternehmensberaterin begleiten Sie viele Familienunternehmen, in denen der Generationswechsel ansteht. Früher war es selbstverständlich, dass der älteste Sohn die Firma übernimmt, heute kommen auch immer öfter Frauen zum Zuge. Woran liegt das? Töchter wollen Väter nicht ersetzen. Diese Gefahr besteht aber, wenn die Firma auf den Sohn übertragen wird: Wenn Söhne es den Vätern recht machen wollen, bleiben neue Ideen und Impulse aus. Wenn sie mit dem Vater konkurrieren, belastet der Konflikt Firma und Familie.

Wie sieht Ihrer Ansicht nach ein idealer Generationswechsel aus? Man sollte den Nachfolger früh genug in die Firma holen. Um einen jahreszeitlichen Vergleich zu strapazieren: lieber im Herbst als im Winter. Man kann sich da zwei Bäume vorstellen: einen Herbstbaum, mithin der Vater, und einen grünen Baum, mithin der potenzielle Nachfolger. Auf der einen Seite steht die Erfahrung, auf der anderen stehen neue Ideen und oft eine gute Ausbildung. Das ergänzt sich! Im Kraftfeld zwischen den beiden Bäumen kann sich eine neue Dynamik entwickeln. Je länger sie nebeneinanderstehen, desto mehr kann der junge Baum vom alten profitieren – und desto besser gelingt der schrittweise Rückzug des Vaters. Immer häufiger behaupten sich auch Frauen in diesem Kraftfeld und treten die Nachfolge des Firmenchefs an oder werden zumindest Teil der Firmenleitung.

... was nichts daran ändert, dass es allgemein noch zu wenig Frauen in Führungspositionen gibt. **Woran liegt das?** Oft liegt es daran, dass sie sich zu wenig trauen, Chefin zu werden. In meiner langjährigen Beratungsarbeit bei der Nachfolge in Familienunternehmen hat kein einziger Sohn mich jemals gefragt, ob ich ihm zutraue, dass er die Firma weiterführt. Ganz anders die Töchter, die durchweg auf mich zukamen und als Erstes gefragt haben: »Frau Breuninger, trauen Sie mir zu, dass ich das Unternehmen führe?«

Woran liegt das? Die meisten Frauen haben Angst vor Fehlern, vor falschen Entscheidungen und scheuen deshalb die Führungsverantwortung. Sie wollen eine Atmosphäre von Sicherheit und Zugehörigkeit schaffen und dafür von ihren Mitarbeitern auch gemocht werden. Sie wissen, dass Führung oft unpopuläre Entscheidungen durchsetzen muss. Das setzt Frauen emotional unter Druck – und wenn Entlassungen anstehen, machen sie nachts kein Auge mehr zu.

Und wie sieht das bei Männern aus? Kann es sein, dass Männer eher eine Führungsposition anstreben? Klar, das hat etwas mit Status zu tun. Aber es geht auch darum, dass Männer eine stärkere Rangsensibilität haben, sie wollen Chef und im Rang höher sein. Sie laufen damit natürlich Gefahr, dass sie sich überschätzen.

Warum sind Frauen da so anders? Fehlt es an Selbstbewusstsein, brauchen sie die Bestätigung? Ich glaube, dass Frauen es inhaltlich richtig machen möchten und in ihrem Umfeld verlässlich und menschlich auftreten wollen. Viele Frauen sind sehr gut und sehr gewissenhaft auf der Sachebene. Das ist ihre Komfortzone, da fühlen sie sich wohl. Wenn sie aber eine Führungsrolle übernehmen, liegt ihre Aufgabe darin, gerade in unsicheren Situationen souverän aufzutreten, Zuversicht auszustrahlen, ihre Sachbearbeiterinnen zu führen, Konflikte zu regeln und eine gute Atmosphäre zu schaffen. Vor allem aber müssen sie ihre Sachkompetenz abgeben und loslassen. Das fällt Frauen oft schwer. Männer sind da anders. Sie wollen lieber delegieren, als so viel auf der Sachebene zu machen. Frauen fühlen sich sicher, wenn sie fleißig sind, Kontrolle haben und im Detail alles beherrschen. Dahinter steckt die Angst vor Kontrollverlust.

Es gibt doch aber auch Frauen, die Macht ausüben? Macht und Kontrolle ist für Frauen oft ein Thema. Männer, die Macht ausüben, tun dies meistens, um ihren Rang zu dokumentieren. Frauen, die Macht ausüben, haben wenig Vertrauen in Beziehungen, glauben, sich immer behaupten und durchsetzen zu müssen, und haben letztendlich Angst davor, dominiert zu werden. Da dominieren sie lieber die anderen. Macht dient ihnen dann dazu, sich zu schützen. Sie flüchten sich nach oben, in die Führungsposition, und kaschieren die emotionale Unsicherheit durch Machtausübung. Sie geben vor, souverän zu sein, sind es aber gar nicht. Die Mitarbeiter spüren das – mit Ranghöhe oder Position kann man eigene Unsicherheit nicht überspielen.

Führung heißt ja auch, sich in unserer schnelllebigen Zeit auf ein Abenteuer einzulassen, bereit zu sein, mit der neuen Aufgabe ein unbekanntes Terrain zu betreten und ein Risiko einzugehen ... Ich glaube, dass Frauen mit Unsicherheit nicht so gut umgehen können wie Männer. Sie wollen alles perfekt und »richtig« machen. Das gibt ihnen Sicherheit. In Führungspositionen gibt es aber wenig Sicherheit. Vermutlich ist das einer der Hauptgründe, warum man Frauen eher ermutigen muss, sich auf das Abenteuer Führung einzulassen, während man viele Männer bremsen muss, weil sie sich heillos überschätzen und Hals über Kopf in das Abenteuer stürzen. Grundsätzlich muss sich jeder die Frage stellen, ob ihm Unsicherheit Angst macht oder ob ihn Unsicherheit herausfordert: Bin ich eher ein Sicherheitsfreak oder bin ich ein Abenteurer? Sehe ich die Ungewissheit als Risiko mit Wachstumschancen oder als drohende Gefahren, vor denen ich mich schützen muss?

Das klingt ja fast, als wollten Sie nur Abenteurer haben ... *(lacht)* Wenn man eine Führungsaufgabe übernimmt, muss man bereit sein, sich auf dieses Abenteuer einzulassen und mit Risikointelligenz führen. Man wächst an jeder Herausforderung! Eine Führungskraft sollte jedoch realistisch einschätzen, welche Lösungen sie sich zutraut und welche nicht. Professionelle Führung akzeptiert Grenzen, Ängste und Überforderung. Das sollte sich die Führungskraft eingestehen und auch professionelle Hilfe von außen holen. Ohne die Außenperspektive durch unabhängige Berater bleibt Führung in der eigenen Wahrnehmung gefangen: Wichtige Fragen werden nicht gestellt und damit auch nicht beantwortet. Ein Hasardeur hat beim Abenteuer Führung nichts verloren, genauso wenig wie ein Hans Guck-in-die-Luft oder ein Angsthase.

Etappe 2

Das Abenteuer beginnt
Die ersten Tage und Wochen in der neuen Aufgabe

»Ich bin jetzt verantwortlich für den Laden!« Es ist Ihr erster Tag auf der neuen Position. Ihren Mitarbeitern haben Sie sich vorgestellt, erstmals nehmen Sie auf dem Chefsessel Platz und atmen kräftig durch. Sie sind stolz auf Ihre neue Position, aber ein wenig bange mag Ihnen vielleicht doch sein. Viele Gedanken schießen Ihnen durch den Kopf: War das richtig, was ich gerade gesagt habe? Wie ist es angekommen? Wie reagieren die Mitarbeiter, die meinen Job ebenfalls gerne übernommen hätten? Kann ich den Führungskollegen trauen oder verstecken sie sich?

»Wer eine Führungsaufgabe neu übernimmt, fühlt sich zunächst schon etwas wackelig«, beschreibt Menno Harms diese Situation. Der Topmanager hat über viele Jahre das Gesicht von Hewlett-Packard in Deutschland geprägt. Noch heute lenkt er als Chef des Aufsichtsrats die Geschicke des Unternehmens. Jungen Führungskräften rät er, sich auf der neuen Position erst einmal zurückzuhalten. Zuhören und Beobachten sei das Gebot der Stunde, in den ersten 100 Tagen komme es darauf an, sich zu orientieren und das Vertrauen der Mitarbeiter zu gewinnen. »Ich halte diese 100-Tage-Regel durchaus für vernünftig. Danach kann man die Zügel langsam anziehen und auch seine eigenen Duftmarken setzen.«

Die ersten 100 Tage – das ist das Thema von Etappe 2. Die Schwelle vom Mitarbeiter zur Führungskraft ist überschritten, eine neue Welt öffnet sich. Das Abenteuer beginnt.

Begleiter auf der Etappe: Menno Harms

Menno Harms erinnert sich noch gut an den Anfang seiner Karriere als Führungskraft. Sie ist eng mit dem ersten Tischrechner HP-9100A von Hewlett-Packard verbunden. Zunächst wurde er damit betraut, zusammen mit einem Kollegen die Produktion dieses Rechners aus einer HP-Division in Colorado nach Böblingen zu transferieren. Dann erhielt er den Auftrag, im HP GmbH-Marketing eine Gruppe aufzubauen, die dem Tischrechner europaweit zum Durchbruch verhelfen sollte.

Die Aufgabe war neu, es gab deshalb noch kein Team, das er übernehmen konnte. Er musste seine Mitarbeiter neu einstellen – für eine junge Führungskraft eine echte Herausforderung. Besonderen Wert legte er darauf, dass die Mitarbeiter, die er einstellte, ebenso begeistert vom HP-9100A waren wie er selbst. Darin sah er einen entscheidenden Erfolgsfaktor. Das Geschäft mit dem Tischrechner expandierte. »Das Umsatzwachstum war enorm«, erinnert sich Menno Harms. Noch heute kommt er ins Schwärmen, wenn er an diese Zeit zurückdenkt: »Ich musste auf keine Ansprüche Rücksicht nehmen und konnte meine Vorstellungen voll und ganz verwirklichen. Eine solche Situation findet man nicht oft!«

Seine weitere Karriere führte Menno Harms in den Medizinelektronik-Bereich von HP, den er ab 1986 als Europa-Chef leitete. Sieben Jahre später wurde er Vorsitzender der Geschäftsführung der deutschen HP-Niederlassung, was er mit einer Unterbrechung bis 2004 blieb. Danach wechselte er in den GmbH-Aufsichtsrat. Ein wichtiges Anliegen ist für ihn das Thema bewusste Umsetzung von zukunftsfähiger Führung in der Praxis. Zusammen mit 20 Weggefährten gründete er 2013 die Initiative für Zukunftsfähige Führung (IZF) e.V.

Ausblick auf die Etappe

Die Etappe beginnt mit Tag 1 im neuen Job – und möchte sicher durch die ersten Wochen und Monate geleiten. Eine besondere Bedeutung kommt gleich dem ersten Tag zu: Alle Augen sind auf den neuen Chef gerichtet, gespannt warten die Mitarbeiter auf seine ersten Worte und Taten. Im Kapitel »Der Sprung ins kalte Wasser« erfahren Sie, wie Sie mit Schwung und frischem Mut, aber ohne Arroganz und Überheblichkeit den Einstieg als neue Führungskraft meistern. Hierbei bietet die Antrittsrede vor den Mitarbeitern eine einmalige Chance, sich selbst zu präsentieren und Vorbehalte abzubauen.

Doch nicht nur das Verhältnis zu den Mitarbeitern entscheidet über den Erfolg, sondern auch der gute Kontakt zum eigenen Chef. Es gilt, mit ihm ins Gespräch zu kommen und die Voraussetzungen für spätere Erfolge auszuhandeln. Wie Sie die notwendige Rückendeckung »von oben« bekommen, erfahren Sie im Kapitel »Hohe Erwartungen«.

Während der ersten Tagen und Wochen stehen Sie unter verschärfter Beobachtung. Das Management verfolgt, wie Sie sich im Vergleich zu Ihrem Vorgänger schlagen – und die Mitarbeiter überwachen mit Argusaugen jeden Ihrer Schritte. Das Kapitel »Aufregende Tage« beschreibt, wie Sie unter diesen Bedingungen als Führungskraft Fuß fassen und eine positive Dynamik entwickeln.

Die Schonzeit ist schnell vorüber. Von Ihnen wird erwartet, dass Sie etwas bewegen und erste Ergebnisse präsentieren. Notwendig ist deshalb ein schneller Lageüberblick, um Fehler zu vermeiden und die Prioritäten richtig zu setzen. Das Kapitel »Sondierung der Lage« zeigt, wie Sie die Lage einschätzen, und das Kapitel »Auf in den Kampf« erklärt, wie Sie auf dieser Grundlage einen gut durchdachten Schlachtplan entwickeln, hinter dem auch die Mitarbeiter stehen.

Tom hat nach langem Hin und Her beschlossen, die neue Herausforderung anzunehmen und seine erste Führungsposition anzutreten. So ganz wohl ist ihm dabei nicht. Geschäftsleitung, Kollegen, ja selbst Kunden setzen große Erwartungen in ihn. Tom weiß, dass er sich für die erste Zeit einen guten Plan zurechtlegen muss ... Mehr dazu erfahren Sie in Toms Tagebuch.

Der Sprung ins kalte Wasser
Der erste Eindruck entscheidet

> »You never get a second chance,
> to make a first impression.«
> *Harlan Hogan, amerik. Autor*

Die ersten Tage im neuen Job sind entscheidend. Viele Führungskräfte unterschätzen die Bedeutung des ersten Eindrucks, den sie bei ihren Mitarbeitern hinterlassen. In kürzester Zeit machen diese sich ein Bild von ihrem neuen Chef – und dieses Bild kann für die nächsten Wochen und Monate prägend sein.

Geschafft, der ersehnte Tag ist da – endlich Chef! Lange hatte Thomas L darauf hingearbeitet, Führungsverantwortung übernehmen zu dürfen. Nun ließ er seinen langjährigen Job als Projektleiter für Kundenprojekte hinter sich und wechselte auf eine Teamleiterstelle ins Controlling. Zuversichtlich trat er seinen neuen Job an: Führungserfahrung hatte er ja gewissermaßen schon in seiner Rolle als Projektleiter gesammelt. Und auch das Controlling war für ihn nichts wirklich Neues, schließlich hatte er sich bei seinen Projekten immer wieder mit den Controllern abstimmen müssen.

So stand am ersten Arbeitstag, pünktlich um 8 Uhr, ein hoch motivierter Thomas L auf der Matte. Etwas überrascht stellte er fest, dass niemand da war. Es klingelten bereits die ersten Telefone, als er noch immer auf das Eintreffen seiner Mitarbeiter wartete. Allmählich trudelten die letzten ein, nahmen sich erst einmal eine Tasse Kaffee und tratschten mit den Kollegen. Ein ganz normaler Arbeitstag? Thomas L konnte es nicht fassen. Solches Verhalten wäre bei den Mitgliedern seiner Projekte undenkbar gewesen – wie hätte das denn vor den Kunden ausgesehen!?

Verärgert nimmt sich Thomas L den letzten Zuspätkommer vor versammelter Mannschaft zur Brust. »Ich trage hier jetzt die Verantwortung«, fuhr er ihn an, »und einen solchen Schlendrian wird es bei mir nicht geben.« Da er gerade am Reden war, leitete er von seiner Standpauke direkt in seine Antrittsrede über: Er freue sich, dass er als Teamleiter nun für das Controlling zuständig sei. Getreu dem Motto »Neue Besen kehren gut« prangerte er Missstände an und kündigte für die kommenden Wochen Veränderungen an. »So, und nun lasst uns aber in die Hände spucken!«, schloss er seinen Vortrag.

Einige Tage später dämmerte es Thomas L, dass der Start misslungen war. Der Schwung und Elan, mit dem er angetreten war, hatte die Mitarbeiter nicht mitgerissen. Ganz im Gegenteil hatte sein Verhalten offensichtlich blanke Ablehnung hervorgerufen.

Zunächst zeigt dieses Beispiel: Wer schon mit einer Standpauke beginnt, darf sich nicht wundern, dass seine Mitarbeiter sich gegen ihn in Stellung bringen. Floskeln, die als Abwertung oder Kritik verstanden werden können, wirken selbstgerecht und haben in einer Antrittsrede nichts zu suchen. Statt sich selbst in den Vordergrund zu stellen, hätte Thomas L auf die künftige Zusammenarbeit abstellen sollen. Anstatt die Loyalität seiner Mitarbeiter mit geradezu brachialer Gewalt erzwingen zu wollen, hätte er seinem Team besser ein paar Tage Zeit gegeben, um sich an die neue Situation zu gewöhnen.

Vor allem aber zeigt das Beispiel von Thomas L, wie entscheidend die ersten Tage sind. Ganz gleich, ob man Sie schon kennt oder ob Sie neu ins Unternehmen kommen: Bei Ihrem Antritt stehen Sie unter einer verschärften Beobachtung. Vom ersten Eindruck, den Sie auf Ihre Mitarbeiter, Ihre neuen Vorgesetzten und die Kollegen machen, hängt ab, ob Sie in der neuen Rolle akzeptiert werden.

> ☠ **Die große Gefahr!** Die Führungskraft verpatzt ihren Einstieg in die neue Position. Die Mitarbeiter erhalten ein unglückliches Bild von der Führungskraft, das sich nur noch schwer korrigieren lässt.

Gleich zu Beginn gilt es also, zu zeigen, dass Sie das Zeug für eine Führungskraft haben. Souveränes Auftreten und Authentizität sind in dieser kritischen Phase wichtiger, als fachlich vorzupreschen.

Der offizielle Beginn: ein aufregender Tag!

Die Gerüchteküche brodelt. Die Mitarbeiter der Abteilung X haben erfahren, dass sie einen neuen Vorgesetzten bekommen, und machten sich ihre Gedanken. Nun ist es so weit. »Da kommt er, der neue Chef«, raunt einer dem anderen zu. Keiner kennt ihn, keiner weiß, was er vorhat. Nur eines ist klar: Das ist der neue Vorgesetzte und alle werden jetzt irgendwie mit ihm klarkommen müssen. Die bange Frage, die sich viele Mitarbeiter stellen: Klappt das?

Und der neue Chef? Zumindest wenn er erstmals Führungsverantwortung übernimmt, dürfte er ebenso aufgeregt sein: »Wie werden mich die Mitarbeiter aufnehmen? Welchen Eindruck hinterlasse ich? Werden sie mich unterstützen?«

Aufregung auf beiden Seiten ist in dieser Situation ganz normal. Schließlich steht viel auf dem Spiel: Es geht um das Wohl und Wehe der Menschen, die da zusammenarbeiten sollen, um die Leistungen und die Stimmung im Team – letztlich um den Erfolg des Unternehmens. Misslingt der Start, kann darunter die Zusammenarbeit auf Dauer leiden und das Team fällt hinter seine eigentliche Leistungsfähigkeit zurück. Schlimmer noch: Die daraus entstehenden Konflikte zwischen Mitarbeitern und ihrem Vorgesetzten können das ganze Unternehmen in Atem halten.

Da überrascht es, dass viele Unternehmen ihre Führungskräfte am Antrittstag alleine lassen. Da steht er dann, der neue Chef, wie bestellt, aber nicht abgeholt. Keiner fühlt sich so recht zuständig – und ratlos fragt er sich, wie er seinen neuen Mitarbeitern begegnen soll: Distanziert? Herzlich? Verunsichert macht er seine ersten Schritte als Führungskraft, womöglich noch auf dem unbekannten Terrain einer neuen Firma.

Vermeiden Sie es, in diese Lage zu geraten! Sorgen Sie im Vorfeld dafür, dass Sie offiziell eingeführt werden. Gehen Sie hierzu rechtzeitig auf Ihren direkten Vorgesetzten oder die Personalabteilung zu und wirken Sie darauf hin, dass man Sie bei Ihrem Antritt in der neuen Abteilung unterstützt. Im Idealfall stellt Ihr direkter Vorgesetzter Sie am ersten Tag offiziell als neuen Chef vor. Dabei sollte er seine Freude über den anstehenden Neubeginn äußern und die Gründe erläutern, warum gerade Sie für diese Aufgabe ausgewählt wurden. Ein abschließendes Händeschütteln markiert symbolisch die Stabübergabe. Nun ist es an Ihnen, das Wort zu ergreifen.

Je mehr Aufmerksamkeit und Wertschätzung das Unternehmen Ihnen beim Antritt erweist, desto größere Bedeutung messen Ihre künftigen Mitarbeiter dem Wechsel bei. Eine offizielle Übergabe stärkt nicht nur Ihre Position, sondern kann auch für einen kräftigen Rückenwind sorgen, den Sie in den ersten Tagen und Wochen gut gebrauchen können.

Die Mitarbeiter gewinnen: von der Wirkung des ersten Auftritts

Wenn Sie Ihr Amt antreten – gleichgültig ob Sie aus dem Kollegenkreis zum Chef aufgestiegen sind oder neu ins Unternehmen wechseln –, kommt es auf einen starken ersten Auftritt an. Nur so können Sie Ihr neues Team vom Fleck weg für sich gewinnen. »Das heißt nicht, gleich große Duftmarken zu setzen«, mahnt Menno Harms. »Man sollte aber schon sagen, wo man Verbesserungsbedarf sieht und wo man langfristig hin will.«

Halten Sie eine Antrittsrede! Mit Ihrer Antrittsrede stellen Sie einen ersten Kontakt zu Ihren Mitarbeitern her. Ihr vorrangiges Ziel sollte sein, gute Startbedingungen für die Zusammenarbeit zu schaffen. Zeigen Sie sich also von Ihrer besten Seite.

Die wichtigste Gelegenheit, sich Ihrem neuen Umfeld in bestem Licht zu zeigen, ist die Antrittsrede. Die Mitarbeiter sind auf »den Neuen« oder »die Neue« gespannt und erwarten nun, dass Sie sich mit der Antrittsrede vorstellen. Zeigen Sie jetzt, dass Sie Ihre neue Position und vor allem Ihr neues Team ernst nehmen, dass Sie gut vorbereitet sind – und dass Sie etwas zu sagen haben. Die Antrittsrede können Sie durchaus als eine Art Verkaufspräsentation ansehen, in der Sie sich Ihren Mitarbeitern erfolgreich »verkaufen«.

Ihre Antrittsrede sollte innerhalb der ersten Woche, idealerweise am ersten Arbeitstag stattfinden. Achten Sie darauf, dass möglichst viele Ihrer Mitarbeiter anwesend sind, etwa beim Schichtwechsel oder im Falle einer Vertriebsabteilung am Freitag, wenn die Außendienstmitarbeiter ihren Bürotag haben. Möglicherweise empfiehlt es sich, eigens eine Auftaktbesprechung zu terminieren, um sicherzustellen, dass die Mitarbeiter möglichst vollzählig anwesend sind.

Eine besondere Lage ergibt sich, wenn Sie ein »virtuelles Team« übernehmen, Ihre Mitarbeiter also über verschiedene Standorte verteilt sind. Dann wird es während der ersten Arbeitstage kaum die Chance geben, alle

Mitarbeiter persönlich zu treffen. In diesem Fall können Sie sich mit einem kurzen, persönlich gehaltenen Brief Ihren Mitarbeitern vorstellen. Schicken Sie ihnen einen Brief auf Papier, am besten mit Foto. Damit bewirken Sie mehr als mit einer einfachen E-Mail – und auf eine gute Wirkung kommt es bei Ihrem Antritt ja in erster Linie an.

In der Regel bietet sich jedoch die Gelegenheit für eine Antrittsrede – und da kommt es vor allem auf eines an: Versuchen Sie, mit Ihren Worten ein »gutes Gefühl« zu schaffen, also die Basis dafür zu legen, dass im Verhältnis zu Ihren Mitarbeitern Vertrauen und Sympathie entsteht. Nehmen Sie hierzu deren Perspektive ein und überlegen Sie, welche Fragen Ihre Mitarbeiter bewegen (siehe Abbildung 2.1). Machen Sie sich klar, dass Ihre Mitarbeiter noch nicht einschätzen können, was sich für sie ändern wird – und dass sie dementsprechend gespannt Ihren Ausführungen lauschen werden. Ihre Mitarbeiter möchten herausfinden, wer Sie sind und wie Sie die Abteilung führen werden. Deshalb sollten Sie in Ihrer Antrittsrede sowohl auf Ihren beruflichen Werdegang als auch auf Ihr Führungsverständnis eingehen. Und noch etwas: Zeigen Sie, dass Sie sich auf Ihre Aufgabe freuen!

Abbildung 2.1: Führungswechsel: was die Mitarbeiter beschäftigt

Für die konkrete Vorbereitung sollten Sie überlegen, welche Botschaft Sie mit Ihrer Antrittsrede vermitteln wollen. Möchten Sie zum Beispiel erreichen, dass Ihre Mitarbeiter Sie in der Einarbeitungsphase unterstützen? Oder liegt Ihre Botschaft darin, dass die Mitarbeiter auf Ihre Erfahrung und Kompetenz vertrauen können? Oder möchten Sie zu hohe Erwartungen auf ein realistisches Maß reduzieren?

10 Tipps und Tricks für Ihre Antrittsrede

- Machen Sie sich das Ziel Ihrer Antrittsrede bewusst und formulieren Sie es schriftlich.
- Wählen sie einen passenden Rahmen und nehmen Sie sich Zeit für Ihre Antrittsrede.
- Denken Sie daran: Schon die ersten Worte wirken wie ein Signal an Ihre Mitarbeiter.
- Achten Sie auf Ihre Körpersprache. Treten Sie mit sicherem Schritt vor Ihre Mitarbeiter.
- Stellen Sie sich als Person vor und erwähnen Sie auch Ihre gesammelten Erfahrungen.
- Schaffen Sie Vertrauen für die neue Situation und räumen Sie Vorbehalte aus.
- Skizzieren Sie, wie Sie sich die künftige Zusammenarbeit vorstellen.
- Laden Sie Ihre Mitarbeiter ein, mit Ihnen auf den Neuanfang anzustoßen.
- Nehmen Sie: Dich nach der Antrittsrede noch ein wenig Zeit für Einzelgespräche.
- Bedenken Sie: Das Wesentliche, das Ihre Mitarbeiter mitnehmen sollen, sind nicht Fakten, sondern ein »gutes Gefühl«.

Nutzen Sie die Chance, die Ihnen eine Antrittsrede bietet – begnügen Sie sich nicht damit, Ihre Stelle mit einem unverbindlichen »Hallo, ich bin übrigens der Neue« anzutreten. Eine so gute Gelegenheit, die Aufmerksamkeit Ihrer Mitarbeiter zu erzielen, kommt so schnell nicht wieder. Bereiten Sie Ihre Antrittsrede jedoch sorgfältig vor. Sie können in fünf Minuten Herz und Kopf Ihrer Mitarbeiterinnen und Mitarbeiter gewinnen – oder sich um Kopf und Kragen reden.

Auf die ersten Worte kommt es an

Schon Ihre ersten Worte sprechen Bände. Ein »Hallo, Leute!« wirkt völlig anders als »Liebe Kolleginnen und Kollegen« oder gar »Meine sehr verehrten Damen und Herren«. Mit wenigen Sätzen können Sie, wenn Sie es richtig anstellen, Ihre zukünftigen Mitarbeiter an sich binden, vielleicht sogar für sich begeistern. Fragt sich nur: Wie? Noch stehen Sie einander fremd gegenüber.

Die Lösung lautet hier: Gemeinsamkeiten aufzeigen. Gemeinsamkeiten zwischen Menschen mindern anfängliche Distanz und bauen Sympathien auf. Schon wenn Sie ein Minimum an Gemeinsamkeit darstellen, schaffen Sie eine gute Ausgangsbasis. Und das ist nicht schwer: Auf fachlicher Ebene lässt sich immer Verbindendes finden. Mehr Charme haben jedoch Gemeinsamkeiten abseits des Fachlichen. Das kann zum Beispiel die Herkunft sein:

> »Dass es mich als gebürtigen Schwaben einmal nach Hamburg verschlagen würde, hätte ich mir nicht träumen lassen. Andererseits: Mein Großvater war Kapitän bei der deutschen Handelsmarine – so gesehen bin ich schon als kleines Kind mit viel Seemannsgarn groß geworden!«

Wenn Sie solche Gemeinsamkeiten zwischen Ihnen und Ihren Mitarbeitern finden und in Ihre Antrittsrede einbauen, schaffen Sie eine gute Grundlage für eine langfristige Vertrauensbeziehung. Selbst Ihre eigene Unsicherheit und Nervosität können Sie nutzen, etwa indem Sie sagen:

> »Als ich heute Morgen vor der Tür stand und mir sagte, da musst du jetzt rein, denn da warten 30 Mitarbeiterinnen und Mitarbeiter auf dich, da war mir schon etwas mulmig. Und ich kann mir denken, Ihnen ist es nicht anders ergangen. Nun – da haben wir ja schon eine ganze Menge gemeinsam!

Junge Führungskräfte machen hier gerne den Fehler, mit aufgesetztem Selbstbewusstsein über die eigene Unsicherheit hinwegtäuschen zu wollen. Warum eigentlich? Über seine Gefühle zu sprechen macht menschlich und sympathisch. Sie dürfen in Ihrer Antrittsrede gerne durchschimmern lassen, dass Sie sich in Ihrer neuen Position erst noch zurechtfinden müssen.

> **10 Zutaten für eine gelungene Antrittsrede**
>
> - Wer sind Sie? – Familienstand, Interessen, Hobbys etc.
> - Welches waren Ihre vorherigen Funktionen? Für welche Firmen haben Sie gearbeitet?
> - Über welche besonderen Kenntnisse bzw. Erfahrungen verfügen Sie?
> - Warum haben Sie genau diese Führungsposition übernommen?
> - Was empfinden Sie an dieser Aufgabe spannend, wichtig, interessant?
> - Was erwarten Sie von Ihren Mitarbeitern? Was ist Ihnen besonders wichtig?
> - Wie würden Sie Ihren Führungsstil beschreiben? Womit kann man rechnen?
> - Was verstehen Sie unter »Eigeninitiative« oder »Eigenverantwortung«?
> - Welche Unterstützung wünschen Sie sich von Ihren Mitarbeitern?
> - Welche Unterstützung können Ihre Mitarbeiter von Ihnen erwarten?

Zeigen Sie sich in Ihrem besten Licht!

Wie gesagt: Bei Ihrem Antritt können Sie sich der Aufmerksamkeit Ihrer Mitarbeiter gewiss sein. Diese sind höchst gespannt darauf, Sie kennenzulernen. Zeigen Sie sich deshalb in Ihrem besten Licht – und überzeugen Sie Ihre Mitarbeiter davon, dass Sie genau der richtige Mann oder die richtige Frau für den Posten sind.

Es kommt jetzt weder darauf an, Ihren kompletten Lebenslauf darzulegen noch Ihr Licht unter den Scheffel zu stellen. Schildern Sie einige Stationen Ihrer beruflichen Karriere oder nennen Sie einige Spezialgebiete, auf denen Sie sich richtig gut auskennen – und machen Sie klar, was Sie zum Erfolg der Abteilung beitragen können. Wahren Sie dabei das notwendige Fingerspitzengefühl, denn Mitarbeiter reagieren empfindlich auf Eigenlob.

Inwieweit Sie in Ihrer Antrittsrede etwas von Ihrem Privatleben verraten, bleibt Ihnen überlassen. Wenn Ihnen das Gefühl für die neue Firmenkultur noch fehlt und die Spielregeln noch unbekannt sind, sollten Sie eher zurückhaltend sein. Es spricht aber nichts dagegen, etwa in einem Nebensatz ein Hobby zu erwähnen:

> »Wenn wir dieses Ziel wirklich erreichen wollen, werden wir einen langen Atem und eine gute Kondition brauchen. Als Marathonläufer habe ich gelernt, dass das Rennen nie auf den ersten Kilometern entschieden wird, sondern immer erst in der zweiten Hälfte des Laufs.«

Solche Details, nebenbei erwähnt, geben Ihrer Antrittsrede eine besondere, auch menschliche Note – was immer Sympathiepunkte einbringt.

Vermeiden Sie jedoch, allzu forsch aufzutreten, womöglich sogar so etwas wie eine neue Zeitrechnung anzukündigen. Auf diese Weise haben Sie Ihre Sympathiepunkte schnell wieder verspielt. »Man sollte sich hüten, jetzt altklug alles infrage zu stellen, was bisher in der Organisation gelaufen ist«, warnt Menno Harms. »Die Mitarbeiter empfinden ein solches Auftreten als arrogant oder legen es als Missachtung ihrer Leistungen aus.« Schlimmer noch: Sie schließen daraus, dass das Bisherige nicht mehr gilt – was Abwehr und Widerstand provoziert.

Stattdessen gilt es, die Mitarbeiter in ihrer Situation abzuholen und auf ihre Wünsche und Befürchtungen einzugehen. Hält eine Führungskraft ihre erste Ansprache vor den Mitarbeitern, zählt vor allem eines: »Sie sollte zunächst einmal Vertrauen, Glaubwürdigkeit und Kompetenz vermitteln«, erklärt Menno Harms. Wer sich das klarmache, davon ist der Topmanager überzeugt, werde für seine Rede auch die richtigen Worte finden.

Würdigen Sie also in Ihrer Antrittsrede ausdrücklich die bisherigen Leistungen der Mitarbeiter. Und betonen Sie, wie sehr Sie sich freuen, mit Leuten zusammenzuarbeiten, die in der Vergangenheit Tolles geleistet haben. Auch für Ihren Vorgänger sollten Sie einige lobende Worte finden. Heben Sie wichtige Erfolge hervor, an die Sie anknüpfen wollen.

Natürlich hängt der Inhalt Ihrer Ansprache auch davon ab, wie gut die Zuhörer Sie bereits kennen. Wenn Sie innerhalb des Unternehmens die Position wechseln und recht gut bekannt sind, können einige wenige Worte über Sie selbst genügen. In diesem Fall können Sie die Gelegenheit nutzen, bestimmte Ansichten zurechtzurücken, die über Sie im Umlauf sind. Vermutlich wissen Sie ja, in welchem Ruf Sie im Unternehmen stehen. In Ihrer Antrittsrede können Sie mögliche Vorbehalte gezielt entkräften.

Vermeiden Sie leichtfertige Versprechungen!

Es mag verlocken, sich in einer Antrittsrede als Erneuerer zu präsentieren. Vermeiden Sie jedoch, im Eifer der Rede leichtfertige Versprechungen zu machen. Einmal Gesagtes lässt sich nicht mehr einfangen! Manche unerfahrene Führungskraft startete schon als Reform-Tiger und landete in der harten Realität als Bettvorleger.

Besser ist es, sich zunächst zurückzuhalten und dann zu handeln: Erklären Sie in Ihrer Ansprache, dass Sie in den ersten Wochen sich über die Probleme informieren wollen, um danach umso zügiger entscheiden zu können. Das ist die korrekte Reihenfolge – und jeder wird verstehen, dass Sie sich erst ein umfassendes Bild der Situation machen wollen. Je weniger eine Führungskraft ihren Bereich noch kenne, umso mehr Vorsicht sei angebracht, warnt auch Menno Harms. »Da verbietet es sich, mit donnernden Forderungen vorzupreschen.«

Andererseits, so fährt der Topmanager fort, »sollte man schon auch durchscheinen lassen, welche Änderungen man für notwendig erachtet, vielleicht auch schon eine erste Vision aufzeigen – natürlich nur, so weit es das vorhandene Wissen erlaubt«. Klar ist: Wer etwas Substanzielles sagen will, ohne falsche Versprechungen zu machen, benötigt belastbare Informationen. Auch deshalb ist es so wichtig, sich bereits im Vorfeld intensiv mit dem Bereich zu befassen, den man künftig führen soll.

Anders stellt sich die Lage dar, wenn die Würfel bei Ihrem Antritt bereits gefallen sind und Sie den Auftrag haben, die beschlossenen Änderungen umzusetzen. Zurückhaltung ist in diesem Fall nicht möglich, vielmehr braucht es von Anfang an klare Worte:

> »In der Bibel heißt es ›Am Anfang war das Wort‹. In Goethes Faust heißt es ›Am Anfang war die Tat‹. Für mich gehören Wort und Tat zusammen – gerade am Anfang. Sicher sind Sie gespannt darauf, wie ich mir unsere Abteilung in Zukunft vorstelle. Einige wichtige Entscheidungen sind bereits gefallen: ... «

Auch wenn es unangenehm ist – Sie dürfen schlechte Nachrichten nicht verschweigen. Es braucht klare Worte, wenn Bereiche geschlossen werden und Entlassungen bevorstehen. Hier müssen die Karten auf den Tisch, und zwar von Anfang an. »Wenn eine Notoperation erforderlich ist und ich die Organisation von A nach B bringen soll, bin ich geradezu verpflichtet, dem Informationsbedürfnis der notleidenden Belegschaft nachzukommen und Stellung zu beziehen«, sagt Menno Harms.

Auch wenn es Ihnen herzlos vorkommt und die Stimmung nach Ihrer Antrittsrede getrübt ist: Unannehmlichkeiten, die Sie jetzt verheimlichen, werden Ihnen später zum Vorwurf gemacht. Das daraus entstehende Misstrauen wird

Sie dann noch lange verfolgen. Wenn die Würfel gefallen sind, ist es Ihr Job, die Fakten zu präsentieren – allerdings nur dann. Bloße Überlegungen, Spekulationen oder Erwägungen über denkbare spätere Entscheidungen haben in der Antrittsrede nichts zu suchen.

Im Anschluss an die Rede bietet es sich an, etwas Zeit für gegenseitiges Kennenlernen einzuplanen. Einzelgespräche mit Mitarbeitern und Kollegen bieten Ihnen eine gute Gelegenheit, nach den Gepflogenheiten im Betrieb oder den Erwartungen der Mitarbeiter zu fragen. Nutzen Sie diesen Anlass zum Small Talk, um Ihre Mitarbeiter auch persönlich etwas näher kennenzulernen – aber auch, um Ihr Interesse an ihnen zu zeigen.

Toms erster Arbeitstag in der neuen Führungsrolle steht unmittelbar bevor. In seinem Tagebuch macht er sich Gedanken über seine Antrittsrede. Den Entwurf seiner Ansprache können Sie in seinem Tagebuch nachlesen.

Ein verpatzter Start

Der Wechsel in eine neue Führungsposition ist eine heikle Angelegenheit. Nahezu jedes Verhalten der neuen Führungskraft wird unter die Lupe genommen, jedes Wort auf die Goldwaage gelegt und auf seine Bedeutung hinterfragt. Fehler, die Ihnen in dieser Anfangsphase unterlaufen, lassen sich später nur schwer wieder korrigieren.

So wappnen Sie sich ...

- Lassen Sie sich von Ihrem direkten Vorgesetzten oder der Personalabteilung offiziell vorstellen. Eine offizielle Übergabe gibt Ihnen Rückenwind. Sie bewirkt eine höhere Akzeptanz und stärkt Ihre Autorität.
- Beginnen Sie Ihren neuen Job mit einer gelungenen Rede! Damit zeigen Sie, dass Sie Ihre neue Position und vor allem Ihr neues Team ernst nehmen, dass Sie gut vorbereitet sind – und dass Sie etwas zu sagen haben.
- Gehen Sie am Anfang häufiger durch die Abteilung. Sie gewinnen dadurch nicht nur einen guten Eindruck über die Arbeit in Ihrem Team, sondern zeigen auch Präsenz.
- Versuchen Sie, die Atmosphäre in Ihrem neuen Umfeld zu erspüren. Finden Sie heraus, ob die Menschen gerne dort arbeiten – oder ob das Umfeld von Angst, Unsicherheit, womöglich sogar von Intrigen geprägt ist.

- Nehmen Sie sich in den ersten Tagen öfter Zeit für einen kurzen Small Talk. Sie bekunden so persönliches Interesse und erleichtern das gegenseitige Kennenlernen.
- Nutzen Sie die Gelegenheit und gehen Sie gemeinsam mit Ihren Mitarbeitern, aber auch Ihren Führungskollegen zum Mittagessen.

Hohe Erwartungen
Eine Führungskraft braucht die Rückendeckung »von oben«

»Ich mag keine Jasager um mich herum.
Ich will, dass jeder mir die Wahrheit sagt –
auch wenn es ihn seinen Job kostet.«
Samuel Goldwyn, amerik. Filmproduzent

In den wenigsten Fällen scheitern junge Führungskräfte an fachlichen Unzulänglichkeiten – die Gründe dafür liegen meist in enttäuschten Erwartungen des eigenen Chefs. Die Gefahr ist besonders groß, wenn die Führungskraft gleich zu Beginn versäumt, sich mit dem Vorgesetzten abzustimmen und zu klären, was genau er von ihr erwartet.

»Fangen Sie an, ich habe volles Vertrauen zu Ihnen!« Mit diesen Worten entließ der Vorgesetzte seinen frischgebackenen Entwicklungsleiter Markus K in seinen neuen Job. Er kannte den jungen Mann schon seit einigen Jahren und hielt seine Beförderung für einen guten Griff. Zugegeben: Die Aufgabe war schwierig. Aber Markus K war in seinen Augen genau der richtige Mann, um die Entwicklungsabteilung wieder auf Vordermann zu bringen, die hierfür notwendigen Umstrukturierungen anzupacken, einige wichtige Entwicklungsprojekte abzuschließen, aber auch insgesamt für frischen Wind zu sorgen. Mit dieser etwas vagen Botschaft schickte er Markus K auf die Reise – und vertraute darauf, dass er seine Sache gut machen würde.

Ein Jahr später war der Vorgesetzte bitter enttäuscht. »Ich muss Sie darum bitten, sich nach einer neuen Aufgabe umzusehen«, eröffnete er dem völlig konsternierten Markus K. Dieser fiel aus allen Wolken, war er doch überzeugt, einen durchaus passablen Job gemacht zu haben.

Was der junge Entwicklungsleiter übersehen hatte: Das große Vertrauen, das ihm sein Chef am Anfang geschenkt hatte, war mit einer ganzen Reihe an konkreten Vorstellungen verknüpft gewesen. Die pauschale Ermunterung, »Sie werden das schon machen«, hatte sich gut angehört und Markus K davon abgehalten, näher nachzufragen. Ein verhängnisvoller Fehler, wie sich jetzt herausstellte: In Unkenntnis der Erwartungen seines Chefs hatte er die Prioritäten falsch gesetzt.

»Ich dachte, dass Sie sich zunächst darauf konzentrieren, die in Verzug geratenen Entwicklungsprojekte zum Abschluss zu bringen«, hielt ihm jetzt, nach einem Jahr, sein Chef vor. »Das wäre wichtig für mich gewesen, um das Vertrauen der Geschäftsleitung und der Anteilseigner zurückzugewinnen.« Hinzu kamen einige weitere unerfüllte Erwartungen, die jetzt auf dem Tisch lagen. Eine angespannte Geschäftssituation, dazu noch einige aktuelle Konflikte brachten das Fass zum Überlaufen – und kosteten den Entwicklungsleiter seinen Job.

Das Fatale an diesem Fall: Ausgerechnet der große Vertrauensvorschuss trug dazu bei, dass es zur Katastrophe kam. Der Vorgesetzte brachte Markus K viel Vertrauen entgegen und ließ ihn dementsprechend gewähren. Dieser wiederum machte sich – motiviert durch die ihm gewährten Freiheiten und das in ihn gesetzte Vertrauen – mit großem Engagement ans Werk. Die ungeklärten Erwartungen führten jedoch dazu, dass er in die falsche Richtung marschierte.

⚠️ **Die große Gefahr!** Die neue Führungskraft versäumt, die Erwartungen des Vorgesetzten gründlich genug in Erfahrung zu bringen. So kommt es zu Missverständnissen, Prioritäten werden falsch gesetzt – Enttäuschungen sind programmiert.

Große Handlungsspielräume in den ersten Wochen und Monaten, so zeigt das Beispiel von Markus K, sind ein zweischneidiges Schwert. Einerseits ist die neue Führungskraft in der Lage, vergleichsweise autonom zu agieren, zumal wenn der Vorgesetzte an einem anderen Ort sitzt. Damit eröffnet sich die Chance, eigene Ideen umzusetzen und eigene Erfolge zu erzielen. Andererseits steht die Führungskraft gerade in der Anfangsphase ziemlich alleine da. Weil das korrigierende Feedback durch den Chef fehlt, läuft sie Gefahr, wie Markus K ins Abseits zu geraten und die in sie gesetzten Erwartungen zu enttäuschen.

Eine Arbeitsbeziehung mit dem Chef aufbauen

Ob als Aufsteiger oder Seiteneinsteiger – die Gefahr ist groß, dass Sie sich wie Markus K in die Arbeit stürzen und die Prioritäten falsch setzen. In der neuen Position sind Sie nun einmal unerfahren. Als Aufsteiger kennen Sie zwar die Abteilung, was aber noch lange nicht sicherstellt, dass Sie die Aufgaben richtig gewichten. Vor allem fehlt Ihnen der Überblick, aus dem heraus Ihr Vorgesetzter die Lage beurteilt.

Entscheidend für den Erfolg sind daher gute Beziehungen »nach oben«. Das bedeutet zuallererst, die Erwartungen des Vorgesetzten in Erfahrung zu bringen und sich nicht mit einem freundlichen »Fangen Sie an, Sie werden das schon machen« zu begnügen. Zusätzlich kommt es darauf an, eine gute Arbeitsbeziehung zu etablieren. Auch das ist im Verhältnis »nach oben« gar nicht so einfach, wie die Praxis immer wieder zeigt. Beobachten lassen sich hier zwei Extreme, die es zu vermeiden gilt: Als Führungskraft wollen Sie es Ihrem Chef in allen Punkten recht machen – oder, im Gegenteil, Sie ecken ständig an.

Zu Fall eins: Wer die Erwartungen des Chefs in allen Belangen erfüllen möchte, wer niemals Einwände erhebt und dessen Aufträge stets ohne Zögern ausführt – dem wird es kaum gelingen, ein eigenes Standing aufzubauen. Er verbringt den Großteil seiner Zeit mit der Frage, was der Chef von ihm erwartet und wie er diesen Erwartungen am besten entsprechen kann. Doch wer immer nur das tut, von dem er denkt, dass andere es gerne hätten, wird nie eine starke Führungskraft werden!

Fall zwei stellt das Gegenteil dieses Ja-und-Amen-Sagers dar: Das ist der Rebell, der seinem Vorgesetzten ständig die Meinung geigt, und sei es auch nur, um zu zeigen, dass er sich nichts gefallen lässt. Eine solche Führungskraft wird zwar für ihre Klarheit und Direktheit einige Bewunderer finden. Letztlich wird es aber bald einsam um sie werden. Eine ordentliche Arbeitsbeziehung mit dem Vorgesetzten kommt nicht zustande – und auch hier besteht die Gefahr, dessen Erwartungen nicht zu erkennen und die Prioritäten falsch zu setzen.

Sorgen Sie also von Anfang an für eine gute Beziehung zu Ihrem Vorgesetzten. Gehen Sie auf ihn zu und vereinbaren Sie ein Gespräch, um mit ihm über die Voraussetzungen für Ihren Erfolg zu verhandeln. Die Beziehung zu Ihrem Chef ist die wichtigste Arbeitsbeziehung in Ihrer neuen Rolle. Es lohnt sich, hier Zeit und Energie zu investieren. Schließlich hängt es nicht zuletzt von Ihrem Vorgesetzten ab, ob und wie schnell Sie erfolgreich sind.

Die Beziehung zu Ihrem Vorgesetzten kann nur in einem kontinuierlichen Dialog wachsen. Ziel ist, sich aufeinander einzustellen, die Erwartungen kennenzulernen und eine konstruktive Form der Zusammenarbeit zu finden. Das kann manchmal, wie das folgende Beispiel von Karin F zeigt, ein mühsamer Prozess sein, bei dem es gilt, Vorbehalte auszuräumen und langsam zueinanderzufinden.

Beispiel Karin F: Wer untätig bleibt, gerät auf die Verliererstraße

Karin F hatte gerade ihre Stelle als Leiterin der IT-Abteilung bei einem mittelständischen Automobilzulieferer angetreten, als sie innerhalb weniger Stunden drei Anrufe von befreundeten Kollegen bekam. Die Botschaft war mehr oder weniger dieselbe: »Schau dich schon mal nach einem neuen Job um. Der Horstmann wird dich verheizen.«

Ihr neuer Chef, Th. Horstmann, war als Mitglied der Geschäftsleitung für den Bereich Finance & Administration zuständig. Er galt als überaus ehrgeiziger Manager und die Mitarbeiter fürchteten ihn wegen seiner harten Gangart. »Nimm dich vor ihm in Acht«, riet ein wohlmeinender Kollege. »Du hast viele Erfolge gehabt. Aber für Horstmann bist du nicht aggressiv genug. Du bist ihm zu analytisch. Er glaubt, du hättest als Frau nicht genügend Durchsetzungskraft, um wichtige Entscheidungen zu fällen. Wenn es nach ihm gegangen wäre, hättest du den Job als IT-Leiterin nicht bekommen.«

Karin F wollte nicht einfach klein beigeben. Um nicht von Anfang an auf die Verliererstraße zu geraten, ergriff sie die Initiative und suchte bereits in den ersten Tagen das Gespräch mit ihrem Chef. Ihr Ziel war, mit ihm einen Plan für die ersten drei Monate auszuhandeln: Zunächst wollte sie einen Monat Zeit bekommen, um sich zu orientieren, dann ihm ihre Ziele und Vorhaben für die nächsten Monate vorlegen. Th. Horstmann willigte ein und versprach, ihr die notwendige Zeit einzuräumen.

Doch schon nach wenigen Tagen schneite er in ihr Büro und drängte sie, eine Entscheidung über ein anstehendes Softwareprojekt zu treffen. Karin F zeigte Mumm und bestand auf ihrem Zeitplan. Am Ende des Monats präsentierte sie im Kreise der Führungskollegen ihren Plan für die kommenden Monate. Dabei zeigte sich auch Th. Horstmann zufrieden.

In den folgenden Wochen trug die Arbeit von Karin F erste Früchte. Ihre Initiativen zeigten Wirkung und sie konnte erste Erfolge vorweisen. Davon ermutigt wurde sie ein zweites Mal bei ihrem Chef vorstellig, dieses Mal, um über das Softwareprojekt zu sprechen, über dessen Durchführung sie zwischenzeitlich entschieden hatte. Sie bat um eine Aufstockung des Projektteams, stieß damit auf entschiedenen Widerstand ihres Vorgesetzten. Th. Horstmann war nicht im Geringsten gewillt, ihrem Ansinnen nachzugeben, und unterzog die junge Frau einer knallharten Befragung. Karin F hatte sich exzellent vorbereitet, wusste auf jede Frage eine Antwort und parierte geschickt alle Einwände. So willigte er schließlich ein.

Die IT-Leiterin nahm immer mehr Fahrt auf. Zufrieden mit sich und ihren Ergebnissen bat sie ihren Chef um ein erneutes Treffen. Dieses Mal wagte sie es, den Arbeitsstil zu thematisieren: Zwar arbeite sie ganz anders als er, erklärte sie ihrem Chef, doch sei sie in der Lage, die gewünschten Ergebnisse zu liefern. In diesem Punkte musste ihr Th. Horstmann recht geben. Daraufhin bat ihn die Abteilungsleiterin, er möge sie doch bitte an ihren Ergebnissen messen und nicht an der Art und Weise, wie sie diese erziele. Es dauerte zwar noch einige Monate, bis sich Th. Horstmann an den Stil seiner jungen Führungskraft gewöhnt hatte, aber im Laufe der Zeit wurde daraus eine solide Arbeitsbeziehung.

Die Geschichte von Karin F mag ein extremes Beispiel sein. Hätte sie nicht ebenso zielstrebig wie beharrlich ihre Arbeitsbeziehung zu ihrem Chef Schritt für Schritt in Angriff genommen und ausgebaut, hätten ihre Kollegen wohl recht behalten und Th. Horstmann hätte sie aufs Abstellgleis geschoben. Doch auch in weniger komplizierten Fällen kommt es darauf an, dass die neue Führungskraft selbst die Initiative ergreift und das Zusammenspiel mit ihrem Chef gestaltet. Entscheidend sind dabei vier Aspekte:

- Sondieren Sie gemeinsam mit Ihrem Chef die aktuelle Lage.
- Finden Sie heraus, welche konkreten Erwartungen Ihr Chef an Sie stellt.
- Fordern Sie bei Ihrem Chef die Unterstützung ein, die Sie für das Erreichen der vereinbarten Ziele benötigen.
- Finden Sie eine geeignete Form der Zusammenarbeit mit Ihrem Chef.

Die Lage sondieren: ein Bericht zur Lage der Nation

In einem der ersten Gespräche mit Ihrem Vorgesetzten sollte es darum gehen, so etwas wie einen »Bericht zur Lage der Nation« zu erstellen. Sprich: Sie finden heraus, wie der Vorgesetzte die Lage beurteilt, und entwickeln ein gemeinsames Verständnis der aktuellen Situation, der dringendsten Baustellen und wichtigsten Zukunftsperspektiven. Dieses gemeinsame Verständnis bildet die Grundlage für alles, was Sie in den nächsten Monaten tun. Dementsprechend lohnt es sich, diese Aufgabe sorgfältig anzugehen.

Sondieren Sie die Lage! Versuchen Sie, in einem ersten Gespräch mit Ihrem Chef herauszufinden, wie er die aktuelle Lage beurteilt. Klären Sie mit ihm, vor welchen Herausforderungen Sie stehen – und welche Unterstützung Sie von ihm brauchen werden.

Je nach Situation wird der »Bericht zur Lage« anders ausfallen. Dabei hilft es, auf das STARS-Modell von Michael Watkins zurückzugreifen (siehe Abbildung 2.2). Demnach kann eine Führungskraft in ihrer neuen Position mit einer von vier Grundsituationen konfrontiert sein: Start-up, Turnaround, Restrukturierung oder Stabilisierung. Jede dieser Situationen birgt eigene Chancen und Risiken und jede dieser Situationen erfordert eine eigene Gesprächsstrategie gegenüber dem Vorgesetzten.

Im Falle eines *Start-up* ist es Ihre Aufgabe, Kapazitäten, Prozesse und Strukturen aufzubauen, um eine neue Abteilung, ein Projekt oder ein Produkt auf den Weg zu bringen. Bei einem *Turnaround* übernehmen Sie eine Abteilung oder ein Team, um eine negative Entwicklung zum Positiven zu wenden. In beiden Fällen brauchen Sie viele Ressourcen und müssen jede Menge Aufbauarbeit leisten, um am Ende erfolgreich zu sein. Die Handlungsspielräume sind in beiden Fällen vergleichsweise groß. Beide Situationen verlangen von Ihnen aber vermutlich sehr schnell klare und möglicherweise sogar schmerzhafte Entscheidungen.

Ein ganz anderes Umfeld finden Sie im Falle einer *Restrukturierung* oder *Stabilisierung* vor – wenn es also darum geht, eine Abteilung zu restrukturieren oder den Erfolg einer Abteilung zu stabilisieren und weiter auszubauen. In beiden Fällen können Sie einerseits auf den vorhandenen Stärken aufbauen, finden andererseits aber etablierte Prozesse und Strukturen vor, die oft nur wenig Handlungsspielraum lassen. Auch stehen in beiden Fällen üblicherweise keine größeren Entscheidungen an. Sie können sich also in Ruhe orientieren.

Wenn Sie im Gespräch mit dem Vorgesetzten geklärt haben, in welcher Situation sich Ihr neuer Aufgabenbereich befindet, können Sie darüber nachdenken, welche Rolle Ihr Chef dabei spielen soll und was Sie von ihm benötigen. Je nach Situation – Start-up, Turnaround, Restrukturierung oder Stabilisierung – benötigen Sie eine andere Unterstützung von ihm (siehe den Abschnitt »Rechtzeitig Unterstützung einfordern«).

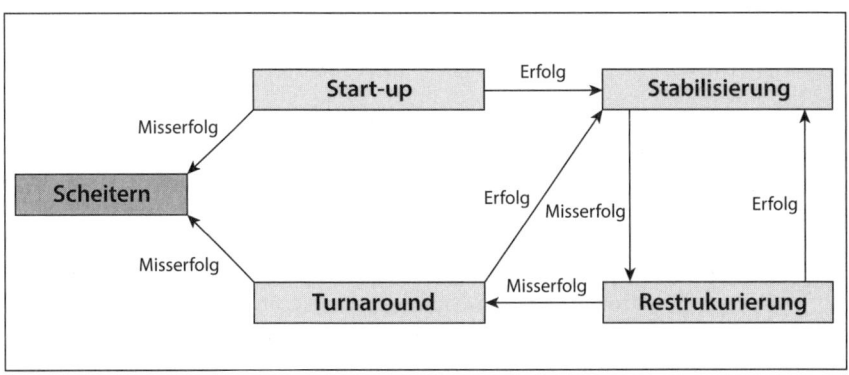

Abbildung 2.2: Hilfsmittel zur Sondierung der Lage: das STARS-Modell von Michael Watkins

> **Sieben wichtige Fragen zur »Lage der Nation«**
> - Wie schätzt Ihr Vorgesetzter die aktuelle Situation ein? Start-up, Turnaround, Restrukturierung oder Stabilisierung?
> - Welche Besonderheiten bestimmen die Organisationskultur? Welche Erfolgsgeschichten in der Organisation gibt es? Welche weniger guten Geschichten?
> - Auf welche Historie blickt die Organisation zurück? Wie kam die Organisation dahin, wo sie jetzt steht?
> - Was hat Ihr Vorgänger gut gemacht? Was können Sie besser machen? Was sollten Sie nach Meinung Ihres Vorgesetzten verändern?
> - Wo liegen gegenwärtig die Herausforderungen für Ihr Team? Wie könnte man die Herausforderungen aus Sicht Ihres Vorgesetzten angehen?
> - Welche wichtigen Schnittstellen gibt es? Wem arbeiten Sie zu? Wer arbeitet Ihnen zu?
> - Woran merken Sie und Ihr Vorgesetzter, dass Sie auf dem richtigen Weg sind? Woran, dass Sie auf dem falschen Weg sind?

Führen Sie ein solches »Gespräch zur Lage der Nation« auf jeden Fall – auch wenn Sie aus dem eigenen Team heraus befördert wurden und vermeintlich wissen, wie es um Ihre Abteilung bestellt ist. In diesem Fall ist die Gefahr groß, auf das Gespräch zu verzichten, weil beide Seiten zu wissen glauben, worum es geht und wie alle Beteiligten »ticken«. Ein Irrtum: Gerade jetzt kommt es darauf an, Ihre neue Rolle mit Ihrem Chef zu klären. Mit dem Aufstieg in die Führungsposition hat sich die Lage grundlegend geändert, neue Anforderungen werden gestellt – und manche Fähigkeit oder Kompetenz, die Sie in der Vergangenheit erfolgreich eingesetzt haben, wird in der Zukunft nicht mehr erfolgsentscheidend sein.

Die wirklichen Erwartungen herausfinden

»Finde heraus, was genau dein Vorgesetzter von dir erwartet!« So einfach und nachvollziehbar diese Regel klingt: Die Erwartungen des Vorgesetzten stellen für viele neue Führungskräfte ein eher dunkles Kapitel dar. Fragt man einen Vorgesetzten nach seinen Erwartungen, erhält man allzu gerne ein Schulterzucken oder bekommt die üblichen Allgemeinplätze zu hören: mehr Umsatz, eine höhere Marge, geringere Kosten. Andere Aspekte wie Unterstützung der eigenen Ziele, Loyalität oder Sensibilität für politische Rahmenbedingungen werden dagegen gar nicht erst thematisiert. Die diesbezüglichen Erwartungen bleiben nebulös, sie werden als selbstverständlich vorausgesetzt – und geraten erst dann zum Thema, wenn die junge Führungskraft ihnen nicht entspricht.

> **Klären Sie die Erwartungen!** Führen Sie ein weiteres Gespräch mit Ihrem Chef, um seine Erwartungen zu thematisieren. Verständigen Sie sich über kurz- und mittelfristige Ziele, stellen Sie einen Zeitplan auf und klären Sie, wie Ihr Chef gedenkt, den Fortschritt zu messen.

So kommt es, dass eine junge Führungskraft häufig zwar um die latent vorhandenen Erwartungen weiß, diese aber nie ausgesprochen werden. Oft traut sie sich nicht, eine Klärung herbeizuführen. Womöglich, so befürchtet sie, könnte man ihr dies als Unsicherheit oder Inkompetenz auslegen. Monate später muss sie dann feststellen, dass sie mit ihrer Arbeitsweise und ihren Ergebnissen am Ziel vorbeigearbeitet und ihren Vorgesetzten enttäuscht hat. »Ich habe gelernt, dass es wichtig ist, den eigenen Chef erfolgreich zu machen«, erklärt Menno Harms, »dazu muss ich aber wissen, was er erwartet.« Es bewahrheitet sich die alte Managerweisheit: Wenn Sie die Erwartungen nicht managen, dann managen die Erwartungen früher oder später Sie.

Belassen Sie es nicht bei einem einzigen Gespräch. Selbst wenn Sie genau zu wissen glauben, was Ihr Vorgesetzter von Ihnen erwartet, empfiehlt es sich, regelmäßig sein Feedback einzuholen. Viele Chefs wissen zwar sehr genau, was sie wollen, tun sich aber schwer damit, ihre Erwartungen präzise auszudrücken. Deshalb melden sie sich erst, wenn etwas schiefläuft. So lange sollten Sie besser nicht warten! Wenn Sie sich regelmäßig rückversichern, erhalten Sie die gewünschte Klarheit, bevor Sie einen Fehler machen.

Sieben wichtige Fragen zu den Erwartungen

- Welches sind die drei wichtigsten Ziele Ihres Vorgesetzten für das erste halbe Jahr?
  Was wurde bisher unternommen, um diese Ziele zu erreichen?
- Warum sind bestimmte Ziele bislang nicht erreicht worden? Welche Erklärung haben die Mitarbeiter dafür gegeben?
- Welche Erwartungen richten Mitarbeiter, aber auch Kunden und Lieferanten nach Meinung Ihres Vorgesetzten an Sie als neue Führungskraft?
- Worauf kommt es Ihrem Vorgesetzten an? Was betrachtet er als Erfolg? Wie können Sie Ihrem Vorgesetzten helfen, erfolgreich zu sein?
- Welche Aufgaben sollen Sie erledigen? Wie weit reichen Ihre Entscheidungsbefugnisse? Wofür tragen Sie letztlich die Verantwortung?

- Wie und woran wird Ihre Leistung gemessen? Wann wird sie gemessen?
- Was ist nach Meinung Ihres Vorgesetzten entscheidend für Ihren Erfolg?

Lassen Sie sich nicht auf Ziele verpflichten, die Sie persönlich als unrealistisch einschätzen, oder auf Ziele, die im Widerspruch zu dem stehen, was Sie selbst für richtig halten. In diesen Fällen sollten Sie sich Zeit zum Nachdenken nehmen. Bleiben Erwartungen auch nach reiflicher Prüfung aus Ihrer Sicht noch unerfüllbar, stehen Ihnen Diskussionen mit Ihrem Chef ins Haus. In der nun folgenden Verhandlung gilt es, die unterschiedlichen Positionen in Einklang zu bringen. Sollte sich nachträglich doch noch herausstellen, dass die vereinbarten Ziele nicht realistisch sind, müsste es bei einer guten Unternehmenskultur möglich sein, die negative Botschaft ohne böse Folgen frühzeitig zu überbringen. So wird Zeit und Handlungsspielraum gewonnen.

Grundsätzlich gilt: Versprechen Sie nicht zu viel. Weniger versprechen, dafür mehr halten – so lautet hier die bewährte Devise. Wenn Sie Ihre Zusagen später übertreffen, wird es Ihren Chef freuen. Der umgekehrte Fall hingegen schadet Ihrer Glaubwürdigkeit.

Rechtzeitig Unterstützung einfordern

Haben Sie mit dem Vorgesetzten Klarheit über Lage und Erwartungen geschaffen, bleibt noch ein wichtiger Punkt auszuhandeln: Fordern Sie die notwendige Unterstützung ein, die Sie benötigen, um mit Ihrem Team die vereinbarten Ziele zu erreichen. Einerseits benötigen Sie ausreichend »Beinfreiheit«, um eigenständig agieren zu können, andererseits werden Sie immer wieder auch auf die Unterstützung Ihres Chefs angewiesen sein. Was genau Sie von ihm benötigen, hängt von der jeweiligen Situation ab. Greifen wir hierzu noch einmal auf das STARS-Modell zurück.

In einer *Start-up*-Situation brauchen Sie vermutlich vor allem finanzielle Mittel, technische Unterstützung sowie Fachleute, die Ihnen helfen, die neue Abteilung, das Projekt oder das neue Produkt auf den Weg zu bringen. Bei einem *Turnaround* kommt es darauf an, dass Ihr Vorgesetzter Ihnen vor allem politisch beisteht, etwa wenn harte, möglicherweise schmerzhafte Entscheidungen zu treffen sind. Im Falle einer *Restrukturierung* benötigen Sie die Rückendeckung Ihres Chefs, um die Notwendigkeit der geplanten Veränderungen zu kommunizieren. Idealerweise tritt er dabei an Ihre Seite und hilft Ihnen, die Organisation wachzurütteln. Geht es um die *Stabilisierung* eines Erfolges, kommt es wiederum auf finanzielle und technische Ressourcen an. Sie brauchen Ihren Chef aber auch als Sparringspartner, um neue Ideen zu entwickeln.

Stellen Sie fest, welche Unterstützung Sie benötigen. Legen Sie die Karten dann so früh wie möglich offen auf den Tisch. Rechnen Sie Ihrem Chef vor, wie es um Kosten und Nutzen der zusätzlich notwendigen Ressourcen bestellt ist. Wenn Sie später ständig nachfordern müssen, geht das zulasten Ihrer Glaubwürdigkeit.

Den Arbeitsstil finden: Beinfreiheit für den Neuling

An einer guten und vertrauensvollen Zusammenarbeit mit Ihrem neuen Chef führt kein Weg vorbei. Er ist es, der Ihre Arbeitsbedingungen festlegt, der Sie fördert oder behindert, der sie unterstützt oder missachtet. Suchen Sie deshalb von Anfang an den regelmäßigen Kontakt zu ihm. Nur so können Sie die Rahmenbedingungen sicherstellen, die Sie für eine erfolgreiche Arbeit brauchen.

Jeder Mensch präferiert einen eigenen Arbeitsstil. In Ihrem Fall haben Sie sich einen sehr erfolgreichen Arbeitsstil angeeignet, sonst wären Sie kaum in einer Führungsposition gelandet. Doch Ihre Art zu arbeiten dürfte sich von der Ihres Chefs deutlich unterscheiden, das ist völlig normal. Umso wichtiger ist es, frühzeitig mit Ihrem Vorgesetzten zu klären, wie Sie dauerhaft am besten mit ihm zusammenarbeiten können. Genau hierin lag im Beispiel von Karin F die größte Herausforderung. Finden auch Sie heraus, inwieweit sich Ihr Arbeitsstil von dem Ihres Vorgesetzten unterscheidet – und was diese Unterschiede für Ihre Zusammenarbeit bedeuten.

Ein wichtiger Aspekt des Arbeitsstils ist die Beinfreiheit, die Ihnen Ihr Chef einräumt: Inwieweit lässt er Sie gewähren, lässt er Sie Entscheidungen treffen oder Sachverhalte klären, ohne dass er selbst informiert oder gar konsultiert werden will? Am Anfang werden diese Spielräume eher klein sein, mit wachsendem Vertrauen in Ihre Arbeit aber größer werden. Je mehr er Ihnen vertraut, desto eher wird er Sie »machen lassen«.

Sieben wichtige Fragen zur Beinfreiheit

- In welcher Form und wie detailliert möchte Ihr Vorgesetzter auf dem Laufenden gehalten werden? Neigt er bei bestimmten Fragen zu Mikromanagement?

- Welche Kommunikationsform bevorzugt Ihr Vorgesetzter? Das persönliche Gespräch? Telefon? Oder E-Mail?
- Ist es ihm im Vorfeld einer Entscheidung wichtig, mit Ihnen das Für und Wider zu erörtern? Oder erwartet er einen Bericht, um sich selbst ein Bild zu machen?
- Bei welchen Entscheidungen will Ihr Vorgesetzter mitreden? Wann können Sie alleine entscheiden? Worauf reagiert er besonders sensibel?
- Legt Ihr Vorgesetzter Wert auf Zahlen, Daten und Fakten oder genügt ihm ein kurzer Überblick bzw. eine kurze Zusammenfassung?
- Wie unterscheidet sich Ihre Arbeitsweise von der Ihres Vorgesetzten? Wie wird sich das auf die Arbeitsbeziehung zu Ihrem Vorgesetzten auswirken?
- Kommt Ihr Vorgesetzter früh ins Büro, geht er spät nach Hause? Arbeitet er am Wochenende? Erwartet er von Ihnen, dass Sie sich an seine Arbeitszeiten anpassen?

Rechnen Sie nicht damit, dass Ihr Chef seine Arbeitsweise Ihrem Arbeitsstil anpassen wird. Die Gestaltung der Arbeitsbeziehung zwischen Ihnen und ihm ist alleine Ihre Aufgabe. Und Sie sollten bedenken: Sie werden Ihren Chef nicht ändern!

Passen Sie Ihren Arbeitsstil an! Planen Sie ein Gespräch über Arbeitsstile mit Ihrem Chef. In diesem Gespräch gilt es herauszufinden, wie Sie und Ihr Chef dauerhaft am besten zusammenarbeiten können.

Ausnahmsweise sollten Sie daher den Weg des geringsten Widerstandes gehen – und Ihren Arbeitsstil an den Ihres Chefs anpassen. Wenn er SMS-Nachrichten hasst, schicken Sie ihm keine. Wenn er über jedes Detail informiert werden will, lassen Sie ihm die Informationen eben zukommen. Hauptsache, Sie vermeiden unnötige Reibereien. Der Arbeitsstil ist kein Feld, auf dem Sie Ecken und Kanten zeigen sollten.

Zu diesem Schluss kommt auch Tom. Eigentlich kennt er seinen neuen Chef bereits recht gut, da er früher als Projektleiter viel mit ihm zu tun hatte. Doch jetzt, in seiner neuen Führungsrolle, lernt er ihn noch einmal von einer anderen Seite kennen. Nach einem halben Jahr notiert Tom in seinem Tagebuch zehn Grundsätze über die Zusammenarbeit mit seinem Vorgesetzen. Zehn Grundsätze, die im Grunde für jede neue Führungskraft gelten.

Ein enttäuschter Chef

Neue Führungskräfte wissen oft nicht wirklich, was ihr Chef von ihnen erwartet. Um nicht gleich als »unsicher« abgestempelt zu werden, verzichten sie darauf, ihn nach seinen Erwartungen zu fragen. Das führt zu Missverständnissen, manchmal sogar zum Scheitern in der neuen Führungsposition.

So wappnen Sie sich ...

- Bringen Sie Ihrem Vorgesetzten Respekt entgegen – sprich: Respektieren Sie seine Position und beziehen Sie gleichzeitig Ihre eigene Position.
- Nehmen Sie sich Zeit und klären Sie mit Ihrem Vorgesetzten, was er von Ihnen erwartet. So ersparen Sie sich einen gefährlichen Blindflug.
- Klären Sie frühzeitig Ihren Aufgabenbereich – und stecken Sie mit Ihrem Vorgesetzten Ihre Entscheidungsbefugnisse ab.
- Stimmen Sie mit Ihrem Vorgesetzten ab, wie detailliert und in welcher Form er auf dem Laufenden gehalten werden möchte.
- Halten Sie sich an die Regel: Es ist besser, weniger zu versprechen und mehr halten.
- Thematisieren Sie den Arbeitsstil, ehe es zu Irritationen kommt. Klären Sie mit Ihrem Chef, wie Sie Unterschiede in der Arbeitsweise miteinander in Einklang bringen können.

Aufregende Tage
Die Führungskraft erobert sich ihr Terrain

»In jedem Anfang steckt ein Zauber inne,
der uns beschützt und hilft zu leben.«
Hermann Hesse, dt. Dichter

Die ersten Tage und Wochen in einer neuen Führungsposition sind eine kritische Phase. Die Führungskraft kennt im Detail weder ihre neue Rolle noch das Umfeld – was sie verwundbar macht. Wenn es nicht gelingt, in dieser

Übergangsphase Fuß zu fassen und eine positive Dynamik zu entwickeln, besteht die Gefahr, für die gesamte Dauer in der neuen Position viele kräftezehrende Kämpfe führen müssen.

Jochen B, 33 Jahre alt, ging voller Elan ans Werk. Der neu berufene Leiter der Abteilung Kundenbetreuung hatte in der Beratungsabteilung sein Talent zum Projektmanagement und zur Analyse komplexer Sachverhalte unter Beweis gestellt. Der Schritt in eine Führungsposition erschien da nur folgerichtig.

In seiner Abteilung machte Jochen B auf Anhieb erhebliche Verbesserungspotenziale aus, etwa im Umgang mit Kunden, bei der Protokollierung von Kundenbeschwerden oder bei den internen Prozessen. Gleich in den ersten Tagen verteilte er Aufgaben neu und krempelte Arbeitsabläufe um. Die wöchentlichen Meetings schaffte er kurzerhand ab, da sie ihm zu unproduktiv erschienen. Für die Kundenbeschwerden führt er eine neue Form der Protokollierung ein und beschäftigte sich eingehend mit einem Beschwerdemanagementsystem. Kurzum: Jochen B wollte zeigen, was er konnte – und bei seinen Vorgesetzten Pluspunkte sammeln.

Anfangs waren die Mitarbeiter angetan vom Tempo ihres neuen Vorgesetzten. Der Feuereifer, den er an den Tag legte, inspirierte sie. Bereitwillig gingen sie mit, teils weil sie die Veränderungen wirklich gut fanden, teils weil sie gerade am Anfang einen guten Eindruck auf ihren Chef machen wollten. Nach einigen Wochen jedoch bröckelte die Zustimmung: Während etwa die einen die wöchentlichen Meetings vermissten, fanden andere die neue Erfassung der Beschwerden zu kompliziert. Die Stimmung verschlechterte sich zusehends. Der anfängliche Zauber war verflogen, die Motivation des Teams erreichte einen ersten Tiefpunkt.

Was war geschehen? Jochen B hatte versäumt, seine Mitarbeiter »mit ins Boot« zu holen. Im Alleingang hatte er versucht, ein neues Beschwerdemanagement aufzubauen. Er informierte sie weder über sein Vorhaben noch nutzte er ihre Erfahrung. So legten sich seine Mitarbeiter anfangs zwar ins Zeug, um ihm zu signalisieren: »Hey, ich bin ein guter Mann – hey, ich bin eine gute Frau!« Als sie aber merkten, dass sich der neue Chef einigelte und mehr mit sich als mit seinen Mitarbeitern beschäftigte, ließen Motivation und Engagement nach. Ein Jahr später bekam Jochen B in der ersten Mitarbeiterbefragung die Quittung für sein Verhalten präsentiert: Er »überzeugte« mit dem schlechtesten Wert im gesamten Führungskreis.

Viele Wege führen zum Erfolg, nur einer meist nicht: Wer wie Jochen B von Anfang an alles anders als sein Vorgänger machen möchte und deshalb gleich in den ersten Tagen und Wochen in Aktionismus verfällt, erzeugt in der Regel Widerstände. Die Gefahr ist groß, dass der Einstieg in den neuen Führungsjob misslingt. Sehen wir uns an, wie man es besser machen kann.

☠ **Die große Gefahr!** Unsystematisches Vorgehen in der Startphase führt zu Fehlern, deren Folgen sich nicht mehr so leicht ausräumen lassen. Anstelle einer positiven Dynamik entstehen Widerstände, die an den Kräften zehren und die Arbeit im neuen Führungsjob dauerhaft überschatten.

Devise für den Einstieg: Erst verstehen, dann loslegen

Stellen Sie sich vor, Sie ziehen in eine neue Stadt. Was machen Sie als Erstes? Klar, Sie verschaffen sich erst einmal einen Überblick – über die Nachbarn, die Geschäfte, die Behörden, die Wege, die Umgangsformen und andere grundlegende Dinge. Ganz ähnlich sollten Sie beim Antritt einer neuen Position vorgehen. Verschaffen Sie sich zunächst einen Überblick, bevor Sie aktiv ins Geschehen eingreifen und Veränderungen vornehmen. Erst verstehen, dann verändern, lautet die Devise für die ersten Tage und Wochen.

Menno Harms erinnert sich an ein Managementmeeting unmittelbar vor seiner Berufung zum Vorsitzenden der Geschäftsführung bei Hewlett-Packard in Deutschland. Sein Vorgänger hatte an einem Ort im Schwarzwald die Mitglieder des Topmanagements zusammengerufen – insgesamt ein gutes Dutzend Teilnehmer. Für Menno Harms, der als designierter Geschäftsführer daran teilnahm, hatte das Treffen genau diese Funktion: die Lage kennenlernen und verstehen. Die versammelten Manager stellten die aktuelle Situation in ihren jeweiligen Geschäftsbereichen vor. Menno Harms: »Es war eine einzige Litanei von Problemen. Ich bin am Abend wirklich ins Grübeln geraten und habe in der Nacht nicht geschlafen.« Der angehende Unternehmenschef war heilfroh, dass in dieser Veranstaltung zunächst einmal nicht allzu viel von ihm erwartet wurde. Nach Hause zurückgekehrt, stellte er sich die Frage: Was nun? Heute kann er darüber lachen ...

Die erste Zeit in der neuen Führungsposition sollte vorrangig dem gegenseitigen Kennenlernen dienen. Vertiefen Sie sich daher noch nicht in die Details der Sachthemen, sondern widmen Sie Ihre Zeit vor allem den Menschen in Ihrem neuen Umfeld. Das Tagesgeschäft wird die ersten Wochen auch ohne Sie überstehen. Doch Sie selbst werden auf Dauer nur überstehen und erfolgreich sein, wenn Sie Ihre Mitarbeiter für sich gewinnen und ein schlagkräftiges Team bilden. Nur gemeinsam mit Ihren Mitarbeitern werden Sie auf Dauer außergewöhnliche Leistungen vollbringen können.

Widerstehen Sie dem Drang, sofort alles anders machen zu wollen. Widerstehen Sie dem Drang, zu handeln, bevor Sie die Organisation verstanden haben. Widerstehen Sie dem Drang, zu agieren, nur weil Sie glauben, es wird erwartet. Bemühen Sie sich stattdessen darum, erst die Arbeitsweise und die Handlungsabläufe in Ihrer Abteilung kennenzulernen. Hören sie zu, schauen Sie zu. Lassen Sie sich erklären, wie die Abläufe bisher funktionieren und wer welche Rolle innehat. Gehen Sie in den Dialog mit Ihrem Team. Vernetzen Sie sich mit relevanten Personen und sorgen Sie für Feedback. Möglicherweise entdecken Sie dabei auch schon, welche Spannungen und Probleme in der Abteilung bestehen – eine wertvolle Information, zumal wenn Sie neu in der Abteilung sind.

Begreifen Sie die ersten Tage und Wochen vor allem als eine Orientierungsphase, in der Sie die Stärken und Schwächen Ihrer Abteilung feststellen. Nutzen Sie die Zeit auch, um klare Kommunikationsstrukturen aufzubauen, zum Beispiel ein wöchentliches Meeting einzuführen. Treffen Sie jedoch zumindest in den ersten zwei Wochen noch keine wegweisenden Entscheidungen.

In einer neuen Stadt benötigen Sie zunächst eine Vorgehensweise, um einen Überblick zu bekommen und sich zurechtzufinden. Was heißt das übertragen auf die ersten Tage im neuen Job? Bewährt hat sich hier ein Sieben-Punkte-Programm:

1. Arbeitsfähigkeit herstellen
2. Gespräch mit dem Vorgänger führen
3. Nähe zu den Mitarbeitern suchen
4. Erste Mitarbeitergespräche führen
5. Beziehungslandkarte erstellen
6. Kickoff-Workshop durchführen
7. Führungskollegen kontaktieren

Arbeitsfähigkeit herstellen

Bevor Sie überhaupt anfangen können, müssen Sie arbeitsfähig sein. Dazu ist zweierlei erforderlich: Zum einen sollten Sie Ihre alten Aufgaben abgeschlossen haben, zum anderen sollten am neuen Ort die notwendigen Arbeitsmittel vorhanden sein. Beides klingt trivial, ist es oft aber nicht.

Um die neuen Aufgaben konzentriert angehen zu können, braucht es für das Alte einen definitiven Schlussstrich. Viele Führungskräfte nehmen noch jede Menge Verpflichtungen in die neue Position mit. Das führt zu Zusatzbelastungen, die Sie unbedingt vermeiden sollten. In den ersten Tagen, wenn viel Neues auf Sie einströmt, sind die alten Aufgaben im Gepäck mehr als lästig. Schließen Sie also Ihre bisherigen Aktivitäten konsequent ab, bevor Sie die neue Position antreten. Stellen Sie für Ihren Nachfolger die wichtigsten Informationen zusammen und besprechen Sie mit ihm die Übergabe. Der Rest ist dessen Sache.

Verabschieden Sie sich mit einer kleinen Feier von Ihren ehemaligen Kollegen. Anschließend nehmen Sie idealerweise ein paar Tage Urlaub. Das hilft, den Kopf freizubekommen. So schaffen Sie es, fit, ausgeruht und tatkräftig die neue Stelle anzutreten und sich auf die neuen Herausforderungen einzulassen.

Alte Aufgaben abschließen! Vermeiden Sie, Altlasten mit in den neuen Job zu nehmen! Schließen Sie Ihre alten Aufgaben rechtzeitig und konsequent ab. Übergeben Sie wichtige Aufgaben an Ihren Nachfolger.

Arbeitsfähig sein bedeutet aber auch ganz banal: Die erforderlichen Arbeitsmittel müssen vorhanden sein. Sorgen Sie deshalb gleich zu Beginn dafür, dass sich jemand um Dinge wie Büro, Computer, Telefon oder Internetzugang kümmert. Das mögen Selbstverständlichkeiten sein, doch die Erfahrung lehrt: Der Antritt einer neuen Führungskraft kommt ungefähr so überraschend wie Ostern oder Weihnachten. Niemand ist darauf vorbereitet, nichts wurde organisiert – und so mancher Workaround ist notwendig, um den Neuen oder die Neue mit dem Notwendigsten zu versorgen.

Arbeitsfähigkeit herstellen! Sorgen Sie dafür, dass Sie so schnell wie möglich arbeitsfähig sind: Büro, Computer, Telefon, E-Mail, Internet, Systemzugänge, Zugangsberechtigungen, Visitenkarten, Organigramme – all das brauchen Sie möglichst schnell!

Vermeiden Sie, in Sachen Arbeitsmittel selbst Hand anzulegen. Sie haben Wichtigeres zu tun, als sich mit Zugangsberechtigungen zu befassen oder einen E-Mail-Account anzulegen. Fragen Sie stattdessen in Ihrem Team, wer sich darum kümmern kann, dass Sie mit dem Notwendigen ausgestattet werden.

Gespräch mit dem Vorgänger führen

Zu den vordringlichen Aufgaben zählt, ein Gespräch mit dem Vorgänger zu suchen. Wie kein anderer weiß er, wie die Abteilung funktioniert. Er weiß um die Stärken und Schwächen, er kennt seine »Pappenheimer«. Ebenso kennt er das Umfeld, die grauen Eminenzen und die ungeschriebenen Gesetze. Damit besitzt er einen Wissens- und Erfahrungsschatz, von dem Sie profitieren sollten.

Bereiten Sie das Gespräch sorgfältig vor, um möglichst alle wichtigen Informationen aus Ihrem Vorgänger »herauszuholen«. Als Leitfaden können

Sie hierzu den folgenden Fragenkatalog nutzen (siehe Abbildung 2.3). Die Themenpalette reicht von den wichtigen Schlüsselpersonen bis zu den Regeln, Strukturen und Abläufen. Erkunden Sie auch, wie die Abteilung ins Unternehmen eingebettet ist und woran sich Erfolge und Misserfolge festmachen. Schließlich sollten Sie auf die Konsequenzen aus dem Führungswechsel achten: Was bedeutet er für die Abteilung, welche Veränderungen stehen an?

Wenn das Gespräch mit dem Vorgänger gut verläuft, gewinnen Sie auch einen klaren Blick für die Systemzusammenhänge Ihres künftigen Arbeitsplatzes. Für Ihren Erfolg ist das eine wichtige Voraussetzung – denn dieser hängt nicht nur von Ihren Führungsfähigkeiten ab, sondern ebenso von Ihrem Verständnis für das System, in dem Sie künftig tätig sein werden.

Das Gespräch mit dem Vorgänger erfordert einiges an Fingerspitzengefühl – denn wahrscheinlich wird er sein Wissen nicht gerade auf dem »Silbertablett« präsentieren. Wenn Sie Glück haben, zeigt er sich offen für ein solches Gespräch. Möglicherweise reagiert er aber auch zurückhaltend, vielleicht weil er befürchtet, Sie könnten als Nachfolger in dieser Position womöglich erfolgreicher sein als er selbst. »Warum eigentlich«, so fragt er sich dann, »soll ich mein Wissen und meine Erfahrungen preisgeben?«

Bringen Sie Ihrem Vorgänger deshalb Respekt und Wertschätzung entgegen – und schaffen Sie eine angenehme Atmosphäre. Nehmen Sie sich Zeit, um mit ihm über alle relevanten Themen zu sprechen. Drei bis vier Stunden sollten Sie dafür mindestens vorsehen. Handelt es sich um ein komplexes Aufgabengebiet, können auch zwei bis drei Gespräche sinnvoll sein.

Ziehen Sie im Anschluss an das Gespräch ein kritisches Resümee. Nehmen Sie die Informationen zur Kenntnis, aber wahren Sie eine gewisse Distanz. Überlegen Sie in Ruhe, welche Aspekte Sie aufgreifen und wie Sie tätig werden. Nehmen Sie sich die Aufzeichnungen nach einigen Wochen noch einmal vor. Sie werden feststellen: Die Informationen Ihres Vorgängers erscheinen in einem anderen Licht, wenn Sie erst einmal selbst Erfahrungen in Ihrer neuen Position gesammelt haben.

Wissenstransfer sicherstellen! Überlassen Sie bei der Wissensübergabe nichts dem Zufall. Gehen Sie selbst auf Ihren Vorgänger zu und sorgen Sie dafür, dass Sie alle notwendigen Informationen für einen erfolgreichen Start bekommen.

Die Vorteile eines solchen systematischen und strukturierten Wissenstransfers liegen auf der Hand. Umso erstaunlicher ist es, dass viele Neulinge auf einer Führungsposition versäumen, ein ausführliches und gut vorbereitetes Gespräch mit dem Vorgänger zu führen. In der Konsequenz müssen sie dann viele Informationen mühsam recherchieren und manche schmerzhafte Erfahrung

Wichtige Schlüsselpersonen

- Wer sind die Mitarbeiter meiner Abteilung?
- Wer sind Schlüsselpersonen in meinem Umfeld?
- Wer sind die Leistungsträger / Potenzialträger?
- Was sollte man im Umgang mit ihnen beachten?
- Wer verfügt über herausragende Kenntnisse?
- Wer verfügt über einschlägige Erfahrungen?
- Wer sind die Meinungsbildner in meiner Abteilung?
- Mit wem wurden Vereinbarungen getroffen?
- Wie sind die Mitarbeiter bisher geführt worden?
- Wurden Ziele vereinbart? Wenn ja, welche?

- Wer sind meine Kollegen im Führungskreis?
- Wer sind meine wichtigsten Ansprechpartner?
- Was sollte man im Umgang mit ihnen beachten?
- Welches sind vor- und nachgelagerte Abteilungen?
- Wer leitet wichtige Nachbarabteilungen?
- Wer leitet wichtige Projekte bzw. Initiativen?
- Welche Entscheider muss ich einbinden?
- Welche Gremien muss ich einbeziehen?
- Welches sind wichtige Kunden bzw. Lieferanten?
- Welche Kontakte sind wichtig bzw. unwichtig?

Regelungen, Arbeitsabläufe + Strukturen

- Wo finde ich Organigramme von allen Abteilungen?
- Wo finde ich Informationen zu den betrieblichen Regelungen (Kostenstellen, Budgets etc.)?
- Wie wurden Arbeitszeiten und Urlaub geregelt?
- Welche Vertretungsregelungen gibt es?
- Welche Regelungen sind besonders wichtig?
- Welche Regelungen werden von Mitarbeitern missachtet? Und wie soll ich damit umgehen?
- Welche Zuständigkeiten gibt es im Team?
- Gibt es Stellen- und Aufgabenprofile?

- Welche Prozesse sind besonders wichtig?
- Wie groß ist die Prozesstreue meiner Mitarbeiter?
- Inwieweit werden die Prozesse gemonitort?
- Woran wird der Erfolg der Prozesse gemessen?
- Wie sind die organisatorischen Abläufe geregelt?
- Worauf muss ich als Chef besonders achten?
- Was läuft gut und wo gibt es aktuell Probleme?
- Welches sind die Ursachen für die Schwierigkeiten?
- Wie wurden Prozesse bisher verbessert?
- Welche Aufgaben und Projekte sind schiefgelaufen?

Relevante Einflüsse, Erfolge + Misserfolge

- Wie sieht ein typischer Arbeitstag bei uns aus?
- Welchen Einfluss hat die Unternehmensstrategie auf unsere Abteilung?
- Welche Trends und Markteinflüsse wirken sich besonders stark auf unsere Abteilung aus?
- Was zeichnet uns gegenüber der Konkurrenz aus?
- Worauf kommt es in meiner Position besonders an?
- Was tut man? Was unterlässt man besser?
- Wo existieren Verbesserungspotenziale?
- Welche Stärken/Schwächen hat die Abteilung?
- Welche Chancen/Risiken sehen Sie in der Zukunft?

- Welches waren Ihre größten Erfolge?
- Wie haben Sie diese Erfolge erzielt?
- Was schätzen Ihre Mitarbeiter besonders an Ihnen?
- Was schätzen Vorgesetzte bzw. Kunden an Ihnen?
- Welche speziellen Fachkenntnisse brauche ich?
- Welche Methoden/Tools sollte ich beherrschen?
- Welches waren Ihre größten Misserfolge?
- Welche Projekte/Aufgaben sind schiefgelaufen?
- Was würden Sie heute anders machen?
- Wie sollte ich mit Krisensituationen umgehen?

Konsequenzen aus dem Führungswechsel

- Welches ist das Image der Abteilung/des Teams?
- Welches sind die Gründe dafür?
- Wie hat sich die Abteilung zuletzt entwickelt?
- Vor welchen Herausforderungen steht das Team?
- Welche Veränderungen stehen in nächster Zeit an?
- Warum sind diese Veränderungen wichtig?
- Wie wären Sie diese Veränderungen angegangen?
- Was geht mit Ihrem Weggang im Team verloren?

- Welche Schwierigkeiten warten auf mich?
- Wo sind typische »Fettnäpfchen«?
- Wie gestaltet sich die Zusammenarbeit mit dem Vorgesetzten bzw. mit den Führungskollegen?
- Was erwarten die Mitarbeiter von mir?
- Was erwarten die Vorgesetzten von mir?
- Wovor sollte ich mich besonders in Acht nehmen?

Abbildung 2.3: Einstieg in die Führungsrolle (frei nach Helmut Hofbauer)

machen. Die Empfehlung heißt hier ganz klar: Profitieren Sie vom Wissen Ihres Vorgängers, setzen Sie sich so schnell wie möglich mit ihm in Verbindung!

Nähe zu den Mitarbeitern suchen

Nutzen Sie in den ersten Tagen und Wochen jede Gelegenheit, um mit Ihren Mitarbeitern in Kontakt zu kommen. Stellen Sie Nähe her, jedoch ohne sich anzubiedern – schließlich ist es nicht Ihr Ziel, die beliebteste Führungskraft des Hauses zu werden.

»Management by Walking around« lautet jetzt die Devise. Zeigen Sie sich, gehen Sie zu Ihren Mitarbeitern an die Arbeitsplätze, reden Sie mit ihnen, stellen Sie Fragen und hören Sie aufmerksam zu. Auf diese Weise bekommen Sie ein Gespür für die Arbeitsatmosphäre und die Stimmung im Team. Außerdem erfahren Sie viel über Interessen, Wünsche und Bedürfnisse Ihrer Mitarbeiter, ebenso erkennen Sie deren Befindlichkeiten, Probleme und Schwächen. Im Gegenzug erhalten Ihre Mitarbeiter immer wieder Gelegenheit, ihren Chef besser kennenzulernen. Auch das baut Ängste und Vorbehalte ab und trägt dazu bei, dass man Sie in Ihrer Rolle als Vorgesetzter akzeptiert und respektiert.

Nichtsdestotrotz sollten Sie sich auf eine längere Phase des gegenseitigen Abtastens gefasst machen. Ihre Mitarbeiter wollen erst abschätzen, mit wem sie es »da zu tun haben« – und stellen ihren neuen Chef gerne auch mal auf den Prüfstand. Rechnen Sie deshalb damit, dass Sie unerwartet mit kritischen Fragen konfrontiert werden oder dass im Grunde belanglose Entscheidungen zum Auslöser für endlose Diskussionen werden. Reagieren Sie in solchen Fällen nicht kühl oder abweisend, sondern nehmen Sie es locker und versuchen Sie, spontan und herzlich zu reagieren.

Das Vertrauen Ihrer Mitarbeiter gewinnen Sie am besten, indem Sie sich als Mensch zeigen – mit Stärken und Schwächen, auch mit kleinen Fehlern. Große Reden sind nicht erforderlich, Schauspielerei, Machtgehabe und Selbstdarstellung ohnehin tabu. Versuchen Sie stattdessen, mit Ihren Mitarbeitern auf authentische, glaubhafte und vorbildliche Weise umzugehen.

Erste Mitarbeitergespräche führen

Nehmen Sie sich in den ersten Tagen Zeit für Vier-Augen-Gespräche mit Ihren Mitarbeitern. Auch wenn Sie Chef Ihrer Abteilung geworden sind und die Mitarbeiter bereits seit Jahren kennen, sollten Sie mit jedem Mitarbeiter ein solches Antrittsgespräch führen. Durch Ihren Aufstieg entstehen Ängste, die Sie im Vier-Augen-Gespräch thematisieren können. Häufig sind es Kleinigkeiten, die auf diese Weise ausgeräumt werden. Das allein nimmt schon viel Druck aus dem Kessel. Beispielsweise werden sich frühere Kollegen fragen, ob sie jetzt weiterhin mit Ihnen befreundet sind oder ob man sich jetzt wieder siezen muss.

Das erste Vier-Augen-Gespräch mit einem Mitarbeiter hat für das künftige Verhältnis eine besondere Bedeutung. Es entscheidet darüber, ob Sie mit dem jeweiligen Mitarbeiter auf einer Wellenlänge liegen. Und davon wiederum hängt zum großen Teil der Erfolg der künftigen Zusammenarbeit ab. Sorgen Sie deshalb für gelungene Erstgespräche!

> **Erste Mitarbeitergespräche führen** Führen Sie erste Vier-Augen-Gespräche mit Ihren Mitarbeitern. Planen Sie die Gespräche so, dass sie möglichst kurz aufeinanderfolgen. Hören Sie gut zu und machen Sie sich ein Bild von Ihrem neuen Arbeitsbereich.

Was ist zu beachten, damit diese Antrittsgespräche gelingen? Zunächst empfiehlt es sich, die Mitarbeiter über Sinn und Zweck des Gesprächs zu informieren. Legen Sie sich dann einen kurzen Gesprächsleitfaden zurecht: Welche Punkte wollen Sie unbedingt ansprechen? In welcher Reihenfolge?

Beginnen Sie das Gespräch mit einer kurzen Vorstellung. Erzählen Sie einige Aspekte aus Ihrem Lebenslauf und gehen Sie auf Ihre bisherigen Tätigkeiten ein. Erwähnen Sie auch Persönliches – verheiratet, Kinder, Wohnort, Herkunft, Hobbys. Das schafft Verbindungen im Sinne von: »Aha, der Chef hat auch Kinder« oder »Er hat am gleichen Hobby Interesse«. Indem Sie sich nicht nur als neuer Chef, sondern auch als Mensch offenbaren, bauen Sie bei Ihrem Gegenüber ein Stück Grundvertrauen auf. Geben Sie dann auch Ihrem Mitarbeiter die Gelegenheit, sich vorzustellen.

Nun folgt der wichtigste Teil des ersten Vier-Augen-Gesprächs: Mit Fragen zur Arbeitssituation, zur Situation im Team und zur persönlichen Situation des Mitarbeiters verschaffen Sie sich wertvolle Einblicke in Ihren neuen Arbeitsbereich. Ziel ist, Informationen zu folgenden Aspekten zu erfragen:

- Wie war die Arbeit bisher in der Abteilung strukturiert und organisiert?
- Mit welchen aktuellen Knackpunkten sollte man sich auseinandersetzen?
- Wo sollte dringend etwas entschieden werden?
- Welche Stärken, fachlichen Kompetenzen und Potenziale besitzt der Mitarbeiter?
- Wie geht es dem Mitarbeiter zurzeit mit seiner Arbeit und Aufgabe?

- Welche Wünsche und Vorstellungen hat er bezüglich der künftigen Zusammenarbeit?
- Wo steht er? Wo will er hin? Was braucht er dafür?

Vermeiden Sie, Ihre Mitarbeiter durch allzu forsches Fragen unter Druck zu setzen. Lassen Sie Ihren Gesprächspartner selbst entscheiden, worauf er näher eingehen möchte. Ihr Part in diesen Gesprächen ist vor allem, ein guter Zuhörer zu sein – reden sollte vorwiegend Ihr Gegenüber.

Das erste Mitarbeitergespräch soll den Mitarbeitern vor allem Sicherheit geben und die Angst vor den bevorstehenden Änderungen nehmen. Verdeutlichen Sie deshalb, dass Sie sich in den kommenden Wochen erst einmal orientieren und alle Personen, Prozesse und Arbeitsabläufe kennenlernen wollen. Bitten Sie um Geduld – und vermeiden Sie Zusagen, die Sie später möglicherweise nicht einhalten können. Sollten jedoch bestimmte Entscheidungen bereits gefallen sein, zum Beispiel weil Sie als »Sanierer der Abteilung« geholt wurden, hilft nur eines: Spielen Sie mit offenen Karten.

Ein Thema, auf das Sie im ersten Mitarbeitergespräch eingehen können, ist Ihr Führungsstil – sofern Sie sich darüber schon im Klaren sind. Ebenso können Sie bereits darlegen, was Sie von Ihren Mitarbeitern erwarten, was Sie unter Eigenverantwortung verstehen oder in welcher Weise Sie Vereinbarungen treffen möchten. Nutzen Sie die Gespräche auch, um Ihren Mitarbeitern zu erklären, was Ihnen im Umgang miteinander wichtig ist und welchen Anspruch Sie an Arbeitsleistungen stellen.

Beziehungslandkarte erstellen

Das Gespräch mit Ihrem Vorgänger, dann die Gespräche mit den Mitarbeitern: Was halten Sie davon, die Ergebnisse aus diesen Vier-Augen-Gesprächen auch dafür zu nutzen, um eine Art »Beziehungslandkarte« Ihres Teams zu erstellen? Eine solche Landkarte macht Strukturen sichtbar und kann dabei helfen, kritische Situationen besser einzuschätzen und zu managen.

Unter dem Begriff »Soziogramm« kennen und nutzen Lehrer dieses Instrument schon seit über 80 Jahren. Ein Soziogramm stellt die Beziehungen in einer Gruppe grafisch dar. In der Schule dient es den Lehrern, die Struktur ihrer Klasse besser zu verstehen. Doch lässt sich die Methode übertragen und auch auf ein Team im Unternehmen anwenden. Sie hilft, einzelne Teammitglieder, Teilgruppen oder auch Cliquen innerhalb des Teams besser wahrzunehmen. Das wiederum ermöglicht, deren Verhalten genauer zu interpretieren und Interventionen gezielter vorzubereiten.

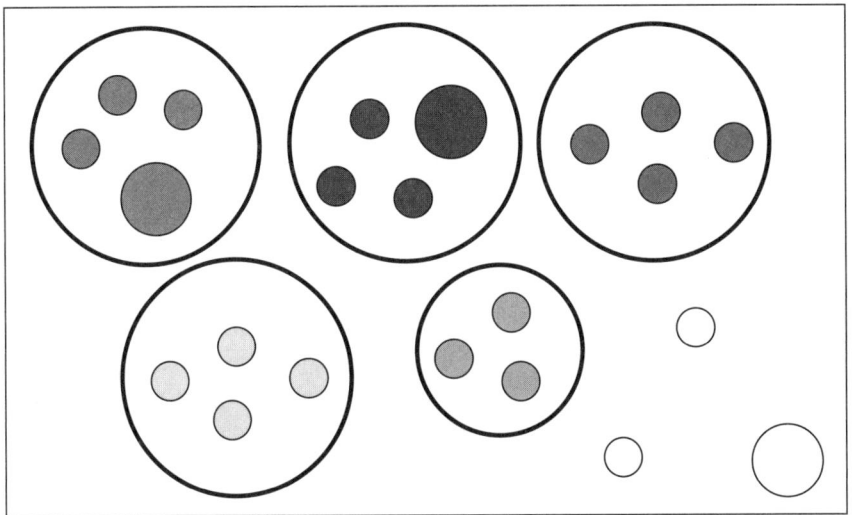

Abbildung 2.4: Teamstrukturen wahrnehmen: Beispiel eines Soziogramms

Die Aussagekraft einer solchen »Landkarte« hängt von den Fragen ab, die zuvor in Vier-Augen-Gesprächen gestellt werden. Die Standardfrage in Schulklassen lautet: »Mit wem möchtest du am liebsten an einem Tisch sitzen?« So werden Beziehungen deutlich – denn es ist davon auszugehen, dass ein Schüler niemanden nennt, den er unsympathisch oder unattraktiv findet.

Überlegen Sie zunächst, was Sie über Ihr neues Team herausfinden möchten – und richten Sie daran die Fragen aus, die Sie Ihren Mitarbeitern in den Vier-Augen-Gesprächen stellen. Einige Beispiele:

- Wer hat Ihrer Ansicht nach die meiste Erfahrung im Team?
- Mit wem aus dem Team arbeiten Sie am liebsten zusammen?
- Wer sind die Schlüsselpersonen im Team?
- Wer hat im Team am meisten zu sagen?

Die Antworten auf die Fragen lassen sich grafisch umsetzen. So können emotionale Beziehungen oder intensive Arbeitsbeziehungen durch Verbindungslinien gekennzeichnet, Arbeitsgruppen farbig markiert oder »Cliquen« umrahmt werden. Daraus entsteht ein Bild vom Beziehungsgeflecht innerhalb des Teams. Ein Beispiel zeigt Abbildung 2.4: Hier hat Tom nach den Vier-Augen-Gesprächen mit seinen Mitarbeitern skizziert, wer mit wem aus dem Team am engsten zusammenarbeitet. Dabei wird deutlich, dass sein Team aus verschiedenen Teilgruppen besteht. Grafisch hervorgehoben hat er zudem die Mitarbeiter, die im Team am meisten zu sagen haben. Das Ergebnis lässt

Tom befürchten, dass sich innerhalb seines Teams Cliquen bilden könnten. Außerdem bereiten ihm die drei »Einzelgänger« etwas Sorgen, die keinem der »Grüppchen« angehören.

Kickoff-Workshop durchführen

Die ersten Wochen dienen der neuen Führungskraft vor allem dazu, Informationen zu sammeln und sich einen Überblick zu verschaffen. Wesentlicher Teil dieser Bestandsaufnahme kann ein Kickoff-Workshop sein, den »der Neue« zusammen mit seinem Team durchführt. Der Workshop hat vor allem zwei Aufgaben: Zum einen ist er neben der Antrittsrede ein weiteres Signal für einen Neuanfang. Zum anderen dient er dem neuen Vorgesetzten, tiefer gehende Erkenntnisse über Abteilung, Aufgaben und Arbeitsabläufe zu gewinnen.

Wichtige Leitfragen für den Workshop sind aus der Sicht des Vorgesetzten: Was muss ich über meinen neuen Bereich wissen? Wo besteht akuter Handlungsbedarf? Was erwarten meine Mitarbeiter von mir? Was erwarte ich von ihnen? Was passiert in den nächsten Wochen?

Planen Sie für den Kickoff-Workshop einen Tag ein (siehe Abbildung 2.5). Die Leitung können Sie selbst übernehmen – das stärkt Ihre Position. Oder Sie beauftragen damit einen neutralen Moderator, was aus zwei Gründen sinnvoll sein kann. Erstens: Ein Moderator kann die Veranstaltung strukturieren, die Fragen stellen und die Antworten dokumentieren. Auf diese Weise können Sie sich auf die Inhalte konzentrieren und gleichzeitig Ihre Mitarbeiter beobachten. Zweitens: Ein neutraler Moderator ist empfehlenswert, wenn unter den Mitarbeitern Vorbehalte gegen Sie und Ihre Führungsrolle bestehen. In dieser Situation kann ein guter Moderator Widerstände oder Unsicherheiten thematisieren und hochkochende Diskussionen versachlichen.

Kickoff-Workshop durchführen! Veranstalten Sie einen Kickoff-Workshop, um von Ihrem Team mehr über Ihre Abteilung, die Aufgaben und Arbeitsabläufe in Erfahrung zu bringen.

Führungskollegen kontaktieren

So richtig und notwendig es ist, in den ersten Tagen seine Zeit vor allem den Mitarbeitern zu widmen, dürfen Sie doch nicht übersehen: In Ihrer neuen Po-

Kickoff-Workshop

09:00 Uhr **Einstieg in den Workshop**
- Begrüßung der Teilnehmer und Hinweis auf die Ziele der Veranstaltung
- Orientierung der Teilnehmer über den Verlauf der Veranstaltung

09:15 Uhr **Vorstellungsrunde**
- Ausführliche Vorstellung der neuen Führungskraft
- Vorstellung der Mitarbeiter (Name, Aufgabenbereich, Verantwortlichkeiten)

10:00 Uhr **Ein kurzer Überblick**
- Die Mitarbeiter geben in 3–4 vorbereiteten Kurzpräsentationen (à 5 Min.) der neuen Führungskraft einen Überblick über die wesentlichen Aufgaben und Funktionsbereiche der Abteilung.

10:30 Uhr Pause

10:45 Uhr **Bestandsaufnahme – Teil 1**
- Mitarbeiter arbeiten in Kleingruppen (à 5–6 Personen) ohne die Führungskraft
    - Leitfrage 1: Was sollte der neue Chef von uns wissen, um gut mit uns zusammenarbeiten zu können?
    - Leitfrage 2: Was wollen wir noch von unserem Chef wissen?

11:30 Uhr **Präsentation der Ergebnisse**
- Kleingruppen präsentieren ihre Ergebnisse zu Leitfrage 1 im Plenum.
- Die Führungskraft kann Rückfragen dazu stellen.

12:00 Uhr **Interviewrunde**
- Die Mitarbeiter führen ein strukturiertes Interview mit der Führungskraft.

12:30 Uhr Mittagspause

13:30 Uhr **Bestandsaufnahme – Teil 2**
- Mitarbeiter arbeiten wieder in Kleingruppen ohne die Führungskraft
    - Leitfrage 1: Welche Herausforderungen warten auf unseren Chef? Mit welchen Themen sollte er sich unbedingt befassen?
    - Leitfrage 2: Wo sehen wir aktuell den größten Handlungsbedarf? Um welche Schwierigkeiten sollte er sich schnellstens kümmern?

14:15 Uhr **Präsentation der Ergebnisse**
- Die Kleingruppen präsentieren ihre Ergebnisse. Die Führungskraft kann nachfragen oder kurz Stellung nehmen.

15:15 Uhr Pause

15:30 Uhr **Erwartungshaltungen**
- Die Mitarbeiter arbeiten in der Gruppe ohne die Führungskraft: Was erwarten wir von unserer Führungskraft?
- Die Führungskraft beschäftigt sich derweil mit der Frage: Was erwarte ich von meinen Mitarbeitern?

16:00 Uhr **Abgleich der Erwartungen**
- Die Mitarbeiter präsentieren ihre Erwartungen an die neue Führungskraft.
- Die Führungskraft nimmt kurz Stellung dazu.
- Die Führungskraft präsentiert anschließend ihre eigenen Erwartungen an die Mitarbeiter.

16:45 Uhr **Abschluss**
17:00 Uhr **Ende des Workshops**

Abbildung 2.5: Beispiel eines Kickoff-Workshops

sition gehören Sie auch einem Führungskreis an. Klar ist, dass Sie gerade in der ersten Zeit den Kollegen aus dem Führungskreis große Aufmerksamkeit widmen sollten. Ohne eine gute Zusammenarbeit dürften Sie kaum Erfolg haben. Manchmal kann schon allein die Information eines Kollegen darüber entscheiden, ob Sie bei einem Thema erfolgreich vorankommen oder in eine Sackgasse geraten.

Aber nicht nur Sie selbst profitieren von einer gute Zusammenarbeit mit den Führungskollegen. Auch Ihre Mitarbeiter haben es leichter, wenn die Beziehungen stimmen und die Arbeit über Abteilungsgrenzen hinweg vertrauensvoll gestaltet werden kann. Gute Beziehungen zu den Vorgesetzten der anderen Abteilungen tragen erheblich zu effektiven Arbeitsabläufen bei – und sind damit ein wichtiger Erfolgsfaktor.

»Wenn ich von den Kollegen und Partnern eine Mitarbeit erwarte«, bestätigt Menno Harms »ist es sehr wichtig, den eigenen Bereich nach außen gut zu vertreten.« Dazu gehört, das eigene Team mit seinen Leistungen, seiner Kompetenz und seinem Beitrag für das große Ganze hervorzuheben. »Ich stelle mich vor meine Truppe und bin ihr Repräsentant. Das habe ich stets aus Überzeugung gemacht!« Vor allem aber: Auf diese Weise erreichte Menno Harms, dass auch die Führungskollegen Vertrauen zu ihm und seinen Leuten fassten.

Gehen Sie die Kontakte zu den Führungskollegen systematisch an. Überlegen Sie: Wer ist am längsten dabei? Wer ist eher neu in der Runde? Wer steht Ihrem Chef am nächsten? Wer hat gute Kontakte in die Geschäftsführung? Gibt es Lager oder Cliquen? Wie intensiv ist der Austausch untereinander? Wen schätzen Sie? Mit wem kommen Sie nicht klar?

Nehmen Sie sich die Zeit, sich Ihren Kollegen aus dem Führungsteam vorzustellen. Nutzen Sie auch Gelegenheiten, den einen oder anderen etwa beim Mittagessnn zu treffen. Vermeiden Sie aber ein allzu forsches Auftreten. Gerade langjährige Führungskräfte erwarten von einem Neuling, dass er ihr Wissen, ihre Erfahrung und ihre Position respektiert.

Toms heimliche Konkurrenten

Die ersten Tage und Wochen in der neuen Führungsposition sind auch für Tom eine kritische Phase. Dabei stößt er auf ein Thema, das ihm besonders Kopfzerbrechen bereitet: In seinem neuen Team gibt es Mitarbeiter, die sich Hoffnung auf seinen Job als Abteilungsleiter gemacht hatten. In seinem Tagebuch reflektiert Tom, wie er mit den unterlegenen Mitbewerbern umgehen soll.

Ein holpriger Start

Die ersten 100 Tage entscheiden meist über Erfolg oder Misserfolg einer neuen Führungskraft. Wenn Ihnen in dieser Zeit größere Fehler unterlaufen, besteht die Gefahr, dass Sie kein Bein mehr auf den Boden bekommen.

So wappnen Sie sich ...

- Suchen Sie das Gespräch mit Ihrem Vorgänger und sorgen Sie für eine systematische Übergabe und einen umfassenden Wissenstransfer an Sie.
- Bewegen Sie sich in den ersten Tagen und Wochen als »Forscher« durchs Haus. Sammeln Sie Informationen, beobachten Sie, stellen Sie Fragen – und lernen Sie daraus.
- Suchen Sie den persönlichen Kontakt zu Ihren Mitarbeitern. Das klingt selbstverständlich, wird aber leicht vernachlässigt, weil in den ersten Wochen viele dringende Aufgaben auf einen einstürzen.
- Nehmen Sie sich Zeit, um mit jedem Mitarbeiter ein Vier-Augen-Gespräch zu führen. In diesen Gesprächen sollten Sie die Bedürfnisse und Wünsche Ihrer Mitarbeiter hinterfragen.
- Laden Sie nach einigen Tagen zu einer kleinen Einstandsfeier ein. Das zeigt, dass Sie von nun an dazugehören. Gleichzeitig symbolisiert der Einstand einen Neuanfang.

Sondierung der Lage

Typische Anfängerfehler können fatale Folgen haben

> »Als ich im Weißen Haus mit der Arbeit begann,
> überraschte mich am allermeisten,
> dass die Dinge tatsächlich so im Argen lagen,
> wie ich immer behauptet hatte.«
> *John F. Kennedy*

Wer als Führungskraft loslegt, ohne Abteilung und Umfeld wirklich zu kennen, begeht schnell gravierende Fehler. Ohne eine fundierte Analyse der Ausgangslage fehlt die Grundlage, um in der neuen Position erfolgreich agieren zu können.

Kaum haben Sie die neue Position angetreten, spricht Sie Ihr Vorgesetzter an: »Ah, gut, dass Sie da sind, kommen Sie doch gleich mal ins Meeting.« – »Ich habe für nächste Woche bereits für Sie eine Reise in unser Auslandswerk gebucht.« – »Können Sie sich den Arbeitsablauf mal anschauen? Der muss dringend verbessert werden!« Es dauert nicht lange und Sie sind nicht mehr Herr Ihres eigenen Kalenders. Sie werden verbucht, verschoben, verplant. Unversehens sind die ersten 100 Tage vorbei, ohne dass Sie Ihre Abteilung und Ihr neues Umfeld wirklich kennengelernt haben. Dafür war schlicht keine Zeit.

Sich auf die Probleme stürzen, die einem angeboten werden: Das ist ein typischer Anfängerfehler. Noch dazu ein höchst gefährlicher. Wie leicht man in diese Falle tappt, zeigt der Fall von Kathrin M. Als neue Führungskraft war sie zunächst erfolgreich gestartet, bis nach einigen Wochen ihr Vorgesetzter an ihrem Schreibtisch stand und ihr ein angeblich drängendes Problem schilderte. Er bat sie um eine zügige Entscheidung und deutete auch schon an, wie er sich eine Lösung vorstellte.

Natürlich liegt es in einer solchen Situation nahe, den Erwartungen des Chefs nachzukommen. So bemühte sich auch Kathrin M, ihrem Vorgesetzten schnelle Ergebnisse zu liefern. Sie handelte, ohne lange nachzudenken, und präsentierte ihrem Chef bereits zwei Tage später eine Lösung. Der war positiv überrascht und zeigte sich sehr angetan, zumal seine Mitarbeiterin sich so entschieden hatte, wie er es sich wünschte.

Das Problem war nur: Die junge Abteilungsleiterin hatte die Entscheidung getroffen, ohne ihr Team zu involvieren. Als es dann an die Umsetzung der Lösung ging, traf sie auf dessen massiven Widerstand. Ein Großteil ihrer Mitarbeiter meldete erhebliche Bedenken an – und das zu Recht, wie Kathrin M einräumen musste. Sie hatte ihren neuen Aufgabenbereich einfach noch zu wenig gekannt, um die Tragweite ihrer Entscheidung richtig abschätzen zu können. Anstatt ihr Team einzubeziehen und eine vorausschauende Lösung zu finden, hatte sie sich in eine höchst prekäre Situation hineinmanövriert.

Die große Gefahr! Die neue Führungskraft agiert, ohne die Zusammenhänge in der eigenen Abteilung und in ihrem Umfeld wirklich zu kennen. Sie hat versäumt, die Ausgangslage sorgfältig genug zu analysieren – und begeht fatale, eigentlich vermeidbare Fehler.

Sicher: Jungen Führungskräften fehlt es an Erfahrung und Fehler werden unvermeidlich sein. Dennoch sollte man aufpassen, nicht gleich zu Beginn eine so unglückliche Figur wie Kathrin M zu machen. Die junge Frau wollte es ihrem Chef recht machen und hatte glaubte, aus der eigenen Erfahrung heraus zu wissen, was zu tun sei. Damit nahm sie nicht nur ihrem Team gegenüber eine überhebliche Haltung ein, sondern übersah auch wesentliche Aspekte bei der Erarbeitung ihres Lösungsvorschlags. Mit Geschick und viel Glück gelang ihr dann doch noch, das Team wieder hinter sich zu bringen und mithilfe ihrer Mitarbeiter den Fehler auszubügeln. Die Sache hätte sie leicht ihre Position kosten können.

Vorsicht Falle: die typischen Anfängerfehler

Ob der Karriereschritt in der neuen Position gelingt oder nicht, darüber entscheiden die ersten 100 Tage. In dieser Zeit wird die Basis für die künftigen Erfolge gelegt. Einer jungen Führungskraft muss es gelingen, Vertrauen und Glaubwürdigkeit aufzubauen und mit ihren Führungsqualitäten die Mitarbeiter ebenso wie den Arbeitgeber zu überzeugen.

Das Risiko, hier die Messlatte zu verfehlen, ist hoch. Schätzungsweise zwei von fünf Führungsneulingen scheitern innerhalb der ersten Jahre. Sprich: Sie bleiben massiv hinter den Erwartungen ihrer Vorgesetzten, die sie ausgesucht und eingestellt haben, zurück. Die Ursache liegt häufig in Anfängerfehlern, die auch dadurch entstehen, dass neue Führungskräfte meistens einfach ins »kalte Wasser« geworfen werden. Umso nützlicher ist es, sich dieser Fehler bewusst zu sein, um sie gezielt vermeiden zu können. Hier die zehn häufigsten Anfängerfehler:

1. **Der Aktionismus:** Manche Führungskräfte wollen von Anfang an zeigen, dass sie der neuen Herausforderung gewachsen sind. Voll Eifer machen sie sich ans Werk. Sie lassen keinen Stein auf dem anderen und verändern alles – Strukturen, Abläufe, Prozesse. Dabei versäumen sie, ihren Bereich richtig kennenzulernen – und nicht selten endet ihr Aktionismus im Chaos.
2. **Der Schnellschuss:** Manche Führungskräfte glauben, aus eigener Erfahrung heraus zu wissen, wie die Dinge funktionieren – und das, ohne ihr neues Arbeitsumfeld wirklich zu kennen. Sie gehen damit ein hohes Risiko ein, vorschnelle Entscheidungen zu treffen, ohne über solide Informationen zu verfügen. Solche Schnellschüsse können große Probleme verursachen.
3. **Der Alleingang:** Manche Führungskräfte versäumen, ihr Vorgehen mit ihren Vorgesetzten abzustimmen, und stellen ihr Umfeld vor vollendete Tatsachen. Das verärgert die Vorgesetzten und demotiviert die Mitarbeiter. Im Alleingang getroffene Entscheidungen sind oft wie ein Bumerang: Sie kommen zurück.

4. **Der Ideenklau:** Manche Führungskräfte entwickeln in den ersten Gesprächen mit ihren Mitarbeitern viele neue Ideen, die sie ihren Vorgesetzten jedoch als eigene Gedanken präsentieren. Sie schmücken sich mit fremden Federn – was auf die betroffenen Mitarbeiter extrem frustrierend wirkt.
5. **Das Aussitzen:** Manche Führungskräfte zaudern. Sie vermeiden Entscheidungen oder schieben sie vor sich her. Weil sie Risiken scheuen, lassen sie endlose Diskussionen zu und erreichen damit, dass immer wieder zu spät entschieden wird. Getreu dem Motto »Die Zeit heilt alle Wunden« sitzen sie Probleme aus – bis es zu spät ist.
6. **Der Flächenbrand:** Manche Führungskräfte versäumen, ihre Kräfte und Aktivitäten zu fokussieren. Sie agieren an allen Ecken und Enden, initiieren immer neue Maßnahmen. Dabei verzetteln sie sich. Überall offene Baustellen! Die daraus resultierenden Probleme breiten sich wie ein Flächenbrand aus.
7. **Die Abwesenheit:** Manche Führungskräfte lassen ihre Mitarbeiter im Stich, weil sie nie anwesend sind. Sie verbringen ihre Zeit lieber in Führungsgremien oder auf Kundenterminen, anstatt sich um die Belange ihrer Mitarbeiter zu kümmern. Wer als Vorgesetzter seine Mitarbeiter jedoch mit schwierigen Fragen alleine lässt, darf sich nicht wundern, wenn ihm seine besten Leute abhanden kommen.
8. **Der Edel-Sachbearbeiter:** Manche Führungskräfte schaffen den Rollenwechsel nicht und bleiben in ihrem Innersten eine Fachkraft. Sie widmen sich komplexen Sachaufgaben, anstatt sich um die übergeordneten Zusammenhänge zu kümmern. Als Führungskraft versagen sie.
9. **Der Interessenvertreter:** Manche Führungskräfte wollen es sich mit ihren Mitarbeitern keinesfalls verscherzen. Sie versuchen, sich mit Zuwendungen und Gefälligkeiten bei ihnen beliebt zu machen. Anstatt sie zu führen, gehen sie auf »Kuscheltour« mit ihnen – und gerieren sich nach außen immer nur als deren Interessenvertreter.
10. **Der Sonnenkönig:** Manche Führungskräfte treten autoritär auf, um sich als Herrscher ihres kleinen Reichs zu etablieren. Häufig steht dahinter die Angst, bei den Mitarbeitern als weich und führungsschwach zu wirken. Wer jedoch als Chef den autoritären Sonnenkönig spielt, darf sich nicht wundern, wenn es bald einsam um ihn wird.

Worauf kommt es nun an, um diese Fehler zu vermeiden? Gehen Sie systematisch vor, nehmen Sie sich die Zeit für eine sorgfältige Bestandsaufnahme – und leiten Sie daraus einen »Schlachtplan« für die ersten Monate ab. Und noch etwas ist wichtig: Erfolg in einer neuen Führungsposition erfordert Durchhaltevermögen. Da erscheint es wenig sinnvoll, mit einem Sprint zu starten. Richten Sie sich stattdessen auf einen Langstreckenlauf ein – mäßigen Sie dementsprechend Ihr anfängliches Tempo.

Die grobe Struktur: drei Phasen für die ersten 100 Tage

Die ersten Wochen dienen der Orientierung – und da hilft die Einstellung, Ihre Abteilung immer wieder auch mit den Augen eines Anfängers wahrzunehmen. Dann folgt eine Phase, in der Sie die gesammelten Erkenntnisse bewerten und festlegen, welche Aufgaben Sie als Erstes anpacken wollen. Im dritten Schritt bringen Sie einen »Schlachtplan« auf den Weg, nach dem Sie Ihre Abteilung in den Griff bekommen und vorläufig führen. Dementsprechend lassen sich die ersten 100 Tage in drei etwa gleich lange Phasen unterteilen:

1. **Orientierungsphase.** Nachdem Sie in den ersten Tagen Ihre neue Abteilung kennengelernt, Kontakte geknüpft und erste Gespräche mit den Mitarbeitern geführt haben, steht nun die eigentliche Orientierungsphase an: Sie analysieren die Ausgangslage und verschaffen sich ein fundiertes Bild der Gesamtsituation. Hierzu ergründen Sie die Aufgaben Ihrer Mitarbeiter, die Stellung Ihrer Abteilung im Unternehmen, Arbeitsabläufe, Prozesse und Strukturen, Handlungsspielräume und Ressourcen.
2. **Bewertungsphase.** Nach Abschluss der Orientierungsphase verfügen Sie über ein umfassendes Lagebild. Nun bewerten Sie die Situation und legen fest, welche Aufgaben Priorität haben. Hierzu sortieren Sie die gewonnenen Informationen, diskutieren darüber, identifizieren Stärken und Schwächen und definieren die anstehenden Aufgaben- und Handlungsfelder.
3. **Umsetzungsphase.** Die Bewertungsphase mündet in einen »Schlachtplan« für die nächsten Wochen und Monate, den Sie nun schrittweise umsetzen. In Ihrer Position als Führungskraft leiten Sie die vorgesehenen Maßnahmen ein und überprüfen konsequent deren Umsetzung.

Auf die beiden ersten Phasen gehen die folgenden Abschnitte dieses Kapitels ein, während die Umsetzungsphase das Thema von Kapitel »Auf in den Kampf – der Schlachtplan für die ersten Monate entsteht« ist.

Startpunkt: vier mögliche Ausgangssituationen

Zu Beginn der Orientierungsphase kommen Sie noch einmal auf die Ausgangssituation zurück, die Sie ja schon im ersten Gespräch mit Ihrem neuen

Chef thematisiert haben. Erinnern wir uns an das STARS-Modell von Michael Watkins, wonach eine Führungskraft in ihrer neuen Position mit einer von vier Grundsituationen konfrontiert wird: Stabilisierung, Turnaround, Restrukturierung oder Start-up (siehe Kapitel »Die Lage sondieren«).

Beginnen Sie mit der Ausgangssituation! Je nach Ausgangssituation ergeben sich völlig unterschiedliche Aufgaben und Prioritäten für die ersten 100 Tage. Die Bestandsaufnahme sollte daher mit der Analyse der Situation beginnen, die Sie beim Antritt der Führungsposition vorfinden.

Mit Ausnahme des Falls »Start-up«, bei dem die Führungskraft ein neues Team aufbauen soll, wird die Ausgangssituation durch den Vorgänger geprägt. Interessant ist dann die Frage, welche Situation der Vorgänger hinterlassen hat.

War der Vorgänger sehr erfolgreich, hinterlässt er Ihnen zunächst einmal eine erfreuliche Ausgangsposition. Als Nachfolger obliegt es Ihnen, diesen Erfolg zu *stabilisieren*. Die besondere Herausforderung besteht aber darin, dass Sie künftig am Erfolg Ihres Vorgängers gemessen werden. Prüfen Sie deshalb, ob er die Abteilung möglicherweise auf dem Zenit des Erfolgs verlassen hat – vielleicht weil er absehen konnte, dass sich die Bedingungen für künftige Erfolge verschlechtern werden. In der Analysephase geht es deshalb auch darum, die wesentlichen Erfolgsfaktoren der Abteilung herauszuarbeiten.

Steckt die von Ihnen übernommene Abteilung in der Krise, steht ein *Turnaround* an: Ihre Aufgabe ist, eine negative Entwicklung zum Positiven zu wenden. Mit den richtigen Entscheidungen können Sie in dieser Situation schnelle erste Erfolge erzielen, gehen aber auch hohe Risiken ein. Ein Führungsfehler kann weitreichende Folgen haben. Die Analyse der Ausgangssituation sollte sich vor allem mit der Frage befassen, was die Abteilung in diese prekäre Lage gebracht hat.

Im Falle einer *Restrukturierung* übernehmen Sie eine Abteilung, bei der manches gut läuft, aber auch einiges im Argen liegt. Ihre Aufgabe ist, die Abteilung neu zu beleben, weil sonst über kurz oder lang ernsthafte Schwierigkeiten programmiert sind. Es wird von Ihnen erwartet, dass Sie schnell erkennen, was geändert werden muss. Das gibt Ihnen die Chance, sich zu profilieren – birgt aber die Gefahr, die Prioritäten falsch zu setzen und sich zu verzetteln. Umso wichtiger ist eine sorgfältige Analyse der Ausgangssituation.

Sollte eine *Start-up-Situation* die Ausgangslage sein, wird von Ihnen erwartet, dass Sie eine zukunftsfähige Organisation aufbauen. Es gibt keinen Vorgänger, der eine bereits funktionierende Abteilung hinterlassen hat – Sie können auf keinerlei Erfahrungen und Strukturen zurückgreifen. Der große

Vorteil: Sie können die neue Abteilung nach Ihren Vorstellungen gestalten, ohne auf eine Vorgeschichte Rücksicht nehmen zu müssen.

Prioritäten setzen: die ersten wichtigen Aufgaben festlegen

Wenn Sie Klarheit über die Ausgangssituation geschaffen haben, sind Sie in der Lage, die ersten wichtigen Aufgaben zu erkennen und damit die Prioritäten für die ersten Monate richtig zu setzen. Vor allem wissen Sie nun, welche dringenden Entscheidungen und Aufgaben angepackt werden müssen, aber auch, wie viel Zeit andererseits zur Verfügung steht, um weiter die Lage zu sondieren und sich ein detailliertes Bild von der Gesamtsituation zu machen. Mit anderen Worten: Sie sind jetzt in der Lage, die richtige Balance zwischen Lernen und Handeln zu finden.

Mit Blick auf das Handeln stellt sich die Frage nach der richtigen Strategie. Braucht es eine offensive Strategie, um beispielsweise neue Produkte zu entwickeln oder neue Prozesse einzuführen? Oder ist eine defensive Strategie angebracht, um bestehende Produkte zu stärken oder laufende Prozesse zu stabilisieren?

Das Schema in Abbildung 2.6 hilft, je nach Strategie (offensiv, defensiv) die Balance zwischen Lernen und Handeln zu halten und die Prioritäten richtig zu setzen. Im Falle einer Restrukturierung empfiehlt sich demnach eine offensive Strategie mit gleichzeitig hohem Lernanteil, im Falle einer Stabilisierung eignet sich eine defensive Strategie mit ebenfalls hohem Lernanteil. In einer Start-up- und Turnaround-Situation bleibt hingegen wenig Zeit für langes Reflektieren und Lernen: Hier kommt es aufs Handeln an, im Falle des Start-ups verbunden mit einer offensiven, beim Turnaround eher mir einer defensiven Strategie.

	Offensiv	Defensiv
Lernen	Restrukturierung	Stabilisierung
Handeln	Start-up	Turnaround

Abbildung 2.6: Strategie für die ersten 100 Tage: die Prioritäten richtig setzen

Das soll nicht heißen, dass das Lernen in Start-ups oder Turnarounds überflüssig wäre oder dass nicht auch in jeder der vier Situationen sowohl offensive als auch defensive Strategien gefragt wären. Aber die Anteile unterscheiden sich doch erheblich: Wenn Sie in einer Krisensituation zu viel Zeit mit Lernen verschwenden, werden Sie schnell von den Ereignissen überrollt. Bei der Restrukturierung ist das Lernen dagegen wichtig – frühe Fehler können hier teuer zu stehen kommen. Setzen Sie also von Anfang an die richtigen Prioritäten.

> **Sichern Sie sich frühe Erfolge!** Mitarbeiter und Vorgesetzter sollten schon bald erkennen, dass Sie erfolgreich sind. Überlegen Sie deshalb, mit welchen Aufgaben Sie schnell sichtbare Erfolge erzielen.

Ein wesentlicher Aspekt bei der Festlegung der ersten Aufgaben ist die Überlegung, möglichst schnell sichtbare Erfolge zu erzielen. Auch hierbei ist die Ausgangssituation entscheidend – denn was ein »Erfolg« ist, kann sich von Situation zu Situation erheblich unterscheiden. In einem Start-up besteht ein Erfolg beispielsweise darin, möglichst schnell eine schlagkräftige Truppe zu formen. Im Falle eines Turnaround kann ein erster Erfolg darin liegen, dass der Negativtrend gestoppt wird, also beispielsweise die Umsatzzahlen nicht weiter sinken. Beispiele für frühe Erfolge, abhängig von der jeweiligen Ausgangslage, nennt die Übersicht in Abbildung 2.7.

	Frühe Erfolge
Start-up	Aufbau eines schlagkräftigen Teams Etablierung wichtiger Strukturen Erste funktionierende Arbeitsabläufe
Stabilisierung	Erfolgsrezepte verstehen und aufzeigen Kontinuierlicher Verbesserungsprozess Neue Perspektiven entwickeln
Restrukturierung	Bewusstsein für die Notwendigkeiten Gefühl von Dringlichkeit vermitteln Prioritäten setzen / Maßnahmen initiieren
Turnaround	Aufbau eines schlagkräftigen Teams Stoppen von negativen Trends Sofortmaßnahmen zeigen erste Wirkung

Abbildung 2.7: Frühe Erfolge der ersten 100 Tage

Einschränkend gilt festzuhalten: Vermutlich werden Sie es in Ihrer neuen Position nicht mit einer der vier Ausgangssituationen in Reinform zu tun haben. Zwar dürfte Ihre Situation problemlos einer der vier Kategorien zuzuordnen sein, aber bei genauerer Betrachtung wird sie dann auch Elemente anderer Kategorien enthalten. Zum Beispiel kann es sein, dass Sie eine Abteilung mit gut funktionierenden Prozessen übernehmen, aber zugleich auch den Auftrag erhalten, dort ein neues zentrales Projektbüro einzuführen. Die Ausgangslage ist hier der Kategorie »Stabilisierung« zuzuordnen, umfasst aber auch einen Start-up-Anteil. Es gilt also im Einzelfall herauszufinden, welche »Mischung der Kategorien« gegeben ist.

Nehmen Sie sich Zeit, die verschiedenen Schwerpunkte Ihrer Führungsaufgabe den vier Ausgangssituationen zuzuordnen. Wie eine solche Zuordnung aussehen kann, zeigt Abbildung 2.8 am Beispiel von Tom.

	Eigene Aufgabenschwerpunkte
Start-up	Zusammenstellen eines Vertriebsteams für Großkundenprojekte Etablierung von Arbeitsabläufen in Großkundenprojekten
Stabilisierung	Anpassung der Vertriebsprozesse auf die Anforderungen von Großkundenprojekten
Restrukturierung	Neuordnung des Account Managements Einführung von Kennzahlen für Großkundenprojekte in den anderen Vertriebsabteilungen
Turnaround	Rückgang der Verkaufszahlen bei Großkundenprojekten stoppen

Abbildung 2.8: Aufgabenschwerpunkte am Beispiel von Tom

Die Zuordnung der Aufgabenschwerpunkte bildet die Basis, um die richtigen Prioritäten zu setzen und gegenüber den Mitarbeitern und dem Umfeld eine klare Erwartungshaltung zu formulieren.

Bestandsaufnahme: sieben Kernfragen für die Analyse

Bevor Sie den Schlachtplan für die ersten Monate entwerfen, benötigen Sie eine gründliche Sondierung der Lage. Machen Sie sich ein umfassendes Bild von der Gesamtsituation, indem Sie Ihren neuen Aufgabenbereich systematisch und noch detaillierter als bisher ergründen. Die folgenden sieben Kernfragen können dabei als Leitfaden dienen.

1. Welches ist der Zweck Ihrer Abteilung und welche Ziele hat sie?

Wenn Sie von außen oder aus einem anderen Unternehmensbereich auf die neue Position gekommen sind, dürften Sie bislang nur eine grobe Idee von Sinn und Zweck Ihrer Abteilung haben. Höchste Zeit also, sich mit diesem Thema eingehend zu beschäftigen. Erster Ansprechpartner ist Ihr Vorgesetzter: Fragen Sie ihn nach dem konkreten Nutzen, den Ihre Abteilung für das Unternehmen bisher gebracht hat. Interessant dürfte auch sein, anhand welcher Indikatoren er feststellt, ob Ihr Team erfolgreich arbeitet. Weitere Ansprechpartner können dann auch Führungskollegen, langjährige Kunden oder erfahrende Mitarbeiter sein. Hier einige beispielhafte Fragen:

- Seit wann gibt es diese Abteilung in der heutigen Form?
- Welches ist der Zweck der Abteilung? Welchen Beitrag leistet sie zum Gesamterfolg?
- Was hat die Abteilung bisher geleistet? Wo bleibt sie hinter den Erwartungen zurück?
- Welche Vorstellungen hat Ihr Chef von der künftigen Ausrichtung der Abteilung?
- Welche Schnittstellen zu anderen Bereichen gibt es und wie funktioniert da die Zusammenarbeit mit den anderen Abteilungen?
- Wurden Ziele für Ihre Abteilung vereinbart? Konnte die Abteilung die Ziele erreichen?
- Wie haben sich Ziele und Zielerreichung in den letzten Jahren entwickelt?

2. Welches sind die Kernaufgaben und Verantwortungsbereiche?

Im nächsten Schritt widmen Sie sich den Aufgaben und Verantwortungsbereichen Ihrer Abteilung. Bei der Analyse der Aufgaben ist es sinnvoll, zwischen Kernaufgaben und Zusatzaufgaben zu unterscheiden. Die *Kernaufgaben* sind die ureigenen Aufgaben der Abteilung – also die Aufgaben, über die sich die Abteilung definiert. *Zusatzaufgaben* sind dagegen oft historisch gewachsen oder haben eine strategische Bedeutung für übergeordnete Bereiche.

Befassen Sie sich intensiv mit den Aufgaben. Versuchen Sie herauszubekommen, was genau bei einer einzelnen Aufgabe gemacht wird, wer sie ausführt, welcher Aufwand dahintersteckt und wie wichtig sie ist. Stellen Sie anschließend jede Aufgabe auf den Prüfstand und überlegen Sie, wo Handlungsbedarf besteht. Dazu einige beispielhafte Fragen:

- Welche Kernaufgaben gibt es? Welche Zusatzaufgaben erfüllt die Abteilung?

- Welchen Nutzen haben diese Kern- und Zusatzaufgaben für das Unternehmen?
- In welchen Aufgabengebieten besteht möglicherweise Handlungsbedarf?
- Welche Schnittstellen werden durch diese Aufgabengebiete bedient?
- Welche Mitarbeiter sind für die einzelnen Aufgaben verantwortlich?
- Welcher Aufwand ist mit der Erledigung der Aufgaben verbunden?
- Welche Prioritäten haben die Kern- und Zusatzaufgaben?

3. Wie steht es um die personelle und finanzielle Ausstattung?

Entscheidend für Ihren Erfolg sind die Ressourcen – sowohl hinsichtlich der Fähigkeiten und Erfahrungen Ihrer Mitarbeiter als auch hinsichtlich der Ausstattung Ihrer Abteilung mit finanziellen Mitteln. Auf beides kommt es an: Hoch motivierte Mitarbeiter helfen wenig, wenn das Budget fehlt, um gute Ideen auch umzusetzen. Ebenso bringen ausreichende Mittel nur wenig, wenn die Abteilung neue Projekte nicht anpacken kann, weil Planstellen noch unbesetzt und die vorhandenen Mitarbeiter bereits völlig überlastet sind.

Verschaffen Sie sich also Klarheit über die Ressourcen, die Sie für die Ziele Ihrer Abteilung benötigen. Klären Sie hierzu folgende Fragen:

- Wie viele Stellen stehen zur Verfügung? Müssen Stellen neu besetzt werden?
- Welche Qualifikation haben die Mitarbeiter? Wie motiviert sind sie?
- Welche Kennzahlen gibt es (Altersdurchschnitt, Krankenstand etc.)?
- Welches Budget steht der Abteilung zur Verfügung?
- Wie hoch sind Personal-, Sach- und Gemeinkosten?
- Wie viel Prozent des Budgets sind bereits durch laufende Aufgaben verplant?
- Wie ist die Abteilung technisch ausgestattet? Wo besteht Handlungsbedarf?

4. Wie groß sind Ihre Entscheidungs- und Handlungsspielräume?

Ein weiterer wesentlicher Erfolgsfaktor sind Ihre Entscheidungs- und Handlungsspielräume, die natürlich in starkem Maße von der Unternehmenskultur abhängen. Hinzu kommt, dass Ihre Handlungsspielräume am Anfang eher begrenzt sein dürften. Solange Ihr Vorgesetzter noch nicht weiß, ob Sie der neuen Aufgabe gewachsen sind, wird sich sein Vertrauen in Grenzen halten. Dementsprechend häufige Rücksprachen wird er einfordern.

Auch wenn sich dieses Misstrauen mit der Zeit legen dürfte, sollten Sie Ihre Entscheidungs- und Handlungsspielräume gleich zum Thema machen:

- Was dürfen Sie alleine entscheiden, bei welchen Entscheidungen möchte hingegen Ihr Chef konsultiert werden?
- Welche betrieblichen Regelungen gibt es, die Ihren Handlungsspielraum betreffen?
- Welche Handlungs- und Entscheidungsspielräume hatten Ihre Mitarbeiter bisher? Wer durfte bisher was entscheiden?
- Sind Sie mit diesen Regelungen einverstanden?
- Welche Vereinbarungen bestehen mit Ihren Führungskollegen?
- Welche Vereinbarungen bestehen mit benachbarten Abteilungen?

5. Wie gut funktionieren Arbeitsabläufe, Kommunikation und Zusammenarbeit?

Wenn Sie eine bestehende Abteilung übernehmen, finden Sie etablierte Arbeitsabläufe vor, ebenso sind Kommunikation und Zusammenarbeit eingespielt. Hieran sollten Sie zunächst nicht rütteln, denn der Führungswechsel alleine hat schon für genug Wirbel in der Abteilung gesorgt. Zusätzliche Unruhe gilt es da erst einmal zu vermeiden. Nehmen Sie sich stattdessen die Zeit, um die bestehenden Abläufe und Kommunikationsformen genau kennenzulernen. Auf dieser Grundlage können Sie dann später immer noch entscheiden, was Sie beibehalten und was Sie verändern wollen.

Es geht also zunächst allein um eine Bestandsaufnahme von Arbeitsabläufen, Kommunikation und Zusammenarbeit:

- Welche Führungskräftemeetings finden statt? Wie laufen diese Meetings ab?
- An welchen Besprechungen hat Ihr Vorgänger regelmäßig teilgenommen?
- In welchen Gremien war Ihr Vorgänger vertreten?
- Wann und wie oft trifft sich Ihr Team? Wie laufen diese Meetings ab?
- Wurden in der Vergangenheit Workshops durchgeführt? Wie sind diese gelaufen?
- Welche Berichte müssen Sie wem zu welchem Zeitpunkt vorlegen?
- Wen müssen Sie über welche Tatbestände regelmäßig informieren?

6. Wie gut arbeitet meine Abteilung? Wie effizient sind Prozesse und Strukturen?

Wie gut eine Abteilung arbeitet, lässt sich an den Prozessen und Strukturen erkennen. Falls vorhanden, studieren Sie hierzu das Organisationshandbuch oder vergleichbare Prozessdokumentationen. In jedem Fall sollten Sie sich die Abläufe von den verantwortlichen Mitarbeitern schildern lassen. Auch dazu einige Fragen:

- Welche Kernprozesse gibt es? Welche Dienstleistungen werden erbracht?
- Wie sehen die Arbeitsschritte aus? Was wird wann getan? Mit welchem Aufwand?
- Wer ist für welche Kernprozesse oder Dienstleistungen verantwortlich?
- Wer ist von wem oder was abhängig? Wie spielen die Dinge zusammen?
- Welche Standards existieren in der Abarbeitung der Prozesse?
- Wie laufen die Prozesse in der Praxis ab? Wo gibt es Handlungsbedarf?
- Wurde zuletzt an Prozessverbesserungen gearbeitet? Mit welchem Ergebnis?

7. In welchem Umfeld bewege ich mich und auf wen muss ich achten?

Viele neue Führungskräfte unterschätzen den Einfluss, der von ihrem Umfeld ausgeht. Sie glauben, dass es genügt, sich mit dem Vorgesetzten abzustimmen – und dann können sie frei schalten und walten. Erst später merken sie, wie sehr ihr Erfolg von Dritten abhängt. Nehmen Sie sich deshalb ausreichend Zeit, um Ihr Umfeld zu verstehen und gegenseitiges Vertrauen aufzubauen. Dabei können folgende Fragen helfen:

- Wer sind die wichtigsten Kunden? Welchen Einfluss haben sie auf Sie?
- Wie zufrieden sind die Kunden? Welchen Handlungsbedarf gibt es?
- Wer sind die wichtigsten Schnittstellenpartner? Wie stehen sie zu Ihnen?
- Welche Personen sind wichtige Informationsquellen?
- Wer kann Ihnen bei Bedarf beratend zur Seite stehen?
- In welchen Bereichen brauchen Sie Verbündete, um erfolgreich zu sein?
- Mit wem stehen Sie intern, mit wem extern im Wettbewerb? Wer kann Ihnen gefährlich werden?

Auch Tom hat sich eingehend mit diesen Fragen beschäftigt. Gemeinsam mit seinem Mentor arbeitet er seine ganz persönliche Agenda für die nächsten Monate aus. Am Ende des Gesprächs wartet sein Mentor noch mit einem besonderen Tipp auf ... Lesen Sie mehr über das Gespräch in Toms Tagebuch.

Anfängerfehler begehen

Zwei von fünf neuen Führungskräften versagen innerhalb der ersten zwei Jahre. Die Ursache liegt meistens in gravierenden Fehlern während der ersten Monate. Diese Fehler wiederum sind vor allem darauf zurückzuführen, dass die junge Führungskraft die Ausgangslage nicht sorgfältig genug sondiert hat.

So wappnen Sie sich ...

- Unterdrücken Sie den Impuls, sofort loszulegen und alles besser machen zu wollen! Lassen Sie das Tagesgeschäft erst einmal so weiterlaufen, wie es läuft.
- Analysieren Sie die Ausgangssituation, in der sich Ihre Abteilung befindet. Überlegen Sie, welche Chancen und Risiken sich daraus ergeben und welche Maßnahmen erforderlich sind.
- Verschaffen Sie sich ein fundiertes Bild der Gesamtsituation. Lassen Sie sich hierzu in aller Ruhe von Mitarbeitern, Kollegen und Ihrem Vorgesetzten Prozesse und Abläufe erklären.
- Beurteilen Sie Ihre Situation ehrlich. Sie schaden sich nur selbst, wenn Sie die Lage zu pessimistisch oder zu optimistisch einschätzen.
- Überstürzen Sie nichts – ein Führungswechsel ist kein Sprint, sondern ein Langstreckenlauf. Gestalten Sie Ihren neuen Verantwortungsbereich so, dass Sie in den nächsten Monaten erfolgreich arbeiten können.
- Machen Sie sich laufend Notizen – und fassen Sie abends Ihre Eindrücke schriftlich zusammen, zum Beispiel in Form eines Tagebuchs. Das hilft, Ihre Gedanken und Überlegungen zu strukturieren.

Auf in den Kampf
Der Schlachtplan für die ersten Monate entsteht

> »Man muss eine Schlacht oft mehr als einmal schlagen, bevor man sie gewonnen hat.«
> Margaret Thatcher, brit. Politikerin

Ein neuer Besen soll gut kehren: Die Schonzeit der ersten Tage ist schnell verflogen. Vorgesetzter und Mitarbeiter erwarten von der neuen Führungskraft, dass sie etwas bewegt und erste Ergebnisse präsentiert. Keine leichte Aufgabe! Damit sie gelingt, braucht es klare Ziele und einen gut durchdachten Schlachtplan, hinter dem auch die Mitarbeiter stehen.

Der Vorgänger von Bernd E musste nach fünf Monaten gehen. Wegen Untätigkeit. Als Leiter der Abteilung Beratung eines mittelständischen Softwareunternehmens hatte er keinen größeren Veränderungsbedarf gesehen und setzte daher in seinen ersten 100 Tagen auf das Szenario »Bewahrung«. Die Geschäftsführung hingegen hatte schnelle Veränderungen erwartet.

Klar, dass Bernd E diesem Schicksal entgehen wollte. Als er zum Leiter der Beratung aufstieg, sondierte er die Ausgangslage, setzte sich mit den Erwartungen des Managements auseinander und überlegte, welche Aufgaben er als Erstes anpacken sollte. Dabei kam ihm zugute, dass er sich bereits auskannte. Er hatte zuvor in derselben Abteilung gearbeitet und dort eine kleine Gruppe von Beratern geführt. Daher wusste er, dass es in der Kundenberatung durchaus Optimierungspotenzial gab. Die Leistung seiner Abteilung, davon war er überzeugt, ließe sich erheblich verbessern, wenn man nur an den richtigen Stellschrauben drehte.

Also machte sich der frischgebackene Abteilungsleiter ans Werk. Den Informationsfluss verbessern, die Kundenzuordnung verändern, die Vertriebsprozesse optimieren, die Aufgaben neu verteilen – binnen weniger Wochen entwarf er ein umfassendes Konzept, das er dem Management präsentierte. Er rechnete vor, welche Umsatzsteigerungen das Unternehmen bei den Beratungsleistungen erzielen könnte. Die Geschäftsleitung zeigte sich angetan und beauftragte ihn, die Beratungsabteilung umzubauen.

Nüchtern gesehen hatte sich Bernd E in eine Sackgasse manövriert. Wer im laufenden Betrieb eine Abteilung umbauen will, wer Strukturen und Abläufe derart radikal ändern möchte, benötigt einschlägige Führungs- und Restrukturierungserfahrung. Der junge Abteilungsleiter hatte zwar einige Beratungsteams geleitet, bis dato aber kaum ein Standing in der Organisation. Ihm fehlte jede Erfahrung, um strukturelle Veränderungen umzusetzen. Nur schwer konnte er einschätzen, wie sich Entscheidungen und Handlungen auswirken und die Mitarbeiter darauf reagieren würden.

Die Begeisterung hielt sich denn auch in engen Grenzen, als er seinem Team das neue Konzept vorstellte. Die Mitarbeiter sahen schlicht keinen Handlungsbedarf – eine Auffassung, die ja auch ihr früherer Chef vertreten hatte. Warum also jetzt Revolution spielen? Wozu andere Aufgaben liegen lassen und sich auf ein Veränderungsprojekt stürzen, nur weil eine junge Führungskraft Handlungsbedarf proklamiert? Wer kein Problem sieht, mag sich auch nicht mit neuen Konzepten und Lösungen befassen.

Dementsprechend zurückhaltend reagierten die Mitarbeiter. Die meisten äußerten sich skeptisch, manche lehnten das Vorhaben entschieden ab, wohl auch, weil sie negative Konsequenzen für sich selbst befürchteten. So geriet das Projekt für Bernd E zum Albtraum. Als die ersten Umsetzungsschritte anstanden, stöhnten die Mitarbeiter über die zusätzlichen Belastungen. Sie boykottierten das Projekt, indem sie angeblich dringendere Aufgaben vorschoben oder bei Kunden unterwegs waren.

Bernd E sah seine Durchsetzungsfähigkeit schwinden. Er musste die Zahl seiner markigen Ankündigungen drastisch reduzieren. Um nicht endgültig als »lahme Ente« abgestempelt zu werden, beschränkte er sich auf einige wenige Initiativen, die er dafür mit eiserner Konsequenz und bedingungsloser Ausdauer durchzog. Anstatt auf die Schwierigkeiten zu reagieren und neue Wege zu suchen, verfolgte er sein Ziel mit noch mehr Druck. Dadurch vergrößerte er die Probleme eher, als sie zu lösen. Nach einem halben Jahr musste er eingestehen, dass er mit seinem Veränderungsprojekt gescheitert war.

Der Fall von Bernd E ist ein Lehrstück dafür, wie eine Führungskraft mit ihren Plänen in den ersten Monaten scheitern kann. Der Schwung der Aufbruchstage verfliegt, wenn nach einigen Wochen oder Monaten die ersten größeren Probleme auftauchen. Mit den Problemen wächst die Kritik an der Arbeit, die Anerkennung bleibt aus, Zweifel entstehen. Oft folgt noch eine »heroische Phase«, in der die Führungskraft versucht, ihr Vorhaben mit Gewalt zu retten – vergeblich, denn aus Durchhalteparolen entsteht keine frische Energie.

Das Fatale daran: Nicht nur ein Projekt ist gescheitert, sondern der Start insgesamt. Schließlich handelt es sich um die ersten wichtigen Maßnahmen und Initiativen der jungen Führungskraft, die sie für alle sichtbar in den Sand gesetzt hat. Von einem solchen Fehlstart wird sie sich nur schwer, womöglich gar nicht mehr erholen.

Wo lag im Kern der Fehler? Zunächst hatte Bernd E ja alles richtig gemacht. Im Unterschied zu seinem Vorgänger sondierte er die Lage, erkannte den Änderungsbedarf und traf mit seinem Veränderungswillen auch die Erwartungen der Geschäftsleitung. Sein Fehler: Er hatte versäumt, zusammen mit seinen Mitarbeitern realistische Ziele festzulegen und einen Plan für deren Umsetzung zu erarbeiten. So hätte er sein Konzept auf das Machbare reduziert und im Gegenzug die Mitarbeiter mit ins Boot geholt.

Die große Gefahr! Die neue Führungskraft geht ohne klaren, gemeinsam mit den Mitarbeitern entwickelten Schlachtplan in die ersten 100 Tage. Die Folge davon ist, dass Widerstände entstehen und sichtbare Ergebnisse ausbleiben. Der Rückhalt bei Mitarbeitern, Kollegen und Vorgesetztem schwindet.

Es genügt also nicht, in der Orientierungsphase die Lage zu sondieren und in der Bewertungsphase erste Prioritäten festzulegen. Damit der Einstieg glückt, braucht es im dritten Schritt eine gut geplante Umsetzungsphase: Es gilt, gemeinsam mit den Mitarbeitern einen Schlachtplan zu erstellen und auf die Straße zu bringen. Der Plan zeichnet den Weg für die ersten sechs bis zwölf Monate vor. Er stellt auch sicher, dass in dieser Zeit erste Erfolge sichtbar werden.

Menno Harms erinnert sich an eine Führungssituation, in der er – aus dem Vertrieb kommend – eine Marketingabteilung übernommen hatte. Die Erwartungen der Mitarbeiter an ihren neuen Chef waren hoch, zu viel war in der Vergangenheit schiefgelaufen. »Worum es hier wirklich ging, habe ich erst nach einer gewissen Zeit und zahlreichen Einzelgesprächen erfahren«, erzählt er. Erst dann habe er die verschiedenen Defizite erkannt und angefangen, die »Roadblocks« aus dem Weg zu schaffen: »Ohne einen Schlachtplan geht so etwas nicht!«

Die Schlacht vorplanen: Stellen Sie Zielklarheit her

Während der Bestandsaufnahme sind zahlreiche Aufgaben und Probleme erkennbar geworden, die einer Lösung harren. Doch wie lässt sich hieraus ein Plan für die nächsten Monate erstellen? Es empfiehlt sich eine systematische Herangehensweise:

- Wie lässt sich die Fülle der Themen in ein schlüssiges Konzept für die nächsten Monate gießen?
- Welche Themen sind wichtig und sollten aufgegriffen werden, welche können vernachlässigt werden?
- Wie lassen sich aus den Themen motivierende Ziele aufstellen, um die Mitarbeiter dafür zu gewinnen?

Um diese Fragen zu beantworten, gilt es zunächst, einige strategische Überlegungen anzustellen. Sie benötigen eine Vorstellung, wohin sich Ihre Abteilung entwickeln soll, welche Schlüsselkunden Sie bedienen, wo die zentralen Erfolgshebel liegen und ob die laufenden Projekte in die richtige Richtung gehen. Dabei helfen die folgenden fünf Fragen.

Frage 1: Wie soll mein Bereich in Zukunft aussehen? Globalisierung und sich ständig verändernde Rahmenbedingungen erfordern laufende Strategieanpassungen – auf Unternehmensebene, aber auch für die einzelnen Bereiche und Abteilungen. Ist Ihre Abteilung hier noch auf der Höhe der Zeit? Ist sie so aufgestellt, wie Sie es sich vorstellen? Oder besteht Anpassungsbedarf, zum Beispiel bei Organisation, Prozessen, Abläufen oder dem IT-System?

Frage 2: Wer sind unsere Schlüsselkunden und welche Erwartungen haben sie? Generell ist Kundenorientierung ein kritischer Erfolgsfaktor – nicht nur für das Unternehmen insgesamt, sondern ebenso für eine Abteilung. Auf Dauer ist nur erfolgreich, wer seine Produkte und Leistungen an den Bedürfnissen der Kunden ausrichtet. Stellen Sie fest, welche Kunden für Ihre Abteilung besonders wertvoll sind, ermitteln Sie deren »Customer Value« – und analysieren Sie die Bedürfnisse ebendieser Kunden. Welche Maßnahmen sind gegebenenfalls erforderlich, damit Ihre Abteilung deren Bedarf optimal erfüllen kann?

Frage 3: Wo liegen die zentralen Erfolgshebel? Verbesserungsvorschläge kommen von allen Seiten. Mitarbeiter, Kunden, auch Lieferanten – alle warten mit ihren Vorstellungen auf. Die Gefahr liegt darin, sich von denen, die am lautesten schreien, leiten zu lassen. Behalten Sie deshalb einen kühlen Kopf und überlegen Sie, welche Maßnahmen zur Strategie passen und den größten Wertbeitrag für das Unternehmen versprechen. Mit anderen Worten: Identifizieren Sie die zentralen Erfolgshebel und konzentrieren Sie Ihre Maßnahmen hierauf.

Frage 4: Laufen die richtigen Projekte – und laufen die Projekte richtig? Wahrscheinlich waren Sie während Ihrer Bestandsaufnahme erstaunt, welche Vielzahl an Projekten in Ihrem Bereich durchgeführt wird. Tatsächlich leiden immer mehr Unternehmen an »Projektitis«, einer unüberschaubaren Zahl kleiner Projekte, die häufig auch Ressourcen binden, die an anderer Stelle dringender benötigt werden. Erstellen Sie deshalb eine Projektübersicht und bewerten Sie jedes Projekt danach, was es zum Erfolg Ihrer Abteilung oder des Unternehmens beiträgt. Auf diese Weise identifizieren Sie die »richtigen Projekte«, die weiterlaufen sollten. Prüfen Sie dann, ob diese Projekte auch richtig laufen, sprich: mit Blick auf Zeit, Budget und Qualität im Plan liegen.

Frage 5: Stimmt die Kostenstruktur und gibt es Optimierungspotenziale? In historisch gewachsenen Organisationseinheiten, die den Marktbedingungen nicht unmittelbar ausgesetzt sind, entstehen häufig überflüssige Aktivitäten und ineffiziente Abläufe. Sehen Sie sich deshalb die größten Kostentreiber an und überprüfen Sie grob, ob die Kosten den marktüblichen Gegebenheiten entsprechen.

Nach Beschäftigung mit den strategischen Fragen sind Sie nun in der Lage, für Ihre Abteilung klare Ziele zu definieren und zusammen mit

Ihrem Team den Schlachtplan zu entwerfen. Bevor Sie hierzu auf die Mitarbeiter zugehen, sollten Sie noch einen letzten Vorbereitungsschritt einschieben – und überlegen, wie Sie auf folgende drei Fragen eine befriedigende Antwort geben können:

- Warum gehen wir diese Veränderungen eigentlich an, obwohl wir so viele andere Dinge zu tun haben?
- Welchen konkreten Nutzen sollen die geplanten Veränderungen uns als Team oder dem Unternehmen bringen?
- Ist es die absehbaren Mühen, Anstrengungen und Konflikte wirklich wert?

Aufstellung nehmen: Beziehen Sie Ihre Mitarbeiter ein

Der Zeitpunkt ist gekommen, sich für die Schlacht der ersten Monate aufzustellen. »Begonnen habe ich in einer solchen Situation immer mit eigenen Gedanken«, erklärt Menno Harms. Dabei dürfe es aber nicht bleiben, notwendig seien Mitstreiter. Mit anderen Worten: Es gilt nun, die Mitarbeiter zu überzeugen und für das Vorhaben zu gewinnen. Bewährt haben sich hierfür zwei Instrumente: ein gemeinsamer Ziele-Workshop und Zielvereinbarungen.

Gemeinsamer Ziele-Workshop

Ganz gleich welche Maßnahmen Sie einleiten oder welche Veränderungen Sie initiieren wollen: Alle Aktivitäten müssen an den Unternehmenszielen ausgerichtet sein, um so sicherzustellen, dass Ihr Team einen Beitrag zum Unternehmenserfolg leistet. Im Ziele-Workshop gilt es zunächst, diesen Gesamtzusammenhang zu verdeutlichen: Gehen Sie von der Unternehmensstrategie aus und erläutern Sie, inwieweit die geplanten Maßnahmen dem Unternehmen nutzen. Auf diese Weise erkennen Ihre Mitarbeiter, auf welche Weise sie zum »Ganzen« beitragen.

Der Workshop hat die vorrangige Aufgabe, gemeinsam Klarheit über die Ziele zu bekommen. Hierzu bringen Sie die Ergebnisse der Bestandsaufnahme ein und stellen Ihre strategischen Überlegungen vor. Das ist in Ordnung so – denn die Mitarbeiter erwarten zu Recht, dass Sie bereits selbst eine klare Zielvorstellung haben. Präsentieren Sie Ihre Vorstellungen und diskutieren Sie mit den Mitarbeitern darüber. Wenn Sie großes Vertrauen in Ihr Team haben, können Sie die Ziele auch gemeinsam entwickeln. In diesem Fall ist der Diskussionsprozess noch intensiver und die Chance entsprechend größer, dass die Mitarbeiter sich von Anfang an mit den Zielen identifizieren.

Leiten Sie aus den Zielen Maßnahmen ab und erstellen Sie einen Ablaufplan. Dabei werden Sie feststellen: Je klarer Sie Ihre Ziele bestimmen, desto stringenter können Sie diese verfolgen – und desto größer sind die Aussichten, sie auch zu erreichen. Wie das Ergebnis eines Ziele-Workshops aussehen kann, zeigt der Ablaufplan, den Tom mit seinen Mitarbeitern aufgestellt hat (siehe Abbildung 2.9).

Zielvereinbarungen

Zielvereinbarungen sind ein gängiges Führungsinstrument. Sie resultieren in der Regel aus einem Vier-Augen-Gespräch, das jährlich zwischen Vorgesetztem und Mitarbeiter geführt wird und in dem Ziele und daraus abgeleitete Leistungsbeiträge vereinbart werden. Weniger gebräuchlich sind Zielvereinbarungen, die eine neue Führungskraft mit ihren Mitarbeitern für die ersten Monate der Zusammenarbeit trifft – obwohl eine Zielvereinbarung gerade hier eine richtungweisende Funktion haben kann.

Mithilfe der Zielvereinbarungen können Sie Ihre Mitarbeiter auf die Ziele verpflichten, die kurz zuvor im Workshop gemeinsam erarbeitet wurden. Jeder Mitarbeiter erhält einen klar definierten Auftrag, mit dem er sich an der Umsetzung Ihres Schlachtplans beteiligt. Mit anderen Worten: Das Team ist gut aufgestellt, um nun gemeinsam mit Ihnen in den Kampf zu ziehen.

In den Kampf ziehen: Sorgen Sie für sichtbare Erfolge

Nach dem Ziele-Workshop und den Zielvereinbarungen stehen die Chancen gut, dass der Schlachtplan erfolgreich »auf die Straße kommt«. Von einem Selbstläufer kann jedoch keine Rede sein: Ohne konsequente Umsetzung hilft der beste Plan wenig. Es kommt darauf an, in einem klar strukturierten Umsetzungsprozess die Ergebnisse zu verfolgen, in regelmäßigen Zyklen zu überprüfen und bei Bedarf nachzusteuern.

Der Schlüssel des Erfolgs liegt darin, die Mitarbeiter dauerhaft zu mobilisieren. Mit dem Ziele-Workshop ist es Ihnen gelungen, sie ins Boot zu holen – nun geht es darum, sie an Bord zu halten. Das gelingt am besten dadurch, dass Sie immer wieder für sichtbare Erfolge und Aha-Erlebnisse sorgen.

Ziele-Workshop

09:00 Uhr	**Einstieg in den Workshop**
	• Begrüßung der Teilnehmer und Hinweis auf die Ziele der Veranstaltung.
	• Orientierung der Teilnehmer über den Verlauf der Veranstaltung.
09:15 Uhr	**Standortbestimmung**
	• Die Teilnehmer setzen sich mit der aktuellen Situation ihrer Abteilung auseinander. Sie diskutieren Trends, Anforderungen und Unsicherheiten, die sie in ihrem Umfeld erleben. Zudem befassen sie sich mit Risiken und problematischen Entwicklungen.
10:15 Uhr	Pause
10:30 Uhr	**Bestandsaufnahme**
	• Die Teilnehmer erarbeiten in Kleingruppen eine Stärken-Schwächen-Analyse zur systematischen Betrachtung von Produkten, Prozessen usw., um bestehende Probleme lösen und Chancen nutzen zu können.
11:15 Uhr	• Präsentation der Ergebnisse aus den Kleingruppen.
	• Diskussion und Bewertung der Ergebnisse und Sichtweisen.
12:00 Uhr	Mittagspause
13:00 Uhr	**Zielvereinbarung**
	• Vorstellung der Rahmenzielsetzung durch die Führungskraft.
	• Verbindung zur Unternehmensstrategie herstellen.
13:15 Uhr	• Die Teilnehmer diskutieren in Kleingruppen, um Fragen zu sammeln:
	• Welche Ziele sind nachvollziehbar? Welche sind klärungsbedürftig?
	• Erscheinen die Ziele realistisch und machbar? Was könnte schwierig werden?
	• Welche Fragen haben wir noch zu den konkreten Zielsetzungen?
14:00 Uhr	• Klärung der Fragen und Anregungen und ggf. Überarbeitung einzelner Ziele.
	• Vereinbarung der Zielsetzung und Verpflichtung aller, diese zu unterstützen.
14:30 Uhr	Pause
14:45 Uhr	**Umsetzungsplan**
	• Klärung der Umsetzungsschritte im Plenum: Welche Initiativen müssen wir kurz-, mittel- und langfristig ergreifen?
	• Einigung auf max. fünf wichtige Initiativen.
15:15 Uhr	**Maßnahmenkatalog**
	• Die Teilnehmer arbeiten in Kleingruppen für alle vereinbarten Initiativen einen Maßnahmenkatalog aus. (Wer macht was bis wann?)
16:00 Uhr	• Präsentation der Ergebnisse aus den Arbeitsgruppen.
	• Verabschiedung der einzelnen Maßnahmenkataloge.
16:45 Uhr	**Abschluss**
17:00 Uhr	**Ende des Workshops**

Abbildung 2.9: Beispiel eines Ziele-Workshops

Sichtbare Erfolge: zeigen, dass der Plan aufgeht

Der Schlachtplan kann nur aufgehen, wenn Mitarbeiter und Vorgesetzter fest und dauerhaft hinter Ihnen stehen. Dies wiederum hängt davon ab, wie schnell Erfolge sichtbar werden – wobei es sich hier je nach Ausgangssituation um ganz unterschiedliche Erfolge handeln kann. Ist es Ihre Aufgabe, eine Turnaround-Situation zu managen oder eine Abteilung neu aufzubauen, wird es relativ leicht sein, Erfolgskriterien zu definieren und messbare Ergebnisse zu erzielen.

Im Falle einer Umstrukturierung oder gar nur der Fortführung einer Erfolgsstrategie fällt es wesentlich schwerer, einen Erfolg herauszustellen. Wenn die Aufgabe in erster Linie darin liegt, eine bewährte Strategie fortzusetzen und eine Wende zum Schlechteren zu vermeiden – woran soll man dann Erfolge festmachen? Ein undankbarer Job! Bleibt der Bereich weiterhin erfolgreich, kräht kein Hahn danach; wenn nicht, stehen die Telefone nicht mehr still. Hier bleibt nur übrig, im Sinne eines kontinuierlichen Verbesserungsprozesses Ziele zu setzen und laufend die Fortschritte zu dokumentieren. So lassen sich auch kleine Erfolge belegen und das Bewusstsein schaffen, dass ein positiver Veränderungsprozess in Gang gekommen ist.

Die folgende Tabelle (Abbildung 2.10) enthält beispielhaft einige Ideen, wie Sie in den unterschiedlichen Ausgangssituationen frühe Erfolge erzielen können. Sie knüpft an die Planung der frühen Erfolge an (siehe Kapitel »Hohe Erwartungen«, Abbildung 2.2) und leitet daraus konkrete Handlungsanweisungen ab.

Frühe Erfolge sind der Schlüssel zu einem gelungenen Einstieg in die Führungsrolle. In den ersten 100 Tagen sollten Mitarbeiter, Kollegen und Vorgesetzter das Gefühl bekommen, dass der angekündigte Plan aufgeht. Das Vorweisen früher Erfolge trägt entscheidend dazu bei, eine positive Dynamik zu entwickeln. Wer hinter ihnen steht, findet Bestätigung. Wer Ihrem Vorhaben bislang noch skeptisch gegenübersteht, fängt an, Vertrauen zu fassen. So oder so: Frühe Erfolge stärken Ihre Glaubwürdigkeit. Sie geben Ihnen Rückenwind für weitere Initiativen – und vergrößern vermutlich auch Ihre Entscheidungs- und Handlungsspielräume.

Aha-Erlebnisse: Zeichen setzen, die zur Legende werden

Es gibt Aktionen, mit denen Sie Ihre Mitarbeiter aus dem Alltag reißen. Aktionen mit Symbolkraft, die unvergesslich bleiben. Aktionen, die ein Zeichen setzen und für eine neue Zeit stehen. Solche Aha-Erlebnisse motivieren, den neuen Kurs mitzutragen und weiter voranzutreiben.

	Frühe Erfolge sichtbar machen
Start-up	Füllen Sie die Lücken in Ihrem Organigramm mit Namen. Sorgen Sie dafür, dass Strukturen geschaffen werden. Kommunizieren Sie den »Go-Live« wichtiger Arbeitsabläufe.
Stabilisierung	Präsentieren Sie im Führungskreis eine fundierte Analyse. Etablieren Sie einen kontinuierlichen Verbesserungsprozess. Dokumentieren Sie auch kleine Fortschritte. Entwickeln Sie ein Konzept mit neuen Perspektiven.
Restrukturierung	Präsentieren Sie im Führungskreis ein fundiertes Konzept. Sorgen Sie in Ihrem Team für deutlich sichtbaren Rückhalt. Entwickeln und präsentieren Sie einen Umsetzungsplan. Zeigen Sie auf, dass Ihre Restrukturierung voranschreitet.
Turnaround	Ernennen Sie offiziell das Team, das die Krise bewältigen soll. Treffen Sie Sofortmaßnahmen, um negative Trends zu stoppen. Entwickeln Sie mit Ihrem Team eine Turnaround-Strategie. Dokumentieren Sie Erfolge anhand definierter Kennzahlen.

Abbildung 2.10: Beispiele: Wie Sie Erfolge in den ersten 100 Tagen sichtbar machen

Ein Beispiel: Als Dirk D die IT-Abteilung eines mittelständischen Maschinenbauers übernahm, lag die Kommunikation seiner Abteilung im Argen. Sämtliche Mitarbeiter verkrochen sich in ihren Zweier-Büros. Kurz entschlossen bestellte der neue Abteilungsleiter die Handwerker und ließ die Wände einreißen, sodass größere Büros entstanden. Die Mitarbeiter sahen dem Treiben mit offenem Mund zu: Das abstrakte Ziel »Wir müssen besser kommunizieren« war plötzlich sehr anschaulich geworden.

Eine so drastische Aktion verbreitet sich wie ein Lauffeuer. Sie kann zur Legende werden – und aus Ihnen einen Helden oder einen Bösewicht machen. Überlegen Sie deshalb genau, welche symbolträchtige Handlung zu Ihnen und zur Situation passt. Auch eine einfache Geste kann wirkungsvoll sein, wenn sie verdeutlicht, worum es Ihnen geht, was Ihnen wichtig ist oder welches Verhalten Sie fördern wollen. Wie auch immer: Sorgen Sie für Aha-Erlebnisse!

Ebenso können kleine Eingriffe in die alltägliche Arbeit dazu beitragen, dass Ihre Mitarbeiter am Ball bleiben. Greifen Sie mal da und mal dort ein Problem auf, das sich mit geringem Aufwand rasch lösen lässt. Oder machen Sie Vorschläge, die sich ohne Mühe umsetzen lassen und schnell Verbesserungen bringen. Solche kleine Aktionen motivieren und treiben die Mitarbeiter an. Wichtig ist nur, sich dabei nicht zu verzetteln.

Auch Tom verstand es, ein solches Zeichen zu setzen. Als Führungskraft legt er Wert auf ein offenes Klima in seiner Abteilung. Jeder Mitarbeiter, der ihm etwas sagen möchte, soll unbefangen zu ihm kommen: »Chef, ich habe da eine Idee ...« Damit das gelingt, hat sich Tom etwas Besonderes einfallen lassen – und sorgt damit für ein echtes Aha-Erlebnis bei seinen Mitarbeitern. Mehr darüber erfahren Sie in seinem Tagebuch.

Fehlstart

Die ersten 100 Tage stellen die erste große Bewährungsprobe dar. Der Schlachtplan steht, doch seine Umsetzung ist alles andere als ein Spaziergang. Mitarbeiter, Kollegen und Vorgesetzter erwarten, dass die angekündigten Maßnahmen greifen und die ersten Initiativen erfolgreich sind. Bleiben die Erfolge aus, kommt dies einem Fehlstart in der neuen Position gleich.

So wappnen Sie sich ...

- Setzen Sie Prioritäten und nehmen Sie sich für die Umsetzungsphase nicht zu viel vor. Eruieren Sie, welche Themen vielversprechend sind – und welche Sie vernachlässigen können.
- Erarbeiten Sie ein schlüssiges Konzept für die Umsetzungsphase – und entwickeln Sie aus den darin festgelegten Themen eine motivierende Zielelandschaft.
- Gewinnen Sie Ihre Mitarbeiter für die anstehenden Veränderungen, indem Sie ihnen Sinn und Nutzen erklären. Zeigen Sie Perspektiven und Entwicklungsmöglichkeiten auf.
- Überfordern Sie Ihre Mitarbeiter nicht durch zu hohe Erwartungen. Die Ziele sollten anspruchsvoll, aber trotzdem erreichbar sein.
- Führen Sie einen Ziele-Workshop durch und treffen Sie Zielvereinbarungen, um die Mitarbeiter ins Boot zu holen und gemeinsam mit ihnen den »Schlachtplan auf die Straße zu bringen«.
- Sorgen Sie für sichtbare Erfolge, um zu belegen, dass der angekündigte Plan aufgeht.

Menno Harms im Interview

»Ich würde auch den Chef meines Chefs ansprechen.«

Herr Harms, worauf kommt es bei der Übernahme einer neuen Führungsposition an? Wichtig erscheint mir, sowohl auf die unmittelbaren Kollegen zu achten als auch auf die Mitarbeiter. Ein guter Kapitän stimmt sich nicht nur mit seinen Decks-Offizieren ab, sondern hält sich auch von Zeit zu Zeit im Maschinenraum oder in anderen Bereichen auf. Was er dort erfährt, kann seinen Kurs genauso beeinflussen wie die Äußerungen des ersten Offiziers. Ich halte »Management by Walking around« für ein sehr wichtiges Führungsinstrument, um Informationen aufzunehmen und zu erfahren, wie die Organisation tickt und fühlt. Das wird meines Erachtens unterschätzt.

Dieses Management by Walking around ist also gerade in den ersten 100 Tagen wichtig? Sehr wichtig sogar. Zuhören, was die Mitarbeiter so denken, wo es klemmt: Da bekomme ich unglaublich viele Informationen! Natürlich muss ich dabei die Spreu vom Weizen trennen können, denn Klagen gibt es immer. Auch darf man sich nicht vom Kurs abbringen lassen. Klar ist: Wer eine neue Führungsaufgabe übernimmt, sollte vor allem wissen, wo es langgehen soll, und – das ist besonders wichtig – Begeisterung für das gemeinsame Ziel entfachen. Das sind Aktivitäten, die eine Führungskraft gleich von Beginn an angehen sollte.

Wie schaffe ich es als Führungskraft, dass meine Mitarbeiter mir von Anfang an folgen? Ich bin glaubwürdig, zeige Respekt nicht nur gegenüber meinem Vorgesetzten, sondern auch allen Mitarbeitern. Ich muss kompetent sein, sodass das Team sich auf mein Wissen und meine Erfahrung verlassen kann. Auch muss ich dafür sorgen, dass die Interessen des Teams berücksichtigt werden. Wer als Führungskraft diese Themen nicht auf die Reihe bekommt, darf sich nicht wundern, wenn er schon in den ersten 100 Tagen scheitert.

Entscheidend für den Erfolg ist ja auch ein gutes Verhältnis zum eigenen Chef. Wie bekommt man das hin? Ganz wichtig ist, den eigenen Chef erfolgreich zu machen. Es kommt darauf an, zu verstehen, was er oder sie eigentlich erreichen will. Für mich war es immer wichtig, herauszufinden: Wie ticken die Chefs? Was wollen sie? Wenn ich das weiß, kann ich ihre Interessen in meine Ziele und in meine Vorgehensweise einbauen. Aber vor allem sollte eine Führungskraft selbst neue Ideen einbringen, welche die Organisation voranbringen.

Grundlage hierfür ist aber doch, ein gutes Vertrauensverhältnis zum Chef aufzubauen? Ja. Mir war immer daran gelegen, ein gutes Verhältnis und eine Vertrauensbasis zu meinem Chef herzustellen. Das hängt natürlich auch von dessen Führungsstil ab, da muss man flexibel reagieren. Viele Entscheidungen werden viel leichter ermöglicht, wenn eine vertrauensvolle Grundlage existiert. Gleiches gilt natürlich auch für den Chef meines Chefs. Auch den würde ich ansprechen.

Ist so etwas denn möglich? Ich hoffe, dass das künftig in mehr Organisationen möglich sein wird, ein persönliches Gespräch in den oberen Führungsetagen zu suchen, ohne anschließend »geköpft« zu werden. Diese »Open Door Policy« habe ich bei HP erlebt und sehr geschätzt. Doch es gibt genügend Organisationen, in denen das heute noch nicht möglich ist. Das ist schade.

Warum schade? Dadurch weiß ich als Führungskraft großteils nicht, was »die da oben« wollen. Ich bin ja als Führungskraft ein »Übersetzer« von deren Sprache in die Sprache meines Bereiches, sodass sich meine Mitarbeiter mit den Strategien des Unternehmens bewusst identifizieren können. Das ist eine wichtige Aufgabe gerade für Führungskräfte der untersten Ebene: Ziele und Sprache ihrer Chefs in Ziele und Sprache der Mitarbeiter zu übersetzen. Kritisch wird das vor allem dann, wenn starke Veränderungen anstehen. Sobald Jobs auf dem Spiel stehen oder verlagert werden, ist die Gefahr groß, dass sich nicht informierte Führungskräfte der untersten Führungsebene mit den betroffenen Mitarbeitern solidarisieren, anstatt den Transformationsprozess zu unterstützen und voranzutreiben. Schuld sind dann »die da oben«.

Eine schwierige Situation, die auf junge Führungskräfte früher oder später zukommt ... Wir müssen davon ausgehen, dass in den nächsten Jahren weiter starke Veränderungen erforderlich werden. Führungskräfte sollten sich deshalb intensiv mit dem Thema »Veränderungsmanagement« beschäftigen.

Was heißt das konkret? Worauf kommt es in solchen Situationen an? Entscheidend ist zunächst, dass ich als Führungskraft die Strategie überhaupt akzeptieren kann, die von meinem Chef vorgelegt wird. Ist das der Fall, so kommt es auf die klassischen Führungsqualitäten an, um die Umsetzung der Veränderung richtig zu planen, zu vermitteln und durchzuführen. Dazu gehört neben der Kommunikation der harten Fakten auch, die Sinnhaftigkeit der Veränderung zu vermitteln. Ich muss dabei überzeugen, möglicherweise auch begeistern. Und ich brauche genügend Rückgrat, um die Veränderungen durchzusetzen – auch gegen Widerstände.

Was aber, wenn Sie als Führungskraft von der Strategie selbst nicht überzeugt sind? Dann können Sie es vergessen, die Umsetzung wird nicht gelingen. Daran scheitern viele Führungskräfte, und zwar nicht nur die auf der untersten Führungsebene. Eine Führungskraft muss überzeugt sein von dem, was sie dann auch leidenschaftlich tut. Ich habe mich in all den Jahren – auch wenn es um Outsourcing, Standortverlagerungen oder Stellenabbau ging – immer wieder gefragt: Entspricht das den Werten meiner Organisation und – ganz wichtig – meinen eigenen handlungsleitenden Werten? Welche Resultate kann ich erwarten und überzeugen mich diese Ergebnisse? Wenn ich überzeugt war, habe ich die Strategie unterstützt. Auch wie ich Letztere dann umsetze, sollte sich an meinen handlungsleitenden Werten messen lassen. Für mich war wichtig, dass ich mir dabei stets treu geblieben bin.

Wie halten Sie es mit Nähe und Distanz zu den Mitarbeitern? Was würden Sie einer jungen Führungskraft mit auf den Weg geben, die sich hierbei noch unsicher fühlt? Offenheit, Transparenz, Ansprechbarkeit, Beweglichkeit – all das sind wichtige Begriffe für die erste Führungsaufgabe. Eine Führungskraft sollte ansprechbar sein, darf sich nicht verstecken. Nur dann wird sie zügig informiert. Der Kontakt zu den Mitarbeitern ist wichtig, auch wenn man es nicht übertreiben sollte. In vielen Organisationen ist der Umgang miteinander leider noch so verschlossen, dass man hier nur auffordern kann, offener und ansprechbarer zu sein. Ich habe diese Einstellung beispielsweise auch dadurch unterstrichen, dass ich meinen Schreibtisch mit meiner Assistentin alle sechs Monate in einen anderen Bereich unserer Großraumbüros verlegt habe.

Management by Desking around? (lacht) Ja, genau. Das habe ich mehrere Jahre durchgehalten. Neben der Nähe zu den Mitarbeitern halte ich dabei einen zweiten Punkt für sehr wichtig: Ansprechbarkeit des Managements ohne Belle Etage, Vorzimmer mit Stechpalmen usw. Das erfordert eine Miteinanderkultur, die diese Eigenschaften auch wirklich fordert und fördert. Ich gestehe gerne: Ich bin ein Fan offener Betriebskulturen und bin gegen übertriebene hierarchische Kontrollen inklusive Stechuhren, die wir leider immer noch in vielen Organisationen sehen. Die nächste Generation, da bin ich sicher, wird das so nicht mehr akzeptieren.

Heißt das, dass sich die Auffassung von »Führung« mit einer neuen Generation wandelt? Ja, das glaube ich ganz sicher. Zwar stellt sich die Frage, ob die nächste Generation überhaupt Führungsverantwortung übernehmen will. Da lässt sich ein Trend beobachten, der wirklich Sorgen bereitet. Wer aber Führung übernimmt, will definitiv anders führen als die Altvorderen der industriellen Zeit. Die jungen Leute sind an der Aufgabe interessiert, suchen

Sinnhaftigkeit in ihrer Arbeit, streben ein vernünftiges Verhältnis zwischen Leben und Arbeiten an – und werden die Organisationen meiden oder verlassen, die ihnen das nicht bieten können.

Damit sind wir bei einem Thema, mit dem Sie sich auch als Vorsitzender der Initiative Zukunftsfähige Führung (IZF) e.V. intensiv befassen. Was hat Sie bewogen, diese Initiative ins Leben zu rufen? Ich habe in den letzten 40 Jahren beobachtet, dass Führung im Alltag sehr oft nicht das umsetzt, was Führung könnte und was erforderlich wäre. Angesichts der vor uns liegenden Herausforderungen und Chancen ist das nicht zielführend. Gleichzeitig wird es immer schwieriger, junge Talente dafür zu gewinnen, Führungsverantwortung zu übernehmen. Es muss sich also etwas ändern.»Zukunftsfähig führen« erfordert zu allererst eine selbstkritische und offene Haltung der verantwortlichen Führung. Dazu wollen wir beitragen.

Worin liegt – angesichts zahlreicher Bildungsangebote für Führungskräfte – das Besondere Ihrer Initiative? Zeitgemäßes Führungswissen wird heute weltweit an allen Hochschulen und Business Schools gelehrt. Doch fehlt es häufig an der richtigen Umsetzung in der alltäglichen Praxis. Zudem finden Führungskräfte kaum Zeit, über ihr eigenes Führungsverhalten im Alltag nachzudenken. Wir wollen daher mit erfahrenen und jungen Führungsverantwortlichen aus unterschiedlichen Organisationen und Branchen ins Gespräch kommen und sie im Dialog zu relevanten Führungsthemen sensibilisieren (www.zukunftsfaehigefuehrung.org).

Etappe 3

Die ersten Bewährungsproben
Profil schärfen und Respekt gewinnen

Für Matthias Bäumer ist eine Führungsaufgabe auch heute noch ein Abenteuer. »Als potenzielle Gefahr erlebe ich vor allem Situationen, die ich nicht beeinflussen kann, bei denen ich nicht am Steuer sitze«, sagt der General Manager des Sportartikel-Herstellers PUMA. Wirklich Angst hat er in solchen Situationen keine, er begegnet ihnen mit Gelassenheit. Er sieht seinen Job als »Geschenk«, hält sich nicht für unersetzbar und ist überzeugt, dass auch andere seine Aufgaben übernehmen könnten. »Die Tatsache, dass es immer wieder im Leben spannende Herausforderungen gibt, macht mich frei, um mich voll und ganz meinen Fach- und Führungsaufgaben zu widmen.« Er treibt die Dinge voran, ohne sich ständig Gedanken über seine Karriere zu machen.

Wachsam sein, Gefahren erkennen, Abenteuer bestehen: Matthias Bäumer steckt mitten drin im Leben einer Führungskraft. Die dritte Etappe geleitet auch Sie in diese Welt. Die Schonzeit der ersten 100 Tage ist abgelaufen, unvermittelt finden Sie sich in der rauen See des Führungsalltags wieder. Erste Bewährungsproben stehen an. Jetzt gilt es, die Regeln einer neuen Welt zu erlernen.

Begleiter auf der Etappe: Matthias Bäumer

Matthias Bäumer gehörte zu jenen Nachwuchskräften, denen man eine Führungsaufgabe sehr schnell zutraute, dementsprechend verlief sein Einstieg. Direkt nach dem Studium begann er bei Kraft Foods und leitete schon nach kurzer Zeit als Key Account Manager ein kleines Vertriebsteam. »Da wirst du ins wahre Leben geworfen und stellst fest, dass du einen Großteil von dem vergessen kannst, was du in den letzten Jahren im Studium gelernt hast«, erinnert er sich.

Erst galt es, sich zurechtzufinden – dann sich selbst zu finden. So beschreibt der heutige PUMA-Chef seine erste Zeit als Führungskraft. Am Anfang habe er sich ziemlich gefordert gefühlt. »Ich hatte stellenweise keine Ahnung von dem, was ich da tun sollte.« Das lag zum einen an seinem schnellen Übergang vom Studium in die erste Führungsposition, zum anderen am kompetitiven Umfeld. Manche Zurechtweisung und Erfahrung waren so nachhaltig, dass er sich vornahm, »es als Führungskraft später einmal anders zu machen«.

Er fand Gefallen an seiner Führungsaufgabe und entdeckte, welche Freude es ihm bereitete, sich mit Menschen auseinanderzusetzen. Auch kam ihm zugute, dass sein erstes Unternehmen junge Führungskräfte auf vorbildliche Weise unterstützte. In Schulungen und Coaching-Sitzungen erlernte er nicht nur das notwendige Handwerkszeug, sondern erhielt auch Gelegenheit, schwierige Führungssituationen zu trainieren und zu reflektieren. Das habe ihm sehr dabei geholfen, auch als Persönlichkeit zu reifen, meint er rückblickend.

2007 wechselte Matthias Bäumer als Vertriebsleiter zur Raubkatze nach Herzogenaurach, 2009 wurde er Geschäftsführer von PUMA Deutschland, 2013 übernahm er als General Manager die deutschsprachige Region D-A-CH des Sportartikel-Herstellers. Einen großen Erfolg feierte er mit seinem Team im Jahr 2011, als das Unternehmen einen Ausrüstervertrag mit Borussia Dortmund unterzeichnete. PUMA war gerade einmal ein Jahr Ausrüster bei Borussia Dortmund und schon stand der Verein im Finale der Champions League. Besser hätte es nicht laufen können.

Ausblick auf die Etappe

In Etappe 3 verlassen Sie den schützenden Hafen. Erstmals segeln Sie mit Ihrer Mannschaft auf dem offenen Meer. Mit etwas Glück bleiben Sie von großen Stürmen einstweilen verschont – und haben noch genügend Zeit, sich für die ganz großen Abenteuer zu wappnen. Konkret stehen Sie vor sechs Herausforderungen:

- Als Führungskraft sind Sie Leader, Manager, Coach und Experte in einer Person – und an jede dieser Rollen sind spezifische Erwartungen geknüpft. Das Kapitel »Experte, Manager oder Leader« bereitet Sie auf die vielfältigen Rollen vor, die Sie künftig beherrschen sollten.
- Junge Führungskräfte haben schnell das Gefühl, zwischen allen Stühlen zu sitzen. So drängt von oben der Vorgesetzte auf Leistung, während von unten die Mitarbeiter ihre Wünsche anmelden. Im Kapitel »Die Sand-

wich-Position« erfahren Sie, wie Sie sich in dieser »Sandwich-Position« erfolgreich behaupten.
- In Ihrem Umfeld wirken Kräfte, die gefährlich werden können. Hierzu zählen enttäuschte Rivalen, heimliche Widersacher, aber auch ungeschriebene Gesetze. Wie Sie mit diesen Kräften richtig umgehen, zeigt das Kapitel »Kritiker, Rivalen und Widersacher«.
- Das Thema Führung rückt immer mehr in den Mittelpunkt. Das große Problem: Nicht nur die Mitarbeiter sind verschieden, sondern auch die Aufgaben, die es zu bewältigen gilt. Jede Situation erfordert deshalb ihren eigenen Führungsstil. Wie Sie diese Herausforderung bewältigen, erklärt das Kapitel »Diktatur oder Basisdemokratie«.
- Als Führungskraft benötigen Sie Einfluss und Macht, andererseits erwarten Ihre Mitarbeiter von Ihnen auch Fairness und Anstand. Im Kapitel »Machtspiele« lernen Sie verschiedene Quellen der Macht kennen – und wie Sie diese sinnvoll nutzen können.

Auch Tom spürt diese Herausforderungen. Vor allem merkt er, dass er den Einfluss der »Umfeldkräfte« unterschätzt hat. Bis dato hatte er geglaubt, er könne relativ autonom handeln. Nun wird ihm bewusst, dass er und seine Mitarbeiter den Erfolg der Abteilung nur zum Teil beeinflussen können. Tom macht sich daran, sein Umfeld unter die Lupe zu nehmen.

Experte, Manager oder Leader
Führungskräfte haben vielfältige Rollen

> »Niemand kann ein guter Leiter sein,
> wenn er alles selber machen will
> oder alle Anerkennung für sich haben will.«
> *Andrew Carnegie, amerik. Industrieller*

Gestern noch Mitarbeiter und Kollege, heute Vorgesetzter: Die Dimension des Wechsels in eine Führungsposition wird häufig unterschätzt. Neben den Fachaufgaben stehen nun gleichzeitig auch Management- und Führungsaufgaben an – und erfordern ganz andere Verhaltensweisen. Viele Führungskräfte sind auf die neuen Rollen, die sie jetzt ausfüllen müssen, nicht ausreichend vorbereitet.

Knut R ist ein exzellenter Ingenieur, doch als Führungskraft versagte er. Dabei begann seine kurze Führungskarriere vielversprechend. In der Entwicklungsabteilung eines mittelständischen Automobilzulieferers galt er als exzellenter Tüftler. Aufgrund seiner guten Ideen rückte er bald zum Gruppenleiter auf, um in dieser Funktion zusammen mit einem kleinen Team eine neue Baureihe zu entwickeln.

Der junge Ingenieur war sachlich, seine Sprache hochtechnisch und er war es gewohnt, Probleme ohne Umschweife zu lösen. Hingegen gehörten Führung, Kommunikation und der Umgang mit zwischenmenschlichen Konflikten nicht zu seinen Stärken. Da er jedoch fachlich äußerst versiert war und in seiner Baureihe gute Produkterfolge erzielte, fielen diese Defizite nicht weiter auf. Im Gegenteil: Die Geschäftsleitung berief ihn zwei Jahre später zum Leiter der Entwicklungsabteilung.

Der Stolz über diesen Karriereschritt verflog binnen weniger Wochen. Knut R hatte das Gefühl, die Aufgaben würden von allen Seiten auf ihn hereinbrechen: Entwicklungsaufträge kalkulieren und priorisieren, Teams zusammenstellen, Urlaubspläne koordinieren, Konflikte bereinigen, Mitarbeiter beurteilen – alles Dinge, die er nie gelernt hatte und in denen er sich nie hatte beweisen können. Der junge Entwicklungsleiter verdrängte einen Großteil dieser Aufgaben, tat sie als »Administrivialitäten« ab. In seiner Abteilung löste er damit zunehmend Unruhe aus, wovon auch die Geschäftsführung Wind bekam. Dort jedoch glaubte man an vorübergehende Anpassungsschwierigkeiten, etwa in dem Tenor: »Der muss sich erst noch an die neue Rolle gewöhnen!«

Eine Fehleinschätzung. Knut R blieb seiner Rolle als Ingenieur verhaftet, anstatt sich zum Leiter der Abteilung zu entwickeln. Anstatt sich um seine Führungsaufgaben zu kümmern, widmete er sich den technischen Herausforderungen und mischte sich in alle wichtigen Entwicklungsprojekte inhaltlich ein. Damit verärgerte er gerade seine besten Mitarbeiter. Als einige Entwicklungsingenieure frustriert kündigten und die Leistungen der Teams einbrachen, zog die Geschäftsführung die Notbremse und besetzte die Stelle des Entwicklungsleiters neu.

Das Scheitern von Knut R hat vor allem eine Ursache: ein falsches Rollenverständnis. Anstatt seine Rolle als Führungskraft auszufüllen, agierte er als Experte für die fachlichen Aufgaben.

Wie Knut R ergeht es vielen jungen Führungskräften. Im Fachlichen sind sie zu Hause, da haben sie sich bewährt und fühlen sich sicher. Anstatt sich auf neues Terrain zu wagen und die neuen Führungsaufgaben in den Vordergrund zu stellen, bleiben sie ihrer fachlichen Vergangenheit verhaftet. Studium, Praktika und die bisherigen Tätigkeiten im Unternehmen haben sie über Jahre zum Experten gemacht, während das Thema Führung vielleicht in ein paar Seminaren abgehandelt wurde.

So kommt es, dass der Wechsel in die Führungsposition sie unvorbereitet trifft und schnell überfordert. Unversehens sitzen junge Führungskräfte zwischen den Stühlen und kämpfen an zwei Fronten, nach oben und nach unten. Die Position zwischen den Ebenen erweist sich als unüberschaubares Gewirr an Erwartungen von Mitarbeitern, Kollegen und Vorgesetzten. In dieser Gemengelage gilt es, den Überblick zu gewinnen, sich zu positionieren und erfolgreich zu agieren. Das ist nur möglich, wenn es gelingt, das richtige Rollenverständnis zu entwickeln. Hierin liegt ein ganz entscheidender Erfolgsfaktor.

> **Die große Gefahr!** Die Führungskraft ist den neuen Rollen, die mit der Führungsposition verbunden sind, nicht gewachsen. Sie reduziert Führung auf die Rolle eines »Klassensprechers«, der als Fürsprecher für sein Team fungiert. Das wird auf Dauer nicht ausreichen.

Die vier Hauptrollen einer Führungskraft

»Ich wünsche mir von meinen Führungskräften, dass sie authentische Menschen sind«, erklärt Matthias Bäumer, »und dass sie Freude daran haben, in den jeweiligen Rollen Dinge voranzutreiben, um erfolgreich zu sein.« Gefordert sind demnach Authentizität und Rollenflexibilität: Eine Führungskraft sollte sich selbst treu bleiben und gleichzeitig unterschiedliche Rollen beherrschen. Sie sollte in der Lage sein, sich je nach Situation umzustellen und die jeweils richtige Rolle einzunehmen. Nicht selten treten Führungsprobleme dann auf, wenn die Rolle der Führungskraft unklar ist – sei es für die Führungskraft selbst oder für ihre Mitarbeiter.

Um Klarheit in der Rolle zu bekommen, hat es sich bewährt, zwischen vier Hauptrollen einer Führungskraft zu unterscheiden: der Rolle als Experte, Manager, Coach und Leader (siehe Abbildung 3.1). An jede dieser Rollen sind spezifische Erwartungen geknüpft – und je nach Persönlichkeit und Führungsaufgabe sind diese Rollen unterschiedlich stark ausgeprägt.

Um als Führungskraft erfolgreich zu handeln, hilft es, sich dieser unterschiedlichen Rollen bewusst zu sein. Überlegen Sie hierzu: Welche Aufgabe steht an? Und welche Rolle und welches Verhalten sind da gefragt?

> **Unterscheiden Sie unterschiedliche Rollen!** Achten Sie als Führungskraft darauf, vier unterschiedliche Hauptrollen zu beherrschen: die Rolle als Experte, Manager, Coach und Leader.

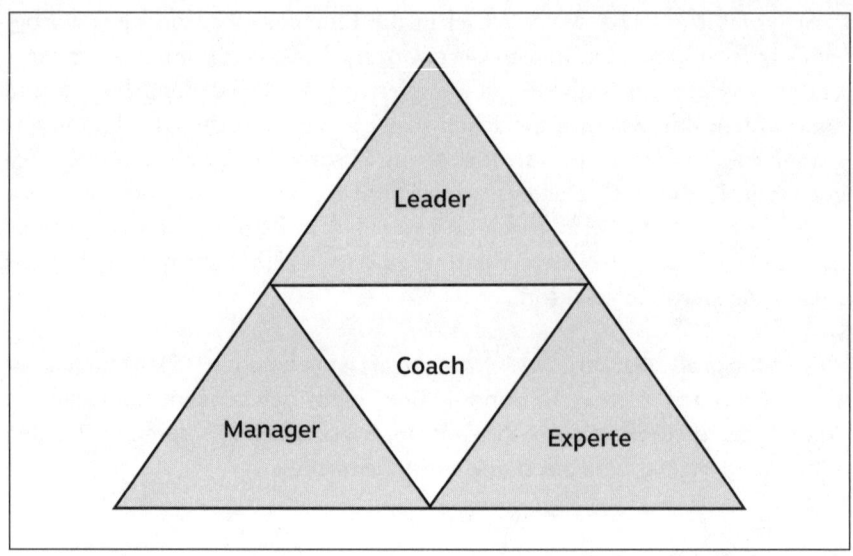

Abbildung 3.1: Vierfache Herausforderung: die Rollen einer Führungskraft

Rolle als Experte

Viele Führungskräfte sind anerkannte Experten. Sie verfügen über Fachkenntnisse, vermitteln Sicherheit und Routine und sorgen für Effizienz und Effektivität. Sie sind es gewohnt, die meisten Entscheidungen auf ihrem Gebiet selbst zu treffen. Ihre Mitarbeiter schätzen ihr Wissen und konsultieren sie. Weil sie der Klassenprimus unter den Kollegen waren, hat man sie zum Teamleiter bestimmt.

In der Rolle als Experte zeichnet sich eine Führungskraft durch folgende Eigenschaften aus:

- Sie beherrscht ihr Fachgebiet beinahe im Schlaf.
- Sie ist in der Lage, sich mit fachlichen Fragen auseinanderzusetzen.
- Sie wird von ihren Mitarbeitern als Experte respektiert und konsultiert.
- Sie trifft die meisten fachlichen Entscheidungen selbst.
- Sie erkennt schnell fachliche Defizite in ihrem Bereich.

Wie der Fall von Knut R gezeigt hat, liegt die große Gefahr darin, von der Expertenrolle nicht loszukommen und die anderen drei Führungsrollen zu vernachlässigen. Zwar stellt ein »Expertenchef« die Fachkompetenz seines Bereichs sicher, achtet auch auf das fachliche Niveau der Mitarbeiter und garantiert so einen hohen Qualitätsstandard. Durch die Konzentration auf die Sachaufgaben verliert er jedoch leicht die übergeordneten Zusammenhänge aus dem Auge und es gelingt ihm nicht, den Mitarbeitern den Sinn ihres Tuns zu vermitteln. Auch besteht die Gefahr, dass er sich weiterhin als die beste Fachkraft des Teams begreift und sich zu sehr mit operativen Aufgaben befasst. Die Folge: Die anderen Führungsrollen kommen zu kurz.

Rolle als Manager

Andere Führungskräfte fallen auf, weil sie gute Manager sind. Ihre Stärke liegt im organisatorischen Geschick. Sie begeistern sich für eine gute Organisation, standardisierte Prozesse und routinierte Abläufe – sind aber auch in der Lage, Komplexität zu reduzieren und in den Griff zu bekommen. Sie lösen Probleme, sichern die Qualität, auch das Personal »managen« sie.

In der Rolle als Manager zeichnet sich eine Führungskraft durch folgende Eigenschaften aus:

- Sie plant und budgetiert.
- Sie organisiert und managt das Personal.
- Sie kontrolliert und bewertet.
- Sie analysiert Probleme und löst sie.
- Sie sichert Qualität und Prozesse.

Doch auch hier besteht die Gefahr der Einseitigkeit, wenn die übrigen Rollen zu kurz kommen. Ein guter Manager leistet zwar Hervorragendes, wenn es darum geht, eine effiziente Organisation sicherzustellen. Das Problem ist jedoch: Hierbei hat er das Tagesgeschäft im Blick, während er strategische Entscheidungen eher meidet. Diese würden Veränderungen und damit Ungewissheiten mit sich bringen. Eine ungewisse Zukunft jedoch lässt sich nicht managen und optimieren, mit ihr befasst sich ein Manager nur ungern. Behörden sind oft ein eindrucksvolles Beispiel für Veränderungsstarre durch zu viele Manager.

Rolle als Coach

Ein Vorgesetzter, so heißt es gemeinhin, gibt seinen Mitarbeitern die Richtung vor und ist dafür verantwortlich, dass die Abteilungsziele erreicht werden. Dieses Bild eines autoritären Chefs hat sich mit der Entwicklung moderner Unternehmensstrukturen gewandelt und wird um eine menschliche Facette erweitert: Eine Führungskraft nimmt heute gegenüber ihren Mitarbeitern auch eine Rolle als Coach und Berater ein.

In der Rolle als Coach wird vom Vorgesetzten erwartet, dass er seinen Mitarbeiter begleitet und sich in verschiedensten Situationen in ihn hineinversetzen kann. Er agiert dann nicht nur ergebnis- und bedarfsorientiert, sondern sucht zugleich nach Lösungen, bei denen die Bedürfnisse des Mitarbeiters berücksichtigt werden. Die Coach-Rolle ist für eine junge Führungskraft eine sehr anspruchsvolle Aufgabe, die nicht nur Beobachtungsgabe und Urteilsvermögen abverlangt, sondern auch gute kommunikative Fähigkeiten.

In der Rolle als Coach zeichnet sich eine Führungskraft durch folgende Eigenschaften aus:

- Sie begleitet die individuelle Entwicklung des Mitarbeiters.
- Sie hilft dem Mitarbeiter bei der Entfaltung seiner Potenziale.
- Sie fördert und fordert den Mitarbeiter mit Aufgaben und in seinen Aufgaben.
- Sie berät, reflektiert und gibt Feedback.

Wieder gilt es, die anderen Rollen nicht aus dem Auge zu verlieren. Eine Führungskraft vertritt in erster Linie die Unternehmensinteressen, daran lässt sich nicht rütteln. Auch bleibt sie weiterhin Vorgesetzter des Mitarbeiters. All das macht die Coach-Rolle so schwer. Die Kunst liegt darin, verständnisvoll in der Reaktion zu sein, aber konsequent in der Haltung zu bleiben.

Rolle als Leader

Ein Leader hat eine klare Vorstellung davon, wohin die Reise geht. Für sein Team übernimmt er die Funktion eines Visionärs. Er gibt nicht nur Orientierung, sondern schart seine Leute hinter sich und bringt sie dazu, ihm zu folgen und auf das vorgegebene Ziel hinzuarbeiten. Markenzeichen des Leaders sind Persönlichkeit und Ideen. Ein Leader sucht die Herausforderung, ist ehrgeizig und strebt nach exzellenter Leistung. Er will andere Menschen führen und versteht sich als Motor, um ein großes Ziel zu erreichen.

In der Rolle als Leader zeichnet sich eine Führungskraft durch folgende Eigenschaften aus:

- Sie hat eine Vision und kann wichtige Stakeholder dafür gewinnen.
- Sie gibt ihren Mitarbeitern eine langfristige Perspektive.
- Sie mobilisiert und inspiriert ihre Mitarbeiter.
- Sie motiviert Mitarbeiter, bindet sie in ihre Gedankenwelt ein und weckt Energien.

- Sie schafft Bewegung im Unternehmen.

Ein guter Leader initiiert Veränderungen. Er beschäftigt sich mit der Zukunft und nimmt die Mitarbeiter mit auf die Reise. Die positiven Wirkungen eines Leaders – oft spricht man auch von einer »charismatischen« Führungspersönlichkeit – sind gut erforscht und unbestritten. Durch seine Führungsweise erreicht er, dass ein Mitarbeiter seine Arbeit nicht nur als sachlich notwendig ansieht, sondern auch als bedeutungsvoll erlebt. Diese emotionale Bindung steigert Kraft und Ausdauer. Der Mitarbeiter denkt intensiver mit, engagiert sich stärker und ist auch eher bereit, Verantwortung zu übernehmen. Zudem versteht es eine charismatische Führungskraft, die Zuversicht in den Erfolg zu wecken und das Vertrauen des Mitarbeiters in die eigene Kompetenz zu stärken. All das wirkt sich leistungsfördernd aus.

Doch auch hier gilt: Die anderen Rollen bleiben wichtig. Ansonsten besteht die Gefahr, dass zum Beispiel die Rolle des Managers zu kurz kommt und vor lauter Visionen das Tagesgeschäft vernachlässigt wird.

Mehrere Rollen – eine Person

Führung ist nicht gleich Führung. Je nach Persönlichkeit ist mal die Rolle des Experten, mal die des Managers, Coachs oder Leaders stärker ausgeprägt – was einen nicht unerheblichen Einfluss auf die gesamte Organisation hat. Entscheidend ist jedoch, dass trotz dieser unterschiedlichen Ausprägungen eine Führungskraft stets alle vier Rollen in sich vereint. Andernfalls dürfte ihr Scheitern unausweichlich sein.

Schöne Beispiele hierfür lassen sich in der Gründerszene finden: Viele zunächst erfolgreiche Start-ups, die in den vergangenen Jahren die Segel streichen mussten, wurden von Leadern gegründet. Durch ihre starke Persönlichkeit und ihre Visionen haben sie andere Menschen für sich und ihre Ideen begeistert, schwebten mit ihren Ideen jedoch der Entwicklung ihrer Organisationen weit voraus. Auf diese Weise legten sie zwar einen rasanten Start hin, doch es fehlte ein solides Management, um die notwendigen Strukturen zu schaffen – und das Unternehmen brach wie ein Kartenhaus in sich zusammen. Wer ein Haus bauen will, darf eben nicht nur kühne Pläne entwerfen, eine Baugrube ausheben und das Fundament legen. Auch der große Rest gehört gemanagt: Wände hochziehen, Fenster und Türen einbauen, das Dach setzen, für den Innenausbau sorgen.

Die gegenteilige Gefahr droht der jungen Führungskraft, die erstmals in eine Führungsposition aufrückt. Meist verfügt sie über viel fachliche und operative Expertise. Sie ist gewohnt, Wände hochzuziehen oder Fenster und Türen einzubauen. Unerfahren ist sie hingegen in der Rolle des Leaders, der die Mitarbeiter anleitet und motiviert, etwa indem er die Vision vom fertigen Haus vermittelt. Was ihr fehlt, ist Führungsstärke.

Auch hier sind die Folgen fatal. Unter einem führungs- und entscheidungsschwachen Vorgesetzten fehlt den Mitarbeitern die Orientierung, weil sie keine klaren Ziele und keine klaren Rückmeldungen erhalten. Gleichzeitig müssen sie auf eigene Faust Entscheidungen treffen, wenn die Arbeit überhaupt vorankommen soll. Trifft ein Mitarbeiter in dieser Situation eine falsche Entscheidung, muss er damit rechnen, von seinem Chef Prügel zu beziehen. Oder vielleicht noch schlimmer: Der Vorgesetzte verhält sich weiterhin passiv und es bleibt alles beim Alten. Die Mitarbeiter stochern weiter im Nebel und machen weiter, wie sie es für richtig halten. Früher oder später leidet darunter die Qualität der Arbeitsergebnisse.

Möglich ist auch, dass der Führungskraft die Macht entgleitet: Ein Mitarbeiter aus dem Team reißt die Initiative an sich und verhilft seinem Vorgesetzten zu guten Entscheidungen, indem er diese vorbereitet und intern absichert. Meist handelt dieser Mitarbeiter nicht aus Vergnügen oder Geltungsdrang, sondern um die Handlungsfähigkeit der Abteilung wiederherzustellen. Fakt ist aber auch: Der Vorgesetzte verliert an Einfluss. Weder von seinen Mitarbeitern noch von seinen Kollegen wird er als Führungskraft noch ernst genommen.

Bleibt festzuhalten: Mitarbeiter wünschen sich einen entschlussfreudigen Vorgesetzten, der Orientierung gibt und sich durchsetzen kann. Zwar mögen sich leistungsschwache Mitarbeiter mit einem führungsschwachen Chef anfreunden, weil sie darauf hoffen, ihr Gehalt ohne größere Anstrengungen zu kassieren. Schwache Mitarbeiter suchen schwache Chefs. Umgekehrt gilt aber auch: Ein starker Chef schart die guten Mitarbeiter um sich – Mitarbeiter, die zusammen mit ihrem Chef etwas bewegen wollen.

Schon in der ersten Führungsposition kommt es also darauf an, die Rolle des Leaders besonders in den Blick zu nehmen: Zeigen Sie Führungsstärke!

Führungsstärke entwickeln

Führung – das bedeutet die Balance managen zwischen Kontrolle und Loslassen, zwischen Fordern und Fördern und zwischen Eigenanspruch und Teambedarf. Damit das gelingt, benötigen Sie Führungsstärke. Doch keine Sorge: Führungsstärke lässt sich entwickeln. Wenn Sie die folgenden sechs Prinzipien beachten, können Sie auf diesem Feld schnell Fortschritte machen.

Prinzip 1: »Ich bleibe natürlich«

»Gute Führungskräfte sollten darauf verzichten, ihren Mitarbeitern etwas vorzumachen«, sagt Matthias Bäumer, »sie sollten nicht nur zu ihren Fehlern, sondern auch zu ihrer Persönlichkeit stehen. Das heißt allerdings, kontinuierlich an sich zu arbeiten und sich ständig weiterzuentwickeln.«

Diese Einschätzung führt zum ersten wichtigen Prinzip für Führungsstärke: Bleiben Sie natürlich! Hüten Sie sich davor, mit dem Wechsel in die Führungsposition eine andere Persönlichkeit sein zu wollen – so sein zu wollen, wie Sie meinen, dass eine Führungskraft zu sein hat. Damit verlören Sie Ihre Authentizität, wären unglaubwürdig und liefen Gefahr, sich der Lächerlichkeit preiszugeben. Bleiben Sie also die erfolgreiche Persönlichkeit, die Sie vor Ihrem Karrieresprung waren. Der kam ja nicht von ungefähr! Im Laufe der Zeit werden Sie das notwendige Führungsverhalten erlernen und in die Rolle der Führungskraft hineinwachsen.

> **Bleiben Sie natürlich!** Spielen Sie Ihren Mitarbeitern keine Persönlichkeit vor, die Sie nicht sind – das macht Sie unglaubwürdig! Wenn Sie das Vertrauen der Mitarbeiter gewinnen möchten, sollten Sie authentisch sein.

Prinzip 2: »Ich bin Vorbild«

Mitarbeiter brauchen Orientierung für ihr Handeln. Deshalb wünschen sie sich einen berechenbaren Vorgesetzten, an dem sie sich orientieren können. »Als Vorgesetzter bewege ich mich in einem System«, erklärt Matthias Bäumer, »und was immer ich mache, wird von Menschen wahrgenommen und reflektiert – egal ob ich in der Kantine bin oder wie ich mit meiner Assistentin umgehe. Und dabei wird verglichen: Ist das noch der Chef, für den ich ihn halte?«

Der Vorgesetzte wird also automatisch zum Vorbild, auf das die Mitarbeiter sich verlassen wollen. Als Führungskraft sollten Sie diese Erwartungen nicht enttäuschen, wenn Sie Ihren Mitarbeitern Sicherheit und Vertrauen vermitteln möchten.

Mag sein, dass Sie sich bisher nicht immer und in jeder Situation vorbildlich verhalten haben. Mit Übernahme der Führungsposition erhält das Thema eine neue Qualität: In Ihrer neuen Rolle sind Sie ab sofort Vorbild für Ihre Mitarbeiter. Ihr Verhalten ist von nun an Beispiel gebend und wird gemessen an Kriterien wie Integrität, Ehrlichkeit, Transparenz, Verlässlichkeit, Glaubwürdigkeit und Verantwortungsbewusstsein. Dazu gehört, dass Sie hinter dem zu stehen, was Sie sagen, entscheiden und tun – gegenüber Ihren Mitarbeitern ebenso wie nach außen.

Ist der Vorgesetzte dagegen unzuverlässig, hält Termine nicht ein oder nimmt Abmachungen nicht ernst, färbt dieses Verhalten früher oder später auf die Mitarbeiter ab. Auch sie werden es mit der Arbeit nicht mehr so ernst nehmen, sich egoistisch verhalten – und ihre Verbundenheit zum Vorgesetzten, irgendwann auch zum Unternehmen aufkündigen.

> **Achten Sie auf Ihre Vorbildfunktion!** Als Führungskraft sind Sie Vorbild. Bemühen Sie sich deshalb um ein mustergültiges Verhalten. Das macht Sie unangreifbarer, lässt den Respekt wachsen und verleiht Ihnen zusätzliche Autorität.

Prinzip 3: »Ich übernehme Verantwortung«

Früher hat man gerne viel darüber geredet – über Verantwortung. Das klang elegant und wichtig und dabei war klar, dass es eigentlich um Macht und Status ging. Inzwischen sind die Zeiten für Führungskräfte rauer geworden sind, der Wind bläst heftiger – und zu spüren ist vor allem die Last der Verantwortung. Schwer lastet, worüber man früher so leichthin plauderte. Die Gefahr besteht, anstatt die Verantwortung zu tragen, die Dinge laufen zu lassen, sprich: Konflikten aus dem Weg zu gehen und das Team und die einzelnen Mitarbeiter sich selbst zu überlassen. Verantwortung übernehmen ist einfach, solange die Sonne scheint. In stürmischen Zeiten jedoch gilt es, sich schützend vor das Team zu stellen – eben Führungsstärke zu zeigen.

Als Führungskraft tragen Sie die volle Verantwortung für die Entscheidungen und Arbeitsergebnisse Ihrer Abteilung. Das bedeutet zum Beispiel, dass Sie auch für einen Fehler geradestehen müssen – und ihn nicht Ihren Mitarbeitern in die Schuhe schieben dürfen. Verantwortung übernehmen heißt auch, den Mitarbeitern den Rücken freizuhalten, Teamfähigkeit zu stärken und verantwortliches Handeln der Mitarbeiter zu sichern. Gelingt das alles, gewinnen Sie weiter an Autorität.

> **Übernehmen Sie Verantwortung!** Über Verantwortung redet man nicht, man übernimmt sie. Lernen Sie immer wieder aufs Neue, Verantwortung zu übernehmen und diesem Anspruch auch gerecht zu werden.

Prinzip 4: »Ich übertrage Verantwortung«

Übertragen Sie Ihren Mitarbeitern verantwortungsvolle Aufgaben. Achten sie dabei auf deren Stärken und Fähigkeiten, sodass jeder Mitarbeiter zeigen kann, was in ihm steckt. Lassen Sie ihn dann eigenständig arbeiten – und honorieren Sie gute Ergebnisse mit Lob und Anerkennung. Schon nach kurzer Zeit werden Sie feststellen: Die neue Verantwortung lässt Ihre Mitarbeiter über sich selbst hinauswachsen, Motivation und Arbeitsleistung steigen spürbar.

Die Delegation von Aufgaben und Verantwortung hat nichts mit dem Verlust von Macht und Status zu tun. Dahinter steht vielmehr das Ziel, als Führungskraft effizienter zu arbeiten. Wer Verantwortung an Mitarbeiter überträgt, erreicht zweierlei: Auf der einen Seite wird er entlastet, auf der anderen Seite erhält er motivierte und selbstständig handelnde Mitarbeiter.

> **Übertragen Sie Verantwortung!** Delegieren Sie Aufgaben und Verantwortung an Ihre Mitarbeiter. Achten Sie dabei auf die Stärken der Mitarbeiter – und befähigen Sie sie dazu, selbstständig und verantwortlich zu arbeiten.

Prinzip 5: »Ich honoriere gute Leistungen«

Eigentlich gehört es zum Grundwissen jeder Führungskraft: Lob und Anerkennung können entscheidend zur Motivation der Mitarbeiter beitragen. Die Wirklichkeit sieht jedoch anders aus: In den Führungsetagen gilt das Gesetz »Nicht kritisiert ist gelobt genug«. Dabei kann ein Lob an der richtigen Stelle enorm anspornen – vorausgesetzt, es ist ehrlich gemeint.

Lob und Anerkennung sind eine Art Motivations-Turbo. Wenn Sie gute Leistungen Ihrer Mitarbeiter aufrichtig anerkennen, profitieren Sie auf vielfältiger Weise: Sie schaffen ein angenehmes Arbeitsklima, steigern die Leistungsbereitschaft, stärken die Mitarbeiterzufriedenheit – und werden selbst als sympathischer Mensch empfunden, für den man sich gerne »ins Zeug« legt.

> **Honorieren Sie gute Leistungen!** Sparen Sie nicht mit Lob und Anerkennung, wenn ein Mitarbeiter Engagement zeigt und ein gutes Ergebnis erzielt hat. Ein Lob an der richtigen Stelle motiviert und spornt an, sofern es ehrlich gemeint ist.

Prinzip 6: »Ich mache mich überflüssig«

Die hohe Kunst des Führens liegt darin, die Mitarbeiter so zu entwickeln, dass sie ihre Aufgaben eigenständig lösen. Überspitzt gesagt: Es geht darum, dass die Führungskraft sich selbst überflüssig macht. Fragen Sie sich deshalb: »Wie mache ich mich überflüssig, während die Ergebnisse besser werden?«

Zugegeben, das ist ein anspruchsvolles Ziel. Auf die bequeme Tour lässt es sich nicht erreichen. Führen heißt eben nicht, mit seinen Mitarbeitern so umzugehen, wie diese es gerne hätten oder wie es einem selbst angenehm wäre. Vielmehr bedeutet Führen, die Mitarbeiter konsequent weiterzuentwickeln – nach der Devise: Fördern durch Fordern. Das bedeutet zum Beispiel, seine Mitarbeiter auf Seminare und Lehrgänge zu schicken, ihnen Verantwortung zu übertragen, sie an Leistungsgrenzen heranzuführen, aber auch Anerkennung für gute Leistungen zu geben.

 Machen Sie sich überflüssig! Sorgen Sie dafür, dass sich Ihre Mitarbeiter weiterentwickeln. Die Königsfrage lautet: »Wie mache ich mich überflüssig, während die Ergebnisse immer besser werden?«

Tom hat die ersten 100 Tage erfolgreich hinter sich gebracht. Er hat schnell gemerkt, dass im Chef-Leben nicht immer nur die Sonne scheint. Klar, es ist illusorisch, zu glauben, dass man Konflikte, Widerstände und Ablehnung vermeiden kann. Das liegt an der Sandwich-Position: Von oben kommt Druck, von unten wird genörgelt. Welche Lehren Tom daraus zieht, erfahren Sie in seinem Tagebuch.

☠ Fehlende Führungsstärke

Junge Führungskräfte neigen dazu, sich an die vertraute Fachaufgaben zu klammern und die eigentlichen Führungsaufgaben zu vernachlässigen. Anstatt ihre Führungsrolle wahrzunehmen, überlassen sie das Team und die einzelnen Mitarbeiter sich selbst, gehen Konflikten aus dem Weg – und setzen damit eine gefährliche Abwärtsspirale in Gang.

So wappnen Sie sich ...

- Machen Sie sich mit den vier Hauptrollen einer Führungskraft vertraut: Mal sind Sie Experte, mal Manager, mal Coach, mal Leader. Arbeiten Sie daran, diese Rollen zu unterscheiden und in diesen Rollen bewusst aufzutreten.

- Übernehmen Sie Verantwortung für Ihre Aufgaben, Ziele und Mitarbeiter und treffen Sie notwendige Entscheidungen. Nutzen Sie die vorhandenen Möglichkeiten, um Ihre Verantwortung auch wirklich wahrzunehmen.
- Überlassen Sie Ihr Team nicht sich selbst, sondern managen und führen Sie Ihre Mitarbeiter jeden Tag aktiv. Dazu gehört auch, die Arbeitsergebnisse regelmäßig zu überprüfen.
- Achten Sie darauf, für Ihre Mitarbeiter berechenbar zu sein. Um effektiv arbeiten zu können, brauchen die Mitarbeiter Verlässlichkeit und Orientierung. Stehen Sie deshalb hinter dem, was Sie sagen – nicht nur intern in der Abteilung, sondern auch nach außen.
- Gehen Sie Ihre Aufgaben zielgerichtet an. Sehen Sie Hindernisse und Rückschläge als Herausforderungen, die es zu meistern gilt. Verzagen sie nicht bei Schwierigkeiten, sondern stellen Sie sich den Problemen.
- Setzen Sie sich für Ihre Sache ein und nehmen Sie notfalls auch Auseinandersetzungen in Kauf. Erkennen Sie aber auch die Grenze, ab der Sie besser einlenken – und signalisieren Sie dann, dass Sie kooperationsbereit sind.

Die Sandwich-Position
Es gibt Druck von oben und Nörgelei von unten

»Wenn du regieren willst,
darfst du die Menschen nicht vor dir herjagen.
Du musst sie dazu bringen, dir zu folgen.«

Charles de Montesquieu, frz. Staatstheoretiker

Führungskräfte sind das Bindeglied zwischen Topmanagement und operativer Mannschaft. Sie befinden sich eingeklemmt in einer Sandwich-Position, in der es widersprüchliche Anforderungen gibt und zwangsläufig zu Konflikten kommt. Wer in dieser Position zurechtkommen will, braucht ein dickes Fell – das Nachwuchskräfte sich häufig noch nicht zugelegt haben. So kommt es, dass der Arbeitsalltag schnell überfordern kann.

Führungskräfte nutzen gerne das Bild eines Sandwichs, wenn sie ihre Position im Unternehmen beschreiben. Ein Sandwich besteht aus drei Teilen: Dem unteren Teil des Brötchens, dem oberen Teil und dem Belag dazwischen. Der Führungskraft ergeht es wie dem Belag im Sandwich: Druck kommt von oben und von unten. Von oben drängen Vorstand und Vorgesetzte auf Leistung, möchten ihre Visionen und Unternehmensziele durchsetzen. Unten stoßen die Mitarbeiter an die Grenzen des Machbaren und fordern realistische Ziele und ein angenehmes Arbeitsklima.

Neue Führungskräfte tun sich schwer, mit dieser Position »zwischen den Welten« zurechtzukommen. Mit ihrer Abteilung sollen sie dazu beitragen, die ambitionierten Zielvorgaben des Managements umsetzen – stoßen damit bei ihren Mitarbeitern aber meistens auf wenig Gegenliebe. Verschärfend kommt hinzu, dass der Trend zu flachen Hierarchien in den letzten Jahren zu größeren Führungsspannen geführt hat. Das bedeutet für die verbliebenen Abteilungsleiter noch mehr Verantwortung und ein noch umfangreicheres Aufgabenspektrum. Wer erstmals in eine Führungsposition aufrückt, findet sich in einer Situation wieder, die ihn schnell überfordert.

☠ Als junge Führungskraft kommen Sie mit der Sandwich-Position nicht zurecht. Sie verschleißen sich im täglichen Zwei-Fronten-Kampf um Einfluss und Wertschätzung. Sie fühlen sich unsicher und überfordert, finden deshalb keine klare Linie, verschließen die Augen vor Konflikten – und verspielen bei den Vorgesetzten ebenso wie bei den Mitarbeitern Ihren Kredit als Führungskraft.

Die Herausforderung liegt darin, die Sandwich-Position anzunehmen und sich als »Manager zwischen den Ebenen« zu positionieren. Nur so kann es gelingen, erfolgreich zwischen den widersprechenden Interessen von Topmanagement und Mitarbeitern zu vermitteln – und den Spagat zwischen guter Mitarbeiterführung, fachlicher Expertise und Managementaufgaben zu meistern.

Manager zwischen den Ebenen: sich im Sandwich positionieren

Wer als Führungskraft, womöglich noch von außen kommend, eine Position antritt, wird von allen Seiten kritisch beäugt. Er wird sich manche Bewährungsprobe gefallen lassen müssen. Da hilft es, sich der »Sandwich-Lage« bewusst zu sein – und eine Strategie zu finden, um sich zwischen den Ebenen gut zu positionieren.

Im ersten Schritt gilt es, sich einen Überblick über das vorhandene Beziehungsgeflecht zu verschaffen. Setzen Sie sich hierzu mit folgenden fünf Fragen auseinander:

- Was erwartet das Topmanagement von mir?
- Was erwarten die Mitarbeiter von mir?
- Was erwarte ich von den Mitarbeitern?
- Was wollen die direkten und indirekten Kollegen von mir?
- Was erwarte ich von meinen Kollegen?

Nach dieser kleinen Bestandsaufnahme kennen Sie nicht nur Ihre eigenen Erwartungen an die neue Position, sondern auch die Erwartungen der anderen »Spieler« im System. Mit diesem Wissen können Sie nun im zweiten Schritt Ihren eigenen Standpunkt bestimmen. Analysieren Sie hierzu die anstehenden Probleme und suchen Sie nach geeigneten Lösungswegen. Ziehen Sie dabei alle Standpunkte in Betracht – und suchen Sie nach Lösungen, die Ihrem Vorgesetzten und Ihren Mitarbeitern gleichermaßen gerecht werden. Ziel ist, Akzeptanz und eine konstruktive Zusammenarbeit zu erreichen.

Haben Sie den eigenen Standpunkt klar definiert, gilt es – im dritten Schritt –, diesen Standpunkt auch zu vertreten. Auf diese Weise können Sie Grenzen ziehen und der eigenen Überforderung entgegenwirken. Entscheidend ist jedoch: Das Umfeld erkennt, wofür Sie stehen. Nun sind Sie in der Lage, eine klare Linie vorzugeben und durchzuhalten – sowohl nach unten im Verhältnis zu den Mitarbeitern wie auch nach oben in der Auseinandersetzung mit dem Vorgesetzten.

Eine klare Linie: Das darf allerdings nicht bedeuten, dass Sie Ihre Ziele eigensinnig und stur verfolgen, ohne Rücksicht auf Ihr Team oder Ihre Vorgesetzten. Der eigene Standpunkt muss sich stets in Zusammenarbeit mit den anderen bewähren. Eine eindeutige Strategie und ein fester Standpunkt bedeuten also auch: viel miteinander reden, Probleme ausdiskutieren, Konflikte ausfechten und gemeinsam zu effizienten Lösungen gelangen.

Matthias Bäumer verrät eine einfache Formel, nach der er vorgeht, um einen Standpunkt nachvollziehbar zu machen: Hintergrund – Zielsetzung – Maßnahmen – Pro/Kontra – Empfehlung. Er stellt den Gesamtzusammenhang her, definiert sehr klar, was er will, und nennt auch gleich zwei bis drei Maßnahmen, um das Ziel zu erreichen. Dann sagt er den Beteiligten »offen und ehrlich, was dafür und was dagegen spricht«, und gibt zum Schluss eine Empfehlung. Mit dieser Methode sei er in der Regel gut gefahren, ganz gleich ob er einen Standpunkt nach oben oder nach unten kommunizieren wollte. »Entscheidend ist, dass die Idee verstanden wird. Führungskräfte machen häufig den Fehler, zu viel Energie in die Details zu stecken, anstatt Vision und Nutzen zu erklären.«

> **Positionieren Sie sich in der Sandwich-Position!**
>
> - Verschaffen Sie sich Klarheit über Ihre Erwartungen ebenso wie über die Erwartungen der anderen. Nur so können Sie sich im Sandwich erfolgreich positionieren.
> - Hinterfragen Sie die Erwartungen der anderen. Dabei kann sich mitunter herausstellen, dass Sie mit manchen Annahmen falschliegen.
> - Nehmen Sie die Dinge nicht so hin, wie sie sind! Analysieren Sie die anstehenden Probleme und suchen Sie nach geeigneten Lösungswegen.
> - Ziehen Sie alle Positionen in Betracht. Was erwartet Ihr Vorgesetzter, was verlangen Ihre Mitarbeiter?
> - Zeigen Sie Geduld und Verständnis – und suchen Sie nach Lösungen, die Ihrem Chef und Ihren Mitarbeitern gleichermaßen gerecht werden.
> - Mitarbeiter, Kollegen und Vorgesetzte haben unterschiedliche Ansichten. Hören Sie zu und respektieren Sie die einzelnen Meinungen.
> - Treffen Sie Entscheidungen – und stehen Sie dazu. Andernfalls werden Sie schnell zum Spielball zwischen den Parteien.

Wenn Sie sich erfolgreich positioniert und in der Sandwich-Position eingefunden haben, gilt es, im Führungsalltag zwei großen Themen parallel zu managen: Mit Blick auf die untere Brötchenhälfte stehen Sie vor der Aufgabe, die Mitarbeiter zu führen, und mit Blick auf die obere Brötchenhälfte, den Chef zu beeinflussen und zu steuern.

Die untere Brötchenhälfte: die Mitarbeiter führen

Bislang hatte Joachim V für einen großen Automobilkonzern gearbeitet. Das Verhältnis zu Mitarbeitern, Führungskollegen und Vorgesetzten war klar geregelt und er verstand es, sich auf den verschiedenen Ebenen der Firmenhierarchie zu bewegen. Als er dann eine neue Stelle bei einem mittelständischen Maschinenbauer annahm, ahnte er nicht, wie groß die Unterschiede zwischen den Firmenkulturen sein würden.

Voller Elan startete Joachim V in seinen neuen Job. Er kniete sich in die Aufgaben hinein und baute zu seinen Führungskollegen recht schnell einen guten Draht auf. Weniger gut entwickelte sich die Beziehung zu seinen Mitarbeitern, mit denen er recht formell umging. Dadurch entstand bei ihnen der Eindruck, er interessiere sich nicht besonders für ihre Arbeit.

Die Enttäuschung unter den Mitarbeitern blieb den Führungskollegen nicht verborgen. Sie sprachen Joachim V immer mal wieder darauf an, doch der blieb zurückhaltend: Er konnte nicht nachvollziehen, warum die Distanz zu seinen Mitarbeitern zu groß sein sollte. Seiner Meinung nach tat er alles Erforderliche, um seine Abteilung zu leiten.

Doch die Kluft zwischen Joachim V und seinen Mitarbeitern wurde immer tiefer. Da das Team aus Fachleuten mit einem detaillierten Spezialwissen bestand, agierte es immer mehr unter sich und versuchte immer häufiger, ohne den Chef auszukommen. Die Distanz wurde unüberwindbar. Einige Monate später legte die Geschäftsleitung dem Abteilungsleiter nahe, sich einen neuen Job zu suchen.

Balance zwischen Nähe und Distanz

Die Balance zwischen menschlicher Nähe und professioneller Distanz wird auf keiner Schule gelehrt. Doch genau darauf kommt es, wenn das »Management der unteren Brötchenhälfte« gelingen soll. Bei Joachim V war dieser Balanceakt missglückt – er ging zu sehr auf Distanz zu seinen Mitarbeitern. Zu viel Nähe wäre jedoch nicht weniger gefährlich gewesen, denn nur mit einer gewissen Distanz lassen sich die notwenigen Vorgaben durchsetzen.

Was diesen Balanceakt so schwierig macht und was letztlich auch Joachim V zu Verhängnis wurde: In jedem Unternehmen herrschen andere Spielregeln. Der Grat zwischen Distanz und Nähe verlief im großen Automobilkonzern anders als beim familiär geführten Mittelständler.

Die Frage, auf die Sie im Verhältnis zu den Mitarbeitern eine Antwort finden müssen, lautet also: Soll ich mehr Nähe wagen oder doch besser auf Distanz gehen?

- Auf der einen Seite gilt es, ein angenehmes, vertrauensvolles Arbeitsklima zu schaffen. Nur wenn Sie Verständnis und menschliche Wärme ausstrahlen, können Sie Ihre Mitarbeiter zu Höchstleistungen anspornen.
- Auf der anderen Seite dürfen Sie keine allzu kumpelhafte Atmosphäre entstehen lassen. Andernfalls müssten Sie endlose Diskussionen befürchten und bekämen Probleme, Ihre Vorgaben durchzusetzen.

Zu berücksichtigen ist, dass auch das Verhalten der Mitarbeiter Einfluss auf Distanz und Nähe hat. Viele Mitarbeiter hegen eine gewisse Angst gegenüber Personen, die für die Leistungskontrolle zuständig sind. Deshalb gehen sie auf Distanz und beschränken den Kontakt aufs Nötigste. Hier ist der Vorgesetzte gefordert, seinerseits auf den Mitarbeiter zuzugehen und eine größere Nähe herzustellen – womit sich unerfahrene Führungskräfte häufig schwertun.

Der Autor und Unternehmensberater Jürgen Goldfuß erklärt das Problem von Nähe und Distanz gerne mit der Metapher eines Lagerfeuers. Sicher kennen Sie das wohlige Gefühl, wenn die Entfernung zum Feuer stimmt. Ist Ihnen zu kalt, rücken Sie näher an die Wärmequelle heran. Kommen Sie der Glut aber zu nahe, wird es ungemütlich heiß – also entfernen Sie sich wieder etwas. Wird die Distanz allerdings zu groß, sehen Sie zwar noch die lodernden Flammen, doch von der Wärme spüren Sie nichts mehr.

Genauso verhält es sich mit Ihrem Team: Ihre Mitarbeiter wollen Ihre menschliche Wärme spüren, doch die Distanz zur Wärmequelle muss gewahrt bleiben. Diese Balance zwischen »zu nahe« und »zu weit weg« halten Sie, indem Sie die richtigen Worte und das richtige Verhalten finden. Hier sind Ihre kommunikativen Fähigkeiten voll gefordert!

Achten Sie darauf, dass Sie als Führungskraft nicht mehr Teil des Teams sind – auch wenn mancher Mitarbeiter das gerne so sähe. Ein Team zu führen braucht eben auch die notwendige Distanz. Es stimmt schon: Diese Distanz mag unangenehm sein und in gewisser Weise einsam machen. Als Führungskraft dürfen Sie aber nicht den Fehler begehen, sich deswegen bei ihren Mitarbeitern anzubiedern – in der Hoffnung, auf diese Weise doch einer Gruppe anzugehören. Nähe und Distanz zu den Mitarbeitern lässt sich am besten durch eine gute Form von Kooperation ausbalancieren.

Gute Führungsarbeit

Mitarbeiter erwarten von ihrer Führungskraft vor allem eines: gute Führungsarbeit. Dazu gehört, dass der Chef klare Orientierung gibt. Er soll aufzeigen, wohin die Reise gehen soll und wie der Reiseweg aussieht. Ein Mitarbeiter möchte auf folgende Fragen eine klare Antwort bekommen:

- Wo geht die Reise unserer Abteilung hin?
- Wie passt das zur Unternehmensstrategie?
- Was kann mein Beitrag dazu sein?
- Welche Spielregeln gelten dabei?
- Was ist erwünscht? Was nicht?

Die Mitarbeiter möchten in ihren Handlungen einen Sinn entdecken, ihre Arbeit als bedeutsam ansehen können. Für den Vorgesetzten bedeutet das zweierlei: Er sollte die Aufgaben der Mitarbeiter und der Abteilung in einen größeren Zusammenhang stellen und den Beitrag zu den Unternehmenszielen verdeutlichen. Zum anderen sollte er seine Mitarbeiter in die Verantwortung nehmen und an sie Aufgaben delegieren – und zwar in einer Weise, dass sie davon überzeugt sind, einen bedeutsamen Beitrag zu leisten. Gute Führung besteht nicht zuletzt darin, Aufgaben abgeben zu können. Das entlastet nicht nur die Führungskraft, sondern fördert auch Selbstvertrauen und Motivation der Mitarbeiter

Darüber hinaus wollen die Mitarbeiter natürlich auch wissen, mit wem sie es zu tun haben. Überlegen Sie deshalb, was Sie Ihren Mitarbeitern gegenüber von sich zeigen und preisgeben möchten.

Leisten Sie eine gute Führungsarbeit!

- Freunden Sie sich mit dem Gedanken an, dass es keine Systeme ohne Hierarchien gibt – je eher, desto besser für Sie.
- Zeigen Sie Ihren Mitarbeitern, wohin die Reise gehen soll – und wie der Reiseweg dahin aussieht.
- Lernen Sie, Aufgaben zu delegieren. Das bringt einerseits Ihnen Entlastung, andererseits Selbstvertrauen und Motivation für Ihre Mitarbeiter.
- Stimmen Sie Ziele und Aufgaben mit Ihren Mitarbeitern ab und treffen Sie klare Vereinbarungen. Das schafft Klarheit und bietet Orientierung.
- Sprechen Sie Lob und Anerkennung aus, wenn Ihre Mitarbeiter etwas gut gemacht haben. Wichtig ist, dass Ihr Lob ehrlich gemeint ist.
- Führen Sie zeitnah ein Kritikgespräch, wenn Sie ein Verhalten missbilligen oder eine Aufgabe nicht nach Ihren Vorstellungen ausgeführt wurde.
- Schaffen Sie für Ihre Mitarbeiter ein motivierendes Umfeld, in dem sie gerne arbeiten und gute Ergebnisse erzielen können.

Die obere Brötchenhälfte: Den Chef führen

Die Karriereliteratur bietet eine Fülle von Hinweisen, wie sich eine neue Führungskraft im Berufsalltag tapfer schlagen kann und wie sie in ihrer Funktion als Vorgesetzter erfolgreich und verantwortungsbewusst handelt. Ein besonders spannender Aspekt wird jedoch nur selten beleuchtet – nämlich die Frage, wie man seinen Chef steuert. Damit ist nicht gemeint, sich ihm gegenüber aufzuplustern oder ihn an der Nase herumzuführen. Vielmehr geht es ganz nüchtern darum, sein Entscheidungsverhalten so zu beeinflussen, dass die vereinbarten Abteilungsziele erreicht werden können.

Wie gehen neue Führungskräfte gemeinhin mit ihrem Chef um? Beobachten lassen sich zwei gegensätzliche Verhaltensweisen:

- Die einen versuchen, den Erwartungen des Vorgesetzten vollkommen gerecht zu werden. Sie führen sämtliche Aufträge ohne Zögern aus. Dieses Verhalten bringt zwar einiges an Lob und Anerkennung ein, auf der Strecke bleiben jedoch die eigenen Ziele und Vorstellungen. Hintergrund ist oft die Angst um den eigenen Arbeitsplatz: Führungspositionen sind rar, die Konkurrenz unter den Kollegen groß und von unten drängt der Nachwuchs. Da sichert man sich lieber durch Linientreue ab, als den Job zu riskieren.
- Die anderen geben den Rebellen, der bei sich bietender Gelegenheit dem Vorgesetzten so richtig die Meinung geigt. Er will beweisen, dass diese Sache so nicht geht oder er sich jene Entscheidung keinesfalls gefallen lässt. Langfristig führt auch dieses Verhalten nicht zum Erfolg.

Wie man es besser macht, lässt sich bei guten Sekretärinnen abschauen. Sie verstehen es hervorragend, ihren Chef zu steuern. Da gibt es zum Beispiel den Chef, der mit seinen Launen kämpft, schlecht organisiert ist und seine Fehler auf andere schiebt. Seine Assistentin denkt nicht daran, sich wie ein wehr- und willenloses Wesen zu verhalten, das auf Kommando spurt und auf der Schleimspur ihres Chefs kriecht. Stattdessen akzeptiert sie die menschlichen Schwächen ihres Vorgesetzten und entwickelt eine Strategie, um einen souveränen Umgang mit ihm zu finden und ihm in jeder Situation gewachsen zu sein. Davon können sich viele Führungskräfte eine Scheibe abschneiden.

Doch Vorsicht, Chef ist nicht gleich Chef. Mit dem einen ist gut Kirschen essen, beim anderen beißt man auf Granit. Kooperative und offene Führungskräfte lassen sich leichter steuern als Vorgesetzte mit einem ausgeprägten eigenen Willen, die jeden Vorschlag erst einmal ausschlagen. Wohl noch schwieriger ist der Umgang mit einem Chef, der sich um Entscheidungen drückt und jedes Risiko vermeidet.

In jedem Fall gilt: Lassen Sie sich von Ihrem Chef nicht in eine passive Haltung drängen. Es hilft nicht, immer wieder klein beizugeben. Wenn Ihr Chef wieder einmal einen Vorschlag abweist: Stehen Sie erneut auf der Matte – mit noch stichhaltigeren Argumenten! Wenn Ihr Chef wieder einmal eine für Ihre Abteilung wichtige Entscheidung aussitzen will:

Bleiben Sie dran und fordern Sie die Entscheidung ein! Den eigenen Chef bei einem wirklich wichtigen Thema notfalls in die Pflicht zu nehmen und ihm die notwenigen Entscheidungen abzuringen zählt eindeutig zu Ihren Führungsaufgaben.

Im Umgang mit dem Vorgesetzten dürfte ein Mittelweg zwischen vorauseilendem Gehorsam und revolutionärem Rebellentum am erfolgversprechendsten zu sein. Konkret heißt das: Akzeptieren Sie die hierarchische Machtverteilung im Unternehmen, ohne dabei zu allem »Ja und Amen« zu sagen. Zeigen Sie auch Interesse für die Ziele und Anliegen Ihres Vorgesetzten und bauen Sie Vertrauen zu ihm auf. Wenn er Ihnen vertraut, wird er Ihnen größere Handlungsspielräume gewähren – die Sie wiederum zur Verwirklichung Ihrer eigenen Ziele nutzen können.

Führen Sie von unten, steuern Sie Ihren Chef!

- Klären Sie, woran Sie als Führungskraft tatsächlich gemessen werden. Zu wissen, was von Ihnen verlangt wird, ist für den Umgang mit dem Vorgesetzten sehr nützlich.
- Zeigen Sie Interesse an den Zielen Ihres Chefs – und engagieren Sie sich auch für seine Ziele.
- Finden Sie die richtige Balance zwischen Ihren eigenen Zielen und denen Ihres Chefs.
- Leisten Sie inhaltlich eine fundierte Arbeit. So haben Sie einen besseren Stand gegenüber Ihrem Chef.
- Gewinnen Sie das Vertrauen Ihres Vorgesetzten – denn wer das Vertrauen des Chefs genießt, kann mit größeren Freiheiten rechnen.
- Akzeptieren Sie, dass Ihr Chef immer das letzte Wort hat. Unternehmen sind nun einmal nicht basisdemokratisch organisiert.
- Respektieren Sie die übergeordnete Position Ihres Chefs – aber beziehen Sie auch selbst Position und zeigen Sie eigene Ecken und Kanten.

Tom weist in seinem Tagebuch noch auf einen weiteren Aspekt der Sandwich-Position hin. Als er die Führungsposition übernahm, glaubte er zu wissen, worauf er sich einließ. Auf eines war er allerdings nicht vorbereitet: die Einsamkeit als Chef. Wie er damit umgeht, beschreibt er in seinem Tagebuch.

Lastesel – führen und geführt werden

Neue Führungskräfte erleben sehr schnell, was es heißt, sich in einer Sandwich-Position zu befinden: Druck von oben, Nörgeln von unten. Die Gefahr ist groß, mit den widersprüchlichen Erwartungen und Anforderungen nicht zurechtzukommen und zwischen den Ebenen zerrieben zu werden.

So wappnen Sie sich ... für das Führen »von oben«

- Lassen Sie Ihre Mitarbeiter nicht im Unklaren darüber, was Sie denken. Geben Sie unmittelbar Feedback für erbrachte Leistungen. Das gibt den Mitarbeitern nicht nur Orientierung, sondern ist auch ein Zeichen für Offenheit und Vertrauen.
- Zeigen Sie Ihrem Team eine Perspektive auf – und achten Sie darauf, dass die Mitarbeiter Kurs halten und das Ziel nicht aus den Augen verlieren. Geben Sie ihnen das Gefühl, von Ihnen nicht im Stich gelassen zu werden.
- Übertragen Sie Ihren Mitarbeitern Verantwortung – und geben Sie Ihnen genügend Spielraum für eigene Entscheidungen. Nur so können sie sich weiterentwickeln.
- Besprechen Sie problematische Situationen mit Ihren Mitarbeitern offen und ehrlich, aber unter vier Augen. Bitten Sie auch Ihre Mitarbeiter, Ihnen gegenüber offen ihre Meinung zu sagen.
- Nehmen Sie sich Zeit für Ihre Mitarbeiter, auch wenn Sie viel zu tun haben. Ihre Mitarbeiter schätzen es, wenn Sie ein offenes Ohr für ihre Probleme haben.
- Finden Sie die Balance zwischen Nähe und Distanz zu Ihren Mitarbeitern.

So wappnen Sie sich ... für das Führen »von unten«

- Finden Sie im Umgang mit Ihrem direkten Vorgesetzten eine Balance zwischen Aufgabenerfüllung und Umsetzen eigener Ziele.
- Entwickeln Sie Empathie für Ihren Vorgesetzten. Fühlen Sie sich in seine Denkweise ein, ohne ihm dabei unbedingt recht zu geben.
- Betrachten Sie das Feedback Ihres Vorgesetzten als Chance. Hören Sie ihm aufmerksam zu und geben Sie ihm zu verstehen, dass Ihnen bestätigende und auch kritische Rückmeldungen wichtig sind. Nur so können Sie Ihr Verhalten in der Zukunft korrigieren.

- Bringen Sie sich fachlich auf den aktuellen Stand. Je größer Ihr Fachwissen ist, desto überzeugender treten Sie gegenüber den Chefs und Kollegen auf.
- Wenn Ihr Vorgesetzter keine klare Linie vorgibt, sollten Sie selbst in die Offensive gehen und Fakten schaffen. Unterbreiten Sie ihm kurz Ihre Ideen und holen Sie sich sein Einverständnis ein.
- Entwickeln Sie ein Gespür dafür, wie weit Sie bei Ihrem Vorgesetzten gehen können und manchmal auch gehen müssen. Grenzen erfahren Sie erst, wenn Sie ihnen näher kommen. Wichtig dabei: Ihr Chef bleibt auf dem Chefsessel!

Kritiker, Rivalen und Widersacher
Im neuen Umfeld wirken gefährliche Kräfte

»Jede Entscheidung hat zwei Seiten,
und zwar das, was Sie gerne tun würden,
und das, was Sie tatsächlich tun können.«
Peter F. Drucker, amerik. Ökonom

Enttäuschte Rivalen, heimliche Widersacher, aber auch ungeschriebene Regeln und Gesetze: In jedem Unternehmen gibt es einflussreiche Kräfte, die im Hintergrund wirken und häufig unterschätzt werden. Wer als Führungskraft diese Kräfte ignoriert oder gar gegen sich aufbringt, wird seine Ziele nur schwer erreichen.

Endlich Führungskraft, jetzt kann es losgehen! Selbst wenn Sie nicht gleich die Welt verändern wollen, verspüren Sie vermutlich den Drang, etwas zu gestalten. Sie freuen sich darauf, autonom zu agieren – selbstverständlich in Abstimmung mit Ihrem Vorgesetzten, aber eben doch nach Ihren eigenen Vorstellungen. Zusammen mit Ihrem Team möchten Sie die Dinge voranbringen. Das Problem ist nur: Der Gedanke, nunmehr weitgehend autonom agieren zu können, erweist sich allzu schnell als Illusion. Als Führungskraft sind Sie mitsamt Ihrer Abteilung in ein Umfeld eingebunden, das Sie nur bedingt beeinflussen können. Der Erfolg hängt nur zu einem Teil von Ihnen und Ihren Mitarbeitern ab.

☠️ **Die große Gefahr!** Als neue Führungskraft unterschätzen Sie die Bedeutung, die das Umfeld für den Erfolg hat. Wenn Sie versäumen, sich mit diesem Umfeld auseinanderzusetzen, stehen Sie früher oder später auf verlorenem Posten.

Wie dramatisch dieses Versäumnis selbst eine erfolgreiche Führungskraft einholen kann, zeigt das Beispiel von Barbara W. Die Abteilungsleiterin im Einkauf eines mittelständischen Automobilzulieferers hatte ihre Abteilung innerhalb von wenigen Jahren auf Vordermann gebracht. Die Ergebnisse waren gut und sie sonnte sich im Glanze einer gut funktionierenden Einheit. Wie ein Blitz aus heiterem Himmel traf sie der Beschluss der Geschäftsleitung, den Einkauf zu reorganisieren und einige Verantwortlichkeiten in andere Hände zu geben.

Die Abteilungsleiterin schlitterte völlig unvorbereitet in die neue Situation. So war es auch kein Wunder, dass die Argumente, die sie zur Verteidigung ihres Einflussbereichs anführte, wenig überzeugten. Ein eilends herbeigerufener Berater sollte ihr helfen, einen Gegenvorschlag zu erarbeiten. Mit dieser Aktion bewirkte sie jedoch genau das Gegenteil. Die Geschäftsführung glaubte, sie würde notwendige Veränderungen blockieren, nur um ihre Macht zu erhalten. Barbara W kapitulierte und verließ wenige Wochen später frustriert das Unternehmen.

Wie konnte das geschehen? Der an sich erfolgreichen Abteilungsleiterin war entgangen, dass die Geschäftsleitung unter dem Druck der großen Autohersteller um einen neuen Kurs gerungen und dabei auch den Einkauf mit ins Visier genommen hatte. Sie hatte in den zurückliegenden Jahren zwar ein leistungsstarkes Team aufgebaut, das auch weiterhin zu ihr stand. Doch außerhalb ihrer Abteilung kannte sie kaum jemanden, den sie hätte um Hilfe bitten können. Sie hatte versäumt, ein tragfähiges Netzwerk aufzubauen. Deshalb bekam sie auch nichts von der bevorstehenden Reorganisation mit, über die schon Wochen vorher unter den Führungskollegen gerüchteweise geredet wurde.

Als Lehre blieb die Erkenntnis: Sie hatte unterschätzt, wie wichtig das Umfeld und ein funktionierendes Netzwerk ist. Von Anfang an hätte sie das eigene Revier verlassen müssen, um mit Schlüsselpersonen innerhalb und außerhalb des Unternehmens ins Gespräch zu kommen. Ihre Aufgabe als Führungskraft wäre gewesen, Verbündete und Sympathisanten zu gewinnen, die politische Landschaft zu erkunden und den Gedankenaustausch zwischen nicht miteinander verbundenen Parteien zu fördern.

Politik im Büro – ohne Koalition auf verlorenem Posten

Als Vorgesetzter verfügen Sie über disziplinarische Macht gegenüber Ihren Mitarbeitern. Doch um als Führungskraft erfolgreich zu sein, etwa bei großen und wichtigen Projekten, sind Sie noch auf viele andere Personen angewiesen, bei denen Ihnen die formale Macht Ihrer Position herzlich wenig nützt. Da hilft es nur, gut funktionierende Beziehungen aufzubauen – zu Menschen, die Sie bei der Umsetzung Ihrer Vorhaben unterstützen, aber auch zu Persönlichkeiten, die Sie über die politischen Strömungen im Unternehmen auf dem Laufenden halten.

Der Sprung auf den Chefsessel bringt Sie in eine neue Welt. Je weiter in der Hierarchie Sie aufsteigen, desto größer werden die Abhängigkeiten von anderen »Spielern« im Unternehmen. Die Kunst liegt nun darin, diese Abhängigkeiten jeweils in einen wechselseitigen Einfluss umzuwandeln. Dieser Vorgang wird gerne etwas despektierlich als »Politik im Büro« abgetan. Doch letztlich kommt es genau auf diese »Politik« an, um im Unternehmen Dinge zu verändern und die eigenen Ziele zu erreichen. Es genügt eben nicht, wie auch das Beispiel von Barbara W gezeigt hat, allein das eigene Team zu entwickeln und gute Leistungen zu erbringen. Zu Ihren Aufgaben als Führungskraft gehört auch ein politischer Part, wenn Sie auf Dauer die Dinge vorantreiben und Ihre Ziele erreichen möchten.

> **Überprüfen Sie Ihre Einstellung zum Thema »Politik«!** Politik im Büro ist in einer Führungsposition ein wichtiger Erfolgsfaktor. Ohne gute Beziehungen und Koalitionen mit anderen Spielern im Unternehmen stehen Sie früher oder später auf verlorenem Posten.

Um eigene Ideen zu verkaufen und um im Ringen um Budgets, Mitarbeiter und Zuständigkeiten die Oberhand zu behalten, benötigen Sie Koalitionen mit Menschen, die anderen Bereichen oder Organisationen angehören, über einen anderen Hintergrund verfügen und abweichende Motive und Ziele verfolgen. Die Anzahl und Vielfalt dieser Kontakte kann beeindruckend sein: Zu ihnen zählen die Führungskollegen innerhalb des eigenen Unternehmensbereichs ebenso wie andere Entscheidungsträger, die wichtige Vorhaben blockieren oder unterstützen können. Aber auch Außenstehende wie Zulieferer, Geschäftspartner, Vertriebsfirmen oder Kunden können wertvolle Kontakte darstellen.

Erst ein solches Netzwerk mit Menschen, die einander kennen und vertrauen, ermöglicht eine effektive Arbeit als Führungskraft. »Ich suche mir in meinem Netzwerk die Menschen heraus«, erklärt Matthias Bäumer, »bei denen ich neben fachlicher Kompetenz auch eine gewisse Empathie und Authentizität spüre. Wenn das gelingt, ist ein Energiefluss da, dann kommen wir mit einer gewissen Lockerheit weiter.«

Wie gelingt es Ihnen, als neue Führungskraft das Umfeld für sich zu erschließen und erfolgreich in die Führungsarbeit einzubeziehen? Entscheidend sind drei Aspekte: Zunächst gilt es, die Kräfte im Umfeld zu identifizieren. Der zweite Aspekt mag auf den ersten Blick überraschen, erweist sich in der Praxis aber als ganz wesentlicher Erfolgsfaktor: Es muss Ihnen gelingen, sich vom Schatten Ihres Vorgängers frei zu machen. Drittens gilt es schließlich, konsequent das eigene Kontaktnetz aufzubauen und Mitstreiter zu finden.

Die Kräfte im Umfeld identifizieren

Die Kräfte im Umfeld, die für das Gelingen Ihrer Führungsarbeit entscheidend sind, lassen sich in drei Kategorien einteilen: Da sind zum einen die Menschen, die Ihnen gefährlich werden können – die Rivalen und heimlichen Widersacher. Zum anderen gibt es Schlüsselpersonen, die im Unternehmen großen Einfluss haben und für Ihr Vorankommen nützlich sein können. Schließlich gibt es noch die unsichtbaren Kräfte, die letztlich von der Unternehmenskultur ausgehen: all die ungeschriebenen Regeln und Gesetze, gegen die Sie ungestraft nicht verstoßen dürfen.

Rivalen und heimliche Widersacher

Meistens gibt es in Ihrem Umfeld den einen oder anderen Konkurrenten, der sich auf Ihre Position Hoffnung gemacht hat. War Ihre Stelle eine Zeit lang vakant, kann das zum Beispiel der Mitarbeiter sein, der in dieser Zeit wichtige Führungsaufgaben übernommen hat. Möglicherweise hat er, ob er es nun zugibt oder nicht, daraus Ansprüche auf Ihre Position entwickelt. Ähnlich verhält es sich mit Mitarbeitern, die sich aus dem Team heraus vielleicht sogar aktiv um Ihren Job bemüht und am Ende den Kürzeren gezogen haben.

Es wäre ein Fehler, diese heimlichen und offenen Rivalen links liegen zu lassen. Der Konflikt würde später ohnehin ausbrechen und das Risiko ist groß, dass Ihre Mitarbeiter sich dann sogar offen auf dessen Seite schlagen. Der Rivale möchte beachtet und angesprochen werden – also gehen Sie auf ihn zu.

Sprechen Sie mit Ihrem Rivalen, beziehen Sie ihn ein, fragen Sie ihn um Rat – aber machen Sie ihm keine Versprechungen oder falsche Hoffnungen. Darum geht es dem enttäuschten Mitarbeiter auch gar nicht, schließlich ist die Entscheidung gefallen. Was er möchte, ist in erster Linie Verständnis für seine Enttäuschung. Diskutieren Sie mit ihm, wie trotzdem eine konstruktive Zusammenarbeit möglich sein kann. Damit allein machen Sie bereits ein faires Angebot und bauen ihm eine Brücke. Es ist dann seine Aufgabe, mit der Enttäuschung fertigzuwerden und die Brücke zu nutzen. Fragen Sie ihn ruhig, wie viel Zeit er vermutlich benötigt, um mit seiner Situation klarzukommen – und geben Sie ihm diese Zeit. Danach jedoch sollte eine konstruktive Zusammenarbeit möglich sein.

Interessante Schlüsselfiguren

Neben enttäuschten Mitbewerbern und heimlichen Rivalen gibt es eine weitere Personengruppe, denen Sie besonderes Augenmerk schenken sollten: die Schlüsselspieler im Unternehmen. Gemeint sind einflussreiche Personen, die dafür sorgen, dass sich im Unternehmen wirklich etwas bewegt. Meist sind sie relativ leicht zu erkennen, einfach weil sie bekannt dafür sind, dass sie bei Entscheidungen nicht lange fackeln und die Dinge vorantreiben, ohne sich zigmal abzusichern. Überlegen Sie, welche dieser Personen Ihnen dabei helfen können, Ihre Abteilung voranzubringen. Folgende Fragen können helfen, die für Sie relevanten Schlüsselfiguren zu identifizieren:

- Wer erweist sich regelmäßig als »Hans Dampf in allen Gassen« – als jemand, der immer wieder wichtige Vorhaben vorantreibt und der dabei nicht selten die Grenzen der eigenen Position überschreitet?
- Wer ist schon so lange im Unternehmen, dass er sprichwörtlich zum Inventar gehört? Diese altgedienten Manager kennen sich hervorragend im Unternehmen aus und sind eine großartige Informationsquelle, wenn Sie Rat oder konkrete Hilfe brauchen.
- Wer wird von anderen Mitarbeitern als unersetzlich betrachtet? Diese Leute haben sich ein Umfeld geschaffen, aus dem sie nicht mehr wegzudenken sind. Stellen Sie sich gut mit ihnen, denn ohne sie geht nichts.
- Wer ist über den Flurfunk bestens informiert? Diese Schlüsselfiguren scheinen immer genau zu wissen, was im Unternehmen los ist. Passen Sie auf, was Sie in ihrer Gegenwart sagen – es findet schnell Verbreitung.
- Wer sind die Freaks? Wer verfügt über wirklich viel technisches Know-how? Lernen Sie diese Experten gut kennen, vertrauen Sie ihrer Urteilsfähigkeit bei schwierigen Sachfragen.
- Wer trifft sich regelmäßig mit dem Topmanagement? Finden Sie heraus, wer einen guten Zugang zum Management hat. Diese Personen können Ihnen dort die Türen öffnen, wenn es notwendig ist.

Andererseits: Wer ist im Unternehmen als Neinsager bekannt? Wer hat die Begabung, die besten Ideen und Vorschläge mit einem kurzen Kommentar »Funktioniert ohnehin nicht!« zu beerdigen? Es lohnt sich, auch diese Leute zu identifizieren – um sie dann konsequent zu meiden!

Die Macht der ungeschriebenen Gesetze

In jedem Unternehmen gelten Regeln, die nirgends dokumentiert sind und nur selten diskutiert werden. Diese ungeschriebenen Gesetze betreffen oft das Verhalten von Mitarbeitern oder die Erwartungen, die man an sie stellt – geben also vor, was man tun und vor allem besser lassen sollte.

Wer von einem Unternehmen in ein anderes wechselt, ist häufig überrascht, mit welcher Fülle an Gepflogenheiten er sich an seinem neuen Arbeitsplatz auseinandersetzen muss. Doch auch Neulinge in der Führungsrolle, die im eigenen Unternehmen aufsteigen, unterschätzen häufig, wie viele ungeschriebene Regeln es im neuen Führungskreis gibt – Regeln, von denen sie bislang nichts ahnten. Es ist tatsächlich so: In der Führungsetage stehen jede Menge Fettnäpfchen herum!

Doch nicht nur auf dem glatten Parkett der oberen Etagen ist Vorsicht geboten. Selbst in der eigenen Abteilung treffen Sie auf Gepflogenheiten, die nirgends dokumentiert sind. Häufig hat Ihr Vorgänger diese Regeln eingeführt, die sich dann über Jahre eingespielt haben. Respektieren Sie diese Spielregeln – und vermeiden Sie, die bisherigen Abläufe umzuwerfen, nur um zu beweisen, dass mit Ihnen alles anders und besser wird. Aber scheuen Sie andererseits auch nicht davor zurück, Regeln zu ändern.

Die ungeschriebenen Gesetze können über Erfolg oder Misserfolg entscheiden. Das Problem ist nur: Für Neulinge sind sie nur selten auf Anhieb erkennbar. Halten Sie deshalb Augen und Ohren offen und beobachten Sie gerade in den ersten Wochen und Monaten ganz genau die Gepflogenheiten in der für Sie neuen Welt. Bewerten Sie Ihre Beobachtungen noch nicht. Zunächst geht es schlicht darum, den ungeschriebenen Regeln auf die Spur zu kommen.

Schätzen Sie Ihr Umfeld richtig ein!

- Überprüfen Sie, wer Ihre möglichen Förderer, Unterstützer, Rivalen oder Widersacher sind. Schätzen Sie ein, inwieweit die einzelnen Personen Ihnen nützen oder schaden können.
- Sprechen Sie enttäuschte Mitbewerber direkt an. Zeigen Sie Verständnis für ihre Enttäuschung und bauen Sie ihnen eine Brücke.
- Versuchen Sie, über Schlüsselpersonen an Insiderwissen zu kommen, um die politischen Verhältnisse in Ihrem Umfeld richtig einzuschätzen.
- Beobachten Sie Ihr Umfeld genau, um auch die ungeschriebenen Regeln zu erkennen.
- Fragen Sie in brenzligen Situationen lieber nach. Lieber einmal zu viel als einmal zu wenig.

Den Schatten des Vorgängers abschütteln

Der Vorgänger ist abgetreten, das stimmt schon. Dennoch gehen von ihm noch ungeahnte Kräfte aus – fast so, als stünde er als graue Eminenz im Hintergrund. Diese schwer fassbaren Einflüsse dürfen Sie nicht ignorieren. Gerade in den ersten Tagen, wenn Sie Ihre neue Position angetreten haben, stellen Ihre Mitarbeiter Vergleiche mit Ihrem Vorgänger an. Nahezu jede Aussage, jede Handlung, fast schon jedes körpersprachliche Signal deuten sie argwöhnisch und vergleichen es mit dem, was sie gewohnt sind. Und das Gewohnte wird im Nachhinein gerne verklärt, selbst wenn der vorherige Chef ein Tyrann war.

Es erfordert viel Fingerspitzengefühl, mit dem Vermächtnis des Vorgängers umzugehen und sich eigenständig zu positionieren. Das gilt umso mehr, wenn Ihr Vorgänger beliebt war und jetzt geradezu glorifiziert wird. Möglicherweise greift nun ein geradezu teuflischer Mechanismus: Wenn Fehler Ihres Vorgängers auftauchen, werden diese nicht ihm zugeschrieben, sondern durchweg auf Sie projiziert. Der alte Chef ist seinem Umfeld heilig, ihn gilt es unter allen Umständen zu schützen.

Wie schwierig es im konkreten Fall ist, den Schatten des Vorgängers abzuschütteln, hängt von der Ausgangssituation ab. Denkbar sind verschiedene Konstellationen:

- **Der geschätzte Vorgänger:** Als Nachfolger eines »großen« Vorgängers stehen Sie tief in dessen Schatten. Die ständigen Vergleiche auszuhalten ist nicht leicht – zumal die Tendenz besteht, dass Ihr Vorgänger im Nachhinein immer mehr verherrlicht wird.
- **Der unbeliebte Vorgänger:** Auch ein unbeliebter Vorgänger kann Probleme bereiten: Permanent werden Sie damit konfrontiert, was früher alles schiefgelaufen ist. So gilt es auch hier, seinen Schatten zu meiden.
- **Der geplante Wechsel:** Einfacher stellt sich die Situation dar, wenn Ihr Vorgänger in den Ruhestand geht, in ein anderes Unternehmen wechselt oder planmäßig die Karriereleiter weiter aufsteigt. In solchen Fällen hat das Umfeld genügend Zeit, sich mit dem Gedanken eines Führungswechsels vertraut zu machen.
- **Der überraschende Abgang:** Ganz anders die Lage, wenn der Vorgänger überraschend abgetreten ist: Mitarbeiter und Umfeld sind ihm dann, zumal wenn sie ihn geschätzt haben, in tiefer Loyalität verbunden. Aus seinem Schatten zu treten und sich von ihm freizuschwimmen wird besonders schwierig sein.

Als Nachfolger betreten Sie häufig eine Bühne, die noch ganz im Schatten des Vorgängers steht. Wie schnell und gut es Ihnen gelingt, diese Bühne in Besitz zu nehmen, hängt von dessen Leistung und Spielzeit ab. War Ihr Vorgänger besonders erfolgreich und sehr lange im Amt, haben Sie es besonders schwer, mit Ihrem neuen Spielplan zu punkten. Selbst wenn Sie gute Leistung auf die Bühne bringen, wird Ihr Umfeld das zunächst kaum wahrnehmen, geschweige denn anerkennen.

Doch lassen Sie sich nicht entmutigen. Auch die großartigen Erfolge Ihres Vorgängers kamen nicht über Nacht. Vielleicht besteht ja die Möglichkeit, zu ihm Kontakt aufzunehmen. Wenn ja, lassen Sie sich von ihm beraten. Wenn er tatsächlich ein guter Vorgesetzter war, wird er Sie nicht im Regen stehen lassen. Ihr Erfolg ist schließlich auch sein Erfolg!

Treten Sie aus dem Schatten Ihres Vorgängers!

- Planen Sie einen sauberen und klaren Übergang. Überlegen Sie, wie die Übergabe der Geschäfte für alle sichtbar vollzogen werden kann.
- Fragen Sie Ihre Mitarbeiter, was ihnen in der Arbeit mit dem Vorgänger besonders gefallen hat, aber auch, welche Änderungen sie sich wünschen.
- Informieren Sie sich gewissenhaft, aufgrund welcher Methoden und Vorgehensweisen Ihr Vorgänger seine Erfolge erzielt hat.
- Folgen Sie nicht der Aufforderung, das »Werk« Ihres Vorgängers fortzuführen. Machen Sie von Anfang an deutlich, dass Sie eine andere Person sind.
- Zeigen Sie mit Ihrem Handeln, dass Sie die Arbeit Ihres Vorgängers schätzen, und gehen Sie behutsam mit Kritik an seinen Leistungen um.
- Machen Sie von Anfang an deutlich, was Sie von Ihrem Vorgänger übernehmen und was sich ändern soll.

Kontakte knüpfen und Mitstreiter finden

Eine neue Führungskraft hat in den ersten Wochen und Monaten alle Hände voll zu tun, um sich in ihrer neuen Rolle zurechtzufinden. »Netzwerken« erscheint da im Augenblick nicht so wichtig – und wird schnell ein Stück hintangestellt. Das ist verständlich, aber ein riskantes Versäumnis: Spätestens wenn der Neuling nach einigen Wochen im Führungskreis von einem Vorhaben der Geschäftsführung überrascht wird, während die Kollegen offensichtlich schon davon wussten, sollten die Alarmglocken läuten: »Warum hat mir das niemand erzählt?«

Deutlich wird: Als Führungskraft benötigen Sie ein Netzwerk, über das wichtige Informationen fließen. Wie auch das Beispiel von Babara W gezeigt hat, kann ein fehlendes Beziehungsnetz früher oder später sogar den Job kosten. Was aber zunächst noch schwerer wiegt: Ohne gut informiert zu sein, können Sie Ihre Mitarbeiter nicht adäquat auf dem Laufenden halten. Ebenso verlieren Sie an Respekt und Vertrauen bei Ihren internen und externen Partnern.

Ein gut funktionierendes Netzwerk bringt wichtige Vorteile. Es öffnet in der Regel mehr Türen als eine formelle Anfrage. Mit dem richtigen Kontakt im richtigen Moment erhalten Sie die notwendige Rückendeckung, um wichtige Vorhaben erfolgreich in die Tat umzusetzen. In kritischen Situationen kann Ihnen das Netzwerk durchaus auch »den Kopf retten«: Sie erhalten nicht nur zuverlässige Informationen aus erster Hand, sondern auch Unterstützung von verlässlichen Partnern, mit denen Sie im Zweifelsfall Allianzen bilden oder Koalitionen schmieden können.

Ein solches Netzwerk entsteht nicht von selbst. Es ist mit viel Arbeit verbunden – und genau da liegt die Gefahr: Im überfüllten Alltag eines Ganztagsjobs gerät das Netzwerken schnell unter die Räder. Bewerten Sie den Aufbau des Netzwerkes deshalb als essenzielle Führungsaufgabe, die Sie vom ersten Tag an in den Alltag miteinplanen.

Achten Sie auf die Regeln für den Aufbau eines Beziehungsnetzes. Dazu gehört vor allem, dass alle Beteiligten einen Nutzen haben. Überlegen Sie deshalb nicht nur, wen Sie wofür brauchen könnten, sondern auch umgekehrt, was Sie im Gegenzug den betreffenden Personen anbieten können. Einen Netzwerkpartner können Sie unterstützen, indem Sie beispielsweise eine Idee weitergeben, einen Kontakt herstellen oder ihm auch nur ein offenes Ohr für sein Problem schenken.

Wichtig auch: Halten Sie Ihre Kontakte warm. Die Beziehungen zu Schlüsselpersonen sollten Sie durch regelmäßige Gespräche pflegen und intensivieren. Halten Sie Ihre Verbündeten immer auf dem Laufenden – und achten Sie auf Vertraulichkeit, wenn Sie eine Neuigkeit unter dem Deckmantel der Verschwiegenheit erfahren.

Gewinnen Sie Verbündete!

- Finden Sie heraus, wer in Ihrem Umfeld wirklich etwas zu sagen hat – und wessen Unterstützung Sie am meisten benötigen, um mit Ihrer Abteilung Erfolg zu haben.

- Gewinnen Sie als Erstes Menschen, zu denen Sie ein positives Verhältnis haben oder deren Interessen weitgehend zu Ihnen passen.
- Zeigen Sie sich. Wer sich zu gegebenen Anlässen blicken lässt, steigert seine Bekanntschaft und positioniert sich in seinem Umfeld.
- Sprechen Sie einflussreiche Menschen an, um über deren Kontakte weitere Unterstützer zu gewinnen.

Kontakte pflegen, Bündnisse schmieden, politisch taktieren: Das klingt sehr zeitaufwendig – und ist es auch. Deshalb müssen Sie entscheiden, wie weit Sie gehen wollen und wo Sie für sich eine Grenze setzen. Matthias Bäumer etwa hat Politik und Koalitionen gar nicht so sehr auf seiner Agenda. »Das ist nicht meine Welt«, bekennt der Topmanager. »Ich glaube, dass ich manche mit meiner offenen, unpolitischen Art etwas verunsichere.«

Trotzdem sieht Matthias Bäumer sein Umfeld immer auch als System, das aus unterschiedlichen Akteuren besteht. Statt Zeit in Politik und Bündnisse zu investieren, widmet er seine Energie der Fähigkeit, schneller zu lernen als die Konkurrenz. Ihm geht es um das Lernen im Team – darum, eine lernende Organisation zu entwickeln.

Tom nimmt sich derweil ein Blatt Papier zur Hand und zeichnet kurzerhand ein neues Organigramm des Vertriebs. Das Besondere an seinem Organigramm: Es beschreibt die tatsächlichen Beziehungen im Vertrieb. Welche Erkenntnisse er daraus zieht und warum er es ganz schnell wieder vernichtet, erfahren Sie in Toms Tagebuch.

Politik im Büro

Das Umfeld der neuen Führungsposition ist ein gefährliches Terrain. Wer als Führungskraft politische Strömungen nicht erkennt, Rivalen und Widersacher nicht in die Schranken verweist und nicht rechtzeitig Allianzen schmiedet, wird die eigenen Ziele nur schwer erreichen.

So wappnen Sie sich ...

- Akzeptieren Sie die wachsende Abhängigkeit von anderen »Spielern« im Unternehmen, die mit Ihrem Aufstieg in eine Führungsposition verbunden ist.

- Stellen Sie fest, welche Menschen in Ihrem Umfeld eine Schlüsselrolle spielen.
- Entwickeln Sie ein Gespür dafür, welche Kontakte wann wichtig sind, um ein Ziel zu erreichen oder einen Vorgang in Ihrem Sinne voranzutreiben.
- Gehen Sie auf emotional erregte Mitarbeiter, Kollegen und Vorgesetzte aktiv zu. Es wird von Ihnen erwartet, dass Sie auf sie zugehen – und nicht umgekehrt.
- Unterschätzen Sie nicht die Macht der ungeschriebenen Gesetze im Unternehmen. Oft sind sie genauso wichtig, wenn nicht noch wichtiger als die offiziellen Regelungen und Vorschriften.
- Knüpfen Sie Kontakte. Das verschafft Ihnen Zugang zu wichtigen Informationen. Außerdem können Sie Intrigen und Ränkespiele schneller erkennen und abwehren.
- Entwickeln Sie systematisch Ihr Netzwerk. Lassen Sie sich davon auch nicht durch Ihr Tagesgeschäft abhalten – denn ohne solides Beziehungsnetz fehlt Ihnen im Ernstfall die notwendige Unterstützung.

Diktatur oder Basisdemokratie
Jede Situation erfordert einen eigenen Führungsstil

»Stehe an der Spitze, um zu dienen,
nicht, um zu herrschen!«
Bernhard von Clairvaux, franz. Abt und Theologe

Menschen reagieren naturgemäß zurückhaltend, wenn sie auf Anweisung arbeiten sollen. Wer als Führungskraft nicht den richtigen Ton trifft, darf sich deshalb nicht wundern, wenn er Widerstände auslöst. Im Extremfall treibt ein falscher Führungsstil einen Mitarbeiter in die innere Kündigung oder bringt ihn dazu, ganz das Handtuch zu werfen.

Was in der einen Situation richtig ist, kann in einer anderen komplett falsch sein. Das gilt auch für den Führungsstil, wie die Beispiele von Werner F und Maike M zeigen. Beide führten ganz unterschiedlich – und beide scheiterten.

Werner F war ein alter Haudegen, mit allen Wassern gewaschen, bekannt für seinen autoritären Führungsstil. Genau der richtige Mann, so dachte die Geschäftsführung, um den Einkauf in kürzester Zeit wieder auf Vordermann zu bringen. So kam es, dass Werner F die Einkaufsabteilung eines großen Industrieunternehmens übernahm. Wie gewohnt hielt er das Zepter fest in der Hand. Alle Fäden liefen bei ihm zusammen. Er delegierte strikt nach dem Top-down-Prinzip, um so die Kontrolle über alle Vorgänge zu behalten und schnell entscheiden zu können.

Doch die Einkäufer, ebenfalls gestandene Leute, die seit Jahren im Einkauf tätig waren, kamen mit der autoritären Führungsweise nicht zurecht. Sie wollten ihre Aufgaben nicht diktiert bekommen, sondern selbst Einfluss auf die Ergebnisse nehmen. Als ihr neuer Chef sie zu bloßen Handlangern degradierte, machten sie entweder Dienst nach Vorschrift oder warfen ganz das Handtuch.

Genau den gegenteiligen Führungsstil praktizierte Maike M, nachdem sie zur Leiterin der IT-Abteilung bei einem mittelständischen Möbelhersteller aufgestiegen war. Sie verzichtete weitgehend darauf, in die Arbeitsabläufe ihrer Mitarbeiter einzugreifen. Gute Mitarbeiter, so glaubte sie, müsse man an der langen Leine führen, sodass sie eigenständig entscheiden und sich selbst kontrollieren können. Die Abteilungsleiterin übertrug ihre Entscheidungsbefugnis deshalb fast ganz in die Zuständigkeit ihres Teams. Sie beschränkte sich darauf, Aufgaben und Probleme vorzustellen, und überließ es den Mitarbeitern, eine Lösung zu finden.

Auch sie scheiterte. Der Laissez-faire-Stil bot den Mitarbeitern zwar die Möglichkeit, Arbeitsumfeld und Arbeitsweise nach ihren Vorlieben zu gestalten. Da sie jedoch noch relativ unerfahren waren, konnten sie mit dieser Freiheit wenig anfangen. Das fehlende Feedback verunsicherte und demotivierte sie. Bei vielen Aufgaben wussten sie nicht, ob sie das Richtige taten. Bald erledigten sie nur noch das Nötigste. So ging ebenjene Eigeninitiative verloren, die Maike M mit ihrem Führungsstil fördern wollte.

Die Beispiele zeigen: Den *einen* perfekten Führungsstil gibt es nicht. Vielmehr hängt der richtige Führungsstil von der Situation ab. Im Falle von Werner F wäre etwas mehr »Laissez-faire« besser gewesen, während Maike M ihre Mitarbeiter ein gutes Stück autoritärer hätte führen müssen. Junge und unerfahrene Mitarbeiter suchen nach Orientierung und benötigen deshalb eine kürzere Leine.

Die große Gefahr! Die Führungskraft führt falsch, weil sie es nicht versteht, für den jeweiligen Mitarbeiter und die jeweilige Situation den richtigen Führungsstil zu wählen. Das demotiviert die Mitarbeiter, treibt sie in die innere Kündigung oder veranlasst sie, das Team zu verlassen.

State of the Art: der Ansatz der situativen Führung

In Sachen Führung gibt es kein Patentrezept, was ja auch unmittelbar einleuchtet: Jeder Mensch reagiert anders auf äußere Einflüsse. Der eine arbeitet unter Druck effektiv, der andere braucht viel Freiraum für seine Ideen. Dem einen ist mit konstruktiver Kritik besser geholfen, der andere benötigt vor allem Lob und Anerkennung. Und nicht nur die Mitarbeiter sind verschieden, sondern ebenso die Aufgaben, die sie bewältigen müssen.

»Gut führen« bedeutet demnach, je nach Gegenüber und Situation den passenden Führungsstil auszuwählen. Aus dieser Überlegung entstand das Konzept der situativen Führung, das bereits 1968 von den US-Amerikanern Ken Blanchard und Paul Hersey entwickelt wurde. Dieser Ansatz ist als anzustrebender Standard für das Führen von Mitarbeitern etabliert und gilt nach wie vor als State of the Art.

> **Führen Sie situativ!** Setzen Sie nicht auf einen einzigen Führungsstil. Unterschiedliche Mitarbeiter und unterschiedliche Situationen erfordern unterschiedliche Führungsstile.

Situatives Führen erfordert ein großes Verhaltensrepertoire. Mal müssen Sie einen Mitarbeiter loben, mal tadeln, mal beim Erfüllen einer Aufgabe Unterstützung bieten, mal sich bewusst zurücknehmen und ihn eigenständig arbeiten lassen. Das klingt anspruchsvoll – und tatsächlich belegen Untersuchungen, dass sich die meisten Führungskräfte mit der situativen Führung schwertun: Rund 90 Prozent präferieren einen oder bestenfalls zwei Führungsstile, die sie dann auf alle Situationen anwenden.

Im Folgenden lernen Sie ein einfaches Modell kennen, das eine differenziertere und damit effektivere Führungsweise ermöglicht. Es unterscheidet bei Mitarbeitern vier Reifegrade und ordnet jedem Reifegrad einen bestimmten Führungsstil zu.

Bestimmung der Reifegrade

Der Reifegrad eines Mitarbeiters, so nehmen wir vereinfachend an, hängt davon ab, wie kompetent und engagiert er ist – von seiner Qualifikation und seiner Motivation. Aus der Kombination dieser beiden Eigenschaften lassen sich vier Entwicklungsstufen oder Reifegrade ableiten (siehe Abbildung 3.2).

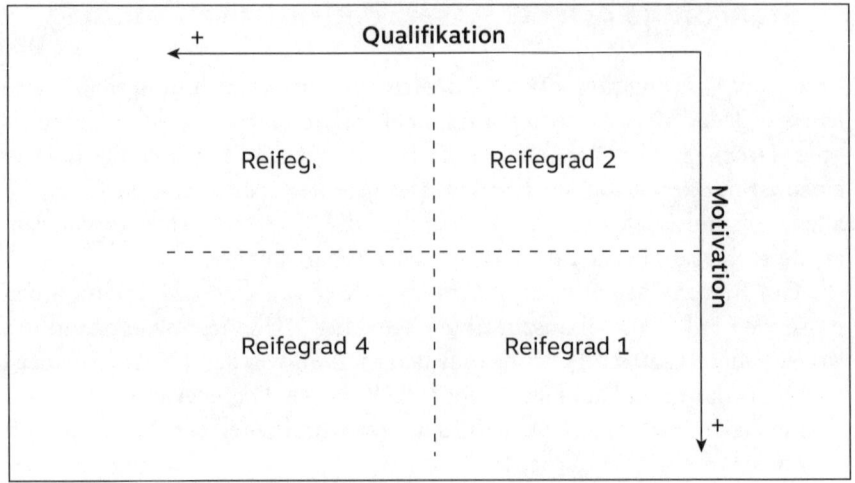

Abbildung 3.2: Einteilung der Teammitarbeiter nach Reifegrad

Reifegrad 1: geringe Qualifikation, aber hohe Motivation. Ein Mitarbeiter des »Reifegrads 1« ist für die von ihm geforderte Aufgabe zwar nur gering qualifiziert, jedoch hoch motiviert. Das kann der Fall sein, wenn der betreffende Mitarbeiter eine neue Aufgabe übernimmt und hierin eine besondere Herausforderung sieht. Typischerweise fallen Berufseinsteiger in diese Kategorie. Sie freuen sich auf die Aufgabe, auch wenn sie vom Thema noch wenig Ahnung haben.

Gerade unter Berufseinsteigern ist die Gefahr der Desillusionierung groß, weil sich die Aufgabe schwieriger als erwartet gestaltet und Rückschläge verdaut werden müssen. Die erhoffte Herausforderung erweist sich in Wirklichkeit als anstrengend und ernüchternd, das Engagement lässt nach. Es besteht das Risiko, dass diese Mitarbeiter in den Reifegrad 2 abrutschen.

Reifegrad 2: geringe Qualifikation, geringe Motivation. Mitarbeiter, die für eine bestimmte Aufgabe weder motiviert noch qualifiziert sind, finden sich im Feld »Reifegrad 2« wieder. Sie sind aus irgendwelchen Gründen enttäuscht, desillusioniert oder demotiviert und werden nun mit einer Aufgabe konfrontiert, von der sie wenig Ahnung haben.

Typischer Fall: Ein Mitarbeiter wird aus seinem Tagesgeschäft herausgerissen und soll eine Zusatzaufgabe wahrnehmen, von der er wenig versteht und zu der er zudem wenig Lust hat. Das mag ein ansonsten hoch motivierter Mitarbeiter sein, der in die Bresche springen muss, weil es für diese Aufgabe an Spezialisten fehlt.

Reifegrad 3: hohe Qualifikation, aber geringe Motivation. Eigentlich bestens qualifiziert, jedoch wenig motiviert – diese Konstellation beschreibt Mitarbeiter im Reifegrad 3. Sie bringen alle fachlichen Voraussetzungen mit, um eine bestimmte Aufgabe zu erfüllen. Und doch packen sie die Aufgabe nicht engagiert an. Das kann zum Beispiel an fehlendem Selbstvertrauen liegen, aber auch an äußeren Einflussfaktoren. Die Motivation kann beispielsweise darunter leiden, dass eine mit Stellenabbau verbundene Reorganisation auf die Stimmung im Gesamtunternehmen drückt.

Reifegrad 4: hohe Qualifikation, hohe Motivation. In der Kategorie »Reifegrad 4« sind Profis am Werk – hoch qualifiziert und hoch motiviert. Sie sind mit Engagement bei der Sache und verfügen über alle notwendigen Kompetenzen, um erfolgreiche Arbeit zu leisten: Kreativität, Eigenständigkeit, fachliches Know-how, Organisationstalent und Disziplin.

Die Wahl des richtigen Führungsstils

Mit Blick auf das Führungsverhalten lassen sich zwei Grundtendenzen unterscheiden: ein dirigierendes und ein unterstützendes Verhalten.

- Dirigierendes Verhalten ist von einem hohen Sachbezug geprägt. Die Führungskraft konzentriert sich darauf, wie eine Aufgabe zu erfüllen ist. Sie zeigt dem Mitarbeiter auf, wann und wie etwas getan werden muss – und gibt ihm dann ein Feedback über das Ergebnis. Das dirigierende Verhalten hat den Zweck, dass der Mitarbeiter lernt und seine Kompetenz erweitert.
- Unterstützendes Verhalten konzentriert sich demgegenüber auf die Person des Mitarbeiters. Die Führungskraft möchte die Eigeninitiative des Mitarbeiters fördern oder seine Einstellung bezüglich einer Aufgabe beeinflussen. Dies geschieht durch Loben, Zuhören und Ermutigen, aber auch durch das Einbeziehen von Kollegen, um ein Problem gemeinsam zu lösen. Der Zweck eines solchen unterstützenden Verhaltens liegt darin, Motivation und Engagement des Mitarbeiters zu fördern.

Je nach Ausprägung dieser beiden Grundtendenzen lassen sich nun vier Führungsstile unterscheiden (siehe Abbildung 3.3): kooperativer Führungsstil, autoritärer Führungsstil, Laissez-faire-Führungsstil und karitativer Führungsstil.

Welcher Führungsstil ist nun für welchen Mitarbeiter der richtige? Nach der Definition der vier Reifegrade und der vier Führungsstile fällt die Antwort

Abbildung 3.3: Führungsstile in Abhängigkeit von Sach- und Personenbezug

relativ leicht. Auf jeden der vier Reifegrade passt nämlich genau einer der vier Führungsstile, das heißt, jeder Reifegrad hat »seinen« Führungsstil.

Reifegrad 1 – die Mitarbeiter klar anleiten

Mitarbeiter, die angesichts einer neuen Aufgabe hoch motiviert sind, aber nicht über das notwendige Know-how verfügen, brauchen Orientierung, um die Aufgabe erfolgreich zu bewältigen – mithin also einen autoritären Führungsstil. Gemeint ist damit ein Führungsstil, der sich durch ein stark dirigierendes und wenig unterstützendes Führungsverhalten auszeichnet. Blanchard und Hersey gaben diesem Führungsstil die Bezeichnung »Telling Style«, das bedeutet übersetzt »Anleiten«, nicht »Diktieren«.

Autoritärer Führungsstil heißt also, dass Sie als Führungskraft ab einem bestimmten Punkt dem Mitarbeiter klar vorgeben, was zu tun ist und wie er dabei vorgehen soll. Wenn Sie der Gedanke, autoritär zu führen, grundsätzlich schreckt, gilt hier dennoch: Für diesen Mitarbeitertyp – hoch motiviert, aber in der Sache unterbelichtet – ist es der richtige Stil! Der begeisterte Anfänger brennt darauf, loszulegen, ohne recht zu wissen, wie er es anstellen soll. Er bringt zwar Energie und Engagement für die neue Aufgabe mit, braucht jedoch klare Anweisungen. Für erfahrene Mitarbeiter ist dieser Führungsstil jedoch unbrauchbar, da diese ein dirigierendes Verhalten schnell als mangelndes Vertrauen in die eigenen Fähigkeiten betrachten.

Reifegrad 2 – den Mitarbeiter coachen

Wenn es weder um die Qualifikation noch um das Engagement eines Mitarbeiters besonders gut bestellt ist, erfordert das sowohl ein stark dirigierendes als auch ein stark unterstützendes Verhalten – also einen kooperativen Führungsstil. Als Führungskraft erläutern Sie dem Mitarbeiter Entscheidungen, erfragen Vorschläge, loben Vorgehensweisen, selbst wenn sie nur teilweise richtig sind, und geben genaue Anweisungen. Die Begründer des situativen Führungsmodells, Blanchard und Hersey, weisen unter dem Stichwort »Selling« (Verkaufen) darauf hin, dass man diesen Mitarbeitern eine Aufgabe regelrecht verkaufen, also schmackhaft machen muss.

Ein solch kooperativer Führungsstil, bei dem Sie Ihre Aufmerksamkeit beiden Themen – der Sache und der Person – widmen müssen, kann anstrengend sein. Sie müssen sich dem Mitarbeiter intensiv widmen, um ihn für eine neue Aufgabe zu gewinnen, auf die er vielleicht gar keine Lust hat, und ihm obendrein noch inhaltlich auf die Sprünge helfen.

Reifegrad 3 – den Mitarbeiter unterstützen

Es gibt Mitarbeiter, die durchaus wissen, was zu tun ist, das letzte Engagement für die Sache jedoch missen lassen. In diesem Fall sollten Sie auf den karitativen Stil zurückgreifen, also auf eine stark unterstützende und wenig dirigierende Führungsweise. Vorrangig, jedoch mit Takt und Einfühlungsvermögen, kümmern Sie sich um das Wohl des Mitarbeiters. Zum Beispiel treffen Sie sich mit ihm zum Kaffee oder machen einen Spaziergang, um so den Grund für seinen Frust zu erfahren.

Blanchard und Hersey bezeichneten diesen Führungsstil als »Participating« (Einbinden). Konkret bedeutet das: Die Führungskraft hört viel zu, fördert den Mitarbeiter und ermutigt ihn, eigene Problemlösungen zu entwerfen und eigenverantwortlich Entscheidungen zu treffen. Ziel ist, Motivation und Engagement des Mitarbeiters so weit zu stärken, dass er Reifegrad 4 erreicht. Gelingt das, wird das karitative Element im Führungsverhalten überflüssig – es genügt dann ein Laissez-faire-Führungsstil.

Reifegrad 4 – Aufgaben an den Mitarbeiter delegieren

Mitarbeiter im Reifegrad 4, die sich eigenständig und hoch motiviert in ihre Aufgaben stürzen, sollten Sie einfach nur machen lassen – im Sinne des Laissez-faire-Führungsstils. Der Begriff laissez faire kommt aus dem Französischen und bedeutet so viel wie »machen lassen«. Die Führungskraft hält sich stark zurück; sie unterstützt und dirigiert nur wenig.

Doch Vorsicht: Laissez-faire heißt nicht, gegenüber seinen Mitarbeitern gleichgültig zu sein. Das würde sie demotivieren und den Rückfall in Reifegrad 3 bedeuten. Blanchard und Hersey charakterisierten den Laissez-Faire-Stil mit dem Begriff »Delegating«: Die Führungskraft überträgt ihren Mitarbeitern eine Aufgabe und lässt sie eigenständig handeln – kümmert sich aber sehr wohl um sie. Sie sorgt für die nötigen Ressourcen, stellt Klarheit über die Ziele her und bestimmt, welche Ergebnisse erreicht werden sollen. Denn als Führungskraft sind und bleiben Sie für die Leistung Ihrer Mitarbeiter verantwortlich. Letztlich wird hieran auch Ihre eigene Leistung gemessen.

Situativ führen – Hinweise für den Alltag

Angenommen, Sie kennen und beherrschen die vier Führungsstile. Nun können Sie das Modell in der Praxis anwenden. Notwendig sind zwei Schritte:

- Schritt 1: Achten Sie auf die Verhaltens- und Vorgehensweisen der Mitarbeiter, um ihren jeweiligen Reifegrad einschätzen zu können. Suchen Sie hierzu mit jedem Mitarbeiter immer wieder das Gespräch, um die anstehenden Ziele und Aufgaben zu erörtern.
- Schritt 2: Auf dieser Grundlage überlegen Sie, welche fachliche und mentale Unterstützung der einzelne Mitarbeiter benötigt – welcher Führungsstil also angebracht ist.

Zu bedenken ist, dass sich der Reifegrad eines Mitarbeiters auf die jeweilige Aufgabe bezieht, die er übernehmen soll. Kompetenz und Engagement des Mitarbeiters – und damit der Reifegrad – können sich deshalb im Falle einer neuen Aufgabe ändern. Dementsprechend ist dann auch ein anderes Führungsverhalten angesagt.

Nehmen wir an, Sie möchten einem jungen Mitarbeiter, gerade frisch von der Uni, die Leitung eines Workshops übertragen. Der Mann ist hoch motiviert, macht das aber zum ersten Mal und hat auch inhaltlich wenig Ahnung. Damit der Workshop nicht scheitert, müssen Sie den Neuling intensiv anleiten. Sie haben einen Mitarbeiter mit Reifegrad 2 vor sich, den Sie autoritär führen sollten.

Einige Monate später hat sich die Lage verändert. Der Mitarbeiter hat einige Workshops erfolgreich geleitet. Wenn Sie ihm jetzt immer noch permanent über die Schulter schauen und jeden Handgriff vorgeben, ist das nicht nur Zeitverschwendung, sondern wirkt auch demotivierend. Zu Recht denkt der Mitarbeiter: »Mein Chef betrachtet mich immer noch als blutigen Anfänger, obwohl ich längst große Fortschritte gemacht habe.« Angebracht wäre stattdessen ein Loslassen: Mit Blick auf routinemäßig anstehende Aufgaben hat der Mitarbeiter Reifegrad 4 erreicht, richtig ist jetzt also der Laissez-faire-Führungsstil.

Wechseln Sie rechtzeitig den Führungsstil! Wenn sich ein Mitarbeiter weiterentwickelt, gewinnt er an Kompetenz und Sicherheit. Achten Sie darauf, den Führungsstil rechtzeitig an die neue Situation anzupassen – schalten Sie auf Laissez-faire um.

Im Führungsalltag werden immer wieder Situationen auftreten, die einen Wechsel des Führungsstils erfordern. Zum Beispiel beobachten Sie bei einem Mitarbeiter, der seine Aufgabe bislang professionell erfüllt hat, ein merkliches Nachlassen seiner Leistung. Protokolle enthalten Fehler, Termine werden nicht mehr eingehalten, Nachlässigkeiten schleichen sich ein. Dann ist es an der Zeit, ein klares Feedback zu geben und zu versuchen, die Ursachen für den Leistungsabfall zu ermitteln. Je nach Ergebnis des Gesprächs kann es angebracht sein, den Führungsstil zu ändern, um so das frühere Engagement des Mitarbeiters wiederherzustellen. Das sollten Sie auch offen sagen – und ihm zum Beispiel erklären, dass Sie sein Vorgehen künftig häufiger kontrollieren und bei Bedarf korrigierend eingreifen werden.

Matthias Bäumer setzt sich in solchen Gesprächen mit dem Mitarbeiter und der Situation auseinander – und ist dann sehr klar in seinen Entscheidungen. Dabei versucht er, »negative Energiespiralen« zu vermeiden, indem er beim Mitarbeiter ein bestimmtes Verhaltensmuster unterbricht. Bei solchen Musterunterbrechungen geht es darum, die Aufmerksamkeit in eine andere Richtung zu lenken, um so eine Verhaltensänderung auszulösen. Hier richtig zu agieren erfordert jedoch einiges an Gespür. »Das lässt sich nicht auswendig lernen, sondern muss sich intuitiv einstellen«, meint Matthias Bäumer. »Wenn ich erst lange überlegen müsste, welche Musterunterbrechung jetzt die richtige ist, wäre ich zu langsam und es würde zudem hölzern wirken.«

Auch wenn Führungskräfte auf ihre Aufgaben vorbereitet sind und nicht einfach ins kalte Wasser gestoßen werden, passieren Fehler. Das musste auch Tom erkennen, als ein Kollege ihn auf ein Fehlverhalten hinwies. Tom nahm den Vorfall zum Anlass, einige typische Führungsfehler aufzuschreiben. Welche das sind, können Sie in seinem Tagebuch nachlesen.

Der falsche Führungsstil

Wer nur einen, allenfalls zwei Führungsstile praktiziert, läuft Gefahr, einen großen Teil seiner Mitarbeiter falsch zu führen. Unzufriedenheit und schlechte Leistungen sind die Folge.

So wappnen Sie sich ...

- Unterscheiden Sie zwischen verschiedenen Führungsstilen (autoritär, kooperativ, karitativ, laissez faire) – und wählen Sie den für eine Situation jeweils passenden.
- Geben Sie klare Anweisungen und überwachen Sie die Leistungen, wenn ein Mitarbeiter angesichts seiner Aufgabe zwar hoch motiviert ist, aber nicht über das nötige Know-how verfügt (autoritärer Führungsstil).
- Erklären Sie Ihre Entscheidungen und versuchen Sie, den Mitarbeiter dafür zu gewinnen, wenn es weder um die Qualifikation noch um das Engagement des Mitarbeiters gut bestellt ist (kooperativer Führungsstil).
- Kümmern Sie sich um das Wohlbefinden Ihres Mitarbeiters und ermutigen Sie ihn, eigenverantwortlich Entscheidungen zu treffen, wenn er zwar weiß, was er zu tun hat, aber im Moment das notwendige Engagement vermissen lässt (karitativer Führungsstil).
- Übergeben Sie die Verantwortung für eine Aufgabe an den Mitarbeiter und lassen Sie ihn einfach machen, wenn Sie feststellen, dass er sich eigenständig und hoch motiviert in die Projektarbeit stürzt (Laissez-faire-Führungsstil).

Machtspiele

Der Aufstieg erfordert den geschickten Einsatz von Macht

»Gebrauche deine Macht wie ein paar Zügel,
nicht wie eine Peitsche.«

Mongolisches Sprichwort

Mit dem Aufstieg in eine Führungsposition verbindet sich immer auch die Frage nach Macht und Einfluss. Ein zweischneidiges Schwert: Einerseits benötigt eine Führungskraft Macht, wenn sie sich durchsetzen und die Abteilungsziele erreichen möchte. Andererseits besteht die Gefahr, die neue Machtfülle auf Kosten der Mitarbeiter zu missbrauchen – etwa bei dem Versuch, fehlende Führungskompetenz durch autoritäres Auftreten zu kompensieren.

Der 32-jährige Wirtschaftsinformatiker Florian N war in seinem Unternehmen, einem mittelständischen Maschinenbauer, ein allseits geschätzter Mitarbeiter. Als er nach einigen Jahren zum Leiter der IT-Abteilung berufen wurde und damit seine erste Führungsposition erhielt, machte er sich engagiert ans Werk. Bereits in den ersten Wochen veränderte er wesentliche Arbeitsabläufe und tüftelte an einem Projektmanagementsystem, mit dem er bei der Firmenleitung punkten wollte. Die Mitarbeiter ließen sich vom Elan ihres neuen Vorgesetzten inspirieren und arbeiteten motiviert mit – sicherlich auch deshalb, weil bei einem Führungswechsel die Karten teilweise neu gemischt werden. Jeder wollte dem neuen Chef sein Können beweisen.

Doch dann fiel ihre Leistung spürbar ab. Schuld daran war Florian N. Der witterte hinter jeder sachlichen Kritik den Versuch der Demontage. Seine fähigsten Mitarbeiter nahm er immer mehr als Konkurrenten wahr. Es wurde für ihn zur Tagesaufgabe, den Olymp der eigenen Macht zu sichern. Er vertraute nur einigen wenigen Mitarbeitern, mit denen er sich austauschte, während er anderen kaum mehr einen Gesprächstermin gewährte. Wer diesem inneren Zirkel nicht angehörte, blieb vom Informationsfluss ausgeschlossen. Frustriert zogen sich die ausgegrenzten Mitarbeiter zurück, viele fähige IT-Mitarbeiter verließen fluchtartig das Unternehmen.

Fälle wie der von Florian N sind gar nicht so selten. Immer wieder steigt Führungskräften die Macht zu Kopfe, die ihnen qua Position zufällt. Der Karrierecoach Martin Wehrle liefert mit seinem Buch *Ich arbeite immer noch in einem Irrenhaus* einen schonungslosen Bericht aus dem »Katastrophengebiet Büro«. Offensichtlich herrschen in manchen Betrieben haarsträubende Zustände, wie die Beispiele belegen, die der Autor als Reaktion auf sein ersten Buches *Ich arbeite in einem Irrenhaus* zugesandt bekam. Bei der Lektüre drängt sich der Eindruck auf, dass Führungskräfte gelegentlich zu skrupellosen und menschenverachtenden Zynikern mutieren. Eine Kostprobe mag hier genügen: Da hat ein Chef seinen Mitarbeiter darum gebeten, für ihn Punkte in der Flensburger Verkehrssünderdatei zu übernehmen. Er solle doch angeben, dass er gefahren sei, als das Auto geblitzt wurde. Dies könne sich dann auch positiv auf die Weiterbeschäftigung auswirken.

 Die große Gefahr! Falscher Umgang mit Macht und Einfluss gefährdet den Erfolg. Gerade neue und unerfahrene Führungskräfte neigen dazu, in schwierigeren Führungssituationen mit Druck und Machtausübung zu reagieren – und so am Ende die Gefolgschaft ihrer Mitarbeiter zu verlieren.

Das Paradoxon der Macht

Macht verändert den Menschen, leider viel zu selten zum Guten. Das zeigen die von Martin Wehrle zusammengetragenen Beispiele, lässt sich aber auch wissenschaftlich belegen. Besonders eindringlich ist das Stanford-Prison-Experiment, bei dem der amerikanische Psychologe Philip G. Zimbardo 1971 im Keller eines Instituts der Stanford University bei Palo Alto ein Gefängnis nachstellte. Ziel war, das menschliche Verhalten unter den Bedingungen der Gefangenschaft zu erforschen. Versuchsteilnehmer waren Studenten, die in zwei Gruppen eingeteilt wurden – Wärter und Gefangene.

Was dann passierte, hat der Spielfilm »Das Experiment« aufgegriffen und als wahre Horrorvision inszeniert: Von wenigen Ausnahmen abgesehen verwandelte sich die eine Gruppe zu machthungrigen und brutalen Wärtern, die andere zu unterwürfigen Gefangenen. Fakt ist: Die Situation im Keller der Elite-Universität geriet außer Kontrolle, das Experiment musste abgebrochen werden. Einmal an die Macht gekommen, können Menschen offensichtlich dem Machtmissbrauch nur schwer widerstehen. Der Lack der Zivilisation ist dünn.

Das Experiment beschreibt ein Phänomen, das Psychologen als »Paradoxon der Macht« bezeichnen und sich auf die Situation in Unternehmen übertragen lässt: Beliebte und ehrliche Mitarbeiter, von denen man es nie erwartet hätte, ändern ihr Verhalten, wenn sie in eine Führungsposition aufsteigen und nunmehr mit Macht ausgestattet sind. Sie neigen dazu, sich zu kleinen Despoten zu entwickeln, denen es vor allem darum geht, die eigene Macht zu wahren und zu verteidigen. Psychologen vermuten dahinter einen evolutionär begründeten Mechanismus, der mehr oder minder automatisch abläuft, wenn man nicht bewusst dagegen ankämpft.

Das Delikate an der Situation liegt also darin, dass Menschen einerseits zum Machtmissbrauch neigen, andererseits eine Führungsposition nicht ohne ein gewisses Maß an Macht auskommt. Jeder, der in seiner Führungsrolle seine Ziele erreichen möchte, braucht sie.

Anstatt nun diese Problematik offenzulegen und mit ihr offensiv umzugehen, wird das Thema in den Unternehmen in der Regel tabuisiert. Bis weit in die Vorstandsetagen hinein reicht dieses gestörte Verhältnis zum Thema Macht. Die Konsequenzen sind schwerwiegend: Die Macht entgleitet einer rationalen Kontrolle, ein professioneller Umgang mit ihr wird unmöglich.

Am Ende führt diese Tabuisierung zu genau dem, was man damit vermeiden möchte – zu einem verstärkten Machtmissbrauch.

Bleibt festzuhalten: Als Führungskraft benötigen Sie Macht und Einfluss, müssen aber der Versuchung des Machtmissbrauchs widerstehen. Es gilt, einen Weg zu finden, um einerseits über die notwendige Macht zu verfügen, andererseits ihrer zerstörerischen Wirkung zu entgehen. Ein wesentlicher Schlüssel hierzu liegt darin, sich der unterschiedlichen Quellen von Macht bewusst zu werden – und nicht allein auf die formale Macht der Position zu setzen.

Die Kraftquellen der Macht

Macht und Einfluss einer Führungskraft speisen sich aus unterschiedlichen Quellen. In Anlehnung an ein Modell der US-amerikanischen Sozialpsychologen John R. P. French und Bertram H. Raven lassen sich persönliche Macht, Macht der Position, Macht des Wissens, Macht der Belohnung und Macht der Beziehungen unterscheiden (siehe Abbildung 3.4).

In der Beziehung zwischen Ihnen und Ihren Mitarbeitern sind Sie es, der Macht ausübt. Wie mächtig Sie sind, hängt davon ab, wie viel Macht man Ihnen zugesteht, aber auch, wie viel Macht Sie sich aufbauen und »organisieren« können. Grundsätzlich können Sie dabei auf die genannten fünf Kraftquellen zugreifen.

Kraftquelle 1 – die persönliche Macht

Es gibt Menschen, die keine formale Machtposition innehaben, aber trotzdem über großen Einfluss verfügen – allein durch ihre Reputation. Eine Person mit hohem Ansehen gilt als ehrlich, pflichtbewusst, freundlich, hilfsbereit und effektiv. Zu ihr hat man Vertrauen, mit ihr identifiziert man sich. Aus dieser besonderen Form der Verbundenheit resultiert die persönliche Macht.

Je stärker sich Ihre Mitarbeiter mit Ihnen als Führungskraft identifizieren, desto größer ist ihre Bereitschaft, Ihr Verhalten gut zu finden und Ihre Anweisungen und Entscheidungen zu akzeptieren. Diese Identifikationsmacht liegt in Ihrer Person selbst, in Ihrem Charakter begründet. Sie lässt sich als eine Art natürliche Autorität beschreiben, die Sie als Führungskraft mitbringen. Dazu gehören Eigenschaften wie Ausstrahlung und Charisma, Authentizität und Souveränität. Damit ist auch klar, dass sich Ihre persönliche Macht nur langfristig entfalten wird.

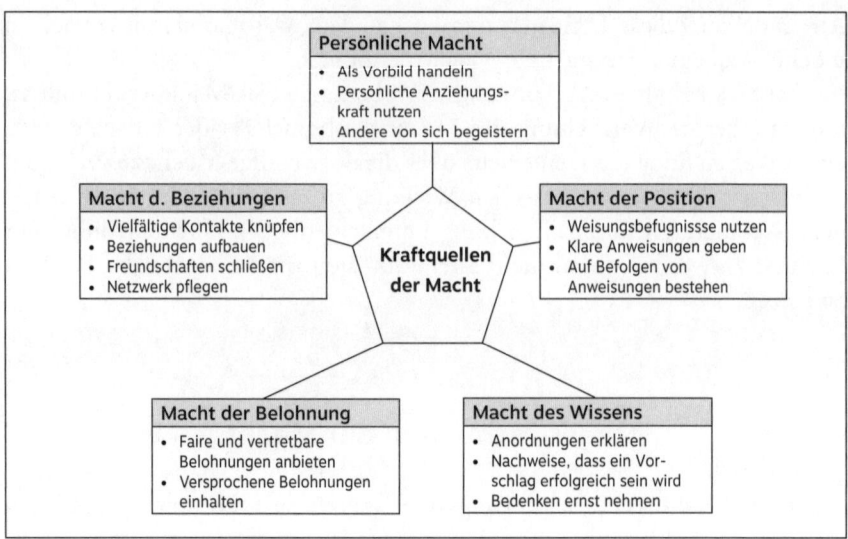

Abbildung 3.4: Kraftquellen der Macht

Setzen Sie Ihre Persönlichkeit ein! Überzeugen Sie Ihre Mitarbeiter durch Ihren persönlichen Charakter. Setzen Sie auf Ihre Überzeugungskraft und Ihre Fähigkeiten, zu kommunizieren und zu begeistern. Ihr Charisma und Ihre Fähigkeiten summieren sich zu Ihrer persönlichen Macht.

Überlegen Sie, wie Sie kraft Ihrer natürlichen Autorität überzeugen können. Wie gestalten Sie Ihr Auftreten, damit das Team Ihnen freiwillig folgt? Beachten Sie auch, dass Sie eine Vorbildfunktion einnehmen und die Erwartungen dementsprechend hoch sind. Um als Führungskraft Glaubwürdigkeit und Authentizität auszustrahlen, spielt das persönliches Auftreten eine maßgebliche Rolle. Ein Fehler im Auftritt ist dann wie ein Kratzer, der sich nicht so einfach wieder entfernen lässt. Wenn Sie zum Beispiel bei einer Besprechung komplett ausrasten, werden Sie es schwer haben, Ihre frühere Akzeptanz wiederzuerlangen.

Die größte Schwierigkeit liegt sicher darin, Ihren persönlichen Stil zu finden. Es gibt kein typisches Auftreten der Macht: Die Facetten reichen von extremer Dominanz über nüchtern-analytisches Auftreten bis hin zu unaufdringlichem Charme.

Kraftquelle 2 – die Macht der Beziehungen

Macht resultiert auch aus einem gut funktionierenden Netzwerk. Es liefert Informationen »aus erster Hand«, die Sie auf anderem Weg nicht bekommen.

Über das Netzwerk können Sie Meinungen, Erfahrungen und Ratschläge einholen, ebenso werden Sie auf informelle Regeln und ungeschriebene Gesetze hingewiesen. Vor wichtigen Entscheidungen oder bei der Umsetzung größerer Projekte finden Sie über das Netzwerk die notwendige Unterstützung und die richtigen Partner, um Allianzen zu schmieden. Eine gute Empfehlung öffnet mehr Türen als jede formelle Anfrage.

> **Lassen Sie Ihre Beziehungen spielen!** Erweitern Sie Ihr Netzwerk im Unternehmen und knüpfen Sie Kontakte zu wichtigen Ansprechpartnern und Personen, denen Sie vertrauen oder die Sie um Rat bitten können. Ein gut funktionierendes Netzwerk ist ein bedeutender Machtfaktor.

Macht braucht vor allem eines: Förderer und Mitstreiter. Deshalb lohnt es sich, von Anfang an auf diese »Kraftquelle« zu setzen, sich Vertraute und Unterstützer zu suchen und konsequent am Aufbau seines Netzwerkes zu arbeiten. Gehen Sie davon aus, dass bei einem Wechsel des Unternehmens oder auch nur des Geschäftsbereichs das Netzwerken praktisch von vorne beginnt – denn dann fehlen Ihnen Kontakte zu Personen, denen Sie im neuen Umfeld vertrauen oder die Sie um Rat bitten können.

Kraftquelle 3 – die Macht der Position

Als disziplinarischer Vorgesetzter besitzen Sie Macht allein schon aufgrund Ihrer Position. Die Macht der Position – auch legitime Macht genannt – resultiert aus den Vereinbarungen, die in einer Organisation gelten. In jedem Unternehmen existieren Regeln, die festlegen, wer sich wem unterzuordnen hat. In der Linienorganisation sind diese Regeln selbstverständlich und von allen akzeptiert: Da gibt es den Vorgesetzten, der seine Mitarbeiter disziplinarisch führt und damit über legitime Macht verfügt.

Die mit der legitimen Macht verbundene Weisungsbefugnis versetzt Sie in die Lage, einem Mitarbeiter eine unangenehme Aufgabe zu übertragen oder zu bewirken, dass er abgemahnt, versetzt oder entlassen wird. Sie können Druck ausüben, ihn bestrafen oder Sanktionen veranlassen. Diese Möglichkeit der Machtausübung wird daher auch Zwangsmacht genannt.

> **Nutzen Sie Ihre Weisungsbefugnis!** Nutzen Sie die legitime Macht, die Ihnen aufgrund Ihrer Führungsposition zusteht – denn Sie brauchen diese Machtform, um Ihre Aufgaben zu erfüllen. Achten Sie aber darauf, nicht in autoritäres Verhalten abzugleiten.

Bei der Macht der Position geht es im Kern um einen einfachen Sachverhalt: Der Vorgesetzte kann einem Mitarbeiter mit Sanktionen drohen und diese notfalls auch disziplinarisch durchsetzen. Das erleichtert ein entschiedenes, zielsicheres und durchsetzungsfähiges Auftreten, kann aber auch zum Machtmissbrauch verleiten, etwa nach dem Motto: »Ich bin der Chef, also habe ich das Sagen.« Ein Vorgesetzter, der seine Mitarbeiter ausschließlich über Anweisungen und Vorgaben dirigiert, gewinnt diese nicht als Mitstreiter. Sie erkennen ihn dann nicht als »Autorität« an, sondern sehen in ihm nur eine »autoritäre Führungskraft«, die ihre Macht genießt, anstatt sie verantwortungsbewusst und gezielt einzusetzen.

Kraftquelle 4 – die Macht der Belohnung

Belohnungsmacht resultiert aus der Kompetenz, Belohnungen zu vergeben, beispielsweise für gute Leistungen. Das bezieht sich nicht nur auf materielle oder finanzielle Belohnungen wie Incentives, Prämien, Gehaltserhöhungen oder Beförderungen. Formen der Belohnung können auch sein, einem Mitarbeiter eine interessante Aufgabe zu übertragen, ihn kollegial zu unterstützen oder seinen Verantwortungsbereich zu erweitern. Neben Aufmerksamkeit, Lob und Zuwendung bietet auch das Arbeitsumfeld vielfältige Gestaltungsmöglichkeiten, die ein Mitarbeiter als Belohnung empfinden kann.

Mitunter fällt es schwer, die Belohnungsmacht von der Zwangsmacht zu unterscheiden: Ist es bereits eine Bestrafung, wenn Sie dem Mitarbeiter eine Belohnung entziehen? Oder umgekehrt: Handelt es sich bereits um eine Belohnung, wenn Sie eine Bestrafung aufheben? Auch wenn die Frage philosophisch anmutet, ist sie für die Praxis doch relevant: Entscheidend ist, wie der Mitarbeiter die Maßnahme empfindet. Sieht er sie als Belohnung, steigen Sie als Führungskraft im Ansehen des Mitarbeiters – erkennt er darin eine Bestrafung, drückt es die Stimmung und kann sogar Widerstand provozieren.

Setzen Sie auf Belohnungen! Denken Sie darüber nach, wie Sie einzelne Mitarbeiter für gute Leistungen oder ein besonderes Engagement belohnen können. Gerade kleine Gesten, die den Alltag Ihrer Mitarbeiter erleichtern, bringen oft verblüffende Resultate.

Kraftquelle 5 – die Macht des Wissens

Macht des Wissens heißt: Einfluss nehmen durch Sachkenntnis und Expertise. Die Expertenmacht basiert auf einem Vorsprung an Fachkompetenz – je höher er ist, umso größer ist die Macht. Hervorragenden Experten wird vertraut und genau darin liegt ihre Macht.

Im Unterschied zu den anderen Machtquellen ist die Expertenmacht hoch spezifisch und auf den Bereich der Expertise beschränkt. Wer als Führungskraft auf einem Gebiet über viel Wissen verfügt, kann hieraus Macht und Einfluss schöpfen. Die Mitarbeiter erkennen an, dass ihr Chef in diesem Bereich über besondere Erfahrungen und Fähigkeiten verfügt. Deshalb vertrauen sie darauf, dass er das Richtige tut – und folgen ihm.

Wenn sich die Expertise des Vorgesetzten auf fachliche Inhalte bezieht, steht er allerdings vor der diffizilen Aufgabe, den Eindruck von Besserwisserei zu vermeiden. Sollte er die Mitarbeiter durch sein Wissen dominieren, wirkt das schnell demotivierend. Die Eigeninitiative der Mitarbeiter weicht einer Haltung des Abwartens, etwa in dem Tenor: »Wenn der Chef eh alles besser weiß, kann ich ja auch warten, bis er mir sagt, was ich tun soll.«

Zeigen Sie Ihre Expertise! Setzen Sie auf die »Macht des Wissens«, wenn Sie über besonderes Know-how oder besondere Erfahrungen verfügen. Unterstützen Sie Ihre Mitarbeiter, die bei Ihnen Rat suchen und auf Ihre Expertise vertrauen – vermeiden Sie aber den Eindruck von Besserwisserei.

Entwickeln Sie Ihre persönliche Macht

Um als Führungskraft in der Sandwich-Position erfolgreich agieren zu können, benötigen Sie Einflussmöglichkeiten auf andere Menschen – etwa wenn es darum geht, dass Ihre Mitarbeiter mit Ihnen an einem Strang ziehen oder dass Sie von Ihrem Vorgesetzten die notwendige Unterstützung erhalten. Ohne ausreichende Macht sind Sie nicht in der Lage, Ihre Ziele und Vorhaben zu erreichen.

Führungspositionen sind deshalb immer Machtpositionen – verbunden mit der Gefahr, die Macht zu missbrauchen. Allerdings zeigen Studien, dass Vorgesetzte, die ihre Mitarbeiter fair behandeln und ihnen Mitsprache einräumen, bessere Ergebnisse erzielen und effektiver arbeiten als Manager, die allein auf Macht setzen.

Macht ist zunächst nichts Negatives. Im Grunde setzen wir sie jeden Tag ein, um Einfluss zu nehmen. In einer Beziehung zwischen zwei Menschen besitzt derjenige Macht, der die Verhaltensweisen seines Gegenübers in stärkerem Maße beeinflussen kann. Anders ausgedrückt: Wer die stärkere Kontrolle auf den anderen ausüben kann, ist der Mächtigere.

Wie mächtig Sie sind, hängt vor allem davon ab, wie viel Macht Ihnen zugeschrieben wird. Hierbei spielt vor allem die persönliche Macht eine Rolle. Bei ihr handelt es sich um eine besonders starke Machtquelle, weil sie nicht von äußeren Umständen abhängt. Der Einfluss beruht auf der Anerkennung der Person: Die Mitarbeiter folgen aus eigenem Antrieb – und nicht, weil sie durch Belohnung oder Zwang dazu veranlasst werden.

Setzen Sie deshalb auf Ihre persönliche Macht. Wenn sich Ihr Team mit Ihrer Person identifiziert, haben Sie es sehr einfach, Einfluss auszuüben. Dahin zu kommen ist für jede Führungskraft jedoch ein längerer Prozess, der viel mit Ausstrahlung und Charisma zu tun hat.

Dass eine Führungskraft ohne Macht letztlich nicht erfolgreich handeln kann – zu dieser Überzeugung gelangt auch Tom. Umso mehr überrascht ihn die Frage seines Mentors, der von ihm wissen möchte, ob er als Führungskraft geliebt oder gefürchtet werden will. Wie Tom auf diese Frage reagiert und zu welcher Schlussfolgerung er kommt, lesen Sie in seinem Tagebuch.

Machtkämpfe

Der Aufstieg in eine Führungsposition bringt die Aufgabe mit sich, professionell mit der damit verbundenen Macht umzugehen. Nachwuchskräfte haben darin noch keine Erfahrung – und die Gefahr ist groß, fehlende Führungskompetenz durch autoritäres Verhalten zu kompensieren. Die Folge ist ein Klima, in dem alltägliche Meinungsverschiedenheiten schnell in zerstörerische Machtkämpfe ausarten.

So wappnen Sie sich ...

- Machen Sie sich klar: Beim Aufstieg in eine Führungsposition droht das Paradoxon der Macht. Widerstehen Sie bewusst der menschlichen Neigung, Macht zu missbrauchen.
- Nutzen Sie die legitime Macht, die Ihnen aufgrund Ihrer Führungsposition zusteht, um Ihre Abteilungsziele zu erreichen – doch vermeiden Sie autoritäres Verhalten. Wählen Sie stattdessen den für die jeweilige Situation passenden Führungsstil (siehe Kapitel *Diktatur oder Basisdemokratie*).
- Setzen Sie nicht allein auf die Macht Ihrer Position, sondern nutzen Sie konsequent auch die anderen Quellen der Macht (persönliche Macht, Macht des Wissens, Macht der Belohnung und Macht der Beziehungen).

- Legen Sie ein besonderes Gewicht auf die Entwicklung der persönlichen Macht. Wenn Sie kraft Ihrer natürlichen Autorität den Respekt Ihrer Mitarbeiter gewinnen, werden diese Ihnen freiwillig folgen – und Sie können auf explizite Anweisungen verzichten.

Matthias Bäumer im Interview
»Ich freue mich, andere Menschen erfolgreich zu machen.«

Herr Bäumer, Sie sind auf dem Land groß geworden und stammen aus eher einfachen Verhältnissen. Wie haben Sie als Einsteiger, noch dazu im Vertrieb, diese Welt bei Jacobs Kaffee erlebt? Das war eine Welt, die ich so nicht kannte. Wer mit fünf Jahren auf Jubiläen von Bankiers geht, dem fällt es später leichter, sich in Banker-Familien zu bewegen. Wen die Eltern mit drei Jahren in ein Fünf-Sterne-Hotel mitnehmen, der dürfte sich später recht sicher in einem Luxus-Hotel bewegen …

Es war also nicht Ihre Welt? Nein, ganz im Gegenteil. Meine ersten Monate waren eher holprig, bisweilen war ich auch sehr gefordert. Ganz einfach, weil ich vorher noch nie in einem Büro gesessen hatte. Ich wusste nicht, wie die Dinge laufen, da waren einige andere deutlich im Vorteil. Ich werde nie vergessen, wie mich mein Chef mit einem Stift hinter dem Ohr erwischte und mich angefahren hat: »Sie sind hier nicht auf dem Bau! Wenn Sie das noch einmal machen, werfe ich Sie raus.« Wer wie ich eine solche Welt nie erlebt hat, muss erst einmal viel Energie darauf verwenden, um herauszufinden, wie das alles so funktioniert. Erst dann kann er befreit aufspielen.

Kommen wir zu Ihrer heutigen Aufgabe. PUMA gilt ja als eher unpolitisch, zeichnet sich durch eine besondere Kultur aus. Ja, Außenstehende sind da manchmal erstaunt. Wir duzen uns alle, tragen sportliche Kleidung. Auch mich trifft man in Jeans und Sneakers an. Das verführt Neulinge manchmal dazu, den Ernst der Lage zu verkennen. Es sieht für sie alles nach eitel Sonnenschein aus. Dabei übersehen sie, dass unser Business auch knallhart sein kann.

Wie suchen Sie Ihre Führungskräfte aus? In erster Linie suche ich Führungskräfte, die fachlich kompetent und authentisch sind. Sie sollen andere Lebenswege haben, andere Erfahrungen gemacht haben. Ich will keine Kopien von mir! Meiner Ansicht nach ist keine Branche so faszinierend wie die Sportindustrie. Wir leben Sport, hier geht es um Leistung, Emotion und Teamgeist. Ich erwarte Leute, die das wertschätzen. Ich wünsche mir Menschen, die Freude daran haben, Dinge zu bewegen und voranzutreiben. Energische Menschen, die auch nach einer Niederlage aufstehen und weitermachen.

Das klingt nach einem echten Teamgeist! Welche Rolle spielen Sie in diesem Team? Als Geschäftsführer bin ich der Trainer: Mannschaft. Kabine. Wir gehen da jetzt raus. Nächstes Spiel. In meiner Position habe ich verschiedene Möglichkeiten, das Orchester zu dirigieren. Dabei muss ich nicht der beste Pianist oder Geiger sein. Worauf es ankommt: die Musiker dahin bringen, dass sie Lust haben zu proben und am Tag der Aufführung mit voller Energie top performen. Das ist es, was mich fasziniert. Ich freue mich, andere erfolgreich zu machen.

Ihnen geht es also darum, die Stärken der Menschen zu entwickeln? Ja. Als Führungskraft sollte man zulassen können, dass andere Menschen besser sind als man selbst. Nur weil ich Führungskraft bin, muss ich nicht alles besser wissen oder schneller können. Diese Haltung führt am Ende dazu, dass ich anderen nur zutraue, was ich selber zu tun in der Lage bin. Das ist Unsinn, das bremst die anderen aus! Stattdessen muss ich die Frage stellen, wie ich andere besser mache. Der Fußballtrainer Jürgen Klopp ist für mich ein tolles Beispiel: Er hat sich am Anfang bei Borussia Dortmund nicht entschuldigt, dass zum Beispiel der Kader zu klein sei – sondern hat einfach mit den Spielern angefangen, die da waren, und hat versucht, das Beste daraus zu machen. Der Erfolg gab ihm recht, drei Jahre später wurde er Deutscher Meister.

Was sollte eine gute Führungskraft besonders gut können? Zuhören! Wenn ich sage: »Meine Tür ist immer offen«, ist das keine Plattitüde. Meine Tür steht tatsächlich viel auf – und wenn ein Mitarbeiter eintritt, muss ich zuhören können. Ich halte Zuhören für eine Schlüsselkompetenz. Wer gleich mit Rezepten und Lösungen kommt, stößt den Mitarbeiter nur vor den Kopf. Stattdessen sollte er ihm zuhören, ihn auch einmal nach seiner Wahrnehmung fragen. Das passiert viel zu selten. Viele Chefs sind da wie ein Stein, da fühlt man keine Empathie. Sie verkennen, dass wir Menschen eine Kombination aus Hirn, Herz und Bauch sind.

Sie plädieren also für einen authentischen Führungsstil? Ich habe nie versucht, mich zu verstellen. Als Leader, als Führungskraft, als Leiter eines

Teams sollte man authentisch sein. Ich glaube, die Menschen spüren relativ schnell, ob man es ehrlich meint oder nicht. Ich habe daraus für mich einen individuellen Führungsstil entwickelt und bin sehr klar und nachvollziehbar in meinen Entscheidungen.

Was können Sie als Führungskraft besonders gut? Einer meiner früheren Chefs beneidete mich, weil er in mir jemanden sah, der in entscheidenden Situationen einen Haken schlagen konnte, den er selbst nicht geschlagen hätte. Er schätzte mein Gespür, Entwicklungen frühzeitig zu erkennen. Auf der analytischen Seite war er mir ein Stück voraus. Beim Durchdeklinieren von Problemen – zack, zack, zack –, da war er einfach besser! Dafür habe ich ihn manches Mal bewundert. Mindestens ebenso wichtig sind aber Antennen, um frühzeitig Signale aus dem Umfeld zu empfangen. Je komplexer das System ist, in dem ich mich bewege, umso wichtiger sind solche Informationen, um in den entscheidenden Situationen adäquat zu handeln. Allerdings darf man auch nicht hinter jedem Baum das Gras wachsen hören – es kommt auf die Balance an.

Eine gute Führungskraft zeichnet sich demnach auch durch Empathie, durch eine große emotionale Intelligenz aus? Das hat mir in meinem Leben sehr geholfen – einfach weil ich in schwierigen Situationen relativ schnell verstehe, was vor sich geht. Wenn jemand in einem Meeting sagt, es gehe ihm ja nur um die Sache, schrillen bei mir die Alarmglocken. Unter Männern besteht zudem oft eine Tendenz, eher statisch, mathematisch und kopfgetrieben vorzugehen. Das ist weit verbreitet – und wer da ein Stück weit anders ist, hat eine gute Chance: Er kann überraschender, auch inspirierender sein als andere.

Jede Führungskraft gerät früher oder später in schwierige Situationen. Und wenn dann etwas schiefläuft, ist die Gefahr groß, dass die Dinge sich weiter verschlimmern ... So etwas passiert nur jemandem, der nicht den Mut hat, sich einzugestehen, dass er gerade etwas vor die Wand gefahren hat. Der Teufelskreis, dass alles nur noch schlimmer wird, beginnt sich ja erst dann zu drehen, wenn die Führungskraft versucht, den Schlamassel unter der Decke zu halten. Damit macht sie die Sache meist nur schlimmer, als sie ohnehin schon ist. Die Kunst ist, mit sich selbst und anderen ehrlich umzugehen.

Ein solcher Teufelskreis kommt dennoch immer wieder vor. Das ist vor allem in Angstkulturen der Fall. Kommt dann noch eine schwierige persönliche Situation der Führungskraft hinzu, gibt es durchaus Konstellationen, die eine solche negative Dynamik auslösen. Da hat zum Beispiel eine Führungskraft eine Familie, drei Kinder, gerade ein Haus gebaut – und bekommt plötzlich

Angst, den Job zu verlieren. Dieser Druck kann dazu verleiten, in einer schwierigen Situation unehrlich zu sein. Glücklicherweise war ich immer so frei, dass ich mit den Konsequenzen eines Fehlers oder einer falschen Entscheidung leben konnte. Da half mir dann ein Spruch meiner Großmutter: »Jeden Morgen fährt ein neues Schiff aus dem Hafen.«

Etappe 4

Die treuen Weggefährten
Der Aufbau eines schlagkräftigen Teams

»Teamfähigkeit – das stand für mich bei Personalentscheidungen immer an erster Stelle.« Der bekennende Teamplayer heißt Erwin Staudt, ehemaliger Spitzenmanager bei IBM und Präsident des VfB Stuttgart. Einen Kandidaten, der sich bei ihm vorstellte, pflegte er stets danach zu fragen, ob er einen Mannschaftssport betreibt, in einem Orchester spielt oder sich in einem Verein engagiert. Im Laufe der Jahre entwickelte der Manager ein Gespür dafür, welche Charaktere in ein Team passen und auf wen er lieber verzichtet. Dabei achtet er vor allem auf Menschen mit einer positiven Ausstrahlung.

Zugleich setzt Erwin Staudt auf Vielfalt. Für ein Team sucht er sich unterschiedliche Typen aus, um ganz bewusst eine gewisse Spannung zu erzeugen: »Ich brauche kein Team, in dem sich morgens alle knutschen.« Im Fußball sei er manchmal sogar so weit gegangen, einen unsympathischen Spieler im Team zu akzeptieren. »Das sorgt für Dynamik – und es führt bisweilen dazu, dass sich die anderen solidarisieren.«

Deutlich wird: Der Aufbau eines guten Teams ist eine ganz eigene Kunst. Davon wird in Etappe 4 die Rede sein – denn ohne die richtigen Weggefährten, ganz auf sich alleine gestellt, werden Sie die bevorstehenden Abenteuer nicht bestehen. Die wichtigsten Entscheidungen der ersten Wochen und Monate in Ihrer neuen Position als Führungskraft dürften daher die Mitarbeiter betreffen: Wie gelingt es, die richtigen Mitarbeiter zusammenzustellen und aus ihnen ein schlagkräftiges Team zu formen?

Begleiter auf der Etappe: Erwin Staudt

Mit 32 Jahren übernahm Erwin Staudt beim IT-Unternehmen IBM erstmals eine Führungsposition. Als Vertriebsleiter war er verantwortlich für ein kleines Team aus acht Vertriebsmitarbeitern, die alle – und das war das Schwierige daran – erheblich älter waren als er. »Diese Konstellation hat mir am Anfang erheblich zu schaffen gemacht«, erinnert er sich. Die Mitarbeiter waren mehr als skeptisch, was sie »diesem jungen Kerl« zutrauen sollten, der »doch noch gar keine Erfahrung hat«.

Es kostete Erwin Staudt viel Kraft und Energie, seinen Leuten zu beweisen, dass er sich auf die Rolle als Chef verstand. »Am Anfang«, so erzählte er, »wollten meine Mitarbeiter mich nicht einmal zu ihren Kunden mitnehmen.« Doch gerade durch sein Auftreten im Außendienst schaffte er dann den Durchbruch. Mit der Zeit merkten die Mitarbeiter, dass ihr junger Chef beim Kunden sehr gut ankam – »und plötzlich waren sie ganz heiß darauf, dass ich mit von der Partie sein sollte«. Heute blickt er mit Stolz auf seine erste Führungsaufgabe zurück: »Am Schluss waren wir nicht nur das erfolgreichste Vertriebsteam der Geschäftsstelle, sondern auch das Team, das am besten zusammengearbeitet hat.«

Danach ging es Schlag auf Schlag. Mal in der Berliner Niederlassung, mal in der Hauptverwaltung, mal in der europäischen Zentrale: Erwin Staudt leitete im Laufe der Jahre eine ganze Reihe an Abteilungen und Geschäftsbereichen, bis er 1998 zum Vorsitzenden der Geschäftsführung der IBM Deutschland aufrückte. Fünf Jahre lang prägte er das Bild der IBM in Deutschland, dann wechselte er im Jahr 2003 als hauptamtlicher Präsident an die Spitze seines Lieblingsvereins VfB Stuttgart. Zum Ende seiner ersten Amtszeit wurde der VfB Stuttgart 2007 Deutscher Meister. Ein ganz besonderer Moment seiner Karriere! In der zweiten Amtszeit verwirklichte er den Umbau der Mercedes-Benz Arena zu einer reinen Fußballarena – ein Projekt, an dem seine Vorgänger gescheitert waren. 2011 stellte er sich nicht mehr zur Wahl und zog sich ins Privatleben zurück.

Ausblick auf die Etappe

In Etappe 4 widmen Sie sich Ihren Mitstreitern. Ziel ist ein Team, auf das Sie sich voll und ganz verlassen können und das mit Ihnen durch dick und dünn geht. Dazu benötigen Sie nicht nur die richtigen Leute, sondern auch einen guten Teamgeist: Aus Einzelkämpfern muss ein schlagkräftiges Team werden.

Meist hat eine Führungskraft die Mitarbeiter vom Vorgänger übernommen. Im Kapitel »Die Gefährten« nehmen Sie dieses geerbte Team kritisch in den Blick. In der Regel finden sich darin einige wichtige Leistungsträger, einige durchschnittliche Mitarbeiter und einige, die ihren Aufgaben nicht gewachsen sind. Wen behalten Sie, wen fördern Sie – wen entfernen Sie besser aus dem

Team? Das Kapitel gibt Ihnen hierfür die erforderlichen Kriterien an die Hand. Außerdem erhalten Sie erste Hinweise, wie Sie Ihr Team neu organisieren.

Bei der Zusammenstellung der Teammitglieder reicht es nicht, auf die fachliche und soziale Kompetenz der Mitarbeiter zu achten. Auch die Charaktere müssen zueinander passen. Im Kapitel »Das perfekte Team« erfahren Sie, wie unterschiedliche Charaktere zusammenspielen und auf welchen Mix im Team es ankommt.

Die richtigen Leute im Team sind längst noch keine Garantie, dass das Team auch seine volle Leistungsfähigkeit entfaltet. Ganz im Gegenteil: Mit Ihrem Amtsantritt lösen sich alte Strukturen auf, das Team entwickelt eine neue Eigendynamik. Statt High Performance drohen Konflikte und Reibungsverluste. Im Kapitel »Echter Teamgeist« erfahren Sie, wie Sie diese Dynamik in den Griff bekommen und das Team so entwickeln, dass sich seine Schlagkraft Schritt für Schritt erhöht.

Ein starkes und produktives Team braucht auch einen Rahmen, innerhalb dessen es sich entwickeln kann. Auf welche Strukturen, Instrumente und Spielregeln es hierbei ankommt, erklärt das Kapitel »In Höchstform«.

Auch während der vierten Etappe lohnt sich der Blick in Toms Tagebuch. Im Team des jungen Abteilungsleiters laufen die Dinge keineswegs reibungslos. Schwierigkeiten bereitet ausgerechnet einer seiner besten Mitarbeiter. Soll er den Abgang dieses Mitarbeiters riskieren? Außerdem sind wichtige Stellen noch unbesetzt – höchste Zeit also, mit dem Aufbau des Teams voranzukommen. Tom entwickelt einen Plan, um neue Leute in sein Team zu holen und die richtigen Mitarbeiter an der richtigen Stelle mit den richtigen Aufgaben zu betrauen.

Die Gefährten

Die Führungskraft holt die richtigen Leute an Bord

»Ganz gleich was für ein großer Krieger er ist,
ein Häuptling kann die Schlacht
nicht gewinnen ohne seine Indianer.«
Indianische Weisheit

Um große Abenteuer zu bestehen, ist der Held auf seine Gefährten angewiesen. Nicht anders verhält es sich bei der Führungskraft und ihren Mitarbeitern: Nur mit den richtigen Leuten kann sie ein wirklich schlagkräftiges

Team aufbauen. Wer jedoch neu in eine Führungsposition aufsteigt, verkennt häufig diese einfache Wahrheit. Er übernimmt ungeprüft das bestehende Team und hält an ungeeigneten Mitarbeitern fest.

Im Leben einer Führungskraft gibt es nur wenige Fehler, die sich derart rächen wie falsche Personalentscheidungen. Ein Fehlgriff kann den Erfolg gefährden, bringt Ihnen in jedem Fall viel zusätzliche Arbeit, jede Menge Konflikte und manches graue Haar. Das Tückische bei der Übernahme einer Führungsposition liegt darin, dass Sie auch durch Nichtstun an ungeeignete Mitarbeiter geraten können: Sie übernehmen von Ihrem Vorgänger ein Team, in dem sich neben durchschnittlichen Mitarbeitern in der Regel einige Topleute finden – aber eben auch einige, die den anstehenden Aufgaben nicht gewachsen sind. Wenn Sie untätig bleiben und das Team nicht neu aufstellen, werden Sie es wahrscheinlich bitter bereuen.

Ein Beispiel hierfür ist Andrea H. Als sie die Marketingabteilung eines Leiterplattenherstellers übernahm, warf sie zunächst einen Blick in die Personalakten ihrer neuen Mitarbeiter. Dabei fiel ihr auf, dass ihr Team aus einigen Topleuten und ansonsten aus offensichtlichen »Nieten« bestand. Wie es aussah, hatte ihr Vorgänger einige Platzhirsche um sich geschart und den Rest des Teams so ziemlich versauern lassen.

Die Zweiteilung bestätigte sich im Alltag und erwies sich als sehr konfliktträchtig. Ein Mitarbeiter war beispielsweise für die PR-Arbeit des Unternehmens verantwortlich, laut Personalakte eine Koryphäe auf seinem Gebiet. In Wahrheit war es vor allem der PR-Mann selbst, der sich für das große Genie hielt. Das gab er auch bei jeder Gelegenheit zu verstehen. Damit provozierte er andere Teammitglieder – mit der Folge, dass die Abteilungsbesprechungen regelmäßig zum Schauplatz von Scharmützeln zwischen ihm und den vier Produktmanagern des Teams wurden.

Andrea H glaubte dennoch, die Probleme in den Griff zu bekommen. Ein Trugschluss: Der Konflikt mit dem PR-Mann gärte weiter vor sich hin. Inhaltlich konnte die Abteilungsleiterin ihm wenig vorwerfen, doch sein Verhalten belastete die Zusammenarbeit im Team. Die Konflikte schaukelten sich hoch, das Klima in der Abteilung verschlechterte sich. Immer öfter blieben Mitarbeiter unbegründet von Teamsitzungen fern, auch die Abwesenheiten wegen Krankheit stiegen an. Die Abteilung geriet in eine tiefe Krise.

Im Nachhinein ist der Fehler schnell ausgemacht. Andrea H hatte versäumt, ihr Team gleich in den ersten Monaten nach Antritt ihrer Position neu aufzustellen. Eine sorgfältige Analyse der Situation und eine beherzte Personalentscheidung hätten ihr die Katastrophe vermutlich erspart.

☠️ **Die große Gefahr!** Bei der Übernahme einer Führungsposition versäumen Sie, das Team neu zu ordnen. Die Folge davon ist, dass ungeeignete Mitarbeiter die Zusammenarbeit ausbremsen und die Entwicklung eines schlagkräftigen Teams konterkarieren.

Unterschätztes Risiko: die falschen Leute im Team

Das Beispiel von Andrea H ist bezeichnend. Viele Führungskräfte, die eine Position neu übernehmen, zögern es hinaus oder verzichten ganz darauf, ihr Team neu aufzustellen. Die einen glauben, dass unter ihrer Führung schon alles besser werden wird – und überschätzen dabei ihre Fähigkeiten und ihre Einflussmöglichkeiten auf schwierige Charaktere. Andere hingegen schrecken einfach nur vor unangenehmen Personalentscheidungen zurück und denken, die Zeit wird's schon richten.

Vermeiden Sie diese Falle und unterschätzen Sie nicht das Risiko, mit den falschen Leuten im Team auf die Reise zu gehen. Führen Sie stattdessen gleich in den ersten Monaten die notwendigen »Umbauarbeiten« an Ihrem Team durch.

🧭 **Entscheiden Sie rechtzeitig, wer bleibt und wer geht!** In den ersten Monaten sollten Sie entscheiden, wer bleibt und wer geht. Wenn Sie länger warten, sind die Mitarbeiter zu *Ihrem* Team geworden und es wird immer schwieriger, die Notwendigkeit personeller Veränderungen zu rechtfertigen.

Auch das gegenteilige Verhalten kommt vor, mit ähnlich fatalen Folgen. Es gibt Manager, die schnell, oft zu schnell, mit eisernem Besen kehren. Das Problem dabei: Solange noch keine Klarheit über Ziele, Strukturen, Prozesse und Arbeitsabläufe besteht, sollten noch keine personellen Veränderungen erfolgen. Auch der Kapitän eines Schiffs kann seine Crew nicht zusammenstellen, solange er nicht weiß, wohin die Reise gehen soll.

Hier wird deutlich, wie sehr es auf den Schlachtplan ankommt, den Sie in den ersten Wochen zusammen mit Ihren Mitarbeitern erarbeitet haben (siehe Kapitel »Auf in den Kampf«). Der Plan setzt Prioritäten und enthält die wesentlichen Ziele, sodass die Richtung feststeht, in die Sie mit Ihrem Team marschieren. Damit lässt sich auch absehen, welche besonderen Herausforderungen bevorstehen und welche Anforderungen an das Team gestellt werden. Erst jetzt können Sie sinnvollerweise darangehen, die Positionen mit den richtigen Mitarbeitern zu besetzen.

Wie schon bei der Ausarbeitung des Schlachtplans können Sie die Mitarbeiter in den Prozess einbeziehen und mit ihnen diskutieren, wer für welche Aufgabe infrage kommt. Am Ende liegt es dann aber an Ihnen, die notwendigen Personalentscheidungen zu treffen und das Team konsequent umzubauen.

Werden Sie sich über die Anforderungen klar! Leiten Sie aus den Zielen Ihre Anforderungen an bestimmte Positionen ab. Streben Sie dabei nicht nach detaillierten Stellenbeschreibungen, sondern konzentrieren Sie sich auf die wichtigsten Kompetenzen – das erleichtert die Suche nach den richtigen Personen.

Manager, die gerne vorpreschen oder ihre Tatkraft unter Beweis stellen wollen, begehen oft noch einen weiteren Fehler: Sie fangen an, die Entwicklung des Teams voranzutreiben, bevor die vorgesehenen Personalentscheidungen umgesetzt sind. Damit laufen sie Gefahr, genau das zu konterkarieren, was sie erreichen wollen – den Aufbau eines schlagkräftigen Teams. Aus verschiedenen Gründen:

- Wer die Teamentwicklung voreilig vorantreibt, festigt die Teamstrukturen. Mitarbeiter, die später noch hinzukommen, werden es deutlich schwerer haben, sich zu integrieren.
- Wer zukunftsweisende Entscheidungen trifft, bevor das Team vollständig ist, sorgt zwar für »Nägel mit Köpfen«, stellt aber die nachkommenden Mitarbeiter vor vollendete Tatsachen. Sie hatten keine Chance, sich am Entscheidungsprozess zu beteiligen.
- Wer vorschnell mit der Umsetzung von Veränderungen beginnt, bürdet seinem Team Zusatzbelastungen auf – auch weil jeder Neue, der während des Veränderungsprozesses zum Team stößt, einen aufwendigen Onboarding-Prozess erfordert.

Warten Sie, bis Ihr Kernteam wirklich steht! Wenn es keine wirklich triftigen Gründe gibt, sollten Sie mit der Entwicklung Ihres Teams warten, bis zumindest das Kernteam steht, das heißt die wesentlichen Stellen mit den richtigen Mitarbeitern besetzt sind.

Alles im allem also eine Situation, die ihre Tücken hat: Die einen Führungskräfte neigen dazu, das alte Team unverändert zu übernehmen, und hoffen darauf, Fehlbesetzungen im Laufe der Zeit schon irgendwie »geradebiegen« zu können. Die anderen preschen voran, wechseln schon nach ersten Gesprächen Mitarbeiter aus, ohne genau zu wissen, wohin die Reise geht und wie die künftigen Anforderungen aussehen. In beiden Fällen ist das Risiko groß, am Ende die falschen Leute an Bord zu haben.

Wie gehen Sie mit dieser Situation um? Nehmen Sie sich im ersten Schritt die Zeit, das übernommene Team auf den Prüfstand zu stellen – machen Sie sich ein genaues Bild von Ihren derzeitigen Mitarbeitern. Überlegen Sie dann im zweiten Schritt, wie Sie Ihr Team umbauen und mit welcher Mannschaft Sie aufbrechen und die Abenteuer der kommenden Monate und Jahre bestehen möchten.

Der Maßstab: die sechs goldenen Teamfähigkeiten

Woran können Sie Ihr Team beurteilen, welche Eigenschaften sollte es im Idealfall aufweisen? Erwin Staudt nennt sechs goldene Fähigkeiten, auf die es im Zusammenspiel der Mitarbeiter untereinander, aber auch zwischen der Führungskraft und den Mitarbeitern ankommt:

- **Empathie.** Damit ein Team gut funktioniert, brauchen die Teammitglieder die Fähigkeit und auch die Bereitschaft, sich in die anderen einzufühlen und wahrzunehmen, was in ihnen vorgeht. Erwin Staudt:»Dabei geht es nicht nur darum, sich in die Eigenarten eines Gegenübers einzufühlen, sondern diese auch akzeptieren zu können.«
- **Kooperationsbereitschaft.** Die Mitarbeiter müssen willens und in der Lage sein, im Team verschiedenste Interessen und Ansichten zugunsten eines gemeinsamen Ziels zu verhandeln.»Jedes Teammitglied sollte die Bereitschaft mitbringen, im Konfliktfall einen Kompromiss zu finden. Dazu gehört, seine Ideen einzubringen und gleichzeitig ein offenes Ohr für Gegenvorschläge zu haben.«
- **Einsatzbereitschaft.** Jedes Teammitglied muss auch bereit sein, sich für das Team zu engagieren. Wenn beispielsweise ein Projekt in einer Krise steckt, packen die Mitarbeiter zu und legen notfalls Überstunden ein, um das Vorhaben zu retten.
- **Kompromissbereitschaft.** Die Forderung nach Kompromissbereitschaft bringt Erwin Staudt mit zwei einfachen Grundsätzen auf den Punkt: Zunächst bildet man sich eine klare Meinung, bleibt aber offen für eine bessere Lösung. Aus der Sicht des Vorgesetzten beschreibt er das so:»Ich habe mir zu allen Punkten einer Agenda eine Meinung gebildet, für die ich auch kämpfen werde. Wenn mich aber überzeugt, dass ich falsch liege und ihr eine bessere Lösung habt, dann nehme ich mir die Freiheit und gehe euren Weg.«

- **Kommunikation.** Gemeint ist die Fähigkeit, sich über die laufende Arbeit auszutauschen und offen miteinander zu reden – anstatt dass »die Leute nur am Kaffeeautomaten oder auf dem Flur miteinander reden und verstummen, wenn der Vorgesetzte um die Ecke kommt«. Eine gute Kommunikation im Team vermeidet Gerüchte und das »Reden hintenherum«.
- **Konfliktfähigkeit.** Teammitglieder brauchen den Mut, Konflikte wenn nötig auszutragen, anstatt ihnen aus dem Weg zu gehen, verbunden mit der Fähigkeit, den Konflikt zu einer tragfähigen Lösung hinzuführen. Er habe »schon so manches Team aufgrund fehlender Konfliktfähigkeit scheitern sehen«, erklärt Erwin Staudt. Besonders in Vereinen würden ehrenamtliche Mitarbeiter im Konfliktfall schnell das Handtuch werfen.

Natürlich ist es Aufgabe der Führungskraft, die »goldenen Teamfähigkeiten« auch selbst vorzuleben. Erwin Staudt: »Als Vorgesetzter kann ich nicht Empathie oder Kooperationsbereitschaft fordern, wenn ich selbst egoistisch und nur auf meinen eigenen Vorteil bedacht bin.«

Stellen Sie Ihr Team auf den Prüfstand

Wenn Menschen aufeinandertreffen, findet immer auch eine Beurteilung statt. Dieser Beurteilungsvorgang wird unbewusst gesteuert, er läuft quasi automatisch ab. Häufig gründet die Meinung vom anderen auf diesem ersten Eindruck. Sympathie, Antipathie, Vorurteile, Sprache, Gestik und Mimik spielen in diesem Zusammenhang eine wesentliche Rolle. Leider führen solche Gefühlsentscheidungen nicht selten zu Fehlbeurteilungen, gerade auch im Arbeitsalltag einer Führungskraft.

Systematische Beurteilungsmethoden können dabei helfen, Leistung und Verhalten eines Mitarbeiters möglichst gerecht zu beurteilen und damit solche Fehlurteile zu vermeiden. Prinzipiell unterscheiden diese Methoden zwischen zwei Hauptbeurteilungskriterien: soziale Kompetenzen (Verhalten) und fachliche Kompetenzen (Leistung). Im Einzelnen verbergen sich dahinter wichtige Beurteilungskriterien wie Vertrauen, Zusammenarbeit und Auftreten bei den sozialen Kompetenzen und Fachkompetenz, Arbeitseinsatz und Arbeitsqualität aufseiten der fachlichen Kompetenzen (siehe Abbildung 4.1).

Um anhand dieser Kriterien einen Mitarbeiter zu beurteilen, bietet es sich an, einen Beurteilungsbogen zu entwerfen, auf dem Sie die einzelnen Kriterien zunächst gewichten, etwa indem Sie 100 Punkte auf die verschiedenen Kriterien verteilen. Abbildung 4.2 zeigt beispielhaft einen Beurteilungsbogen, mit dem Tom einen seiner Mitarbeiter bewertet. In der Spalte der Leistungs-

Verhalten – soziale Kompetenzen	Leistung – fachliche Kompetenzen
• **Vertrauen** Können Sie darauf vertrauen, dass dieser Mitarbeiter sein Wort hält? Können Sie sich auf seine Zusagen verlassen? • **Zusammenarbeit** Versteht sich dieser Mitarbeiter mit anderen aus dem Team? Kann man mit ihm gut zusammenarbeiten? • **Auftreten** Wie ist das Auftreten des Mitarbeiters gegenüber Kunden, Kollegen und Vorgesetzten zu bewerten?	• **Fachkompetenz** Hat dieser Mitarbeiter die technischen Qualifikationen und die Erfahrung, um die Aufgaben effektiv zu erfüllen? • **Arbeitseinsatz** Bringt dieser Mitarbeiter die richtige Energie und das notwendige Engagement für diese Aufgaben mit? • **Arbeitsqualität** Wie sind die Arbeitsergebnisse dieses Mitarbeiters zu bewerten? Können Sie sich auf gute Ergebnisse verlassen?

Abbildung 4.1: Beurteilungskriterien für Mitarbeiter

beurteilung schätzt er dann die erbrachte Leistung seines Mitarbeiters ein, indem er für jedes Kriterium eine Note gibt – vergleichbar mit Schulnoten.

Schließlich richtet Tom den Blick noch in die Zukunft: Er notiert in der Spalte Potenzialbeurteilung, welches Potenzial er beim jeweilige Kriterium erkennt und was daraus für die Entwicklung des Mitarbeiters folgt. Tom beurteilt also die Fähigkeiten und Fertigkeiten des Mitarbeiters mit Blick auf künftige Aufgaben, aber auch auf dessen berufliche Weiterentwicklung.

Wie kommen Sie zu einer fairen Beurteilung der einzelnen Kriterien? Wichtig sind natürlich schon die Eindrücke, die Sie bei Ihren Gesprächen in den ersten Tagen gewonnen haben. Möglicherweise müssen Sie jetzt noch einige weitere Gespräche führen. Studieren Sie auch die Personalakten, sehen Sie sich die Lebensläufe und Beurteilungen aus Mitarbeitergesprächen Ihres Vorgängers an. Aber beobachten Sie auch, wie sich der Mitarbeiter gegenüber anderen Teammitgliedern verhält und wie er sich fachlich schlägt.

Es sicher richtig, das Team und das Verhalten der einzelnen Mitarbeiter zu beobachten, bestätigt Erwin Staudt – gleichzeitig warnt er aber auch: Selbst erfahrene Führungskräfte seien bei solchen Leistungsbewertungen nicht vor Fehlern gefeit. Auch er selbst sei schon mit Vorurteilen angetreten, die er dann korrigieren musste. Seine Erfahrung: »Menschen stellen sich oft anders dar, wenn man erst einmal näher mit ihnen zusammenarbeitet.«

Bleibt also festzuhalten: Ohne dass Sie es wollen, fließen persönliche Affinitäten und subjektive Kriterien mit in die Beurteilung ein. Es entstehen Einschätzungen, die auf einer falschen Wahrnehmung oder einer unwissent-

Kriterium	Gewicht	Leistungsbeurteilung	Potenzialbeurteilung
Vertrauen	15	Hoch	Leider kann ich mich nicht immer auf seine Zusagen verlassen. Das muss besser werden!
Zusammenarbeit (Schlüsselkriterium)	30	Sehr gut	Die Zusammenarbeit mit ihm ist wirklich beispielhaft. Anerkennung und Lob nicht vergessen!
Auftreten	15	Befriedigend	An einem professionellen Auftritt gegenüber Kunden muss er noch arbeiten.
Fachkompetenz	15	Eher gering	In der aktuellen Aufgabe ist er überfordert. Als Projektleiter verfügt er über mehr Know-how.
Arbeitseinsatz	15	Gut	Ich bin mit seinem Arbeitseinsatz durchaus zufrieden.
Arbeitsqualität	10	Befriedigend	Die Arbeitsergebnisse sind gut, es mangelt ihm aber oft an der notwendigen Sorgfalt. Ansprechen!

Abbildung 4.2: Beispiel eines Beurteilungsbogens

lichen Beeinflussung des Urteilsvermögens beruhen. Wer andere beurteilt, sollte daher seine eigenen Einschätzungen kritisch hinterfragen. Dazu ist es erforderlich, zumindest die wichtigsten Fehlerquellen zu kennen und sich immer wieder bewusst zu machen.

Die folgende Auflistung enthält die häufigsten Fehler, die Führungskräften bei der Beurteilung von Mitarbeitern unterlaufen. Nicht jeder der genannten Effekte trifft bereits auf neue Führungskräfte zu, dürfte dann aber im weiteren Verlauf der Karriere relevant werden – denn das Thema »Mitarbeiter beurteilen« bleibt ein Dauerbrenner.

- **Halo-Effekt.** Eine Eigenschaft des Mitarbeiters überstrahlt alle anderen – mit der Folge, dass die Führungskraft ein bestimmtes Kriterium überbewertet, während sie andere Beurteilungskriterien aus den Augen verliert. Ein formales Beurteilungssystem hilft, diesen Fehler zu vermeiden.
- **Recency-Effekt.** Die Führungskraft lässt sich von den Leistungen der jüngsten Vergangenheit beeindrucken und beurteilt daran den Mitarbeiter.

Weiter zurückliegende Leistungen sind dagegen in Vergessenheit geraten. Regelmäßige Notizen helfen, diesen Fehler zu vermeiden.
- **Primacy-Effekt.** Die Führungskraft beurteilt vorwiegend Leistungen, die auf länger zurückliegende Vereinbarungen zurückgehen, zum Beispiel Gegenstand des letzten Mitarbeitergesprächs waren. Andere, auch in jüngerer Zeit erbrachte Leistungen werden übersehen.
- **Kleber-Effekt.** Die Führungskraft unterschätzt die Leistungen eines Mitarbeiters, wenn er lange in derselben Position arbeitet – was schleichend zu einer schlechteren Beurteilung führt.
- **Lorbeer-Effekt.** Die Führungskraft lässt sich von längst vergangenen guten Leistungen des Mitarbeiters blenden. Angesichts der historischen Verdienste übersieht sie geflissentlich schlechtere Leistungen.
- **Priority-Effekt.** Führungskräfte tendieren dazu, Mitarbeiter in einer wichtigen oder höherwertigen Position besser zu beurteilen als Mitarbeiter in unwichtigeren oder niedrigeren Positionen.

Organisieren Sie Ihr Team neu

Die Fakten liegen auf dem Tisch. Zum einem haben Sie mit dem Schlachtplan Kurs und Strategie für die nächsten Monate festgelegt (siehe Kapitel »Auf in den Kampf«) und kennen damit die Anforderungen, die an Ihr Team gestellt werden. Zum anderen haben Sie Ihr übernommenes Team auf den Prüfstand gestellt und kennen die Kompetenzen und Fähigkeiten Ihrer Mitarbeiter. Vermutlich werden Sie jetzt feststellen, dass Sie Ihr Team teilweise neu aufstellen sollten.

Mit in die Überlegungen eingehen sollten auch die Signale aus dem Team. Wenn die Gruppe beispielsweise einen Mitarbeiter ablehnt, sollten Sie die Gründe klären und mit dem Betroffenen ein Gespräch führen. Bleiben Sie hart, wenn Sie überzeugt sind, dass der Mitarbeiter nicht in das Team passt. »Ich habe in einer solchen Situation dem Mitarbeiter immer klargemacht, dass er in diesem Team nicht glücklich wird«, erklärt Erwin Staudt. Dabei vermied er, den Eindruck einer Bestrafung entstehen zu lassen. Stattdessen gab er dem Mitarbeiter das Gefühl, ihn von einer Last zu befreien – und half ihm dann auch, vom Team wegzukommen. Erwin Staudt: »Wenn ein Mitarbeiter nicht ins Team passt, muss man ihm helfen – und zwar ihm *und* dem Team.«

Zögern Sie nicht, die notwendigen Veränderungen anzupacken! Schließlich benötigen Sie ein schlagkräftiges Team, um die Abenteuer der kommenden Monate und Jahre zu bestehen – dazu benötigen Sie die richtigen Mitstreiter am richtigen Platz.

🧭 **Nehmen Sie die notwendigen Korrekturen vor!** Gestalten Sie Ihr Team so, dass es die gesteckten Ziele bestmöglich erreichen kann. Erst mit den richtigen Leuten an der richtigen Stelle ist es möglich, die Schlagkraft des Teams optimal zu entwickeln.

Die Herausforderung: Umbau im laufenden Betrieb

Die Neuorganisation des Teams stellt Sie vor eine besondere Herausforderung: Es gilt, das Team im laufenden Betrieb umzubauen und neu aufzustellen. Das ist in etwa so, als würden Sie bei einem fahrenden Auto notwendige Reparaturen vornehmen – und zwar auf eine Weise, dass das Fahrzeug nicht im nächsten Straßengraben landet oder sich mit Totalschaden um den nächsten Baum wickelt. Kurz und gut, Sie stehen vor einem Dilemma: Einerseits benötigen Sie einsatzfähige Mitarbeiter für das laufende Tagesgeschäft, andererseits wollen Sie Mitarbeiter in neue Aufgaben bringen oder sogar ersetzen. Mit dieser Herausforderung werden Sie Ihre Führungskompetenz unter Beweis stellen müssen!

Als wäre das nicht genug: Die Mitarbeiter werden sehr bald Wind davon bekommen, dass Sie Korrekturen planen und Personalentscheidungen treffen wollen. Das wird zusätzlich Unruhe im Team auslösen – jedenfalls solange unklar ist, wer weiter im Team bleiben wird und wer nicht. Die Folge davon kann sein, dass gerade die besten Leute, die auf dem Arbeitsmarkt gute Chancen haben, das Handtuch werfen und sich nach einem neuen Job umsehen. Lassen Sie es auf keinen Fall so weit kommen. Geben Sie zumindest diesen wichtigen Mitarbeitern die Gewissheit, dass sie gebraucht werden.

🧭 **Geben Sie Ihren Leistungsträgern Entwarnung!** Selbst wenn Sie zu Beginn Ihrer neuen Tätigkeit noch nicht viel sagen können, sollten Sie Ihren wichtigsten Leistungsträgern frühzeitig signalisieren, dass Sie ihre Kompetenzen erkennen und auf Sie bauen werden. Das bewirkt Wunder!

Damit der Umbau des Teams gelingt, sind somit vor allem zwei Aspekte entscheidend:

- Sorgen Sie dafür, dass die wichtigen Mitarbeiter an Bord bleiben. Signalisieren Sie ihnen frühzeitig, dass sie gebraucht werden und auf jeden Fall an Bord bleiben.
- Gehen Sie zügig daran, das Team neu zu organisieren. Der Umbau des Teams hat Vorfahrt vor dem Tagesgeschäft. Notfalls müssen Sie improvisieren, um das Tagesgeschäft trotzdem am Laufen zu halten.

Das Team besetzen: Der richtige Mitarbeiter am richtigen Platz

Ziel des Umbaus ist, die Positionen Ihrer Abteilung mit den bestgeeigneten Mitarbeitern zu besetzen. Die Vorarbeit hierfür haben Sie gemacht, indem Sie Ihr bestehendes Team auf den Prüfstand gestellt und für jeden Mitarbeiter einen Beurteilungsbogen erstellt haben. Auf dieser Grundlage können Sie nun entscheiden, wie Sie mit jedem Einzelnen weiter verfahren.

Hierbei hilft es, wieder auf die beiden Kategorien »Leistung« und »Verhalten« zurückzugreifen. Je nach Bewertung des Mitarbeiters in den beiden Kategorien ergeben sich vier Konstellationen (siehe Abbildung 4.3):

- **Binden:** Mit Blick auf die ihm zugedachte Position verfügt der Mitarbeiter über hohe fachliche Kompetenz (Leistung) und hohe soziale Kompetenz (Verhalten) – also sollte er unbedingt gehalten werden.
- **Fördern:** Bei niedriger fachlicher, aber hoher sozialer Kompetenz sollte der Mitarbeiter Gelegenheit erhalten, sich fachlich weiterzubilden.
- **Beobachten:** Ist der Mitarbeiter fachlich fit, fällt aber durch sein Verhalten negativ auf, sollte er beobachtet werden. Möglicherweise benötigt er einen persönlichen Entwicklungsplan, um den Anforderungen gewachsen zu sein.
- **Ersetzen:** Dem Mitarbeiter mangelt es sowohl an fachlicher als auch an sozialer Kompetenz. Für die ihm zugedachte Position ist er deshalb ungeeignet – er sollte ersetzt werden.

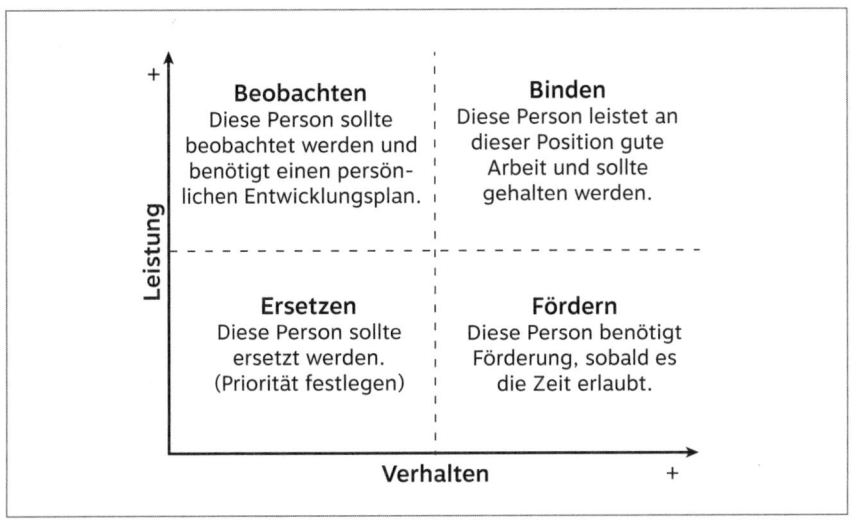

Abbildung 4.3: Beurteilungsschema – abhängig von Leistung und Verhalten

Wenn Sie die Mitarbeiter nach diesem Schema eingeordnet haben und die Ergebnisse klar auf dem Tisch liegen, dürfte die Versuchung groß sein, den einen oder anderen Mitarbeiter sofort zu versetzen. Überlegen Sie diesen Schritt jedoch gut, denn eine Versetzung ist erfahrungsgemäß schwierig und kann bisweilen auch sehr zeitaufwendig sein. Spielen Sie daher mögliche Alternativen durch: Können Sie die Person auf eine andere Position im Team versetzen, die ihren Fähigkeiten eher entspricht? Oder gibt es die Möglichkeit, für den Mitarbeiter mithilfe der Personalabteilung eine geeignetere Stelle innerhalb des Unternehmens zu finden? Letzteres sollten Sie aber nur in Betracht ziehen, sofern dieser Mitarbeiter an anderer Stelle tatsächlich bessere Leistung erbringt. Wenn Sie einfach nur einem Kollegen ein »faules Ei« unterjubeln, machen Sie sich keine Freunde.

Tom schlägt sich – wie er in seinem Tagebuch ausführt – mit einem Mitarbeiter herum, der einerseits ein hervorragender Akquisiteur ist, andererseits durch sein Verhalten für erhebliche Probleme sorgt. In Abbildung 4.3 lässt sich dieser Mitarbeiter im Quadranten oben links einordnen. Eine Zeit lang erwägt Tom, sich von seinem Mitarbeiter zu trennen. Doch dann sucht und findet er eine andere Lösung... Lesen Sie dazu Toms Tagebuch!

Teams ohne Durchschlagskraft

Für Ihren Erfolg als Führungskraft ist es wichtig, die richtigen Leute an Bord zu haben. Gelingt das nicht, bleibt Ihr Team ohne Durchschlagskraft und Sie werden früher oder später in ernsthafte Schwierigkeiten geraten. Es ist nun einmal so: Der Held ist auf seine Gefährten angewiesen, will er die bevorstehenden Abenteuer bestehen.

So wappnen Sie sich ...

- Stellen Sie Ihr Team frühzeitig auf den Prüfstand – und entscheiden Sie dann, wer geht und wer bleibt. Legen Sie fest, bis wann dieser Prozess abgeschlossen sein soll, und halten Sie sich an diese Vorgabe.
- Fachlich hervorragende Mitarbeiter behält man normalerweise an Bord. Wägen Sie dennoch gut ab, ob Sie einen ausgewiesenen Experten auch dann behalten, wenn er menschlich nicht ins Team passt oder Zweifel an seiner Motivation bestehen.
- Entwickeln Sie einen Plan, damit der personelle Umbau im Team gelingt, ohne dabei die Leistungsfähigkeit der Abteilung im Tagesgeschäft zu beeinträchtigen.

- Begegnen Sie in der Phase der Teamumstrukturierung jedem Ihrer Mitarbeiter mit Respekt. Lassen Sie Ihre Mitarbeiter wissen, dass Sie Ihre Entscheidungen sorgfältig abgewogen und verantwortungsvoll getroffen haben.
- Ist der Umbau abgeschlossen und Sie haben alle Mitarbeiter wie geplant an Bord, können Sie die Phase der Teamentwicklung einleiten: Nun geht es darum, ein schlagkräftiges Team zu schaffen (siehe »Das perfekte Team«).

Das perfekte Team

Unterschiedliche Charaktere bilden ein starkes Ganzes

> »Was wir am nötigsten brauchen, ist ein Mensch, der uns zwingt, das zu tun, was wir können.«
> *Ralph Waldo Emerson, amerik. Philosoph*

Die Mitarbeiter sind durchweg qualifiziert, also müsste das Team auch gute Leistungen erbringen: Diese Erwartung erweist sich immer wieder als trügerisch – nämlich wenn die Teammitglieder nicht »miteinander können«. Schnell bestimmen dann Rivalitäten, Grabenkämpfe und endlose Grundsatzdiskussionen den Arbeitsalltag. Die Zusammenarbeit funktioniert nicht. Trotz der fachlich kompetenten Mitarbeiter sind die Ziele der Abteilung gefährdet.

Schon die Antike träumte vom perfekten Team. Einer Sage zufolge musste der griechische Held Jason eine schlagkräftige Truppe zusammenstellen, um das Goldene Vlies zu finden. Jason engagierte sehr unterschiedliche Freunde, die als »Argonauten« bekannt geworden sind – benannt nach dem Schiff »Argo«, mit dem er zu seinem Abenteuer aufbrach. Jeder Argonaut zeichnete sich durch eine Besonderheit aus, die er perfekt beherrschte. Herakles war stark wie 1000 Männer. Orpheus war der Erfinder des Gesangs und betörte damit sogar die Götter. Nestor war ein betagter Mann, weise und beredt. Der Seher Idmon konnte in die Zukunft blicken. Mit der amazonenhaften Atalante war die schnellste Läuferin der damaligen Welt, zudem eine sehr erfolgreiche Jägerin, mit an Bord.

Auch wenn das perfekte Team ein Mythos bleibt – versuchen Sie trotzdem, Ihre »Argonauten« mit Sorgfalt auszuwählen. Hierbei kommt zu den erforderlichen fachlichen und sozialen Kompetenzen ein Aspekt hinzu, der häufig nicht ausreichend bedacht wird: Die Mitarbeiter müssen miteinander auskommen. Das Zusammenspiel der aufeinandertreffenden Charaktere hat einen erheblichen Einfluss auf das Gelingen von Teamarbeit.

Die große Gefahr! Bei der Aufstellung des Teams achtet die Führungskraft zwar auf die fachliche und soziale Kompetenz jedes einzelnen Mitarbeiters, übersieht jedoch, dass die Charaktere nicht zusammenpassen. Anstelle einer effektiven Zusammenarbeit kommt es deshalb zu quälenden Debatten, Kleinkariertheit, Rivalitäten und Grabenkämpfen.

Häufig ist es schlicht Unwissenheit, die hier in die Katastrophe führt. Da wurde zum Beispiel in einem Chemieunternehmen ein Entwicklungsleiter neu eingesetzt, um ein besonders wichtiges Projekt voranzubringen. Die Geschäftsleitung ging auf seine Wünsche ein und wies ihm die fachlich besten Mitarbeiter zu, die im Unternehmen zu finden waren. Das war gut gemeint, doch völlig überraschend blieb der Bereich weit hinter den Erwartungen zurück. Anstatt produktiv zu arbeiten, hatten die Mitarbeiter sich vorwiegend aufs Debattieren verlegt. In den Abteilungsbesprechungen waren die Experten unter sich und versuchten, einander mit wohlfeilen Argumenten zu überzeugen. Jeder wollte recht behalten – das war Ehrensache.

Zugeschlagen hat hier ein Phänomen, das auch als »Apollo-Syndrom« bekannt ist. Der Begriff erinnert an einen Versuch, bei dem die Leistungsfähigkeit unterschiedlicher Teams untersucht wurde. Zu diesen Teams zählte eines, das sich aus den fachlich fähigsten Mitarbeitern zusammensetzte. Von diesem Team, das den Namen Apollo-Team erhielt, erwartete man die beste Leistung. Zum Erstaunen der Beteiligten erzielte es jedoch die schlechtesten Ergebnisse. Wie im Falle des Chemieunternehmens hatten die Teammitglieder eifrig debattiert und wenig gearbeitet.

Fachliche Kompetenz alleine, so lässt sich folgern, macht ein Team noch lange nicht erfolgreich. Vielmehr muss auch die »Chemie« zwischen den einzelnen Mitarbeitern stimmen. Der Anspruch ist hoch: Wie einst bei den Argonauten sollen die unterschiedlichsten Charaktere zueinanderfinden und ein starkes Ganzes bilden. Eine wertvolle Hilfe, um sich einem solchen perfekten Team anzunähern, bietet das Rollenmodell des britischen Psychologen Prof. Meredith Belbin.

Vom Zusammenspiel der Charaktere: Belbins Teamrollen

Wie lässt sich ein Team angesichts der Verschiedenheit menschlicher Charaktere richtig zusammenzustellen? Um hierauf eine Antwort zu finden, analysierte Meredith Belbin in den 1970er-Jahren die Teamergebnisse von Kursteilnehmern am Henley Management College. Er fragte danach, wie sich verschiedene Persönlichkeitstypen im Team auf die Effektivität der Teamarbeit auswirken.

Der Wissenschaftler identifizierte acht verschiedene Teamrollen, die sogenannten »Belbin Team Roles«. Sein Fazit: Ein Team ist dann ideal besetzt, wenn es aus acht Mitgliedern besteht, von denen jedes eine andere Teamrolle einnimmt. Dahinter steht die Vorstellung, dass sich in dieser Kombination die Teammitglieder aufgrund ihrer verschiedenen Fähigkeiten optimal gegenseitig unterstützen. Jedes Teammitglied weiß, in welcher Situation es in besonderem Maße zur Teamleistung beitragen und wann es auf die Stärken der anderen aufbauen kann.

Acht Mitglieder, acht unterschiedliche Teamrollen – so lässt sich demnach die ideale Teamzusammensetzung erreichen. Fragt sich natürlich, welche Menschentypen hinter diesen acht Rollen stehen. Denn klar ist: Die Führungskraft kann die Rollen in ihrem Team nur dann richtig besetzen, wenn sie die acht verschiedenen Typen in der Praxis auch erkennt.

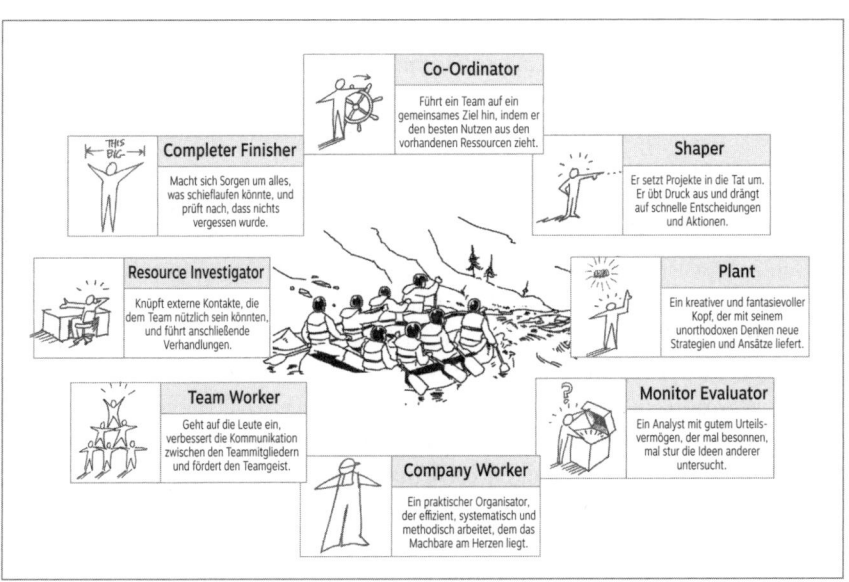

Abbildung 4.4: Acht Mitglieder, acht Charaktere: die Teamrollen des Belbin-Modells

Einen Überblick über die acht Belbin-Rollen und die dahinterstehenden Charaktere gibt Abbildung 4.4.

In wenigen Worten zusammengefasst lassen sich die Rollen wie folgt beschreiben:

- **Der Koordinator** (Co-Ordinator) ist selbstsicher, entschlusskräftig und kommunikativ, auch ein guter Zuhörer. Er versteht es, Aufgaben zu koordinieren und Menschen auf ein gemeinsames Ziel hinzuführen.
- **Der Macher** (Shaper) ist dynamisch, energiegeladen und steht ständig unter Druck; er lehnt unklare und ungenaue Angaben ab und konzentriert sich auf die wesentlichen Kernprobleme. Macher fühlen sich in einem Team von Gleichgestellten am wohlsten. Sobald sie eine Führungsposition übernehmen müssen, sind verstärkte Kontrolle und Koordination notwendig.
- **Der Erfinder** (Plant) ist introvertiert, kreativ, fantasievoll und verfügt über ein unorthodoxes Denken. Er bringt neue Ideen und Strategien in die Diskussion ein und sucht nach alternativen Lösungen. Im Team sollten sich Erfinder auf ihr hohes Problemlösungspotenzial und die Fähigkeit, neue Strategien zu entwickeln, konzentrieren – und dabei auch die Ideen der übrigen Teammitglieder berücksichtigen.
- **Der Beobachter** (Monitor Evaluator) ist nüchtern, strategisch, analytisch. Er verschafft sich aus der Distanz einen guten Überblick, ist eher introvertiert und ergreift selten ohne Aufforderung das Wort. Es gilt, dafür zu sorgen, dass seine Meinung im Team gehört wird.
- **Der Umsetzer** (Company Worker) ist zuverlässig, konservativ und diszipliniert. Mit klarer Zielsetzung und strukturierter Vorgehensweise arbeitet er effizient, systematisch und methodisch.
- **Der Teamarbeiter** (Team Worker) ist sympathisch, beliebt, kommunikativ, diplomatisch und kennt oft die privaten Hintergründe seiner Kollegen. Seine Anwesenheit ist besonders in Konfliktsituationen nützlich, wenn es darum geht, mit diplomatischem Geschick Meinungsverschiedenheiten zu bereinigen. Teamarbeiter agieren oft helfend aus dem Hintergrund und sorgen für ein gutes soziales Klima.
- **Der Wegbereiter** (Resource Investigator) ist extrovertiert, enthusiastisch und kommunikativ. Er schließt schnell Freundschaften, ist sozial und gesellig. Wegbereiter verstehen es, Kontakte über die Abteilung hinaus zu pflegen und für die eigene Arbeit zu nutzen.
- **Der Perfektionist** (Completer-Finisher) ist perfektionistisch, genau, pünktlich, zuverlässig und ängstlich. Er leistet vor allem dann einen wichtigen Beitrag, wenn das Team Gefahr läuft, zu oberflächlich zu arbeiten oder Zeitvorgaben nicht einzuhalten.

Belbins Modell der Teamrollen hat viel zum Verständnis effektiver Teamarbeit beigetragen. Kenntnisse über die unterschiedlichen Teamrollen ermöglichen, die künftigen Beiträge einzelner Teammitglieder realistisch einzuschätzen und sie mit den Anforderungen der Teamaufgaben abzugleichen. Auch lassen sich typische Muster im Teamverhalten erkennen, nutzen oder auch gezielt beeinflussen. Die folgende Tabelle (Abbildung 4.5) gibt Ihnen die Möglichkeit, sich mit den acht Teamrollen näher auseinanderzusetzen.

Auf die Mischung kommt es an. Wie Belbins Untersuchungen zeigen, verspricht ein vollständiges und ausgewogenes Team die besten Ergebnisse. Bereits wenn eine der acht Rollen fehlt, lässt die Leistungskraft deutlich nach. Nachteile entstehen aber auch, wenn mehrere des gleichen Typs im Team vertreten sind. Sind in einer Gruppe zum Beispiel vorwiegend Erfinder tätig, entstehen zwar jede Menge gute Ideen, doch es fehlt dann meist die Initiative, diese Ideen aufzugreifen und umzusetzen. Ein Team, das nur aus Erfindern und Machern besteht, mag brillant wirken – die besseren Ergebnisse erzielen jedoch Gruppen, in denen auch die weniger auffälligen Rollen besetzt sind.

Konflikte und Konkurrenz fördern die Teamarbeit

Meredith Belbin weist auf einen Aspekt hin, der für die Teamentwicklung bedeutsam ist: Nach Erkenntnis des Wissenschaftlers können Konflikte ebenso wie Konkurrenzverhalten die Teamarbeit fördern. Das mag jene Führungskräfte erstaunen, die auf Harmonie unter ihren Mitarbeitern bedacht sind. Doch solange Konflikte offen und konstruktiv ausgetragen werden, sorgen sie für Esprit und Dynamik. Es kann sogar sinnvoll sein, wenn der Vorgesetzte gelegentlich bewusst eine Auseinandersetzung provoziert, um so zum Beispiel einen Streit um die beste Problemlösung zu entfachen.

Auch wer einen neuen Mitarbeiter einstellt, sollte diesen Konkurrenzaspekt im Blick behalten. Wenn der Neue das Team in einem bestehenden Aufgabenfeld verstärken soll, sollte er ein Stück weit besser sein als die anderen. Auf diese Weise wird die Messlatte höher gesetzt – und es besteht die Chance, dass das Team zusätzlich an Fahrt aufnimmt. Konkurrenz belebt das Geschäft. Entscheidend ist allerdings eine Voraussetzung, auf die Erwin Staudt hinweist: Die Führungskraft muss ein Wertesystem sicherstellen, »bei dem wir den schrulligen Fachmann genauso wertschätzen und anerkennen wie jene, die eine große Klappe haben«.

Zugegeben: Die Führungskraft balanciert hier auf einem schmalen Grat. Ist das Konflikt- und Konkurrenzverhalten im Team zu wenig ausgeprägt,

Teamrolle	Aufgabe im Team	Eigenschaften	Schwächen
Co-Ordinator	Kontrolle und Organisation der Teamaktivitäten, optimale Ausnutzung der vorhandenen Ressourcen, motiviert andere	Selbstsicher, guter Leiter, Charisma, stellt Ziele dar, fördert die Entscheidungsfindung, gute Delegationsfähigkeiten, extrovertiert	Kann als manipulierend verstanden werden, Tendenz zur Delegation persönlicher Aufgaben, nicht besonders kreativ
Shaper	Formt die Teamaktivitäten, Diskussionen und Ergebnisse, hinterfragt, macht Druck	Dynamisch, zielstrebig, arbeitet gut unter Druck, hat den Antrieb und Mut, Probleme zu überwinden	Neigt zu Provokationen, nimmt zu wenig Rücksicht auf die Gefühle anderer, Temperamentsausbrüche
Plant	Bringt neue Ideen und Strategien ein, sucht nach Lösungen	Kreativ, fantasievoll, unorthodox, vertrauensvoll, gute Problemlösungsfähigkeiten	Ignoriert Nebensächlichkeiten, tendiert zur Konzentration auf persönliche Interessen
Monitor Evaluator	Untersucht Ideen und Vorschläge auf ihre Machbarkeit und ihren praktischen Nutzen, schätzt Folgen richtig ein	Nüchtern, intelligent, strategisch, kritisch, objektiv, berücksichtigt Optionen, gutes Urteilsvermögen	Wenig Temperament, geringer Antrieb, mangelnde Fähigkeit zur Inspiration des Teams
Company Worker	Setzt allgemeine Konzepte und Pläne in praktikable Arbeitspläne um und führt diese systematisch aus	Diszipliniert, verlässlich, konservativ, effizient, setzt Ideen in Aktionen um	Etwas unflexibel, reagiert langsam auf Veränderungen und neue Möglichkeiten
Team Worker	Hört zu, schlichtet, hilft dem Team, effektiv zu arbeiten, verbessert Kommunikation und Teamgeist	Kooperativ, sozial, gütig, einfühlsam, diplomatisch, hört gut zu, baut Spannungen ab	Unentschlossen in kritischen Situationen
Ressource-Investigator	Untersucht Quellen außerhalb des Teams, knüpft nützliche Kontakte	Extrovertiert, enthusiastisch, kommunikativ, findet neue Optionen, knüpft Kontakte	Überoptimistisch, verliert leicht das Interesse, nachdem sich die erste Begeisterung gelegt hat
Completer-Finisher	Vermeidet Fehler und Versäumnisse, stellt optimale Ergebnisse sicher	Sorgfältig, gewissenhaft, ängstlich, findet Fehler und Versäumnisse, hält Fristen ein	Neigt zu übertriebener Besorgnis, delegiert nicht gern

Abbildung 4.5: Aufgaben, Eigenschaften und Schwächen: Belbins Teamrollen im Vergleich

kann sich keine positive Teamdynamik entwickeln. Nimmt hingegen das Konflikt- und Konkurrenzverhalten überhand, leidet die Zusammenarbeit und die Ziele der Abteilung sind ebenfalls gefährdet. Für eine effektive Teamzusammenarbeit kommt es somit auf ein gesundes Maß an Konflikt-, Konkurrenz- und Kooperationsverhalten an.

Es lohnt sich also, die acht unterschiedlichen Charaktere auch unter dem Blickwinkel zu betrachten, inwieweit bei ihnen die Neigung zu kooperativem Verhalten und Konfliktlösungen ausgeprägt ist. Die folgende Tabelle (Abbildung 4.6) gibt hierzu Anhaltspunkte.

Natürlich wird es in der Praxis kaum möglich sein, ein ideales Team nach dem Modell von Meredith Belbin zusammenzustellen – es sei denn, Sie haben den Auftrag, in einer Start-up-Situation ein neues Team aufzubauen. Dennoch kann das Modell auch dann nützlich sein, wenn es darum geht, das bestehende Team zu stärken. So kann der Abgleich mit den Belbin-Rollen bei der Einstellung eines neuen Mitarbeiters helfen, einen Kandidaten auszuwählen, der auf Zustimmung im Team trifft.

Belbins Modell darf jedoch nicht dazu verleiten, allein auf die Charaktere zu achten. Selbstverständlich entscheidet nach wie vor die fachliche Kompetenz über den Erfolg. Mangelndes Fachwissen im Team lässt sich nicht dadurch kompensieren, dass die Teamrollen optimal zueinander passen. Auch kann ein Team nur dann wirklich effektiv arbeiten, wenn eine positive, von gegenseitigem Respekt geprägte Atmosphäre besteht, in der funktionsfähige Prozesse zur Kommunikation und Konfliktbewältigung entwickelt werden können.

Tom hat schon als Projektleiter bei seinem letzten großen Projekt positive Erfahrungen mit dem Belbin-Modell gemacht. Lange hatte er sich bei der Zusammenstellung seiner Projektteams von seiner Intuition leiten lassen, bis er schließlich darauf kam, die Mitarbeiter seiner Teams mithilfe der Belbin-Rollen einzuschätzen. Wie er jetzt auch als Führungskraft anhand des Modells die wichtigsten Charaktere seiner Mitarbeiter beurteilt und welche Schlüsse er daraus zieht, erfahren Sie in seinem Tagebuch.

> ### Problematische Teamzusammensetzungen
>
> Eine Fehlbesetzung kann den Erfolg einer Abteilung gefährden. Die Gefahr ist besonders groß, wenn Sie von Ihrem Vorgänger ein Team übernehmen, in dem schon länger Rivalitäten, Grabenkämpfe und endlose Grundsatzdiskussionen ausgetragen werden.

Teamrolle	Kooperation		Konflikt	
Co-Ordinator	hoch	Er schafft eine gemeinsame Basis und achtet dabei auf die Einhaltung aller Ziele und Termine.	hoch	Er bestimmt die relevanten Problemstellungen und legt deren Priorität fest. Er delegiert alle Aufgaben, auch seine eigenen. Teammitglieder distanzieren sich von ihm, weil er manipulierend wirken kann.
Shaper	mittel	Er konzentriert sich auf Kernpunkte und generiert Strukturen. Er sorgt für eine rasche Entscheidungsfindung und für sofortige Aufgabenerledigung. Er stößt Projekte an und hält sie am Laufen.	hoch	Er neigt oft zu Provokationen, was zu Streit mit den Teamkollegen führen kann. Des Weiteren möchte er die Verantwortung an sich reißen und verursacht durch seine energiegeladene Art für Unruhe im Team.
Plant	hoch	Er verfügt über ein hohes Problemlösungspotenzial, wobei er auch Ideen seiner Teammitglieder berücksichtigt. Es ist ihm sehr wichtig, dass alle im Team gehört werden.	mittel	Seine Ideenflut führt oft dazu, dass alle nur noch in eine Richtung denken und andere Ideen untergehen bzw. nicht mehr beachtet werden. Er arbeitet eher oberflächlich, was zu Problemen bei der Umsetzung führen kann, außerdem ist er wenig kritikfähig.
Monitor Evaluator	niedrig	Er ist eher introvertiert und neigt dazu, seine Erkenntnisse nicht im Team einzubringen, was für eine Kooperation aber wichtig wäre.	hoch	Er wird von anderen im Team oft als skeptisch, zynisch und herablassend empfunden, was immer wieder zu Konflikten führt. Auch wirft man ihm vor, er würde nicht effektiv mitarbeiten.
Company Worker	mittel	Er sorgt für klare Ziele und die Erreichbarkeit dieser Ziele, bevor er mit seiner Arbeit beginnt. Er arbeitet auch daran, diese Ziele wirklich zu erreichen, was in der Kooperation sehr wichtig ist.	hoch	Durch seine ängstliche Art und seine genaue Planung wird er im Verlauf seiner Arbeit jegliche Änderung vermeiden. Auch er versucht, fast stur an einem einmal eingeschlagenen Weg festzuhalten.
Team Worker	hoch	Er sorgt immer für ein gutes Arbeitsklima und für Harmonie. Dies beinhaltet, dass er Konflikte so schnell es geht aus dem Weg räumt oder diese erst gar nicht entstehen lässt.	niedrig	Er meidet Konflikte, dadurch gehen in seiner Gegenwart oft differenzierte Meinungen einzelner Teammitglieder verloren. Es kommt immer wieder vor, dass Ziele aufgegeben werden, nur um Konflikte zu vermeiden.
Ressource-Investigator	mittel	Er sucht gerne Kontakte nach außen, welche er allerdings auch für die Teamaufgabe als externe Quelle nutzt.	niedrig	Seine offene Art und seine Kontaktfreudigkeit lassen ihn Konflikte scheuen.
Completer-Finisher	niedrig	Er achtet auf genaue Zeitvorgaben und die Einhaltung von Terminen. Er trägt zwar zur Zielerreichung bei, zeigt sich aber aufgrund seiner ständigen Kontrollen nicht sehr kooperativ.	hoch	Er übt Termindruck aus und kontrolliert alles und jeden. Dadurch sorgt er in seinem Umfeld immer wieder für Konflikte. Diese Konflikte trägt er nicht offen aus, sondern forciert dadurch versteckte Konflikte.

Abbildung 4.6: Ausprägung der Kooperations- und Konfliktbereitschaft bei den acht Belbin-Rollen

So wappnen Sie sich ...

- Achten Sie auf ein vollständiges und ausgewogenes Team, in dem sich die Mitglieder durch ihre verschiedenen Fähigkeiten gegenseitig unterstützen. Nehmen Sie hierzu das Belbin-Modell zu Hilfe.
- Achten Sie schon im Bewerbungsgespräch darauf, dass neue Kollegen ins Team passen. Geben Sie auch Mitarbeitern aus Ihrem Team die Gelegenheit, einen Bewerber vor seiner Einstellung kennenzulernen. Sind auch sie überzeugt, stehen die Chancen gut, dass der Neue tatsächlich ins Team passt.
- Jeder neue Mitarbeiter sollte die Qualität des Teams verbessern – entweder indem er neue Kompetenzen einbringt, die dem Team noch fehlen, oder indem er die Konkurrenz im Team belebt, weil er besser ist als die Mitarbeiter im bestehenden Team.
- Vermeiden Sie auch bei Engpässen eine vorschnelle Personalauswahl. Übereilte Personalentscheidungen bergen immer die große Gefahr, dass die Wahl auf einen Mitarbeiter fällt, der nicht ins Team passt.
- Gut Ding will Weile haben: Es dauert seine Zeit, bis ein neuer Mitarbeiter im Team aufgenommen und integriert ist. Unterstützen Sie diesen Prozess durch ein gutes Onboarding.
- Das vielleicht größte Geheimnis einer guten Teambildung liegt darin, Reisende ziehen zu lassen, wenn sie gehen wollen. Bewegen Sie aber niemanden zum Gehen, wenn eine andere Lösung möglich ist.

Echter Teamgeist

Mitarbeiter müssen an einem Strang ziehen

»Wir waren ein Team:
Wir arbeiteten zusammen,
wir lösten Probleme gemeinsam,
und schließlich erreichten wir
zusammen den Gipfel.«

Sir Edmund Hillary, Bergsteiger

Auf dem Fußballfeld oder im Büro: Da wie dort sind Leistungsträger wichtig, bringen aber keinen Erfolg ohne eine funktionierende Mannschaft. Umso erstaunlicher ist es, dass viele Führungskräfte die Entwicklung ihres Teams vernachlässigen. Die Folge davon ist eine allenfalls durchschnittliche Performance.

Der »Geist von Spiez« gilt als die Mutter aller Teamgeister. 1954 war das. Deutschland, noch schwer geschlagen vom Zweiten Weltkrieg, nahm als krasser Außenseiter an der Fußball-WM in der Schweiz teil. Talentierte Spieler wie Fritz Walter, Hans Schäfer und Helmut Rahn hatte Trainer Sepp Herberger zwar genug, doch wie wenig diese als Mannschaft funktionierten, zeigte sich beim 3:8 in der Vorrunde gegen Titelfavorit Ungarn.

Der Legende nach entstand der Zusammenhalt im Hotel Belvédère in Spiez am Thunersee, in dem die Mannschaft während der WM wohnte. Tischtennisrunden und gemeinsame Bootsfahrten haben dazu beigetragen, aus einem Haufen von Individualisten eine Gemeinschaft zu machen. Entscheidend war aber die Grundhaltung, die Sepp Herberger damit vermittelte: Nicht die einzelnen Spieler sollten groß herauskommen, sondern die Mannschaft die Ziele erreichen. Der »Geist von Spiez« mündete im »Wunder von Bern«, dem ersten deutschen WM-Sieg.

Sechzig Jahre später feiert Deutschland 2014 in Brasilien den vierten WM-Titel. Und lässt man die Interviews und Kommentare Revue passieren, hat nicht nur Per Mertesacker dieses Wort benutzt. Auch Bastian Schweinsteiger hat es in den Mund genommen. Und Joachim Löw immer wieder. »Teamgeist«, das Schlüsselwort des Erfolgs. Deutschland gewinnt das WM-Turnier in Brasilien und das Geheimnis, so heißt es unisono, sei dieser Geist.

»Es herrschte ein unglaublicher Teamspirit«, sagte der Bundestrainer zur Atmosphäre im deutschen Quartier »Campo Bahia«. Joachim Löw war es gelungen, aus 23 Vereinsspielern eine funktionierende Nationalmannschaft zu formen. Ein Team, das sich blind verstanden hat. Ein Team, in dem jeder wusste, was er zu tun hatte. Ein Team, in dem persönliche Befindlichkeiten hinter dem Erfolg der Mannschaft zurückstanden. Nur weil das gelungen ist, konnten die deutschen Fußballer das Turnier gewinnen.

Auch im Unternehmen sind die Herausforderungen zu umfangreich und komplex, als dass sie ein Einzelner bewältigen könnte. Hapert es am Zusammenspiel, gerät die Teamarbeit schnell ins Stocken – und der Erfolg bleibt aus. Wie im Fußball ist auch im Unternehmen ein funktionierendes Team kein Selbstläufer. Es braucht den Trainer, in diesem Fall den Chef, der das Team weiterentwickelt und aus seinen Mitarbeitern eine schlagkräftige Gruppe formt. »Ein Teamgeist kann nur entstehen, wenn es ein gemeinsames Ziel gibt«, erklärt Erwin Staudt. »Dieses Ziel muss nachdrücklich kommuniziert und von jedem Einzelnen verinnerlicht werden.«

Das zu erreichen ist nicht einfach. Aufgabe der Führungskraft sei, die Mitarbeiter zusammenzuholen und auf das gemeinsame Ziel einzuschwören.

Es gelte, das Team davon zu überzeugen, »dass es nichts Wichtigeres gibt, als dieses Ziel zu erreichen – und dass diesem Ziel auch die persönlichen Belange unterzuordnen sind«, sagt der frühere VfB-Präsident. »Die Führungskraft führt den Mitarbeitern das gemeinsame Ziel vor Augen, bestärkt sie, dass dieses Ziel auch erreichbar ist – und stellt ihnen ein Erfolgserlebnis in Aussicht: Wenn wir das Ziel erreichen, was gewinnen wir dann? Wie viel Geld verdienen wir oder wie groß ist unsere Ehre?«

☠ **Die große Gefahr!** Viele Führungskräfte übernehmen ein leidlich funktionierendes Team oder haben ihr Team teilweise neu aufgestellt. Nun möchten sie durchstarten und verzichten auf eine weitere Teamentwicklung. Ein Versäumnis, das sich rächt: Es entsteht kein Teamgeist – und das Team und damit die Ergebnisse der Abteilung bleiben weit hinter den Möglichkeiten zurück.

Ein gefährlicher Trugschluss

Ist der neue Chef erst einmal an Bord, so lautet ein weitverbreiteter Glaube, geht alles schnell wieder seinen normalen Gang. Die Zusammenarbeit spielt sich ein – und ein gutes Teamwork entsteht mehr oder weniger von selbst. Ein gefährlicher Trugschluss.

Das musste auch die Bettina W einsehen, die bei einem Automobilzulieferer die Entwicklungsabteilung übernommen hatte. Sie stürzte sich in die Arbeit, kümmerte sich um die anstehenden Entwicklungsprojekte und widmete sich Überlegungen, um die Abläufe der Abteilung zu verbessern. Zwar nahm sie auch wahr, dass es im Team eine gewisse Unruhe gab und einzelne Mitarbeiter einander offenbar misstrauten. Doch sie nahm diese Anzeichen nicht weiter ernst. »Das wird sich mit der Zeit geben«, dachte sie.

Tatsächlich eskalierte die Situation in den folgenden Wochen. Die Konflikte verfestigten sich, Rivalitäten traten offen zutage. Anstatt fair miteinander zu streiten, verlegten sich einige Mitarbeiter auf Grabenkämpfe. Andere nutzten die Gunst der Stunde, um innerhalb ihrer Projekte eigene Ziele zu verfolgen. Der furiose, mit viel Vorschusslorbeeren begleitete Führungswechsel von Bettina W lässt sich im Nachhinein auf eine einfache Formel bringen: mit Vollgas ins Chaos. Die Geschäftsführung zog die Notbremse und wechselte die Leitung der Entwicklungsabteilung erneut aus. Das war bitter für Bettina W, aber auch für das Unternehmen, das auf einem umkämpften Markt einen schmerzlichen Zeitverlust hinnehmen musste.

Natürlich ist es richtig, kraftvoll durchzustarten und die anstehenden Aufgaben zügig anzupacken. Doch das allein genügt nicht. Bettina W hätte sich gleichzeitig um ihr Team kümmern müssen, das schon durch die bloße Tatsache des Führungswechsels verunsichert war. Sie hätte dafür zu sorgen müssen, dass das Team unter ihrer neuen Leitung zu voller Leistungsfähigkeit zurückfindet. Worauf es angekommen wäre, lässt sich in einem Wort zusammenfassen: Teamentwicklung.

Ziel der Teamentwicklung ist, die Leistungsfähigkeit einer Gruppe voll zur Entfaltung zu bringen. Es handelt sich um einen permanenten Prozess, der eine Führungskraft auch im weiteren Verlauf immer wieder fordert. Das Thema wird zum Beispiel wieder aktuell, wenn die Regeln für die Zusammenarbeit nicht ausreichend besprochen sind, ein neuer Mitarbeiter hinzukommt – oder wenn bestimmte Arbeitsbedingungen sich geändert haben, sodass bestehende Vereinbarungen nicht mehr tragfähig sind.

Im Falle eines Führungswechsels sollte der neue Vorgesetzte das Thema Teamentwicklung angehen, sobald die wesentlichen personellen Veränderungen vollzogen sind und das Team zumindest im Kern steht. Vor allem wenn es Anzeichen für Konflikte gibt, besteht Handlungsbedarf. So sollten zum Beispiel alle Warnlichter aufleuchten, wenn sich in der Abteilung Teilgruppen herausbilden, die sich zwar untereinander verbunden fühlen, nicht aber mit dem Team als Ganzem.

Eine solche Konstellation geriet Steffen R zum Verhängnis, in dessen Abteilung zwei Lager aufeinandertrafen. Auf der einen Seite waren die »jungen Wilden«, die alles verändern wollten; ihnen standen auf der anderen Seite einige verdiente Mitarbeiter gegenüber, die sich alten Traditionen verpflichtet fühlten. Mit dem Führungswechsel brach der Konflikt zwischen diesen Gruppen wieder auf. Doch Steffen R verpasste die Gelegenheit, die beiden Lager gleich in den ersten Wochen wenigstens halbwegs miteinander zu versöhnen. Die Folge war eine zähe und konfliktreiche weitere Zusammenarbeit, die an den Kräften aller Beteiligten zehrte. Nach einigen Monaten warf er entnervt das Handtuch.

Bleibt festzuhalten: Ein weltmeisterlicher Sieg lässt sich nur erringen, wenn die Mannschaft als Team funktioniert und eine besondere Form von Identifikation und Motivation entwickelt: den Teamgeist. Als Führungskraft haben Sie es in der Hand, diesen Geist zu schaffen – wobei ein paar Incentive-Maßnahmen hierfür in aller Regel nicht ausreichen. Gemeinsam im Hochseilgarten klettern, im Schlauchboot einen wilden Fluss hinunterfahren oder um ein romantisches Lagerfeuer sitzen – all das hat sicherlich einen gewissen teambildenden Effekt. Um ein starkes Team zu schaffen, braucht es jedoch eine systematische Teamentwicklung.

Teamentwicklung: in vier Stufen zu einem Spitzenteam

Um die Entwicklung eines Teams zu beschreiben, gibt es verschiedene Phasenmodelle. Das wohl bekannteste stammt vom amerikanischen Psychologen Bruce W. Tuckman, der vier Phasen der Teamentwicklung unterscheidet: Forming, Storming, Norming und Performing (siehe Abbildung 4.7). Die Kenntnis dieser Phasen bietet eine gute Hilfestellung, um als Führungskraft zur richtigen Zeit die richtigen Teamentwicklungsmaßnahmen zu ergreifen.

Tuckman ging davon aus, dass Teams Zeit benötigen, bis sich einzelne Mitglieder aufeinander eingespielt haben und untereinander eine Vertrauensbasis besteht. Besonders deutlich wird dies, wenn ein Team neu zusammengestellt wird.

- **Forming (Orientierungsphase)** In neuen Teams ist die Forming-Phase durch Unsicherheiten und ein erstes Abtasten gekennzeichnet. Es geht darum, eine Beziehung zu den neuen Kollegen aufzubauen. Das Team wendet sich erstmals einer gemeinsamen Aufgabe zu. Die Beziehungen unter den Teammitgliedern sind noch offen. Im Vordergrund steht, Kontakte herzustellen und die Zugehörigkeit zur Gruppe zu sichern. Auch in bestehenden Teams gibt es etwa im Falle eines Führungswechsels eine solche Phase der Unsicherheit. Die Mitarbeiter beäugen ihren neuen Chef und versuchen auszuloten, woher der Wind unter der neuen Führungskraft weht. Die Forming-Phase ist durch Unsicherheit und Konfusion sowie durch Ausloten der Situation charakterisiert. Es werden erste Ziele und Regeln eingeführt.
- **Storming (Konfliktphase)** In der Storming-Phase werden die Arbeits- und Organisationsabläufe (neu) koordiniert. Nun bestimmen Konflikte die Beziehungen der Teammitglieder, denn unterschiedliche Zielvorstellungen kristallisieren sich heraus und prallen aufeinander. Dies kann zu

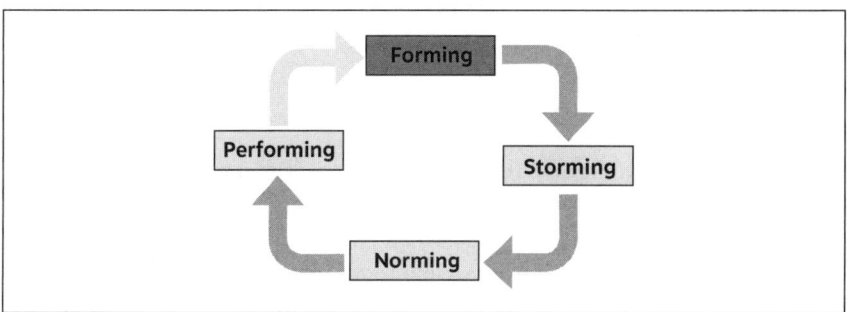

Abbildung 4.7: Das klassische Modell der Teamphasen nach Tuckman

Feindseligkeiten und zur Bildung von Cliquen führen. Selbst bisher gut funktionierende Teams müssen diese Herausforderungen meistern.
- **Norming (Organisationsphase)** Das Team wendet sich der Arbeitsaufgabe zu. Die Beziehungen der Teammitglieder sind wieder harmonischer: Die Machtkämpfe sind ausgefochten, die Rollen und der Führungsanspruch im Team geklärt, sodass wieder stärker kooperiert wird. Zielvereinbarungen stellen die Arbeitsfähigkeit der Gruppe her.
- **Performing (Integrationsphase)** Die Teammitglieder sind gleichberechtigt an der Aufgabenlösung beteiligt und zwischen allen besteht eine direkte Kommunikation. Die Strukturen werden gefestigt. Die Teammitglieder können sich entfalten.

Gewiss, das Modell vereinfacht ziemlich stark. Auch suggeriert es durch seine vier Entwicklungsstufen eine Art automatischen Ablauf, den es in der Realität so nicht gibt. Tatsächlich dauern die gruppendynamischen Phasen unterschiedlich lange. Wenn sich die Aufgabenstellung ändert oder ein neues Teammitglied hinzukommt, können sie sich auch wiederholen. Zudem kann ein Team scheitern, bevor es die nächste Stufe erreicht. In seinen Grundzügen beschreibt Tuckmans Modell jedoch wesentliche Entwicklungsaspekte, wie sie in jedem Team vorkommen.

Die besondere Situation des Führungswechsels

Das Thema »Teamentwicklung« wird in der Literatur breit diskutiert – allerdings fast nur unter dem Gesichtspunkt, dass sich ein Team neu formt. Das ist hilfreich, wenn Sie ein komplett neues Team aufstellen, etwa bei einem großen Projekt oder für den Aufbau einer neuen Abteilung. Doch wie stellt sich die Situation dar, wenn Sie ein bestehendes Team übernehmen? Darüber findet sich in den Ratgebern wenig, obwohl bei der Übernahme von Führungsverantwortung gerade diese Situation die Regel ist. Eine Stunde null, bei der Sie ein komplett neues Team zusammenstellen und die Mitarbeiter aus einer Vielzahl von Kandidaten auswählen können, kommt nur selten vor.

In der Regel übernehmen Sie ein vorhandenes Team und müssen mit den Gegebenheiten zurechtkommen. Die Ausgangslage stellt sich damit auf den ersten Blick anders dar als im klassischen Modell der Teamphasen, bei dem die Mitglieder in der Forming-Phase einander noch gar nicht kennen. Wenn Sie dann auch noch von Ihrem Vorgänger ein gut funktionierendes Team übernehmen, also ein Team in der Performing-Phase, liegt der Schluss nahe:

»Die Mitarbeiter sind eingespielt, das Team funktioniert hervorragend – da brauche ich nichts zu tun.«

Wie schon gesagt: ein gefährlicher Trugschluss! Wenn Sie ein gut funktionierendes Team übernehmen, stehen die Chancen zwar gut, dass es weiterhin gut funktioniert – aber nur, wenn Sie etwas dafür tun. Das Problem ist nämlich: Allein durch Ihr Auftreten, also allein durch den Führungswechsel, sind die Dinge nicht mehr so, wie sie waren. Das Team gerät in eine neue Lage und wird wieder in eine Forming-Situation zurückgeworfen – mit entsprechendem Handlungsbedarf.

Zum besseren Verständnis der verschiedenen Ausgangssituationen wandeln wir die Phasen der Teamentwicklung von Tuckman ein wenig ab (siehe Abbildung 4.8). Wenn Sie als Führungskraft in einer Start-up-Situation ein Team komplett neu aufstellen, startet die Teamentwicklung – dem klassischen Phasenmodell folgend – mit der Forming-Phase (in der Abbildung startet dieser Prozess oben rechts). Anders im Normalfall, wenn Sie ein bestehendes Team übernehmen: Das Team fällt dann zurück in eine »Re-Forming«-Phase.

Wenn der alte Chef geht und Sie an seine Stelle treten, verlässt das Team die Performing-Phase und gerät in eine Re-Forming-Phase. Die Teammitglieder müssen sich jetzt zwar nicht neu kennenlernen, aber die Karten im Team werden neu gemischt. Von da geht es dann »klassisch« weiter: Bis alle Mitarbeiter unter der neuen Führung ihren Platz im Team gefunden haben, werden erst noch die Storming- und Normingphase durchlaufen.

Re-Forming: Das Team beäugt die neue Führungskraft

Im Falle eines Führungswechsels ist die erste Stufe der Teamentwicklung das *Re-Forming*. In dieser Phase wollen die Teammitglieder ihren neuen Chef

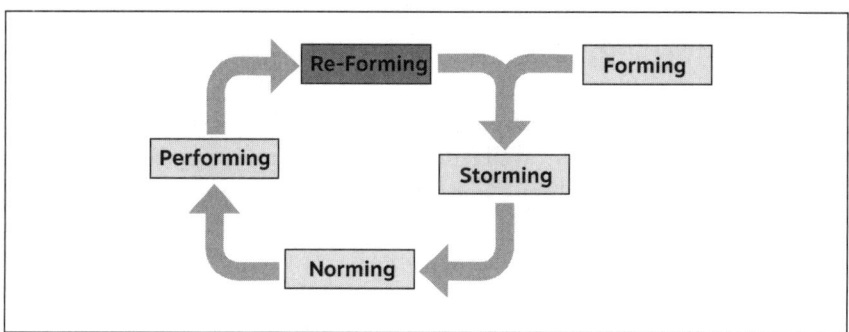

Abbildung 4.8: Modell der Teamphasen im Führungswechsel

kennenlernen. Gleichzeitig ist allen klar, dass sich Grundlegendes ändert. Wer bisher zu den Schlüsselfiguren des alten Chefs gehörte, muss sich neu beweisen. Wer bisher eher im Abseits stand, bekommt die Chance, ins Rampenlicht zu treten. Allein schon die Ankündigung, dass es einen neuen Chef geben wird, setzt diesen Prozess in Gang: Jeder Mitarbeiter hegt bestimmte Erwartungen und will seine Rolle im Team verteidigen. Andere wittern ihre Chance und suchen nach einer neuen Rolle im Team – wenn nicht jetzt, wann dann?

Gespannte Erwartung, aber auch Bedenken, Vorsicht, Angst und Unsicherheit prägen die Stimmung, wenn Sie als neuer Chef die Bühne betreten. Keiner weiß genau, wie er Sie zu nehmen hat – und wie sich die anderen im Team verhalten werden. Es besteht der dringende Wunsch, die neue Führungskraft kennenzulernen, Klarheit zu bekommen und sich mit den möglicherweise neuen Aufgaben vertraut zu machen. Typisch für diese Phase ist ein höflicher Umgang. Die Mitarbeiter tasten den neuen Chef quasi vorsichtig ab.

Als Führungskraft sollten Sie in dieser Phase Ihr Team aktiv führen und das gegenseitige Kennenlernen fördern. So helfen Sie über anfängliche Spannungen hinweg und unterstützen die Teammitglieder dabei, Sicherheit in der neuen Situation zu gewinnen. Die folgende Übersicht fasst die Kennzeichen der Re-Forming-Phase zusammen und hilft Ihnen, die richtigen Maßnahmen zur Teamentwicklung zu ergreifen:

In der Re-Forming-Phase entsteht das Fundament, auf dem die weitere Zusammenarbeit im Team aufbaut. Sorgen Sie dafür, dass dieses Fundament tatsächlich entsteht – und die Dynamik, die durch den Führungswechsel entstanden ist, nicht dazu führt, dass Ihr Team zerfällt. Nutzen Sie Gelegenheiten wie zum Beispiel den gemeinsamen Ziele-Workshop (siehe Kapitel »Aufstellung nehmen«) und andere gemeinsame Unternehmungen, damit das Team Sie kennenlernt und Vertrauen zu Ihnen fasst.

Storming: Das Team probt den Aufstand

Nach einem vorsichtigen Beschnuppern der Teammitglieder folgt eine Phase, in der es stürmisch hergeht, weil jeder seinen Platz und seine Rolle im Team erkämpfen muss. Unerfahrene Führungskräfte erwischt es kalt, wenn die scheinbare Harmonie der ersten Tage und Wochen plötzlich umschlägt: In der nun folgenden *Storming*-Phase probt das Team den Aufstand. Dass es jetzt zu Konflikten kommt, ist absolut normal. Jedes größere Team durchläuft diese Entwicklungsstufe.

Nach der Sondierungsphase (Re-Forming) beginnen die Teammitglieder,

Kennzeichen der Re-Forming-Phase	Aufgaben der Führungskraft
• Die Situation der Teammitglieder ist von Unsicherheit geprägt: Wo ist künftig mein Platz im Team? Was erwartet der neue Chef von mir? Was ändert sich für mich bzw. uns?	• Die Leitungsaufgabe fällt Ihnen zu – das Team will Sie in dieser Rolle erleben. Als Führungskraft sind Sie von Anfang an gefordert, diese Rolle aktiv zu übernehmen.
• Die Teammitglieder tasten sich an die Situation heran, gehen freundlich auf Sie zu zu und knüpfen erste Kontakte zu Ihnen.	• Fördern Sie das gegenseitige Kennenlernen, damit die Teammitglieder Vertrauen zu Ihnen fassen.
• Die Teammitglieder beobachten einander und versuchen festzustellen, welches Verhalten die neue Führungskraft im Team akzeptiert.	• Nehmen Sie Ängste ernst, klären Sie Erwartungen – und treffen Sie notwendige Vereinbarungen.
• Die Teammitglieder sind stark von der neuen Führungskraft abhängig; sie versprechen sich von ihr Orientierung und akzeptieren ihre Autorität.	• Geben Sie die notwendige Orientierung, indem Sie das Team über Ziele, Aufgaben und mögliche Veränderungen informieren.
• Die Teammitglieder haben das Bedürfnis, sich ins neue Teamgefüge einzugliedern und dort eine bestimmte Position einzunehmen.	• Zeigen Sie klare Strukturen (Zeiten, Grenzen etc.) auf, an denen sich die Teammitglieder orientieren können.

Abbildung 4.9: Aufgaben in der Re-Forming-Phase

sich mit der neuen Situation zu arrangieren und sich auf ihre Aufgaben zu konzentrieren. Die Anfangseuphorie des Führungswechsels verfliegt, Schwachstellen und Unzulänglichkeiten im Team offenbaren sich. Einige Teammitglieder wollen sich nicht länger mit einer »Nebenrolle« begnügen, die »Platzhirsche« dagegen verteidigen ihr Revier. Unweigerlich entstehen Diskussionen; Meinungsverschiedenheiten treten zutage, Interessengegensätze brechen auf. Die Streitenden suchen sich Verbündete für den eigenen Standpunkt. Unversehens beherrschen Reibereien den Arbeitsalltag. Anstatt Ursachen zu analysieren, werden Schuldige ausgemacht. Man zankt sich um Vorgehensweisen, Kompetenzen und viele andere Dinge, von denen man eigentlich meinen sollte, dass vernünftige Menschen sie friedlich klären können. Man kämpft um Meinungen und Machtpositionen. Persönliche Differenzen der Teammitglieder untereinander treten zutage, Cliquen bilden sich. Auch die neue Führungskraft wird unversehens infrage gestellt oder gar zur Zielscheibe.

Lassen Sie sich als Führungskraft durch das aufziehende Gewitter nicht irritieren, sondern setzen Sie auf dessen reinigende Wirkung. Beobachten Sie genau die Verhaltensweisen der einzelnen Mitarbeiter, denn nun treten ihre verschiedenen Charaktere besonders augenfällig zutage. Das gibt Ihnen die Chance, sie mithilfe von Belbins Teamrollenmodell einzuordnen und im weiteren Verlauf richtig einzusetzen (siehe Abbildung 4.10). Auch den Mitarbeitern öffnen die Konflikte die Augen: Sie erkennen, dass Regeln und Normen für eine konstruktive Zusammenarbeit notwendig sind.

Ein Fehler wäre es, in dieser Phase jeden Konflikt gleich im Keim zu ersticken. Die verschiedenen Standpunkte sollten Gehör finden, nicht nur um

Kennzeichen der Storming-Phase	Aufgaben der Führungskraft
• Im Team kommt es zu vielfältigen Konflikten. Ziele und Aufgaben werden infrage gestellt, diskutiert und bisweilen auch emotional abgelehnt.	• Begrüßen Sie diese stürmische Phase, denn sie ist ein gutes Zeichen. Die Entwicklung Ihres Teams schreitet voran.
• Bei Schwierigkeiten wird die Autorität der Führungskraft angezweifelt; Unzufriedenheit macht sich breit.	• Konzentrieren Sie sich in dieser Phase ganz besonders auf Ihr Team. Nun kommt es darauf an, dass Sie als Führungskraft präsent sind und das Team erfolgreich durch die kritischen Wochen bringen.
• Mitunter kommt es zum Aufstand gegen die Führungskraft. In schwierigen Situationen wird alles bei ihr abgeladen.	• Achten Sie darauf, die Führung fest in der Hand zu behalten.
• Die Teammitglieder ringen um Machtpositionen; es geht um die Hackordnung im Team.	• Nutzen Sie die Chance, um die Verhaltensweisen Ihrer Mitarbeiter zu beobachten. Es hilft Ihnen, die Teamrollen richtig zu verteilen.
• Ernüchterung, Reibereien und Frust prägen die Stimmung.	• Reagieren Sie mit einer gewissen Gelassenheit. Lassen Sie Kontroversen zu, hören Sie sich Kritik an, wägen Sie ab.
• Konfrontationen und Cliquenbildung behindern den Arbeitsalltag.	• Stellen Sie sich der Auseinandersetzung. Stoppen Sie destruktive Entwicklungen, greifen Sie dagegen konstruktive Alternativen auf.

Abbildung 4.10 : Aufgaben in der Storming-Phase

den Selbstfindungsprozess im Team zu fördern. Das Ringen um Positionen, Vorgehensweisen oder Regeln kann notwendige Entscheidungen absichern.

Auch wenn es selten vorkommt: In bestimmten Situationen müssen Sie damit rechnen, dass sich das Team gegen Sie solidarisiert. Die Gefahr besteht vor allem dann, wenn Sie von Ihrem Vorgänger ein sehr gut funktionierendes Team übernommen haben und nun radikale Veränderungen vornehmen wollen. Die Mitarbeiter möchten sich das High-Performance-Gefühl nicht verderben lassen, das sie unter ihrem früheren Chef gewohnt waren. Deshalb lehnen Sie sich gegen Sie auf. Mitten in der Storming-Phase zieht das Team wieder an einem Strang, doch die gebündelte Energie richtet sich nicht auf die Abteilungsziele, sondern gegen Sie. Wenn Sie die Lage nicht in den Griff bekommen, werden Sie dauerhaft zur Zielscheibe und gefährden damit Ihren Ruf, Ihre Karriere und womöglich auch Ihre Gesundheit.

Keine Frage: Die Storming-Phase fordert Sie als Führungskraft, gerade auch um eine solche Situation zu vermeiden. Wenn sich Ihre Mitarbeiter gegen Sie solidarisieren, liegt das auch an Führungsfehlern. »Never change a running system« heißt es im Volksmund. Das gilt auch für ein High-Performance-Team, bei dem Sie garantiert keine Pluspunkte sammeln, wenn Sie gleich mit eisernem Besen kehren. Selbst wenn es zwingend notwendig ist, bestehende Teamstrukturen aufzubrechen: Sorgen Sie erst für Verständnis, bevor Sie das Team auf den Kopf stellen.

Für die Teamentwicklung ist die Storming-Phase eine entscheidende Entwicklungsstufe. Ein Team, das in dieser Phase keinen allgemeinen Grundkonsens findet, wird seine volle Leistungskraft kaum entfalten können. Hat es hingegen dank der guten Steuerung durch ihre Führungskraft den Gewittersturm heil überstanden, steht seiner vollen Arbeitsfähigkeit und Produktivität nur noch wenig im Weg.

Norming: Die Spielregeln werden gesetzt

Ist der Gewittersturm überstanden, beginnt eine konstruktive Entwicklungsstufe: das *Norming*. Die Wogen glätten sich langsam. Erste Fortschritte im Arbeitsalltag fördern den Teamgeist, ein Wir-Gefühl kann auch unter der neuen Führungskraft wieder entstehen. Damit steigen auch wieder Motivation und Identifikation des Einzelnen mit dem Team und der neuen Führungskraft. Meinungsverschiedenheiten können immer noch auftreten und die Arbeit behindern, doch die Mitarbeiter bemühen sich erkennbar, in den Diskussionen zu Ergebnissen zu kommen.

Nun klären sich Rollen und Aufgaben; Regeln für die Zusammenarbeit werden nachjustiert und auf die neue Situation unter Ihrer Leitung angepasst. Das Klima verbessert sich spürbar. Statt gegeneinander wird jetzt wieder miteinander gearbeitet. Gedanken, Informationen und Ideen werden offen ausgetauscht, diskutiert und bewertet. Man hört einander zu und fängt an, die Leistungen des anderen zu respektieren. Die Teammitglieder lernen Sie als Führungskraft schätzen – und erkennen auch die Vorteile der neuen Situation. Das schafft Sicherheit in der eigenen Rolle und stärkt das Selbstvertrauen.

Ihre Aufgabe als Führungskraft ist, diesen Prozess zu steuern und in Gang zu halten. Worauf es hierbei ankommt, beschreibt die folgende Übersicht (siehe Abbildung 4.11).

Auch in der Norming-Phase durchläuft das Team eine entscheidende Entwicklungsstufe: Es lernt, mit Problemen kreativ, flexibel und effektiv umzugehen. Misslingt dieser Entwicklungsprozess, wird das Team im Mittelmaß hängenbleiben und die für Spitzenergebnisse notwendigen Höchstleistungen nicht erreichen.

Performing: Das Team entfaltet Höchstleistung

Nun ist es so weit: Das Team startet durch, die Norming-Phase geht in die *Performing-Phase* über. Die personellen Probleme sind gelöst, die Rollen

Kennzeichen der Norming-Phase	Aufgabe des Projektleiters
• Die Teammitglieder beginnen, wieder zu kooperieren und sich gegenseitig zu unterstützen. Das Wir-Gefühl kehrt ins Team zurück.	• Unterstützen Sie diesen Prozess. Während es bei der Storming-Phase vor allem auf Führung ankam, steht jetzt die Begleitung im Vordergrund.
• Vertrauen, Hilfsbereitschaft und gegenseitiger Respekt entstehen. Selbstvertrauen und Zuversicht entwickeln sich.	• Legen Sie die Teamrollen fest, um so jedes Teammitglied entsprechend seinen Stärken und Fähigkeiten einzusetzen.
• Das Team entwickelt neue Umgangsformen, Teamnormen und Spielregeln.	• Vereinbaren Sie mit Ihrem Team verbindliche Regeln für die Zusammenarbeit. Achten Sie darauf, dass die Flexibilität im Team nicht verloren geht: Manchmal neigen Teams in dieser Phase dazu, sich übermäßig selbst zu regulieren.

Abbildung 4.11: Aufgaben in der Norming-Phase

verteilt. Jedes Mitglied kennt seinen Platz im Team und seine Aufgabe unter Ihrer Führung. Alle arbeiten weitgehend reibungslos zusammen und sind daran interessiert, gemeinsam die gesteckten Ziele zu erreichen. Konflikte und andere Probleme werden in Teammeetings diskutiert und in der Regel zügig gelöst. Der Führungswechsel hat sich für alle sichtbar vollzogen, sie werden als Teamleiter voll und ganz respektiert – Gratulation!

Ein High-Performance-Team ist entstanden. Die Mitglieder pflegen engen Kontakt untereinander. Der Umgang miteinander ist zwanglos, selbst in stressigen Situationen wird gescherzt und gelacht. Alle sind bereit, sich für ihre Kollegen einzusetzen. Das Team arbeitet weitgehend selbstständig, was Sie natürlich sehr stark entlastet. Nun sind wirklich Spitzenleistungen möglich.

Wie die folgende Zusammenfassung der Performing-Phase zeigt (siehe Abbildung 4.12), können Sie das Team nun weitgehend sich selbst überlassen und müssen nur noch gelegentlich steuernd eingreifen.

Kennzeichen des High-Performance-Teams	Aufgaben der Führungskraft
• Die Teammitglieder arbeiten konstruktiv zusammen. Probleme werden gemeinsam gelöst. Jeder ist bereit einzuspringen, wenn Not am Mann ist.	• Genießen Sie Ihr High-Performance-Team! Sie haben Ihr Team erfolgreich entwickelt, es arbeitet aus sich heraus.
• Das Team ist kreativ, flexibel, offen und leistungsfähig. Die Energie konzentriert sich darauf, die gemeinsamen Ziele zu erreichen.	• Es genügt, die Teamprozesse zu moderieren. Als Führungskraft müssen Sie kaum noch steuern, sondern lediglich Impulse geben, um die Prozesse weiter zu optimieren.
• Das Team arbeitet zuverlässig und ist stolz auf erfolgreich gelöste Aufgaben. Alle Teammitglieder freuen sich darüber, im Team mitarbeiten zu können.	• Nun können Sie es sich vielleicht sogar erlauben, Führungsfunktionen teilweise an Teammitglieder zu übertragen.
• Es herrscht das Motto: Gemeinsam sind wir stark. Entsprechend selbstbewusst treten die Teammitglieder auf.	• Als Führungskraft sind Sie nicht mehr länger als »Innenminister« gefordert. Nutzen Sie den Spielraum, um Ihre Abteilung stärker nach außen zu vertreten.

Abbildung 4.12: Aufgaben in der Performing-Phase

Auf alle vier Stufen kommt es an

Jeder Teambildungsprozess durchläuft diese Stufen – zwar unterschiedlich schnell und intensiv, aber eben doch stets in allen vier Stufen. Jede Phase hat eine wichtige Funktion für den Gesamtprozess der Teambildung. Versuchen Sie deshalb nicht, eine der Stufen zu überspringen. Ein anfänglicher Zeitgewinn kann im Nachhinein teuer zu stehen kommen.

Das gilt ganz besonders für die zweite Stufe, das Storming. Man kann ja verstehen, dass selbst erfahrene Führungskräfte auf diese Phase gerne verzichten würden. Wer jedoch versucht, sie »glattzubügeln« oder zu ignorieren, läuft Gefahr, dass das Team seine volle Leistung niemals entfaltet. Denn erst durch den schmerzhaften Selbstfindungsprozess wird es Rollen und Spielregeln akzeptieren und die Folgephasen erreichen. Um den begehrten Teamgeist zu entwickeln, muss ein Team die ersten drei Teamphasen durchstehen – und überleben.

Nach anfänglichen Reibereien hat sich auch Toms Team zusammengerauft. Nun ist es an der Zeit, den Rahmen für das künftige Miteinander zu stecken. Hierzu engagiert Tom einen Team-Coach, der diesen Prozess begleiten soll. Als der Coach vorschlägt, die Veranstaltung ins freie Gelände zu verlegen, ist Tom skeptisch. Kann daraus wirklich ein ernsthaftes Coaching mit nachhaltigem Erfolg werden? Lesen Sie Toms Tagebuch!

Schlechtes Teamwork

Wenn Sie eine neue Führungsposition antreten, gerät das übernommene Team in eine Phase der Unsicherheit. Alte Strukturen lösen sich, das Team entwickelt eine neue Eigendynamik. Wenn Sie versäumen, diese Dynamik zu steuern, drohen Konflikte und Reibungsverluste. Zumindest müssen Sie damit rechnen, dass Ihr Team seine volle Leistungsfähigkeit nicht entfaltet.

So wappnen Sie sich ...

- Sorgen Sie für Zielklarheit. Ein Team braucht Ziele, die von allen Mitgliedern getragen werden. Ansonsten läuft jeder Mitarbeiter in seine eigene Richtung.
- Sorgen Sie für klare Strukturen. Klären Sie Rollen und Aufgaben im Team, denn unklare Verantwortlichkeiten führen zwangsläufig zu Reibungsverlusten.

- Fördern Sie Offenheit und Vertrauen im Team. Nichts behindert die Teamarbeit so sehr wie unausgesprochene Probleme und Konflikte.
- Ermutigen Sie Ihre Teammitglieder, sich gegenseitig zu unterstützen. Ein Team kann nur dann sein Potenzial ausschöpfen, wenn Probleme gemeinsam gelöst werden und man sich gegenseitig hilft.
- Machen Sie Ihrem Team klar, dass jedes Mitglied Verantwortung für das gemeinsame Erreichen der gesteckten Ziele trägt – und sorgen Sie dafür, dass es keine »Eigenbrötler« gibt.
- Geben Sie Ihrem Team genügend Zeit, um sich selbst zu finden. Führen Sie Ihr Team aktiv durch die verschiedenen Phasen der Teamentwicklung.

In Höchstform

Ein schlagkräftiges Team braucht Strukturen und Regeln

»Du gewinnst nie allein.
An dem Tag, an dem du was anderes glaubst,
fängst du an zu verlieren.«

Mika Häkkinen, Rennfahrer

Führungskräfte träumen von starken und produktiven Teams, deren Mitglieder motiviert sind, Einsatz zeigen und Verantwortung übernehmen. Doch das Handwerkzeug, um das Team in Höchstform zu bringen und zu halten, kennen oder nutzen sie nur unzureichend. Und so platzt der Traum: In der Zusammenarbeit der Mitarbeiter fängt es an zu knirschen, die Produktivität der Abteilung bricht ein.

Auch ein gut eingespieltes Team braucht einen Kopf, der es führt. Andernfalls verhalten sich die Teammitglieder bald, nun ja: eben kopflos. Ein bekanntes englisches Wortspiel bringt die Situation schön auf den Punkt:

»This is a story about four people named Everybody, Somebody, Anybody and Nobody. There was an important job to be done and Everybody was sure that Somebody would do it. Anybody could have done it,

> but Nobody did it. Somebody got angry about that, because it was Everybody's job. Everybody thought Anybody could do it, but Nobody realized that Everybody wouldn't do it. It ended up that Everybody blamed Somebody when Nobody did what Anybody could have done.«

Es stimmt zwar: Hat das Team erst einmal die Performing-Phase erreicht, arbeiten die Mitarbeiter engagiert und reibungslos zusammen. Als Führungskraft können Sie sich weitgehend zurückziehen. Doch in dieser Phase muss ein Team erst einmal angelangt sein! Und selbst dann gilt es, achtsam zu sein und die richtigen Impulse zu setzen, bei Bedarf auch steuernd einzugreifen. Nur so bleibt das Team dauerhaft in Topform. Auch in der Performing-Phase wäre es ein Fehler, die Mitarbeiter komplett sich selbst zu überlassen. Selbst ein hoch entwickeltes Team kann nicht auf einen Teamleiter verzichten.

Wie schnell die Lage kippen kann, zeigt der Fall von Bernhard K, der im Controlling eines großen Elektronikkonzerns ein gut funktionierendes Team von Sachbearbeitern übernahm. Die ersten Monate verliefen weitgehend reibungslos, das Team zeigte sich zufrieden mit dem neuen Chef – doch nach einem Jahr platzte die Bombe: Bei einer konzernweiten Mitarbeiterbefragung bekam Bernhard K eine katastrophal schlechte Beurteilung. Sein Team hatte ihn regelrecht abgestraft. Im Management schrillten die Alarmglocken, und ohne so recht zu wissen, wie ihm geschah, musste Bernhard K sich vor seinen Vorgesetzten rechtfertigen.

Was war passiert? Erst eine tiefer gehende Analyse, die im Zuge eines Coachings vorgenommen wurde, lieferte die Erklärung. Wie sich herausstellte, ist Bernhard K ein Mensch mit einem starken Unabhängigkeitsbedürfnis – Psychologen sprechen von einem hoch ausgeprägten Unabhängigkeitsmotiv (siehe Kapitel »Das perfekte Team«). Ihm ist es wichtig, Eigenständigkeit und Eigenverantwortlichkeit ausleben zu können. Er neigt dazu, autonom zu arbeiten. Er ist daher eher kein Teamplayer, sondern möchte seine Ziele am liebsten alleine erreichen.

In den ersten Monaten, als Bernhard K sein Team und seinen Bereich noch kennenlernen musste, pflegte er zwangsläufig einen engen Kontakt zu seinen Mitarbeitern. In regelmäßigen Teambesprechungen verschaffte er sich einen Überblick über seine Abteilung und kümmerte sich um seine Mitarbeiter. Kurz und gut: Der Einstieg war gelungen, auch das Team war durchaus zufrieden mit seinem neuen Chef.

Je besser sich Bernhard K jedoch mit seiner Abteilung vertraut gemacht hatte, desto stärker schlug sein Unabhängigkeitsbedürfnis durch. Immer häufiger zog er sich aus seinem Team zurück und arbeitete für sich allein. Die Teambesprechungen wurden seltener und fanden schließlich nur noch alle zwei Monate statt. Offene Fragen klärte er lieber in bilateralen Gesprächen. Er vertrat sein Team zwar nach außen, nach innen war er für seine Mitarbeiter aber kaum mehr ansprechbar. Die Quittung für sein Verhalten bekam er dann bei der Mitarbeiterbefragung präsentiert.

Die große Gefahr! Die Führungskraft vernachlässigt das Team, sobald sie den Eindruck hat, dass die Teamentwicklung einigermaßen abgeschlossen ist. Die Folge davon ist, dass die Mitarbeiter eine klare Führung vermissen. Das Team wird kopflos, verliert an Dynamik – und bleibt immer mehr hinter seinen Möglichkeiten zurück.

Ein Team braucht Führung – in jeder Phase seiner Entwicklung. Nur dann erreicht und hält es seine Bestform. Die Grundlage hierfür bilden klare Strukturen und Regeln, die Sie frühzeitig einführen sollten. Ein wichtiges Ziel ist, einen organisatorischen Rahmen zu schaffen, in dem die Mitarbeiter effektiv zusammenarbeiten können. Dazu gehören Spielregeln für die Zusammenarbeit, aber auch regelmäßige Besprechungen.

Basis effektive Teamarbeit: Spielregeln und Prinzipien

Erinnern wir uns an die Stufen der Teamentwicklung: Die Dynamik der Storming-Phase mündet – wenn alles gut geht – in eine konstruktive Entwicklungsstufe, die Norming-Phase. Wie beschrieben liegt die Aufgabe der Führungskraft nun darin, diese Phase zu nutzen, um mit dem Team verbindliche Regeln für die Zusammenarbeit zu vereinbaren.

Versäumen Sie nicht, die Spielregeln jetzt tatsächlich festzulegen! Ohne klare Regeln bleiben die Abläufe ineffizient und die Kommunikationsstrukturen unklar. Den Mitarbeitern fehlen Informationen, Entscheidungen sind nicht nachvollziehbar oder Absprachen bleiben unklar. Die Mitarbeiter sind verunsichert – mit der Folge, dass die aus der Teamdynamik resultierende Energie nicht in eine produktive Zusammenarbeit fließt, sondern Konflikte schürt oder in verborgene Absichten gesteckt wird, die den Abteilungszielen zuwiderlaufen.

Vereinbaren Sie deshalb frühzeitig mit Ihrem Team verbindliche Spielregeln, die eine transparente und effektive Kommunikation sicherstellen. Damit erreichen Sie nicht nur Sicherheit im täglichen Umgang miteinander, sondern reduzieren auch den Abstimmungs- und Koordinationsaufwand.

🧭 **Sorgen Sie für verbindliche Spielregeln!** Nehmen Sie Unstimmigkeiten und Reibungsverluste in Ihrem Team nicht billigend in Kauf. Vereinbaren Sie von Anfang an Spielregeln für die Zusammenarbeit und den Umgang miteinander.

Verbindliche Spielregeln bestimmen das kommunikative Zusammenspiel, beeinflussen die Erfolgschancen – und halten nicht zuletzt Sie als Führungskraft auf Trab. Damit wirken die Regeln auch der Gefahr entgegen, dass Sie sich – wie Bernhard K – zu sehr zurückziehen und von Ihrem Team entfernen. Wie die Spielregeln eines Teams aussehen können, zeigt das folgende Beispiel:

Zehn Regeln für die Teamarbeit

- Jeder ist für das, was er tut, selbst verantwortlich. Die Schuld auf andere zu schieben ist tabu.
- Es gilt das Prinzip von Bring- und Holschuld: Wer über Informationen verfügt, teilt sie von sich aus mit – wer Informationen benötigt, holt sie aktiv ein.
- Wer Probleme hat oder wer erkennt, dass Termine oder Zusagen nicht zu halten sind, meldet sich frühzeitig und von selbst.
- Hinterher motzen gilt nicht! Wir klären Störungen, Missverständnisse und Konflikte möglichst sofort.
- Niemand beklagt sich bei Dritten über Interna des Teams. Es gilt: »Keep it in the family.«
- Die Diskussion verschiedener Standpunkte ist wertvoll, am Ende einigen wir uns aber auf eine gemeinsame Strategie.
- Wir sind keine Bedenkenträger, sondern wir stehen für eine zupackende »Can-do«-Mentalität.
- Jeder hat das Recht auf Fehler! Wer anderen einen Fehler vorwirft, macht den eigentlichen Fehler.
- Wir suchen nicht nach Schuldigen, sondern gemeinsam nach Lösungen, wenn es Probleme gibt.
- Gemeinsame Entscheidungen und Vereinbarungen sind verbindlich und werden von allen nach außen hin vertreten.

Die Spielregeln bilden die Grundlage für eine effektive Zusammenarbeit. Doch was macht nun ein besonders erfolgreiches Team aus? Auf welche Regeln kommt es ganz besonders an? Analysiert man die wirklichen Topteams, lassen sich einige wenige, aber offensichtlich sehr wirkungsvolle Prinzipien identifizieren. Möchten Sie ein High-Performance-Team aufstellen, das Überdurchschnittliches leistet, lohnt es sich, vor allem auf folgende drei Prinzipien zu achten: das Sofort-Prinzip, das Direkt-Prinzip und das Vertragsprinzip.

- Das **Sofort-Prinzip** besagt: Jedes Teammitglied meldet sich sofort, wenn es Informationen benötigt oder ein Problem auftaucht. So lassen sich Verzögerungen vermeiden – und der Aufwand, das Problem zu beseitigen, hält sich meist noch in Grenzen.
- Mit dem **Direkt-Prinzip** ist gemeint, dass jedes Teammitglied sich selbst um alle Informationen und Vorleistungen kümmert, die es für seine Arbeit benötigt. Dies schließt ein, direkt auf die jeweiligen Zulieferer zuzugehen. Das Direkt-Prinzip führt zu kurzen Dienstwegen, entlastet die Führungskraft und beugt Missverständnissen vor.
- Hinter dem **Vertragsprinzip** steht das Verständnis, dass jede Interaktion innerhalb des Teams ein Vertrag ist. Der Auftraggeber beschreibt darin möglichst präzise das erwartete Ergebnis (das »Was«), der Auftragnehmer möglichst nachvollziehbar die Lösung (das »Wie«). Auf dieser Grundlage führt der Auftragnehmer eigenverantwortlich die Aufgabe aus, meldet sich aber sofort, wenn er eine Zusage nicht einhalten kann.

Grundsätzlich hat jeder Mitarbeiter drei Möglichkeiten, auf eine Anfrage aus dem Team zu reagieren:

- Er nimmt den Vertrag an und nennt seinem Kollegen einen Termin.
- Er lehnt den Vertrag mit einer nachvollziehbaren Begründung ab, sodass die Führungskraft als klärende Instanz hierauf reagieren kann.
- Er nennt einen zeitnahen Termin, wenn er im Moment noch nicht entscheiden kann, ob er den Vertrag annimmt oder ablehnt.

Das Vertragsprinzip zwingt alle Beteiligten, ihren Teil der Verantwortung zu klären. So entstehen Verbindlichkeit, Einbeziehung, Wertschätzung und damit Eigenverantwortung. Sie als Führungskraft werden entscheidend entlastet, weil die Teammitglieder eigenständig das Was und Wie ihrer Aufgaben definieren und sich hierfür auch verantwortlich fühlen.

Geregelte Kommunikation: Jour Fixe und Teambesprechung

Ein wesentliches Instrument für eine effektive Zusammenarbeit sind feste Teambesprechungen – sofern sie gut moderiert werden und es auch hierfür klare Regeln gibt. Unterscheiden lassen sich zwei Typen von Besprechungen: der Jour fixe, bei dem der Stand der Dinge besprochen wird, und die Teamsitzung, die ein inhaltliches Ergebnis erarbeitet.

Der Jour fixe: eine Diskussionsrunde zum Stand der Dinge

Der Jour fixe findet regelmäßig, aber nicht zu oft statt – in der Regel reicht ein 14-tägiger Turnus. Zu häufige Meetings erzeugen Langeweile oder wirken kontraproduktiv, weil die Teilnehmer die Zweckmäßigkeit anzweifeln. Ist der Arbeitsalltag allerdings sehr schnelllebig oder prägen häufige Änderungen das Geschehen, sollte das Intervall kürzer gewählt sein.

Die Zusammenkunft dauert etwa ein bis zwei Stunden und dient dazu, alle Teammitglieder auf den neuesten Informationsstand zu bringen. Zudem bietet sie die Gelegenheit, Probleme zu besprechen und die nächsten Arbeitsschritte zu planen. Aufgabe eines Jour fixe ist es jedoch nicht, Themen inhaltlich zu bearbeiten. Vielmehr geht es darum, offene Fragen und ungelöste Probleme zu sammeln und ihre spätere Bearbeitung zu planen – sofern sie sich nicht gleich innerhalb weniger Minuten klären lassen. Der typische Ablauf eines Jour fixe lässt sich wie folgt skizzieren:

- Kurzer Lagebericht mit Informationen aus dem Management (ca. 15 Minuten).
- So stehen wir im Team derzeit da und daran arbeiten wir (ca. 15 Minuten).
- Welche Fragen sind offen und müssen geklärt werden (ca. 15 Minuten)?
- Welche Themen müssen wir sonst noch diskutieren (ca. 15 Minuten)?

Die Teambesprechung: Zusammenkunft für Ergebnisse und Entscheidungen

Im Unterschied zum Jour fixe verfolgen Teambesprechungen den Zweck, inhaltlich Ergebnisse zu erarbeiten und Entscheidungen zu treffen. In vielen Unternehmen hat dieser Besprechungstyp einen schlechten Ruf, weil er als ineffektiv gilt – und das zu Recht: Die Teilnehmer kommen unvorbereitet in die Sitzungen, eine strukturierte Tagesordnung fehlt und dementsprechend unbefriedigend sind die Ergebnisse.

Es liegt an Ihnen als Führungskraft, das zu ändern – denn gute Teamsitzungen sind weder Zufall noch Zauberei. Es geht schlicht darum, die Sitzungen gut vorzubereiten und gut zu leiten. Idealerweise übernehmen Sie selbst die Leitung oder Sie bestimmen einen Mitarbeiter, der in Moderationstechniken versiert ist.

Eine solche Sitzung zu leiten erfordert einiges Geschick. Reißen Sie das Gespräch zu sehr an sich oder setzen Sie sich in einer Frage kraft Ihrer Autorität durch, kann es leicht passieren, dass sich Ihre Mitarbeiter zurückziehen und nicht mehr voll einbringen. Eine Ausbildung als Moderator kann da nicht schaden.

Die Besprechung beginnt mit dem Ziel des Meetings, danach ruft der Moderator die Themen in der Reihenfolge der Tagesordnung auf. Die Ergebnisse münden in Maßnahmen und konkrete Aufgaben, für die Verantwortliche und Termine festgelegt werden.

Zur Förderung der Zusammenarbeit: das Teamgespräch

Als Führungskraft führen Sie wahrscheinlich mit jedem Ihrer Mitarbeiter zumindest einmal jährlich ein formelles Mitarbeitergespräch. Darin geben Sie Feedback über die gezeigte Leistung, besprechen aktuelle und künftige Aufgaben, nehmen eine Einschätzung über das Potenzial vor und vereinbaren verbindliche Entwicklungsziele. Hinzu kommen die regelmäßigen Teambesprechungen und natürlich die zahllosen informellen Kontakte und Gespräche, die im Arbeitsalltag notwendig sind, um zu regeln, was geregelt werden muss.

Darüber hinaus hat sich noch eine weitere Kommunikationsform bewährt, die Sie als Führungskraft pflegen sollten: regelmäßige Teamgespräche oder Teamrunden. Während es beim Jour Fixe und bei den Teambesprechungen um sachliche Inhalte geht, widmet sich das Teamgespräch dem Miteinander im Team. So lässt sich der Gefahr begegnen, dass Spannungen anwachsen und die Atmosphäre in der Abteilung belasten – was am Ende auch negativ auf die Sacharbeit durchschlägt.

> **Nutzen Sie das Instrument der Teamgespräche!** Führen Sie regelmäßig, zum Beispiel halbjährlich, ein Teamgespräch durch, bei dem es um Fragen des Miteinanders geht. Finden Sie hierfür einen Termin außerhalb der Spitzenzeiten des Tagesgeschäfts, an dem möglichst alle Mitarbeiter teilnehmen können.

Das Teamgespräch befasst sich mit Fragen der Zusammenarbeit und blickt dabei zum Beispiel auf das letzte halbe Jahr zurück. Als Vorgesetzter können Sie an die Runde folgende Leitfragen stellen:

- Zurückblickend: Was lief gut, was schlecht?
- Wie schätzen Sie derzeit die Stimmung im Team ein?

- Was beschäftigt Sie im Hinblick auf die Zusammenarbeit?
- Was kann ich als Führungskraft verbessern?
- Welche konkreten Maßnahmen schlagen Sie vor? Welches wäre dabei Ihr Beitrag?
- Abschließend:
Was sollen wir beibehalten?
Was brauchen Sie darüber hinaus?
Was sollten wir abschaffen?

Nach einer kurzen Selbstreflexion bietet es sich an, die Fragen in gemischten Gruppen zu bearbeiten. Die Antworten werden auf Metaplan-Karten notiert, angepinnt und vorgestellt. Nach den Mitarbeitern präsentieren auch Sie als Führungskraft Ihre Antworten. Nun werden die Themen in Clustern zusammengefasst und in einer gemeinsamen Diskussion geklärt.

Solche Teamgespräche bringen auch die Teamentwicklung ein gutes Stück voran. Es ist deshalb schade, dass sie in den meisten Unternehmen nur selten stattfinden. Meist fallen sie dem Tagesgeschäft zum Opfer, das es Führungskräften schwer macht, mit dem Team auch einmal innezuhalten und gemeinsam die eigene Teamsituation kritisch unter die Lupe zu nehmen.

Erforderlich ist auch ein Mindestmaß an Vertrauen, um die damit verbundenen Themen offen anzusprechen. Auch das dürfte ein Grund sein, warum Teamgespräche häufig nicht stattfinden. Anstatt konfliktbehaftete Themen in einer solchen Runde auf den Tisch zu legen, geht der Vorgesetzte ihnen lieber aus dem Weg und konzentriert sich auf die unverfänglichen Sachthemen. Nur: Gelöst sind die Probleme damit nicht, sie liegen bestenfalls eine Zeit lang auf Eis. Insofern lohnt es sich, gemeinsam den Mut aufzubringen, sich auf ein Teamgespräch einzulassen.

Was Ihr Team erwartet: die Führungsaufgaben im Überblick

Spielregeln und Prinzipien der Zusammenarbeit, Jour Fixe, Teambesprechungen, Teamgespräche – mit diesen Instrumenten sind Sie in der Lage, Ihr Team zu entwickeln und dauerhaft in Bestform zu halten. Das Instrumentarium ermöglicht Ihnen, die notwendigen Führungsaufgaben wahrzunehmen, damit das Potenzial Ihres Teams sich voll entfalten kann.

Der folgende Überblick fasst diese Führungsaufgaben zusammen, deren Sie sich für eine erfolgreiche Teamentwicklung bewusst sein sollten.

Organisieren Sie Ihr Team! Ihr Team muss funktionieren. Ihre wichtigste Aufgabe liegt daher darin, wie ein »Schmiermittel« an allen Gelenken des Teams zu agieren. Hierfür treffen Sie zum Beispiel Terminabsprachen, stellen Kontakte her, bringen Informationen oder besorgen Arbeitsmittel. Hier gilt es, gelegentlich auch zu improvisieren.

Koordinieren Sie Ihr Team! Ihre Aufgabe liegt darin, die Arbeit im Team ebenso wie die Zusammenarbeit mit anderen Personen im Unternehmen möglichst effektiv und reibungslos zu gestalten. Auf diese Weise erreichen Sie auch, dass Ihre Mitarbeiter den Kopf für die eigentliche Arbeit frei haben.

Moderieren Sie Ihr Team! Wichtige Entscheidungen sollten Sie nicht über den Kopf Ihrer Mitarbeiter hinweg fällen. Manchmal brauchen Sie einen Konsens im Team – sonst besteht die Gefahr, dass das Team auseinanderfällt. Nehmen Sie sich hierzu vorübergehend selbst aus der Sachdiskussion und konzentrieren Sie sich auf die Moderation des Prozesses.

Intervenieren Sie rechtzeitig! In jedem Team gibt es irgendwann Konflikte. Achten Sie auf erste Signale, um Konflikte frühzeitig zu erkennen. Sorgen Sie dann für eine konstruktive Konfliktlösung. Werden Konflikte nicht erkannt oder gar unter den Teppich gekehrt, schwelen sie weiter und gefährden am Ende den Erfolg der ganzen Abteilung.

Repräsentieren Sie Ihr Team! Wirken Sie als Teamleiter nicht nur nach innen, sondern auch nach außen. Repräsentieren Sie die Arbeit Ihres Teams. Ihre Aufgabe liegt darin, berechtigte Interessen und Forderungen des Teams innerhalb des Unternehmens, aber auch gegenüber Kunden erfolgreich zu vertreten.

Stärken Sie Ihrem Team den Rücken! Zeigen Sie diplomatisches Geschick und verhandeln Sie mit Ihren Vorgesetzten über Ziele, Aufgaben und Budget. Schirmen Sie Ihre Mitarbeiter außerdem gegen destruktive Menschen ab. Beziehen Sie klar Stellung gegenüber herablassenden Vorgesetzten, Kollegen und auch Kunden. Dies hat eine enorme Signalwirkung!

Übernehmen Sie Verantwortung! Geben Sie Ihren Mitarbeitern Rückendeckung, auch wenn dies manchmal riskant ist. Übernehmen Sie die Verantwortung für Fehlschläge. Beweisen Ihren Mitarbeitern, dass Sie nicht nur hohle Phrasen dreschen, sondern wirklich hinter Ihnen stehen. Dies schweißt zusammen und weckt Loyalität!

Standortbestimmung: Merkmale eines guten Teams

In den vorherigen Abschnitten haben Sie das Handwerkszeugs kennengelernt und sich die Aufgaben bewusst gemacht, die für ein gut funktionierendes Team erforderlich sind. Nun stellt sich die Frage, wie stark Ihr Team inzwischen geworden ist: Wo stehen Sie heute? Und wie lässt sich der Teamfortschritt feststellen?

Die beiden Amerikaner Dave Francis und Don Young haben zwölf einfache Kriterien eingeführt, mit denen sich der Entwicklungsgrad eines Teams bestimmen lässt. In ihrem Bestseller *Mehr Erfolg im Team* nennen sie diese Merkmale »Teamverstärker«, weil ihre Förderung Energien freisetzt und die Leistungsfähigkeit des Teams erhöht. Wenn ein Verstärker dagegen nicht funktioniert, hemmt er das Team in seiner Entwicklung und in seiner Effektivität.

Um den Entwicklungsgrad Ihres eigenen Teams einzuschätzen, können Sie in Anlehnung an die zwölf Teamverstärker folgende Kriterien nutzen und überlegen, inwieweit sie erfüllt sind:

- **Führung:** Der Vorgesetzte zeigt die Bereitschaft, mit seinem Team eng zusammenzuarbeiten, und nimmt sich auch Zeit für die Entwicklung des Teams. Er betrachtet die Führung des Teams als eine kollektive Aufgabe. Jeder Mitarbeiter hat die Chance, Verantwortung zu übernehmen, wenn sein spezielles Wissen und Talent gefragt sind.
- **Qualifikation:** Die Mitarbeiter sind für ihre Arbeit qualifiziert und können ihre Qualifikation so in das Team einbringen, dass eine ausgewogene Mischung aus Talent und Persönlichkeit entsteht.
- **Engagement:** Die Mitarbeiter identifizieren sich mit den Zielen und Aufgaben des Teams. Sie sind gewillt, ihre Kräfte in die Zusammenarbeit des Teams zu investieren und die Kollegen zu unterstützen. Auch außerhalb des Teams fühlen sie sich miteinander verbunden und wissen die Interessen ihrer Abteilung zu vertreten.
- **Klima:** Im Team herrscht ein Klima, in dem sich die Mitarbeiter wohlfühlen. Sie können offen und direkt miteinander umgehen und sind bereit, sich auf Risiken einzulassen.
- **Leistungsniveau:** Das Team kennt seine Ziele und hält sie für erstrebenswert. Sie kosten zwar Anstrengung, sind aber erreichbar. Die Mitarbeiter setzen ihre Kräfte hauptsächlich dafür ein, Resultate zu erzielen. Sie reflektieren ihr Handeln, um zu sehen, wo Verbesserungen möglich sind.
- **Rolle in der Organisation:** Das Team ist in die Gesamtplanung eingebunden und hat eine klar definierte und sinnvolle Funktion innerhalb der Gesamtorganisation.

- **Arbeitsmethoden:** Das Team hat praktische, systematische und effektive Wege gefunden, um die Probleme gemeinsam zu meistern.
- **Organisation:** Klar definierte Rollen, guter Informationsfluss und reibungslose Arbeitsabläufe sind wesentliche Stützpfeiler des Teams.
- **Kritik:** Bei der Besprechung ihrer Fehler und Schwächen verzichten die Mitarbeiter auf persönliche Attacken, um aus der Kritik lernen zu können.
- **Weiterentwicklung:** Die Mitarbeiter suchen bewusst neue Erfahrungen und stellen ihre ganze Persönlichkeit in den Dienst des Teams.
- **Kreativität:** Das Team hat die Fähigkeit, durch sein Zusammenspiel neue Ideen zu kreieren, innovative Risiken zu fördern und neue Ideen von innen oder von außen wohlwollend aufzunehmen und umzusetzen.
- **Beziehungen zu anderen Gruppen:** Das Team hat systematisch mit anderen Gruppen Beziehungen geknüpft; damit hat es sich offene und persönliche Kontakte erschlossen, die eine optimale Zusammenarbeit gewährleisten.

Ein reifes Team definieren Dave Francis und Don Young als ein Team, das alle diese zwölf Verstärker in genügendem Ausmaß besetzt. Überlegen Sie, wo Ihr Team bei den einzelnen Kriterien steht – und ob Sie daraus Ansatzpunkte für die weitere Teamentwicklung ableiten können. Möglicherweise besteht bei dem einen oder anderen Teamverstärker noch Nachholbedarf.

Einen guten Weg, um hinter die Erfolgsgeheimnisse der Teamentwicklung zu kommen, hat Tom gefunden: Er nimmt mit einem sehr erfolgreichen Kollegen aus dem Führungskreis Kontakt auf und verabredet sich mit ihm zu einem ausführlichen Gespräch. Welche Antworten er erhält, lesen Sie in Toms Tagebuch.

Kein Schwung im Team!

Spätestens wenn das Team eingespielt ist, neigen viele Führungskräfte dazu, sich aus Teamangelegenheiten herauszuhalten, und verlegen sich eher auf eine Zuschauerrolle. Diese Haltung kann schnell dazu führen, dass das Team an Schwung verliert und die Leistungen einbrechen.

So wappnen Sie sich ...

- Entwickeln Sie ein Gespür dafür, wie Sie den Teamgeist fördern und den Zusammenhalt in der Gruppe stärken können. Widmen Sie dem gemeinsamen Miteinander hohe Aufmerksamkeit.

- Fördern Sie die Teamentwicklung – denn ein funktionierendes Teamwork stellt sich nicht von alleine ein. Sorgen Sie dafür, dass das Vertrauen untereinander wächst und eine Bereitschaft entsteht, Konflikte zu bearbeiten und aus der Welt zu räumen.
- Nutzen Sie regelmäßige Teamgespräche als »Stimmungsbarometer« und als eine Möglichkeit, unnötige Diskussionen, Rivalitäten und Machtkämpfe gar nicht erst aufkommen zu lassen.
- Fördern Sie die Toleranz für unterschiedliche Standpunkte, Haltungen und Vorgehensweisen – sodass Ihre Mitarbeiter gegenüber Differenzen und Spannungen eine gewisse Gelassenheit zeigen.
- Beobachten Sie die zwölf »Teamverstärker«. Entwerfen Sie – falls notwendig – ein Trainingskonzept, das die Zusammenarbeit im Team fördert. Holen Sie sich gegebenenfalls die Unterstützung eines Team-Coachs.

Erwin Staudt im Interview
»Stecken Sie bloß keine Energie in hoffnungslose Fälle!«

Herr Staudt, Sie haben bereits in sehr jungen Jahren eine Führungsposition übernommen. Viele Führungskräfte fühlen sich am Anfang unsicher – fragen sich, ob sie den richtigen Ton treffen, die passende Vorgehensweise wählen oder die richtige Entscheidung fällen. Wie ist es Ihnen ergangen? Als IBM mich zur Führungskraft machte, war ich schon zehn Jahre Kommunalpolitiker und musste mich mit den politischen Standpunkten wesentlich älterer Menschen auseinandersetzen. Ich musste argumentieren, verhandeln und vermitteln, auf den Putz hauen, auch mal klein beigeben ...

... was nach einer guten Schule klingt! Richtig. Deshalb habe ich später bei Einstellungen auch immer darauf geachtet, dass ein Kandidat im privaten Bereich ähnlich aktiv war wie ich – im Verein, beim Fußball, im Orchester. Wichtig sind Erfahrungen mit schwierigen Menschen! Musiker sind schwierige Charaktere, Fußballer auch. Jeder meint, er sei ein kleiner Star. Solche Leute unter einen Hut zu bekommen und für ein gemeinsames Ziel zu begeistern, und zwar für eine ganze Saison, das schult.

Wie haben Sie Ihre Führungsfähigkeiten erworben? IBM hat für seine Führungskräfte einen immensen Aufwand betrieben. Ob in Harvard oder Standford – es gab kaum ein Institut, an das man uns nicht geschickt hat, um etwas zu lernen. Doch die wesentlichen Fähigkeiten in Sachen Führung habe ich nicht in Harvard oder sonst einer Topadresse gelernt, sondern beim TSV Eltingen.

Warum gerade dort? Ich war vier Jahre Vorsitzender des Vereins, bevor ich nach Berlin ging. Die große Herausforderung kam immer am Sonntagmorgen, wenn es geregnet hat: Um 09:30 Uhr rief mich der A-Jugend-Trainer an, weil er im Stadion spielen wollte. Das konnte ich nicht zulassen, sonst hätte er den Rasen umgegraben – und wir benötigten den Platz für die erste Mannschaft am Nachmittag in einem ordentlichen Zustand. Ein Ausweichen auf den Kunstrasenplatz kam für den A-Jugend-Trainer aber nicht infrage. Postwendend drohte er damit, seinen Trainerjob hinzuwerfen. Als Führungskraft im Unternehmen kann man in vergleichbaren Situationen mit Konsequenzen drohen oder gutes Gehalt und Karriere in Aussicht stellen. In der Position als Vereinsvorsitzender bleibt allein die Möglichkeit, durch seine persönliche Autorität zu überzeugen. Diese Schule hätte ich mir für jede angehende Führungskraft gewünscht. Dort lernt man mehr als in jedem Führungsseminar.

War die Führungssituation später, als hauptamtlicher Präsidenten des VfB Stuttgart, ähnlich? Nein, die Situation beim VfB war anders. Es gab dort zunächst zwei Vorstände, die praktisch alles entscheiden konnten – was ich aber so nicht wollte. Bei meinem Amtsantritt habe ich deshalb zu meinem Vorstandskollegen gesagt: »Ich möchte nicht mit dir alleine alle Entscheidungen treffen.«

Warum nicht? Es ist doch eine angenehme Situation, über alle notwendigen Entscheidungsbefugnisse zu verfügen, oder etwa nicht? Ja, vielleicht. Aber die typische Situation, die man bei allen großen, internationalen Organisationen hat, ist doch: Da wird in den USA von oben herab entschieden und in Deutschland sitzen alle da und maulen: »So ein Blödsinn. Die haben doch keine Ahnung!« Um solches Gerede zu verhindern, bildeten wir beim VfB einen erweiterten Vorstand, der aus zehn Mitgliedern bestand, unter ihnen der Marketingleiter, der Controller, auch der Pressesprecher. Wir kamen jeden Montag zusammen und trafen unsere Entscheidungen. Das Bemerkenswerte daran: In meiner achtjährigen Amtszeit wurden alle Entscheidungen des Vereins in diesem Team getroffen – und das durchweg einstimmig.

Kommen wir zurück zu Ihrer Zeit als Führungskraft bei IBM. Um ein schlagkräftiges Team zu bilden, braucht es ja viel Geduld, um die Mitarbeiter von sich zu überzeugen. Hat Sie das geprägt? Meine Geduld hat da ihre Grenzen. Es ist ein falscher Ansatz, auch noch den letzten Mitarbeiter von sich überzeugen zu wollen. Diese Mühe lohnt sich nicht. Ich denke da recht ökonomisch: Ich konzentriere meine Kraft auf diejenigen, die auf meiner Seite stehen – und nicht darauf, den letzten noch auf meine Seite zu ziehen. Man muss hier von einer Gauß'schen Normalverteilung ausgehen: Da gibt es auf der einen Seite die Mitarbeiter, die bedingungslos hinter einem stehen, dann folgt in der Mitte die große Zahl der Mitarbeiter, die mitmachen – und am Ende der Kurve einige Mitarbeiter, die eine Sache strikt ablehnen. Den bedingungslosen Befürwortern steht in der Regel also eine genauso große Gruppe von Widersachern gegenüber. Mein Fehler war lange Zeit, vor allem in jungen Führungsjahren, dass ich meine ganze Liebe der ablehnenden Fraktion gewidmet habe. Ich wollte diese Leute von mir und meinen Ideen überzeugen. Ich glaubte, alle müssten mit mir an einem Strang ziehen.

Eine Meinung, die Sie dann korrigiert haben? Das funktioniert nicht. Stecken Sie bloß keine Energie in hoffnungslose Fälle! Man muss die Leute aus dem Team rausnehmen – da muss man konsequent sein. Das ist mir so richtig bewusst geworden, als mich einmal der Chef des Gesamtbetriebsrats zur Seite nahm und zu mir sagte: »Erwin, hör jetzt endlich auf damit, diese Miesepeter auf deine Seite kriegen zu wollen. Kümmere dich doch mit deiner Energie lieber um die Leute, die voll hinter dir stehen. Mach die stark und setz die anderen lieber auf einen anderen Posten.«

Wurden Sie stutzig in diesem Moment? Ja, das hat mich schon stutzig gemacht. Meine Überzeugung war immer, dass es keine aussichtslosen Fälle gibt und man sich um jeden bemühen muss – so bin ich auch erzogen worden. Aber mit der Zeit ist mir klar geworden, dass eine Führungskraft es sich auf Dauer nicht leisten kann, mit diesen Mitarbeitern ihre Energie zu verschwenden.

Wenn eine Führungskraft eine neue Position übernimmt, steht sie vor der Aufgabe, ein schlagkräftiges Team zusammenzustellen. Da gibt es ja häufig Widerstände ... Das stimmt. Ich stecke zehn Leute zusammen und sage ihnen, dass sie jetzt ein Team sind. Da denkt mancher erst einmal: »Ich? Mit denen? Das darf doch nicht wahr sein!« Zunächst ist die Haltung eher passiv, so in der Art: »Sollen die anderen doch erst mal machen, ich passe da jedenfalls nicht rein.« Trotzdem beobachtet man die anderen, schließlich ist man ja neugierig, was das für Typen sind, mit denen man künftig zusammenarbeiten soll.

Wie geht es dann weiter? Dann beginnt die Nahkampfphase. Die Leute gehen aufeinander zu. Jeder schaut, mit wem er gut kann. Es zeichnet sich eine gewisse Rangordnung ab, es bilden sich Cliquen und Seilschaften. Auch erste Konflikte und Rivalitäten entstehen. Zugleich lernen sich die Teammitglieder näher kennen – und die Nahkampfphase geht allmählich in eine Phase über, in der gegenseitiger Respekt und eine gewisse Offenheit entstehen. Daraus ergibt sich schließlich die Verschmelzungsphase: Jetzt passt alles zusammen, die Teammitglieder kennen ihren Platz und ihre Aufgabe.

Nun ist es ja nicht sicher, dass ein Team diesen Entwicklungsprozess so einfach durchläuft. Was machen Sie als Führungskraft, wenn die Teamentwicklung steckenbleibt? Dann kommt es darauf an, Führung zu übernehmen. Die Führungskraft muss diese »Roadblocks« erkennen und zur Seite räumen. Sie muss die Karten offen auf den Tisch legen und dafür sorgen, dass die Probleme diskutiert und ausgeräumt werden.

Durch Ihre Tätigkeit beim VfB Stuttgart kennen Sie die Welt des Mannschaftssports sehr gut. Was unterscheidet den Trainer einer Profimannschaft im Fußball von der Führungskraft in der Industrie? Der wesentliche Unterschied ist, dass der Fußballtrainer viel näher dran ist – und die Ergebnisse der eingeleiteten Maßnahmen auf dem Platz sehr schnell sichtbar werden. Demgegenüber hat die Führungskraft in der Industrie mehr Distanz. Sie bekommt ihre Mitarbeiter weniger zu Gesicht. Und wenn sie eine Anweisung gibt, sieht sie erst nach vielleicht zwei oder drei Wochen ein Ergebnis. Im Fußball ist das anders, die Fußballer stehen physisch beieinander – jeden Tag!

Was bedeutet das für den Trainer? Wenn der Trainer eine Taktik vorgibt, die am Spieltag nicht aufgeht, und das Spiel geht verloren, hat er ein Problem und verliert an Ansehen. Auch wenn er eine gewisse Inkonsequenz gegenüber den Spielern zeigt, sieht das jeder. Hat er es sich aber mit dem Team verscherzt, kann er das nicht mehr reparieren.

Gilt das nicht auch für eine Führungskraft im Unternehmen? Da lassen sich die Dinge eher noch reparieren. Wenn ich das Gefühl hatte, dass eine Entscheidung bei meinem Team negativ angekommen ist, habe ich die Mitarbeiter zusammengerufen, die Tür zugemacht und gesagt: »Okay, Leute. Ich weiß, dass ihr jetzt sauer auf mich seid, weil ich das jetzt so entschieden habe.

Deshalb will ich euch das noch einmal erklären. Ich möchte, dass wir den Raum als geschlossenes Team verlassen.« Es kam auch vor, dass ich mich bei einzelnen Leuten entschuldigen musste. Dann war das aber wieder repariert. Ein Fußballtrainer bekommt das so nicht hin, weil es die Nähe nicht zulässt.

Ist denn Nähe so schlecht? Die Amerikaner haben einen schönen Spruch: »familiarity breeds temptation« – zu viel Vertraulichkeit schadet. Ein Chef sollte immer eine gewisse Distanz zu seinen Mitarbeiter wahren und ihnen deutlich machen, dass er im Zweifelsfall am längeren Hebel sitzt.

Etappe 5

Das Ziel vor Augen
Die Zukunft der Abteilung gestalten

Ihr eilt der Ruf voraus, dass Veränderungen ihre Spezialität sind. Sie wird auf Positionen geholt, bei denen es so, wie es heute ist, nicht weitergehen kann. Die Rede ist von Anette Bronder, Geschäftsführerin der Digital Division bei T-Systems. »Ich habe das offenbar in meiner DNA drin«, schmunzelt die ehemalige Change-Beraterin.

Wenn sie eine Organisation übernimmt, um sie strategisch neu zu positionieren, richtet Anette Bronder ihr Augenmerk zunächst auf greifbare Erfolge. Indem sie in einem überschaubaren Zeitrahmen von sechs Monaten sichtbare Ergebnisse erzielt, bringt sie ihre Leute hinter sich. »Greifbare Ergebnisse lassen die Mitarbeiter ebenso wie das Führungsteam an die Person und die Sache glauben.« Die Managerin achtet darauf, sich diese Erfolge nicht ans eigene Revers zu heften, sondern mit den Namen ihrer Mitarbeiter zu verbinden: »Wenn eine Initiative erfolgreich war, steht hinter ihr ein Name – und zwar der Name des Mitarbeiters, der diesen Erfolg zu verantworten hat. Das gebietet allein schon der Respekt.«

Auch im Tagesgeschäft duldet Anette Bronder keinen Stillstand. Hier setzt sie auf einen kontinuierlichen Verbesserungsprozess, an dem Mitarbeiter und Team wachsen. »Wer als Führungskraft das Tagesgeschäft managt, wird immer an Punkte gelangen, an denen etwas an der Qualität oder Performance nicht stimmt. Daraus entsteht automatisch wieder ein Veränderungsprojekt.« Das gilt auch mit Blick auf die Kundenanforderungen, die ebenfalls immer wieder zu neuen Projekten Anlass geben: »Wenn sich die Kunden entwickeln, müssen wir immer die Frage stellen: Was bedeutet das für uns? Brauchen wir andere Fähigkeiten? Brauchen wir andere Produkte?«

Deutlich wird: Eine Führungskraft muss den Blick nach vorn richten und sich mit ihrer Abteilung strategisch klar positionieren. Das Abenteuer Führung tritt damit in eine neue Phase: Ein »Weiter-wie-bisher« ist keine erfolgversprechende Option, vielmehr kommt es jetzt auf die strategisch richtigen Entscheidungen an. Wie Sie eine gute Strategie entwickeln und erfolgreich auf den Weg bringen, ist Thema der fünften Etappe. Mit ihr legen Sie den Grundstein für den langfristigen Erfolg Ihrer Abteilung.

Begleiterin auf der Etappe: Anette Bronder

Und täglich grüßt das Murmeltier. Nicht nur bei ihrer ersten Führungsposition wagte Anette Bronder aus dem Team heraus den Sprung auf den Chefsessel, sondern wiederholte dieses Vorgehen noch einige weitere Male. »Das ist immer schwierig«, meint sie rückblickend. »Einerseits will man ja das bestehende Netzwerk zu den Kollegen nicht zerstören, andererseits muss es aber auch gelingen, eine gesunde Distanz aufzubauen und sich als Führungskraft Akzeptanz und Respekt zu erarbeiten.« Geholfen hat ihr dabei nicht zuletzt ihre hohe fachliche Kompetenz.

Die Karriere der zweifachen Mutter begann als Unternehmensberaterin in einem IT-Konzern. Schon da ging es um Veränderungsprojekte: Sie begleitete zahlreiche Unternehmen dabei, neue Strategien zu entwickeln und Veränderungsprozesse zu gestalten. Nach einigen Jahren stieg sie innerhalb der Beratungseinheit auf – zunächst als Führungskraft, dann als Leiterin der ganzen Einheit. Nun war sie nicht nur für die Kundenprojekte verantwortlich, sondern auch für die Weiterentwicklung der eigenen Organisation. Eine ganz neue Dimension: »Da sitzt man dann im Meeting – und alle starren dich fragend an, wie es jetzt weitergeht.«

Als Führungskraft muss man solche Situationen mögen. Anette Bronder jedenfalls fand Gefallen an ihrer Rolle. 2010 wechselte sie zu Vodafone und übernahm dort das Geschäft für Delivery Services. Zum 1. März 2015 wurde sie in die Geschäftsführung der T-Systems berufen, wo sie nun die neue Digital Division aufbaut.

Ausblick auf die Etappe

Die Anfangsschwierigkeiten sind überwunden, Ihre Mitarbeiter sind motiviert – alles in allem sind Sie zufrieden. Früher oder später kommt jedoch der Zeitpunkt, bei dem das nicht mehr reicht: Um Ihren Erfolg zu sichern, müssen Sie sich Gedanken über die Zukunft machen. Mit Etappe 5 ist es so weit.

Das Kapitel »Blick voraus« leitet in die Aufgaben der strategischen Führung über: Sie erfahren, wie Sie ein motivierendes Zukunftsbild entwerfen und

Schritt für Schritt zu einer neuen Strategie kommen. Im Kapitel »Ideenwerkstatt« geht es dann zur Sache: Sie versammeln Ihre wichtigsten Mitarbeiter um sich und entwickeln in einem zweitägigen Workshop eine Strategie für Ihre Abteilung. Sie lernen sechs Schritte kennen, die Sie auf Ihren eigenen Strategieprozess übertragen können.

Mit der Strategie haben Sie ein klares Ziel vor Augen, doch nun braucht es ein Konzept, um dieses Ziel auch zu erreichen. Das Kapitel »Der Kraftakt« zeigt, wie Sie Ihrer Strategie Beine machen. Die meisten Strategieumsetzungen scheitern an mangelnder Führungskompetenz. Das Kapitel »Führungsstärke« präsentiert Ihnen daher eine Leadership-Formel und einige Leitfragen, die Ihnen helfen, Führungsstärke aufzubauen.

Auch Tom erkennt, dass er neben dem Tagesgeschäft die Weiterentwicklung seines Bereichs in den Blick nehmen muss. Nachdem er sich in den ersten Monaten einen Überblick über seine Organisation verschafft hat, wird ihm klar, wie herausfordernd die Ziele sind, die ihm der Vorstand gesetzt hat. Ohne einschneidende Veränderungen würden sich diese Ziele nicht erreichen lassen. Deshalb lädt er die Key-Player seines Teams zu einem zweitägigen Strategie-Workshop ein, um gemeinsam eine Strategie für die nächsten zwei bis drei Jahre zu erarbeiten.

Blick voraus
Erfolge in der Zukunft erfordern eine gute Strategie

»Strategie ohne Taktik ist der langsamste Weg zum Ziel.
Taktik ohne Strategie ist nur der Lärm vor der Niederlage.«
Unbekannt

Führungskräfte stecken häufig bis über beide Ohren in der täglichen Arbeit. Zeit zum Nachdenken über das große Ganze bleibt da keine. Wozu auch? Die Routinen haben sich eingespielt, die Dinge gehen ihren Gang. Allenfalls wirbeln die Chefs gelegentlich mit einer neuen Idee Staub auf – doch wenn der sich gelegt hat, bleibt alles wieder beim Alten. So vergeht die Zeit und viele Führungskräfte versäumen, für ihre Abteilung eine längerfristige Strategie zu entwickeln. Mit oft fatalen Folgen.

Kodak hat Insolvenz angemeldet. Das war sicher die Wirtschaftsnachricht zu Beginn des Jahres 2012. Mehr als ein Jahrhundert lang war das Unternehmen für Hunderte Millionen Menschen in aller Welt der Inbegriff von Fotografie. Ende der 1990er-Jahre war Kodak noch die viertwertvollste Marke dieser Erde hinter Disney, Coca-Cola und Mc Donald's. Wie kann es sein, dass ein Weltkonzern, der das Filmgeschäft über ein Jahrhundert lang dominierte, in diese Lage geriet?

Die Antwort ist bekannt: Der Pionier der Kameras für jedermann und Vorreiter in der Filmtechnologie wurde vom digitalen Wandel überrollt. Dabei gilt Kodak als Erfinder der Digitalkamera – 1986 lancierte das Unternehmen die erste kommerzielle Digitalkamera der Welt. Technologisch war Kodak vorne mit dabei. Doch offensichtlich fehlte eine Strategie, um das Unternehmen erfolgreich am Markt zu positionieren.

Wenn ganze Unternehmen vom Markt verschwinden, weil sie keine Strategie haben, wichtige Trends verschlafen oder keine Innovationen hervorbringen – dann erscheint das für Führungskräfte im ersten Moment weit weg. Nur: Was im Großen geschieht, kann einige Nummern kleiner ebenso jede Führungskraft mit ihrer Abteilung ereilen. Letztlich ist auch jede Teileinheit eines Unternehmens den Gesetzen der Marktwirtschaft unterworfen. Wer für die Leistungen der eigenen Abteilung keine Abnehmer mehr findet, muss zwar nicht Insolvenz anmelden, aber doch damit rechnen, dass die Abteilung vom Organigramm verschwindet.

Dieses Schicksal traf zum Beispiel Hartmut F, der bei einem Computerhersteller den Werkskundendienst leitete. Nicht im Traum hätte er daran gedacht, dass seine Abteilung gefährdet sein könnte. Wo es PCs gibt, davon war er überzeugt, gibt es auch Probleme. Zudem war der Werkskundendienst äußerst profitabel und trug viel zu den guten Geschäftszahlen des Unternehmens bei. Hartmut F wog sich in Sicherheit und übersah lange die drohenden Gewitterwolken, die am Horizont aufzogen: Immer mehr Vertriebspartner des Herstellers entdeckten im Kundendienst ebenfalls ein lukratives Geschäft und schlossen ihrerseits Kundendienstverträge ab. So gruben sie dem herstellereigenen Werkskundendienst langsam, aber sicher das Wasser ab. Als der Trend in den Geschäftszahlen sichtbar wurde, war es zu spät. Hartmut F verlor weiter an Kunden. Schließlich befasste sich die Geschäftsleitung mit dem Thema – und einen Monat später war der Werkskundendienst Geschichte. Der Abteilungsleiter und viele seiner Mitarbeiter verloren ihre Jobs.

Das Schicksal von Hartmut F ist keineswegs ein Einzelfall. Da gibt es eine Abteilung mit IT-Experten, die den Umstieg des Unternehmens auf neue Technologien verschläft. Oder die PR-Abteilung, die von einer externen PR-Agentur ausgebootet wird. Oder eine Personalbuchhaltung, die zu teuer und zu träge geworden ist und deshalb durch einen externen Dienstleister ersetzt wird. Ständig werden in deutschen Unternehmen Abteilungen überflüssig und verschwinden von der Bildfläche. Die jeweiligen Vorgesetzten müssen sich hier dem Vorwurf stellen, die Zeichen der Zeit nicht erkannt und die Arbeitsplätze ihrer Mitarbeiter gefährdet zu haben.

Nicht nur jedes Unternehmen, auch jede Abteilung und sogar jedes größere Projekt sollte deshalb eine Strategie haben. Nur dann hängt der Erfolg nicht vom Zufall ab. Eine Strategie ist wie ein Kompass, der hilft, die Richtung zu halten und zur rechten Zeit die richtigen Dinge zu tun.

> **Die große Gefahr!** Führungskräfte ruhen sich auf ihrem Status quo aus und versäumen, eine Strategie für ihre Abteilung zu entwickeln. Damit gefährden Sie ihren Erfolg – verspielen im Extremfall die Zukunft ihrer ganzen Abteilung.

Es geht also darum, den Blick nach vorne zu richten. Nachdem Sie in den ersten Monaten Ihre Abteilung in den Griff bekommen und die Routinen sich eingespielt haben, stehen Sie nun vor der zweiten großen Herausforderung als Führungskraft: Ihre Aufgabe ist jetzt, die Zukunft zu gestalten und hierfür eine Strategie zu entwickeln. Anders formuliert: Neben die operative Führung tritt nun auch die strategische Führung.

Operative und strategische Führung

Strategische Führung kommt oft zu kurz. Meist liegt es daran, dass die Führungskraft stark im operativen Tagesgeschäft involviert ist und nicht die Ruhe findet, sich mit strategischen Fragestellungen zu befassen. Oder sie nimmt sich zu wenig Zeit, um die Unternehmensstrategie auszuarbeiten, regelmäßig zu überprüfen und anzupassen. Vielleicht liegt es aber auch daran, dass gar nicht so recht klar ist, was genau mit Strategie und strategischer Führung gemeint ist. Die Begriffe werden oft ähnlich vage benutzt wie Freiheit, Brüderlichkeit oder soziale Marktwirtschaft.

Der Begriff »Strategie« stammt aus der Kriegsführung. Er umschreibt die Planung des Krieges und die Art und Weise, wie eine Schlacht geführt wurde. Eine Strategie war dann erfolgreich, wenn ein Führer die kriegerischen Aktionen gut plante und das Heer so führte, dass er die Schlacht und schließlich den Krieg für sich entscheiden konnte. Im unternehmerischen Kontext ist Strategie immer mit einer langfristigen Perspektive verbunden. Sie hilft, die Weichen rechtzeitig zu stellen – also sich mit den richtigen Fragen zu beschäftigen und zur rechten Zeit die richtigen Dinge zu tun.

Im Kern geht es bei der »Strategie« um eine einfache Frage, die auch keine betriebswirtschaftlichen Spezialkenntnisse voraussetzt: Auf welche Aktionsfelder soll eine Organisation ihre Kräfte und Ressourcen konzentrieren, um mittel- bis langfristig den größtmöglichen Erfolg zu erzielen? Aufgabe der Führungskraft ist, diese Aktionsfelder für ihre Abteilung festzulegen. Das kann sie entweder »aus dem Bauch heraus« machen oder auf der Grundlage von Zahlen, Daten und Fakten. In jedem Fall übernimmt sie damit die *strategische Führung* für ihre Abteilung. Mit den Aktionsfeldern legt sie zugleich langfristige Ziele fest, an denen sich die Abteilung ausrichtet. Eine solch klare Orientierung wirkt auch der Gefahr entgegen, sich in der Hektik des Tagesgeschäfts zu verzetteln.

Vereinfacht kann man sagen: Strategische Führung bedeutet, *die richtigen Dinge zu tun*, während es bei der operativen Führung darum geht, diese Dinge im Tagesgeschäft richtig umzusetzen, das heißt: *die Dinge richtig zu tun* (siehe Abbildung 5.1) Eine gute strategische Führung stellt also sicher, dass die Mitarbeiter die richtigen Problemfelder bearbeiten und die Abteilung langfristig richtig positioniert ist. Die Abteilung erreicht die richtigen Ziele, sie ist *effektiv*. Dagegen gewährleistet eine gute operative Führung, dass die Ziele planmäßig erreicht werden – sie sorgt also für eine *effiziente* Umsetzung. Beides ist wichtig: Von einer Führungskraft wird erwartet, dass sie ihr Team effektiv *und* effizient führt.

Es macht einen großen Unterschied, ob Sie als Führungskraft Strategien managen oder das operative Tagesgeschäft führen. Aber beides ist unerlässlich und muss harmonieren. Die tollste Strategie bleibt in der Umsetzung hängen, wenn sie nicht an reibungslose Arbeitsabläufe gekoppelt wird. Umgekehrt kann eine fantastische operative Führung noch so sehr Kosten senken, Qualität verbessern oder Durchlaufzeiten reduzieren – ohne klaren strategischen Kurs bleibt der Erfolg auf längere Sicht gefährdet. Was nützt es, bei einer großen Expedition die Abläufe vorbildlich zu organisieren und

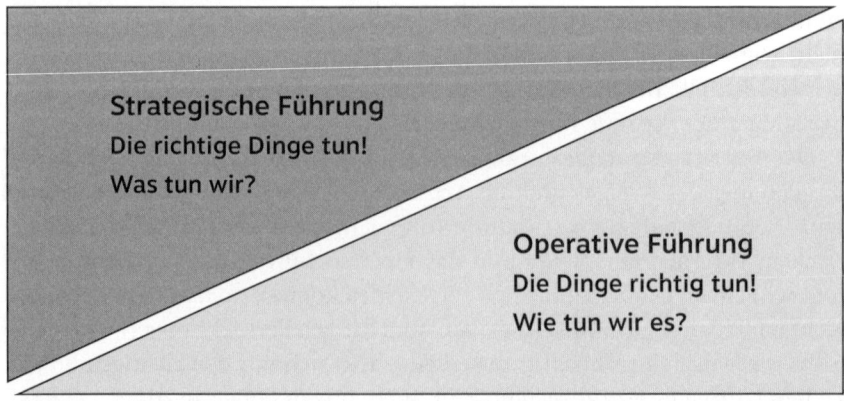

Abbildung 5.1: Strategische und operative Führung: die richtigen Dinge tun – die Dinge richtig tun!

die Teilnehmer zu Höchstleistungen zu bewegen, wenn das Team gerade den falschen Berg besteigt?

Strategische Führung bedeutet also, für die Abteilung den richtigen Kurs festzustellen und einzuschlagen. Gemeinsam mit Ihren Mitarbeitern entwickeln Sie einen Leitfaden für die Zukunft, an dem sich das gesamte Team ausrichtet. Die wesentlichen Bausteine hierfür sind ein motivierendes Zukunftsbild, eine fundierte Bestandsaufnahme, die Formulierung einer Strategie – und natürlich deren Umsetzung.

Baustein 1: Ein motivierendes Zukunftsbild

Langfristig hängt der Erfolg davon ab, inwieweit sich die Mitarbeiter mit Ihnen und der Abteilung identifizieren. »Wofür steht die Abteilung? Welchen Sinn hat meine Arbeit?« Nur wenn ein Mitarbeiter hierauf eine befriedigende Antwort hat, wird er sich engagieren. Nur dann fühlt er sich an Sie als Vorgesetzten und die Abteilung gebunden, möchte zum Erreichen der Ziele beitragen – auch eigenständig handeln und Entscheidungen treffen.

Eine gute *Vision* kann hierfür die Identifikationsfläche und den notwendigen Orientierungsrahmen schaffen. Eine Vision ist ein Zukunftsbild, ein Zustand, der in der Zukunft erreicht werden soll. Sie gibt Antwort auf die Frage nach dem Sinn der Tätigkeit: Warum tun wir das, was wir heute tun? Und: Wo wollen wir in einigen Jahren stehen?

Eine herausfordernde, sinnstiftende Vision bewegt die Menschen und gibt ihnen das Gefühl, dass es lohnt, sich dafür zu engagieren. Sie motiviert die Mitarbeiter, schafft aber auch Orientierung: Das Zukunftsbild zeigt auf, wohin die Reise geht. Für Tom und seine neue Abteilung für Großkundenprojekte könnte die Vision zum Beispiel lauten:

> »Wir wollen in unserem Unternehmen der Bereich sein, der bedeutende Projekte bei Großkunden akquiriert, erfolgreich umsetzt und damit 50 Prozent zum Gesamtumsatz des Unternehmens beiträgt.«

Eng verbunden mit der Vision ist eine *Mission*. Gemeint ist damit ein Auftrag, der sich aus der Vision ableitet: Die Mission beschreibt, welche Rolle die Abteilung im Unternehmen einnimmt und welche Aufgaben sie erfüllt. Sie beginnt meist mit den Worten »Wir sind ...« – und definiert damit das Selbstverständnis der Abteilung.

Eine Mission richtet sich nicht an die Mitarbeiter, sondern an die Kunden – denn diese sollen verstehen und wissen, wofür die Abteilung steht und was sie für die Kunden sein möchte. Eine Leitfrage für das Formulieren der Mission heißt also: »Wie wollen wir von unseren Kunden gesehen werden?« Im Falle von Tom könnte die Mission beispielsweise lauten:

> »Wir verstehen uns als Projektorganisation eines hoch spezialisierten Herstellers von Maschinen, Anlagen und Systemen. Für unsere Kunden sind wir Partner für den Aufbau und die Inbetriebnahme großer Fertigungsanlagen. Unser Team besteht aus Spezialisten für Technologieberatung, Produktentwicklung und Projektmanagement. Durch das gute Zusammenspiel der unterschiedlichen Disziplinen sind wir gerade auch für komplexe Lösungen optimal aufgestellt. Als Kompetenzzentrum für Großkundenlösungen arbeiten wir weltweit vernetzt und auf internationalem Spitzenniveau.«

Es erfordert einigen Aufwand, um Vision und Mission zu erarbeiten – schließlich sollen sie ja nicht nur auf dem Papier stehen, sondern ihre Funktion erfüllen. Eine Vision funktioniert nur, wenn die Mehrzahl der Mitarbeiter hinter ihr steht und sich mit den darin formulierten Zielen verbunden fühlt. Vision und Mission müssen Mitarbeiter, Kunden und andere Interessengruppen überzeugen, besser noch: begeistern und mitreißen! Notwendig ist deshalb im Vorfeld eine gründliche Diskussion mit den Mitarbeitern, in der die unterschiedlichen Vorstellungen über Ziele und Werte herausgearbeitet und auf einen gemeinsamen Nenner gebracht werden.

Lassen Sie sich nicht davon beirren, dass die Begriffe »Vision« und »Mission« ziemlich inflationär verwendet werden und in vielen Unternehmen zu Modebegriffen verkommen sind. Es geht nicht darum, wie dies häufig geschieht, ein paar nebulöse, hochtrabende Sätze zu formulieren, die keiner im Unternehmen ernst nimmt. Die Aufgabe liegt vielmehr darin, in enger Zusammenarbeit mit Ihren Mitarbeitern eine Vision und eine Mission zu formulieren. Auf diese Weise schaffen sie ein gemeinsames Selbstverständnis, das die Grundlage für einen erfolgreichen Strategieprozess bildet.

Baustein 2: Analyse der Ausgangslage

Wo stehen wir heute? Was kennzeichnet die Entwicklungen in unserer Branche? Welches sind unsere Stärken und Schwächen? Was tun unsere

Wettbewerber? Konzentrieren wir uns auf *ein* Geschäft? Welches Verhalten zeigen die Kunden? Fragen wie diese helfen, die gegenwärtige Situation zu analysieren und zu beschreiben. Das ist wichtig, um den Startpunkt für die eigene Strategie zu erkennen und sichtbar zu machen.

Ausgangslage jeder strategischen Arbeit ist also eine umfassende Analyse, die sich in eine Innen- und Außenbetrachtung gliedern lässt:

- Außenbetrachtung. Mit einer Umfeldanalyse führen Sie alle Informationen über das Umfeld Ihres Bereiches zusammen. Dabei werden Trends und Entwicklungen in Markt und Umwelt analysiert und bewertet, insbesondere Triebkräfte der Branche und des Marktes, Kundenerwartungen, Aktivitäten der Wettbewerber und Partner, technologische Entwicklungen und vieles mehr.
- Innenbetrachtung. Der zweite Teil der Analyse richtet den Blick nach innen. Zeigen Sie die Stärken und Schwächen Ihrer Abteilung auf, ebenso die bisherigen Erfolge und Misserfolge sowie die verfügbaren Kompetenzen und Ressourcen.

Die Analyse der Ausgangslage deckt Potenziale, aber auch Risiken auf – wobei beides nicht immer leicht zu erkennen ist. Manche Einflussfaktoren verändern sich schleichend über einen längeren Zeitraum und werden im Alltagsgeschäft übersehen oder verdrängt. Andere Veränderungen kommen überraschend und hinterlassen tiefe Spuren, sind aber im Vorfeld nur schwer zu erkennen.

Die Analyse der Gegenwart ist meist bedeutsamer, als Vermutungen über die Zukunft anzustellen. Vorhersagen und Prognosen über Absatzzahlen, Gewinne und vieles mehr sind zu einem beliebten Ritual und zu einem Element der formalen Strategieplanung in großen Unternehmen geworden. Meistens sind sie falsch und damit letztlich sogar riskant.

Strategisch Denken hingegen bedeutet, sich ausgehend von der Gegenwart Gedanken über die Zukunft zu machen und dabei unterschiedliche Szenarien durchzuspielen. Das hat den Vorteil, dass Sie sich auf Entwicklungen schneller einstellen können, die in der Gegenwart nicht abzusehen waren.

Baustein 3: Formulierung der Strategie

Mit der Analyse haben Sie die aktuelle Gemengelage mit ihren Potenzialen und Risiken ergründet. Nun beginnt die Kunst der Strategieformulierung: Es gilt zu entscheiden, welche strategische Option Sie wählen. Wie Sie dabei vorgehen und welche Strategie Sie am Ende entwickeln – dazu gibt es in der Literatur zahlreiche Ansätze und Lehrmeinungen. Zum Beispiel können Sie mögliche zukünftige Differenzierungsansätze prüfen, neue Tätigkeitsgebiete und Aktivitätsfelder in Betracht ziehen, auf Nutzenpotenziale setzen oder Ihre Strategie an Kernkompetenzen ausrichten.

Doch unabhängig davon, welche Werkzeuge und Methoden Sie einsetzen, bleibt der Kernpunkt immer derselbe: Sie müssen entscheiden, auf welches Pferd Sie setzen. Treffen Sie diese Entscheidung nicht aus dem Bauch heraus, sondern prüfen Sie Ihre Optionen systematisch auf Erfolgsaussichten, Umsetzbarkeit und mögliche Risiken. Beziehen Sie auch weiche Faktoren in Ihre Überlegungen mit ein: Wird die Strategie bei den Mitarbeitern auf Akzeptanz stoßen? Motiviert die Strategie? Passt Sie zur Kultur im Unternehmen, aber auch im Team? Ist mit Widerständen zu rechnen?

Eine Strategie gegen den Widerstand der eigenen Mitarbeiter durchzusetzen erfordert einen enormen Kraftaufwand – und es ist zweifelhaft, ob sie jemals Erfolg hat. Generell gilt: Strategien, die auf Effizienz und Kosteneinsparung zielen, werden weit weniger akzeptiert als Strategien, in denen es um Wachstumspotenziale oder Qualitätsverbesserungen geht.

Mit Blick auf die spätere Umsetzung gilt es, bereits bei der Formulierung der Strategie auf einen wichtigen Aspekt zu achten: Beschränken Sie sich auf wenige Hauptziele! Mehr als einige wenige konkrete Maßnahmen und Initiativen sind später neben dem operativen Tagesgeschäft kaum umsetzbar. Ein Zuviel an Zielen zersplittert die Kräfte und kann schnell den Erfolg des ganzen Vorhabens gefährden.

Baustein 4: Umsetzung der Strategie

Mit der Umsetzung eines Vorhabens ist das so eine Sache. Sie kennen das ja, wenn sich das Jahr dem Ende zuneigt und man über die guten Vorsätze für die bevorstehenden 365 Tagen nachzudenken beginnt: Rauchen aufhören, abnehmen, weniger Stress, mehr Zeit für die Familie. Tatsächlich ist der Stress dann noch größer, dadurch steigt der Zigarettenkonsum, die Familienzeit sinkt auf ein neues Minimum und weitere Kilos setzen sich fest.

Jahresstrategieplanungen laufen in den Unternehmen meist ganz ähnlich ab: In langen Meetings wird vieles beschlossen, dann aber nur weniges umgesetzt. Manche Führungskraft ist schon froh, wenn sie das laufende Geschäft bewältigt und das nächste Jahresende unbeschadet erreicht. Die Protokolle der jährlichen Strategiemeetings lesen sich oftmals wie eine Aneinanderreihung guter Absichten – durchaus vergleichbar mit den Vorsätzen an Silvester. Da wie dort bleibt es beim Vorsatz, weil der Alltag sich wieder einschleicht und seine Herausforderungen oder auch Krisen bereithält, die bewältigt werden müssen.

Damit stellt sich die Frage, wofür diese zähen und langweiligen Dauermeetings, noch dazu im stressigen Jahresendspurt, überhaupt gut sein sollen. In vielen Unternehmen werden sie kaum mehr ernst genommen, einige haben sie abgeschafft. Die volatilen Märkte seien ohnehin unberechenbar, heißt es zur Begründung, eine großartige Planung mache da gar keinen Sinn. So entsteht eine Kultur der Nichtplaner und der Heimlichplaner. Während die Nichtplaner gänzlich auf Jahres- und Strategieplanungen verzichten und auf neue Herausforderungen eher spontan reagieren, entwerfen die Heimlichplaner zwar eine Jahresplanung, weil sie darin durchaus einen Sinn sehen. Sie tun dies jedoch heimlich, ohne andere in ihre Gedanken einzuweihen und an der Planung teilhaben zu lassen.

Höchste Zeit also für einen Relaunch des jährlichen Strategiemeetings! Richtig angepackt ist dieses Treffen höchst sinnvoll – bringt es doch den Strategieplan auf den Weg. Mit etwas Umdenken und Kreativität ist es nicht schwer, aus einer langweiligen Strategiesitzung einen spannenden Workshop zu machen, bei dem die Teilnehmer gemeinsam konkrete Ziele definieren sowie Maßnahmen, Termine und Verantwortlichkeiten festlegen.

Steigen Sie ein mit dem Motto: »Dieses Mal ziehen wir es durch!« Wie bei den Silvestervorsätzen scheitert die Umsetzung weniger am Willen als an einer fehlenden Umsetzungsplanung. Definieren Sie deshalb gemeinsam mit den Mitarbeitern konkrete Ziele und Zwischenziele, die im Einklang mit der Vision und den Unternehmenszielen stehen. Und halten Sie diese Ziele im Verlauf des Jahres nach.

Häufig versuchen Vorgesetzte, Ziele durchzusetzen, von denen die Mitarbeiter nicht überzeugt sind. Ein solches »Schwimmen gegen den Strom« zehrt an den Kräften. Statt gegen die Bedürfnisse der Mitarbeiter anzukämpfen, sollten Sie daher die Mitarbeiter in die Strategieentwicklung einbeziehen, sich also auf ihre Erfahrungen und ihr Know-how stützen. Denn wer kennt die Märkte besser als die eigenen Vertriebsmitarbeiter? Wer kennt die Kundenwünsche besser als die eigenen Serviceleute? Wer ist mit den Produkten intimer vertraut als die eigenen Techniker?

Anette Bronder geht noch einen Schritt weiter und holt Ideen nicht nur von den eigenen Mitarbeitern, sondern auch aus benachbarten Bereichen. »Ich bin ein sehr stark horizontal arbeitender Mensch«, erklärt sie. »Ich bin immer auch mit meinen Liefereinheiten in engem Kontakt.« Strategische Gedanken und die daraus resultierenden Veränderungen entstünden nicht aus irgendwelchen Eingebungen beim morgendlichen Erwachen, sondern aus vielfältigen Gesprächen mit Mitarbeitern, Kollegen und Kunden ebenso wie aus der Beobachtung des Marktes.

Für Anette Bronder geht es aber nicht nur darum, von den Mitarbeitern Ideen und Meinungen einzuholen, sondern diese auch direkt an der Entwicklung der Strategie zu beteiligen. So macht sie ihre Strategie auch zur Strategie ihrer Mitarbeiter. Das hat große Vorteile:

- **Motivation.** Die Mitarbeiter sind von der Strategie, die sie selbst mit entwickelt haben, überzeugt. Deshalb sind sie motiviert, sich nun auch an der Umsetzung zu beteiligen.
- **Verantwortlichkeit.** Die Mitarbeiter fühlen sich für die Umsetzung mit verantwortlich. Entsprechend pflichtbewusst werden sie ihre Aufgabenpakete ausführen, anstatt sie beim Auftreten erster Schwierigkeiten wieder an den Vorgesetzten zu delegieren.
- **Kompetenz.** Das Einbeziehen der Mitarbeiter in die Strategieentwicklung schult deren strategisches Denken. So gelingt es, in der Abteilung auf breiter Basis strategische Kompetenz aufzubauen.

Die Einbindung der Mitarbeiter nimmt Widerständen von vornherein den Wind aus den Segeln. Da die Mitarbeiter die Strategie mittragen und die Veränderungen quasi von innen heraus geschehen, dürfte sich auch ein aufwendiges Change-Management erübrigen. Im Idealfall freuen sich die Mitarbeiter darauf, das gemeinsam geplante Vorhaben nun auch in die Tat umzusetzen.

Doch nicht nur die Mitarbeiter gilt es zu überzeugen, meist muss auch die Unternehmensleitung die neue Strategie absegnen. Und das ist alles andere als selbstverständlich. Wenn das oberste Management eine Entscheidung fällt, wird sie top-down durchgedrückt und die betroffenen Bereiche nehmen die notwendigen Veränderungen vor. Kommt aber umgekehrt eine Führungskraft von unten und erklärt eine strategische Veränderung für notwendig, stellt sich die Situation ganz anders dar: »Da sitzt dann der Vorstand vor einem und fragt sich, was diese Führungskraft eigentlich will«, konstatiert Anette Broder. »Einen Topmanager von der Notwendigkeit strategischer Veränderungen zu überzeugen ist noch einmal eine ganz eigene Schwierigkeit – auch weil er häufig von der Materie in der Regel weit entfernt ist.«

Bei Tom ist mittlerweile das erste halbe Jahr in seiner neuen Position verstrichen. Er hat mit seinem Team einige Erfolge erzielt, stellt aber auch fest: Der große Durchbruch ist das noch nicht! Angesichts der anstehenden Jahresplanung wird ihm klar, dass er seine Abteilung für die Zukunft aufstellen und sich deshalb mit dem Thema Strategie befassen sollte. In seinem Tagebuch notiert er, wie er sich auf den anstehenden Strategieprozess vorbereitet.

Schlecht positioniert

Einmal etablierte Funktionen haben keine Ewigkeitsgarantie. Sie können an Bedeutung verlieren, überflüssig werden oder an externe Dienstleister übergehen. Eine Abteilung, die sich auf ihrem Status quo ausruht, kann daher schnell von der Bildfläche verschwinden – und mit ihr die Arbeitsplätze.

So wappnen Sie sich ...

- Bleiben Sie wachsam! Auch eine Abteilung unterliegt den Gesetzen der Marktwirtschaft. Deshalb ist es Ihre Aufgabe als Führungskraft, Ihre Abteilung zukunftsfähig aufzustellen.
- Entwickeln Sie eine Vision für Ihre Abteilung. Gemeint ist damit ein Bild von der Zukunft, das beschreibt, was Sie mit Ihrer Abteilung langfristig erreichen möchten.
- Formulieren Sie eine Mission. Gemeint ist damit der Auftrag, der sich aus der Vision ableitet: Die Mission beschreibt, welche Rolle Ihre Abteilung im Unternehmen einnimmt und welche Aufgaben sie erfüllt.
- Analysieren und bewerten Sie die Ausgangslage. Legen Sie dabei das Augenmerk sowohl auf externe Entwicklungen in Markt und Umwelt als auch auf die Stärken und Schwächen Ihrer Abteilung.
- Spielen Sie verschiedene strategische Optionen durch. Entscheiden Sie sich dann für eine Variante und legen Sie die zukünftige Marschrichtung Ihres Bereiches fest. Es gilt das Motto: So einfach wie möglich, aber nicht einfacher.
- Entwickeln Sie die Strategie möglichst gemeinsam im Team. Das schafft ein »Wir-Gefühl« und erleichtert sehr die spätere Umsetzung.

Ideenwerkstatt
Im Strategie-Workshop werden Ziele und Wege festgelegt

> »Das Morgen gehört demjenigen,
> der sich heute darauf vorbereitet.«
> *Afrikanisches Sprichwort*

Die meisten Führungskräfte entwickeln ihre Strategie im stillen Kämmerlein oder im kleinen Kreis der Führungskollegen. Diese Strategien mögen inhaltlich zwar gut durchdacht sein, bereiten aber oft massive Probleme bei der Umsetzung. Der Grund: Sie erreichen weder Herz noch Kopf der Mitarbeiter. Die Folge sind Missverständnisse und Widerstände, die mit großem Aufwand ausgeräumt werden müssen.

Birgit K hat von ihrem Vorgänger eine allenfalls passabel laufende Abteilung im Kundendienst ihres Unternehmens übernommen. Ihr Vorgänger war eine durch und durch operativ wirkende Führungskraft, die mit Strategie nicht viel »am Hut« hatte. Das wollte Birgit K unbedingt ändern. Nach einigen Monaten der Einarbeitung lud sie schließlich zwölf Personen zu einem Strategie-Workshop ein. Neben acht Mitarbeitern ihrer eigenen Abteilung hat sie auch vier weitere Mitarbeiter aus anderen Teams, beispielsweise aus dem Vertrieb und der Entwicklung, mit eingeladen.

Die Gruppe trifft sich in einem abgelegenen Landgasthof. Birgit K hat hier, weit weg vom betrieblichen Alltag, für zwei Tage einen Seminarraum reserviert – in der Erwartung, dass eine entspannte Atmosphäre dazu beiträgt, offen zu diskutieren, neue Ideen zu finden, aber auch Schritt für Schritt zu konkreten Ergebnissen zu kommen. Damit das gelingt, hat Birgit K zudem einen erfahrenen Moderator engagiert, der die Gruppe durch die beiden Tage führen soll. Ziel ist, gemeinsam eine neue Strategie nicht nur auszuarbeiten, sondern auch auf den Weg zu bringen.

Seminarraum anmieten, Moderator engagieren, zwölf Leute aus der laufenden Arbeit herausholen, und das für zwei Tage: Ist das nicht ein bisschen zu viel des Guten? Birgit K ist sich sicher: Dieser Aufwand zahlt sich aus. In den Räumen des eigenen Unternehmens wäre die Gefahr zu groß, durch das Tagesgeschäft abgelenkt zu werden. Auch wäre es falsch, die strategischen Ziele einfach nur bei einer normalen Teambesprechung zu erörtern und zu beschließen. Dann bliebe es bei guten Vorsätzen, die im Tagesgeschäft kontinuierlich verschoben und schließlich in Vergessenheit geraten würden. Der Erfolg wäre gleich null.

Die große Gefahr! Die Strategie wird an den Mitarbeitern vorbei entwickelt. Das führt bei der Umsetzung zu fehlender Akzeptanz und zu Widerständen – und die Wahrscheinlichkeit ist groß, dass das Vorhaben im Tagesgeschäft untergeht.

»Die strategischen Ziele dürfen nicht vorgegeben, sondern müssen gemeinsam erarbeitet und als Projekte angelegt werden«, ist Birgit K überzeugt. »Auch kommt es darauf an, die Umsetzung Punkt für Punkt zu planen und Verantwortliche zu benennen. Und bei all dem möchte ich erreichen, dass die Mitarbeiter mit Freude und Motivation dabei sind.«

Das sind hohe Anforderungen an den Strategie-Workshop, die den Aufwand durchaus rechtfertigen. Ob das Vorhaben jedoch gelingt, hängt nicht zuletzt vom Moderator ab – von seinem Geschick und von der Methode, für die er sich entschieden hat. Eine wenig bange ist es Birgit K da schon.

Das Strategiemodell: aus der Vergangenheit in die Zukunft

Im Fall von Birgits Strategie-Workshop setzte der Moderator eine Methode ein, die auf den Ansatz des Strategic Visioning™ von David Sibbet zurückgeht. Der amerikanische Unternehmensberater hatte 1977 The Grove Consultants International geründet, ein Beratungsunternehmen, das den Strategieprozess von Non-Profit-Organisationen begleitete.

Im Mittelpunkt des Strategic Visioning™ Process stehen große Plakate, mit deren Hilfe der Moderator die Gruppe durch den Strategieprozess (s. Abbildung 5.2) führt. Der Prozess startet mit einem Einblick in die Lage, für den die Gruppe nicht nur die Gegenwart analysiert, sondern auch vergangene Ereignisse auflistet und reflektiert. Den Einsichten aus der Analyse folgen Ausblick und Aktion: Die Gruppe entwirft ein Zukunftsbild und leitet daraus konkrete Ziele und Maßnahmen ab. Der Prozess reicht somit von der Analyse über die kreative Visionsarbeit bis zur fokussierten Planung von Initiativen und Projekten.

Die Methodik hat sich bewährt, um jede Art von Strategie zu erarbeiten, sei es eine Marketing-, eine Vertriebs- oder eine Unternehmensstrategie. Der Ablauf lässt sich in sechs Schritte gliedern:

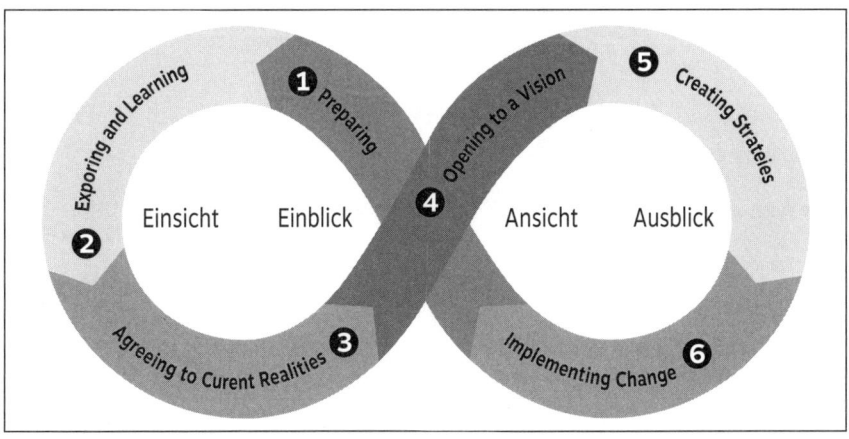

Abbildung 5.2: Strategiemodell nach David Sibbet: der Strategic Visioning™ Process

- Rückblick – die Vergangenheit beleuchten
- Rundumblick – den Kontext erfassen
- Ist-Analyse – Stärken und Schwächen herausarbeiten
- Zukunftsbild – die Vision entwerfen
- Der Weg – die Hauptschritte bestimmen
- Aktionspläne – Maßnahmen und Termine festlegen

Mithilfe dieser Schritte kann das Management eines Unternehmens, aber auch der Vorgesetzte einer Abteilung zusammen mit seinen Mitarbeitern eine Strategie entwickeln und deren Umsetzung in die Wege leiten. Dies geschieht im Zuge eines Workshops, für den in der Regel zwei Tage benötigt werden.

Kehren wir zurück zu Birgit K und ihrem Team. Der Strategie-Workshop im Seminarraum des abgelegenen Landgasthofs hat gerade begonnen.

Schritt 1: Rückblick – die Vergangenheit beleuchten

An der Wand hängt das erste Plakat – eine »History Map«, wie der Moderator erklärt. Mit ihrer Hilfe rollt er gewissermaßen die Vergangenheit von Birgits Abteilung auf. Dahinter steht die Idee, aus der Vergangenheit heraus zu verstehen, wo der Bereich aktuell steht und in welche Richtung er sich bewegt. Der Moderator zeigt auf das Plakat (siehe Abbildung 5.3) und beginnt mit dem gemeinsamen Rückblick.

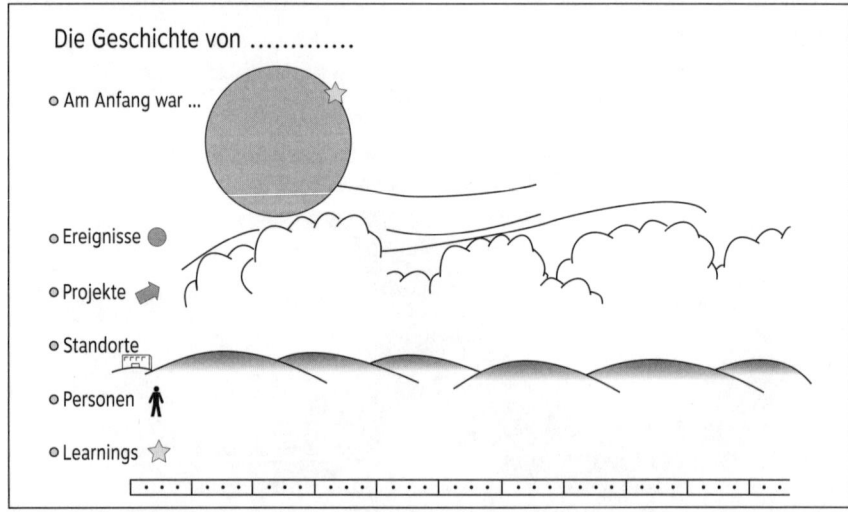

Abbildung 5.3: Blick zurück: Moderationsplakat in Anlehnung an die Grove History Map

Die Gruppe taucht in die Historie der vergangenen drei bis vier Jahr ein. Wie liefen diese Jahre? Konnte Wachstum geschaffen und neues Personal verpflichtet werden? Oder mussten alle den Gürtel enger schnallen oder sogar »ums Überleben kämpfen«? Welche personellen Veränderungen gab es, wie wurden diese von der Belegschaft aufgenommen und was hat sich dadurch verändert? Gab es besondere Highlights, emotionale Momente, besondere Erfolge oder Jubiläen? Wenn es Veränderungen gab, welche davon erwiesen sich als effektiv und beibehaltenswert, welche machten letztendlich nur mehr Arbeit?

Die neue Führungskraft ist bei diesem ersten Schritt oft zum Zuschauen verdammt, kann sie doch herzlich wenig dazu beitragen, was in der Zeit vor ihr so passiert ist. In dieser Übung erfahren neue Führungskräfte oft mehr über die Zeit vor ihrem Amtsantritt als in den ganzen Wochen und Monaten seither. Außerdem haben nun alle Teilnehmer denselben Wissensstand über die vergangenen Jahre – eine gute Basis für ein gemeinsames Verständnis der aktuellen Lage!

Schritt 2: Rundumblick – den Kontext erfassen

Der Moderator hängt die nächste Karte auf, die »Kontext-Karte« (siehe Abbildung 5.4). Die Reise in die Vergangenheit hat die Basis geschaffen, um ein gemeinsames Verständnis für die Gegenwart zu kreieren. Nun liegt die

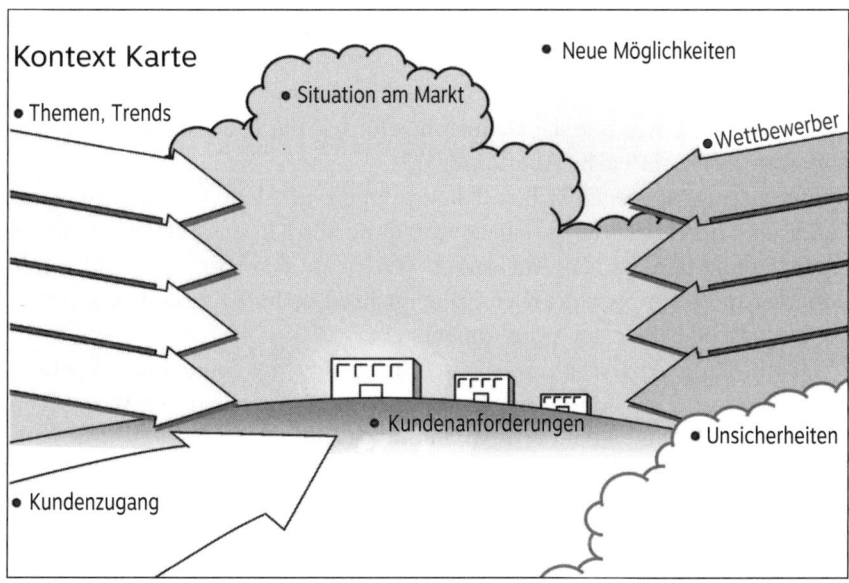

Abbildung 5.4: Rundumblick: Moderationsplakat in Anlehnung an die Grove Context Map

Herausforderung darin, eine Außenperspektive einzunehmen und auf den eigenen Bereich zu schauen:

Wie steht er da, welchen Ruf genießt er? Wie sieht das direkte Umfeld aus? Welche Märkte werden bedient und welche Trends zeichnen sich ab? Wie stabil sind diese Märkte und wie zahlungskräftig die eigenen Kunden? Welche technischen Errungenschaften und Erfindungen haben Einfluss auf die eigene Arbeit und wie lassen sie sich nutzbar machen? Wohin gehen wirtschaftliche und politische Entwicklungen, welchen direkten Einfluss haben sie auf den Bereich? Sind Gesetzesänderungen geplant, die einen Vorteil verschaffen oder von Nachteil sind?

Mithilfe der »Kontext-Karte« hält die Gruppe die Ergebnisse dieses Rundumblicks fest. Auf diese Weise nimmt sie die aktuelle Situation auf – von den aktuellen Trends über die Situation am Markt bis hin zu den Kunden und ihren Anforderungen. Anhand des Plakats diskutieren und verinnerlichen die Teilnehmer den aktuellen Kontext, in dem ihre Abteilung derzeit steht. Neue Führungskräfte erleben diesen Schritt oft als besonders ergiebig, wenn eine ganze Gruppe offen ihre Sichtweisen zu Markt, Kunden, Trends, Wettbewerbern, Unsicherheiten und neuen Möglichkeiten austauscht.

Schritt 3: Ist-Analyse – Stärken und Schwächen herausarbeiten

Nach der Analyse des Umfelds richtet die Gruppe das Augenmerk wieder nach innen. Es folgt die Ist-Analyse der Abteilung. »Wo stehen wir, ungeschminkt und ehrlich?« lautet der Auftrag. Im Grunde handelt es sich um die gute alte SWOT-Analyse. Doch auch hierfür hat der Moderator ein schönes Plakat mitgebracht (siehe Abbildung 5.5).

Die Teilnehmer teilen sich in Kleingruppen auf. Jede Gruppe erhält ein Plakat und diskutiert für die eigene Abteilung Stärken und Schwächen sowie Chancen und Risiken. Die Antworten werden auf den vorgesehenen Feldern notiert. Am Ende tragen die Kleingruppen ihre Ergebnisse zusammen, sodass ein umfassendes Bild der Situation entsteht.

Damit ist die Analysephase abgeschlossen. Für die Teilnehmer endet der erste Tag – und sie sind gespannt, wie es am kommenden Tag weitergeht. Auf dem Programm steht der Blick in die Zukunft.

Schritt 4: Zukunftsbild – die Vision entwerfen

»Was wollen Sie in drei Jahren in einer Zeitung über Ihre Abteilung lesen?« Mit dieser Frage leitet der Moderator den zweiten Tag des Workshops ein. Es

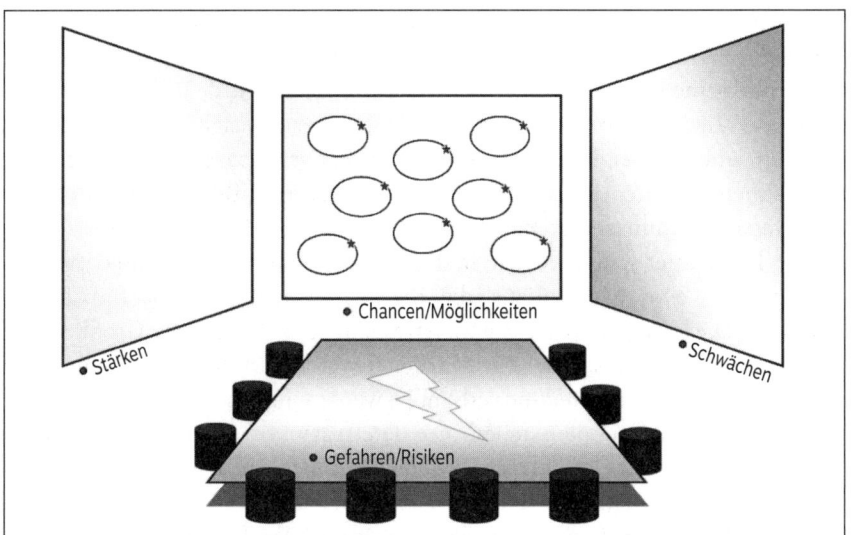

Abbildung 5.5: Ist-Analyse: Moderationsplakat in Anlehnung an die Grove SPOT Matrix

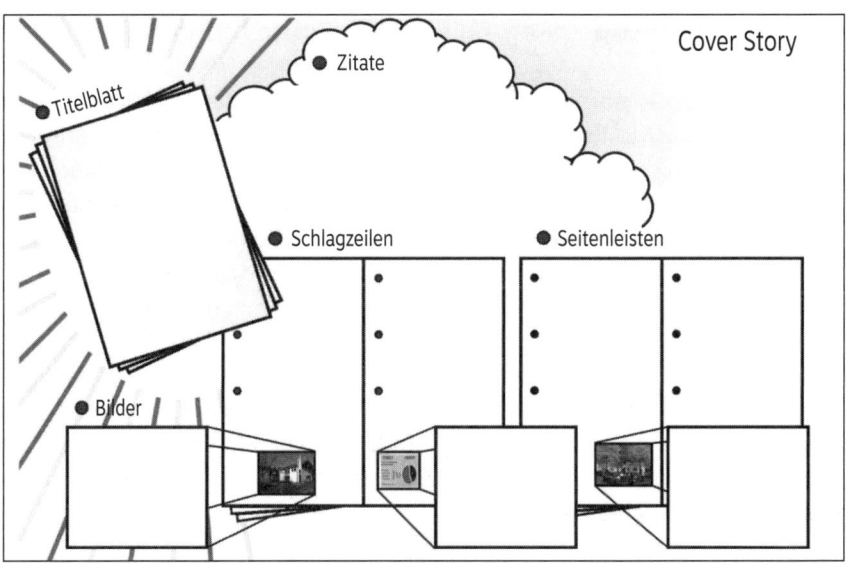

Abbildung 5.6: Zukunftsbild: Moderationsplakat in Anlehnung an die Grove Cover Story Vision

gelte nun, einen »kreativen Blick« in die Zukunft zu werfen und eine Vision für Birgits Abteilung zu entwickeln.

Die Übung heißt »Cover Story Vision«. Die Teilnehmer sollen sich, wiederum in Kleingruppen, eine Titelstory in einem namhaften Magazin überlegen. »Angenommen das Magazin berichtet in einigen Jahren über Ihr Team und seine Erfolge«, fragt der Moderator, »was würde in der Geschichte stehen?« Wieder zaubert er ein großes Plakat hervor (siehe Abbildung 5.6), von dem jede der vier Teilgruppen ein Exemplar erhält. Der Moderator bittet die Teilnehmer, hierauf in Schlagzeilen, Zitaten und Bildern die Titelstory des Magazins zu inszenieren.

Die Teilnehmer schlüpfen also in die Rolle von Journalisten und entwerfen die Titelstory einer Magazinausgabe, die irgendwann in vier bis fünf Jahren erscheint. Die Kleingruppen formulieren Schlagzeilen, überlegen Grafiken und Bilder. Hier darf und soll kreativ gearbeitet werde! Erfolge, Hoffnungen und Träume, die mit ihrer Abteilung verbunden werden, finden hier ihren Ausdruck.

Die einzelnen Gruppen stellen ihre Titelstory vor, dann diskutieren die Teilnehmer darüber. Ein klares Bild zeichnet sich ab: Die Abteilung muss grundsätzlich neu aufgestellt werden, die Einsätze professionell dispatched werden. Das ist der rote Faden, der sich durch alle Titelstorys zieht – und damit der Kern, auf den sich alle einigen.

Schritt 5: der Weg – die Hauptschritte bestimmen

»Five Bold Steps – fünf Schritte bis zum Ziel«, so heißt der Titel des nächsten Plakats, das der Moderator entrollt (siehe Abbildung 5.7). Ziel ist, mithilfe dieses »Templates« den Weg zur Vision zu erarbeiten. Entscheidend dabei: Die Teilnehmer müssen sich auf einige wenige Ziele und Initiativen, eben maximal »Five Bold Steps«, einigen. Mehr sei erfahrungsgemäß nicht umsetzbar, betont der Moderator, also müsse man sich auf wenige Hauptschritte konzentrieren.

Die Gruppe überlegt, welche Projekte und Initiativen notwendig sind, um dem großen Ziel – ein professionelles Dispatching aufzubauen – Schritt für Schritt näher zu kommen. Der Moderator notiert die Vorschläge. Gut ein Dutzend Vorschläge kommen zusammen, die alle wichtig und erfolgversprechend erscheinen. Nun greift der Moderator ein und erinnert: »Five Bold Steps!« Mehr ist neben dem Tagesgeschäft oft nicht machbar – und genau das gilt es zu berücksichtigen.

Schritt 6: Aktionspläne – Maßnahmen und Termine festlegen

Endspurt! Jetzt wird es ganz konkret. Der Moderator fordert die Teilnehmer auf, für jeden der definierten fünf großen Schritte Aktivitäten, Termine und Verantwortlichkeiten festzulegen. Hierzu zieht er ein letztes Template aus

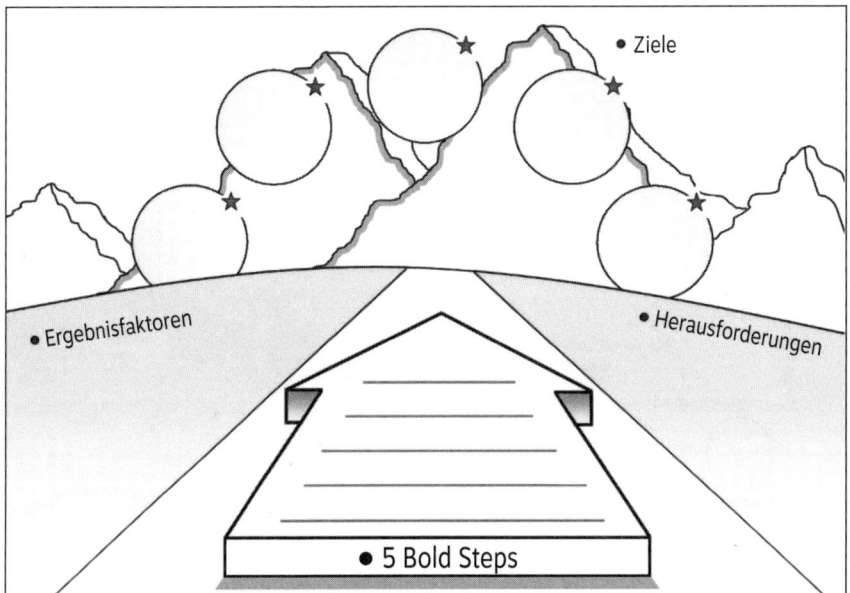

Abbildung 5.7: Initiativen: Moderationsplakat in Anlehnung an die Grove Five Bold Steps

der Tasche, den »Action Plan« (siehe Abbildung 5.8). Wieder teilen sich die Anwesenden in Kleingruppen auf. Ihre Aufgabe ist, anhand des Plakats für jeweils einen »Bold Step« einen Aktionsplan zu erstellen. Das Plakat bietet hierzu eine gute Orientierungshilfe, um mit Blick auf das Ziel die richtigen Handlungen zu definieren, ohne dabei die wesentlichen Erfolgsfaktoren und Herausforderungen aus dem Auge zu verlieren.

Eine der Arbeitsgruppen widmet sich zum Beispiel dem Thema »Bildung von Service-Einheiten«, eine andere befasst sich mit der Einführung einer Dispatching-Software. Im ersten Schritt grenzt jede Arbeitsgruppe ihr Projekt ab, das heißt, sie definiert, was erarbeitet werden soll (»In Scope«), was hingegen nicht Bestandteil des Projekts ist (»Out of Scope«). Zum Beispiel wird überlegt, welche Mitarbeiter im Unternehmen bei den geplanten Service-Einheiten mitarbeiten könnten; nicht im Fokus steht hingegen die Neueinstellung von Mitarbeitern.

Nun macht sich die Arbeitsgruppe Gedanken, in welchen Schritten sie die angestrebten Ergebnisse erreichen will. Ein Mitglied der Gruppe notiert diese Schritte auf dem Plakat, ebenso die wichtigen Erfolgsfaktoren (»Was muss uns unbedingt gelingen?«) und die größten Herausforderungen (»Was könnte dabei schwierig werden?«). Auf diese Weise entsteht die erste Skizze eines Projektplans. Schließlich werden für das Projekt ein Verantwortlicher

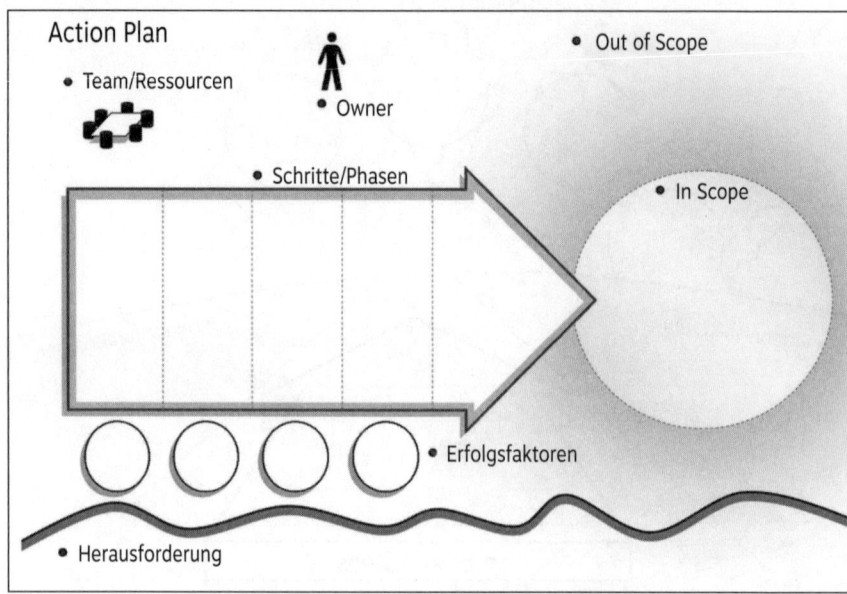

Abbildung 5.8: Aktionsplan: Moderationsplakat in Anlehnung an die Grove Gameplans

und ein Team benannt. Damit ist der Rahmen für die Umsetzung gesteckt – die weiteren Details sind dann Aufgabe des verantwortlichen Projektleiters.

Geschafft! – die Strategie steht

Am Ende der beiden Tage ist es vollbracht. Die Strategie steht, ihre Umsetzung ist auf den Weg gebracht. Um das Commitment zu besiegeln, unterschreiben die Anwesenden den Aktionsplan und vereinbaren einen Termin, an dem die Umsetzung überprüft werden soll.

Auch Tom wagt den Versuch, mithilfe des Strategic Visioning™ Process seine Abteilung strategisch neu auszurichten. Er macht sich dazu während des Workshops bereits erste Notizen – nachzulesen in seinem Tagebuch.

Erfolglose Strategien

Häufig behindern langatmige und unproduktive Diskussionen die Strategieplanungen. Dementsprechend bleiben die Ergebnisse unkonkret oder werden von den Mitarbeitern nicht wirklich mitgetragen. Schnell gerät das Vorhaben dann im Tagesgeschäft in Vergessenheit – die Umsetzung der Strategie bleibt erfolglos.

So wappnen Sie sich ...

- Nutzen Sie das Know-how Ihrer Mitarbeiter. Binden Sie vor allem Ihre Schlüsselmitarbeiter und wichtige Personen aus benachbarten Abteilungen in den Strategieprozess mit ein.
- Entwickeln Sie Strategien gemeinsam mit Ihren Mitarbeitern. So erreichen Sie, dass die Strategie auf Ihren Bereich zugeschnitten ist und zudem eine breite Akzeptanz findet. Nicht zuletzt sind die Mitarbeiter motiviert, die Strategie auch umzusetzen.
- Wählen Sie eine bewährte methodische Vorgehensweise – denn davon hängt der Erfolg in hohem Maße ab. Die Methode sollte Energie und Kreativität freisetzen, nur so kommen außergewöhnliche Ergebnisse zustande.
- Ziehen Sie sich für einen Strategie-Workshop an einen ungewöhnlichen Ort zurück. Der Ort kann im Freien sein, in einer Berg- oder Waldhütte, einer Produktionshalle oder – warum nicht? – sogar bei einem Kunden.
- Informieren Sie die Mitarbeiter, die beim Workshop nicht dabei waren. Sie haben natürlich großes Interesse, zu erfahren, was besprochen und entschieden wurde.
- Übernehmen Sie die Moderation des Strategie-Workshops nicht selbst. Ein externer Moderator hält Ihnen den Rücken frei, sodass Sie sich auf Ihre Rolle als Führungskraft konzentrieren können.

Der Kraftakt

Die Umsetzung der Strategie ist kein Selbstläufer

»Große Gedanken brauchen nicht nur Flügel,
sondern auch ein Fahrgestell zum Landen!«
Neil Armstrong, amerik. Astronaut

Manche Strategie startet als Konzeptriese und endet als Umsetzungszwerg. Am Ende des Strategie-Workshops war die Stimmung noch großartig – doch schon bald kommt es zu Verzögerungen, unbefriedigenden Ergebnissen, Widerständen und anderen unerwarteten Problemen. **Die Motivation der Beteiligten sackt in den Keller, die Umsetzung der Strategie bleibt auf der Strecke.**

Michelangelo soll einmal auf die Frage, wie denn seine Skulpturen entstünden, geantwortet haben: 10 Prozent sind Inspiration, 90 Prozent Transpiration. Das gilt auch für eine Strategie. Der eigentliche Kraftakt ist ihre Umsetzung. Erst nach dem Strategie-Workshop folgt die Knochenarbeit.

Es stimmt zwar: Wird ein Strategie-Workshop von einem erfahrenen Moderator strukturiert und geleitet, entsteht eine positive Dynamik. Das Team, das die Strategie entwickelt hat, weiß, wohin die Reise gehen soll, und macht sich motiviert auf den Weg. Die Umsetzung nimmt Fahrt auf. Dann jedoch folgt fast immer eine Phase der Ernüchterung, weil die Beteiligten die Umsetzungsprobleme weit unterschätzt haben.

Die große Gefahr! Der Elan aus dem Strategie-Workshop erlahmt – und die an sich erfolgversprechende Strategie scheitert daran, dass sie mangelhaft umgesetzt wird.

Diese Erfahrung musste Karsten L machen. Zusammen mit seinen wichtigsten Mitarbeitern hatte er auf einer Almhütte zwei Tage lang an der neuen Strategie getüftelt und sieben strategische Projekte ausgemacht, die man nun gemeinsam anpacken wollte. Hoch motiviert kehrten die »Strategen« in ihre Abteilung am Firmensitz in München zurück. Dort jedoch holte sie die Realität des Arbeitsalltags ein – und eine erste Bilanz nach vier Monaten fiel entmutigend aus: Von den sieben Projekten konnten nur zwei erste kleine Fortschritte aufweisen, die anderen fünf waren in den Startlöchern stecken geblieben.

Karsten L wagte einen neuen Anlauf und versuchte, die Projekte mit einem Kraftakt doch noch voranzubringen. Vergebens. Nach einem Jahr musste er eingestehen, dass seine Strategie weitgehend ein Papiertiger geblieben war. Gründe hierfür ließen sich viele anführen, die alle irgendwo im Tagesgeschäft lagen. Ständig gab es etwas Dringendes zu tun, sodass am Ende die erforderliche Zeit und Gelegenheit für strategisches Arbeiten auf der Strecke blieb. Ein ernüchterndes Ergebnis, das Karsten L nun seinem Chef erklären musste.

Das Beispiel zeigt: Um eine Strategie umzusetzen, benötigen Sie als Führungskraft ebenso wie Ihre Mitarbeiter viel Biss, Beharrlichkeit und langen Atem – eben jene 90 Prozent Transpiration.

Im »Death Valley« der Strategie-Umsetzung

Nahezu jedes Strategieprojekt hat irgendwann einen Durchhänger. Es kommt zu Verzögerungen, Termine lassen sich nicht halten oder Widerstände tauchen auf. Die Euphorie des Strategie-Workshops weicht immer größeren Zweifeln, ob »das alles« überhaupt zu schaffen ist. Ziemlich unerwartet gerät das Team ins »Death Valley« der Strategie-Umsetzung.

Wenn die Umsetzung nicht mehr vorankommen will, liegt das vordergründig daran, dass der Arbeitsalltag keine Zeit lässt. Tatsächlich stehen dahinter in der Regel tiefer gehende Probleme, die es zu lösen gilt, um aus dem Tal des Todes wieder herauszufinden. Prüfen Sie bei der Umsetzung Ihrer Strategie, welche der folgenden Situationen das eigentliche Hemmnis sein könnte:

- **Fehlendes Verständnis der Strategie:** Wie Studien immer wieder belegen, kennen nicht einmal 10 Prozent der Mitarbeiter die Strategie ihres Unternehmens oder Geschäftsbereichs. Viele Führungskräfte sind »Heimlichplaner«, die zwar eine Strategie verfolgen, ihre Mitarbeiter jedoch nicht daran teilhaben lassen. In anderen Fällen fehlt den Mitarbeitern das Verständnis, weil die Strategie zu abstrakt wirkt oder schlicht unverständlich formuliert ist.
- **Fehlende Überzeugung bei den Mitarbeitern:** Mitarbeiter gilt es ebenso zu überzeugen wie die Kunden. Der Vorgesetzte sollte seine Mitarbeiter wie Kunden ansehen, die er für ein Projekt erst noch gewinnen muss. Deshalb ist es wichtig, das Strategie-Projekt frühzeitig zu kommunizieren und die Ziele des Vorhabens zu vermitteln. Wenn Mitarbeiter von der Strategie nicht überzeugt sind, tragen sie auch die damit verbundenen Veränderungen nicht mit. Anstelle einer reibungslosen Strategie-Umsetzung drohen dann Widerstände und verdeckte Machtkämpfe.
- **Der Irrglaube, alles alleine stemmen zu können:** Viele Führungskräfte unterschätzen den Aufwand, der mit der Leitung eines Strategie-Projektes verbunden ist. Sie glauben, dass sie neben dem Tagesgeschäft noch in der Lage sind, die Mitarbeiter für die Strategie zu motivieren, die Ziele des Projekts im Auge zu behalten, das Projekt operativ zu planen und dann auch noch die Umsetzung der einzelnen Maßnahmen zu kontrollieren und nachzuhalten. Das alles alleine stemmen zu können ist schlicht ein Irrglaube. In aller Regel benötigen Sie für die Umsetzung der Strategie einen tatkräftigen Projektleiter an Ihrer Seite.
- **Fehlende Ressourcen bei der Umsetzung:** Nur wenige Führungskräfte haben einen Überblick über die Ressourcen, die für Projekte benötigt werden. So kommt es, dass ach dann noch neue Projekte gestartet werden, wenn die vorhandenen Ressourcen bereits erschöpft sind. Da verwundert

es nicht, wenn auch das Strategieprojekt liegen bleibt! Doch auch wenn eine Ressourcenplanung stattfindet, sieht die Lage meist nicht besser aus: Angesichts der knappen Ressourcen werden dem Strategie-Projekt enge Fesseln angelegt. So dümpelt das Projekt vor sich hin, weil Zeit und Mittel fehlen, um es konsequent voranzutreiben.

Um das Projekt aus dem Tal des Todes zu befreien, braucht es Ihren vollen Einsatz als Führungskraft. Viel gewonnen haben Sie bereits, wenn Sie Ihre Begleiter offen und ehrlich auf die bevorstehende Durststrecke aufmerksam machen. Es ist wie bei jedem großen Abenteuer: Allein das Wissen, welche Strapazen bevorstehen, stachelt das Durchhaltevermögen an und motiviert zum Weitermachen. Wer auf das Abenteuer gefasst ist, steckt nicht gleich den Kopf in den Sand.

Sehen wir uns im Folgenden an, welche Wege und Maßnahmen sich bewährt haben, um Ihr Team bei der Stange zu halten und auch die kritischen Phasen der Strategie-Umsetzung erfolgreich zu meistern.

Die Strategie-Umsetzung als Projekt anlegen

Der vielleicht wichtigste Hinweis, um eine Strategie erfolgreich umzusetzen, lautet: Legen Sie die Strategie-Umsetzung als ein Projekt an! Mit allem, was dazugehört: Projektziele, Projektplan, Meilensteine, definierte Aufgabenpakete mit Terminen und Verantwortlichkeiten, dazu ein stringentes Projektmanagement.

Nutzen Sie Projektmanagement-Methoden! Denken Sie daran: Die Umsetzung Ihrer Strategie ist Ihr wohl wichtigstes Projekt. Also sorgen Sie dafür, dass es mit professionellen Werkzeugen und Methoden angegangen wird.

Wie in jedem Projekt kommt es neben dem Einsatz der Projektmanagement-Werkzeuge auch auf eine wirkungsvolle Projektorganisation an. Im Falle des Strategie-Projektes liegt nahe, dass sich das Projektteam aus den Teilnehmern des Strategie-Workshops zusammensetzt, die zuvor die Strategie erarbeitet haben. Auf diese Wiese machen Sie diese Mitarbeiter auch für die Umsetzung verantwortlich und erreichen, dass der Schwung aus der Strategie-Entwicklung nicht verpufft, sondern direkt in die Projektarbeit gelenkt wird.

Streng genommen kommt Ihnen selbst die Rolle des Projektleiters zu. Da jedoch absehbar ist, dass Sie im Arbeitsalltag hierfür kaum genügend Zeit finden werden, empfiehlt sich eine Tandem-Lösung: Bestimmen Sie einen Projektleiter, der im Team eine hohe Akzeptanz genießt. Er kann dann das Strategie-Projekt an Ihrer Seite und in Ihrem Auftrag vorantreiben.

Bestimmen Sie einen operativen Projektleiter! Wählen Sie aus Ihrem Team einen Projektleiter, der an Ihrer Seite steht und Sie bei der Umsetzung des Strategie-Projektes unterstützt. Wichtig aber: Sie delegieren an ihn verschiedene Aufgaben, nicht jedoch die Verantwortung für das Projekt.

Ein zentrales organisatorisches Element sind regelmäßige Projektbesprechungen, die für eine reibungslose Umsetzung entscheidend sind. Dort können Probleme besprochen, Arbeitsschritte geplant und Informationen ausgetauscht werden. Auch bieten diese Besprechungen eine gute Möglichkeit, alle Teammitglieder auf denselben Wissensstand zu bringen. Vor allem aber lassen sich die Projektbesprechungen dazu nutzen, um regelmäßig die Umsetzung zu kontrollieren und bei Planabweichungen rechtzeitig gegenzusteuern.

Kontrollieren Sie regelmäßig die Umsetzung! Nutzen Sie regelmäßige Projektbesprechungen, um die Umsetzung der Strategie zu kontrollieren und bei Abweichungen vom Plan frühzeitig zu reagieren. Achten Sie dabei auch auf Veränderungen im Umfeld, die zu Verzögerungen führen könnten.

Als Projektverantwortlicher zählt zu Ihren Aufgaben, das Team auf das »Death Valley« vorzubereiten und auch schon in der Projektplanung dem absehbaren »Durchhänger« entgegenzuwirken. Ein bewährter Kniff liegt darin, bereits im Projektplan einige frühe Erfolge einzuplanen, um so für Erfolgserlebnisse und immer wieder neuen Schwung zu sorgen.

Sorgen Sie für frühe Erfolge! Legen Sie in den Aktionsplänen Maßnahmen fest, die leicht umsetzbar sind und schnell erste Erfolge erwarten lassen. So schaffen Sie Motivation, Schwung und Zuversicht für die kommenden Aufgaben.

Aus der Politik stammt die Idee einer 100-Tage-Frist. Nach einer Faustregel des Journalismus werden einer neuen Regierung 100 Tage zugestanden, um sich einzuarbeiten und erste Erfolge vorzuweisen. Nach Ablauf dieser Frist kommt es zu einer ersten Bewertung der Regierungsleistung.

Stellen auch Sie Ihre Strategie nach 100 Tagen ein erstes Mal auf den Prüfstand. Planen Sie nach 100 Tagen eine erste Bilanz – und legen Sie gleich zu Projektbeginn den Termin für diesen »100-Tage-Check« fest. Auf diese Weise erhalten die Verantwortlichen der Teilprojekte und Initiativen eine begrenzte, aber ausreichend bemessene Zeit, um sich mit der Strategie-Umsetzung zu befassen und erste Erfolge vorzuweisen.

> **Planen Sie einen 100-Tage-Check!** Legen Sie einen Besprechungstermin nach 100 Tagen fest, bei dem Sie den Stand der Umsetzung bewerten. Wesentliche Aufgabe dieser Besprechung wird sein, gute Ergebnisse und erste Erfolge zu loben – aber auch dafür zu sorgen, dass vernachlässigte Teilprojekte neuen Schwung bekommen.

Das Geheimnis einer erfolgreichen Strategie-Umsetzung

Viele junge Führungskräfte suchen händeringend nach dem idealen Weg, um ihre Strategie umzusetzen. Doch den Königsweg gibt es nicht. Das mag auf den ersten Blick überraschen, ist im Grunde aber logisch: Jede Strategie ist einzigartig, die daraus abgeleiteten Initiativen und Projekte sind daher grundverschieden. Zwangsläufig hat damit jede Strategie auch ihren eigenen Umsetzungsprozess.

»Ich bilde immer erst einmal ein Kernteam«, berichtet zum Beispiel Anette Bronder. »Die Strategie verlässt das Kernteam erst, wenn sie einen gewissen Reifegrad hat.« Erst dann, so erklärt die Managerin, werde die Strategie an die übrigen Mitarbeiter kommuniziert. Darin sieht sie einen wichtigen Aspekt für den Umsetzungserfolg – denn »nichts ist schlimmer, als vor die Mannschaft zu treten und deren Fragen nicht beantworten zu können«. Wer die Mitarbeiter für das Vorhaben begeistern wolle, müsse auf 80 bis 90 Prozent der Fragen eine Antwort haben.

Manchmal hält Anette Bronder den Strategie-Entwurf deshalb sogar für mehrere Monate unter Verschluss, wenn er ihr noch unfertig erscheint. »Wir haben auch schon Projekte im stillen Kämmerlein sterben lassen, weil wir festgestellt haben, dass sie nicht zum Fliegen kommen. Dann ist es besser, wieder loszulassen.« Ein weiterer Erfolgsfaktor: Anette Bronder legt Wert darauf, von Anfang an die Führungskräfte mit im Kernteam zu haben, die später auch für die Umsetzung sorgen.

Vergleicht man, wie erfolgreiche Führungskräfte ihre Strategien umsetzen, wird deutlich: Es gibt in der Vorgehensweise kaum Gemeinsamkeiten. Der Erfolg liegt weder in besonderen Fähigkeiten der Führungskräfte begründet noch liegt er an bestimmten Abläufen. Entscheidend ist vielmehr die Art des Handelns. Ganz gleich ob eine erfolgreiche Führungskraft in der Pharmaindustrie oder einer Non-Profit-Organisation, in einem Konzern oder einem

Start-up, im Vertrieb oder in der Buchhaltung tätig ist – durch ihr Handeln zieht sich ein bestimmtes Muster. Dieses Muster lässt sich durchaus als »Erfolgsgeheimnis« erfolgreicher Strategie-Umsetzung bezeichnen. Es besteht aus einigen wenigen Prinzipien und Aufgaben, die sich die Führungskraft zu eigen machen muss (siehe Abbildung 5.9).

Prinzipien der Strategie-Umsetzung	Aufgaben der Strategie-Umsetzung
• Fokussierung	• Planen, Steuern
• Kundenorientierung	• Entscheiden
• Ergebnisorientierung	• Kontrollieren

Abbildung 5.9: Prinzipien und Aufgaben der Strategie-Umsetzung

Erfolgreiche Strategie-Umsetzer handeln somit erstens nach klaren Prinzipien (Fokussierung, Kundenorientierung, Ergebnisorientierung) und nehmen mit besonderer Sorgfalt bestimmte Führungsaufgaben wahr (Planen, Entscheiden, Kontrollieren). Genau dies sind die Zutaten, die dafür sorgen, dass die Strategie-Umsetzung gelingt.

Drei Prinzipien für die Strategie-Umsetzung

Die Umsetzung eines Vorhabens setzt ein gewisses Maß an Disziplin voraus. Disziplin wiederum ist nur möglich, wenn man sich in seinem Handeln auf Regeln und Prinzipien berufen kann. Für den Fall einer Strategie-Umsetzung sind dies die Prinzipien Fokussierung, Kundenorientierung und Ergebnisorientierung.

Fokussierung

Erinnern Sie sich an Toms Strategie-Workshop? Bei der Festlegung der Umsetzungsschritte entbrannte eine hitzige Debatte zwischen den Teilnehmern und dem Moderator. Das Team wollte unbedingt sieben oder acht »Bold Steps« angehen, während der Moderator unerbittlich dagegenhielt und nur fünf Teilprojekte zuließ.
Tatsächlich neigen selbst erfahrene Führungskräfte dazu, sich in der Eu-

phorie des Aufbruchs zu übernehmen. Sie lassen sich auf eine Vielzahl an Teilprojekten ein, die sie mit aller Kraft auf die Straße bringen wollen. Der Umsetzung ihrer Strategie leisten sie damit jedoch einen Bärendienst: Anstatt sich auf wenige Kernziele zu konzentrieren und so die Strategie-Umsetzung voranzutreiben, verzetteln sie die Kräfte auf zu viele Teilziele.

> **Konzentrieren Sie sich auf das Wesentliche!** Beschränken Sie sich bei der Umsetzung Ihrer Strategie auf eine kleine Zahl sorgfältig ausgewählter Teilprojekte. Indem Sie die Kräfte hierauf fokussieren, bringen Sie das Gesamtprojekt voran – und damit die Strategie-Umsetzung erfolgreich auf den Weg.

Kundenorientierung

Letztlich richten sich die Ziele einer Abteilung immer an den Bedürfnissen der Kunden aus. Bei der Umsetzung einer Strategie geht es also meistens um neue Kunden, die Eroberung von Märkten oder die Positionierung von Produkten oder Dienstleistungen – immer mit dem Ziel, Umsätze zu steigern und Ergebnisse zu verbessern. Daran gilt es zu denken, wenn eine Strategie umgesetzt wird. Das klingt einleuchtend, doch zeigt sich immer wieder: Die Strategie-Umsetzung verkommt schnell zur Beschäftigung mit internen Strukturen und Arbeitsabläufen. Das hält zwar die gesamte Truppe auf Trab, trägt aber kaum zur Umsetzung einer zukunftsorientierten Strategie bei.

> **Etablieren Sie eine »Customer First«-Mentalität!** Die Beschäftigung mit sich selbst hat noch niemanden weitergebracht. Ziel der Strategie-Umsetzung sollte daher stets eine hohe Kundenzufriedenheit sein – sei es gegenüber den externen Kunden oder in den betriebsinternen Kunden-Lieferanten-Beziehungen.

Ergebnisorientierung

Ergebnisorientierung bedeutet: Ergebnisse erzielen. Mit Blick auf die Strategie-Umsetzung geht es darum, sich auf Ziele zu verständigen, die sich mit den vorhandenen Ressourcen tatsächlich erreichen lassen – und bei denen die Bereitschaft besteht, sie mit Leidenschaft, Konzentration und Disziplin zu verfolgen. Der Erfolg bemisst sich daran, ob und wie Sie diese Ziele erreichen.

Sorgen Sie für gute Ergebnisse! Die Entwicklung einer Strategie kann ungemein motivieren, doch die Umsetzung erfordert viel Kraft und wird keineswegs nur Freude bereiten. Sorgen Sie deshalb lieber für Ergebnisse, an denen Sie sich erfreuen können. Allein an den Ergebnissen werden Sie gemessen.

Drei Führungsaufgaben für die Strategie-Umsetzung

Natürlich gibt es viele Aufgaben, die bei der Umsetzung einer Strategie erfüllt werden müssen. Doch lassen sich drei Führungsaufgaben ausmachen, die für das Gelingen der Strategie entscheidend sind: Planen, Entscheiden und Kontrollieren. Wenn Sie diese Schlüsselaufgaben nicht wahrnehmen, können Sie die Ziele Ihrer Strategie-Umsetzung nicht erreichen.

Planen

Die Planung zählt zu den wichtigsten Aufgaben bei der Strategie-Umsetzung – denn wie sonst können Sie den Umsetzungsprozess später steuern? Der Plan stellt eine unabdingbare Orientierungshilfe dar, die Sie bei Bedarf auch an neue Gegebenheiten anpassen müssen. Um vernünftig planen zu können, müssen Probleme und Ziele klar benannt sein. Erst dann können Sie die Lösungsvarianten planen.

Setzen Sie auf einen flexiblen Plan! Ein Plan ist nicht dazu da, dass er stur zu 100 Prozent umgesetzt wird. Vielmehr stellt er eine Richtschnur dar, die dabei hilft, ans Ziel zu gelangen. Auf dem Weg zum Ziel wird es jedoch immer wieder notwendig sein, die Planung zu ändern. Stures Festhalten führt in der Praxis oft ins Abseits.

Entscheiden

Teil der Strategie-Umsetzung sind Entscheidungen, die Sie als Führungskraft treffen müssen. So zählt zu Ihren Aufgaben, aus verschiedenen Planungsmöglichkeiten eine Variante auszuwählen – und sich somit gegen alle anderen Möglichkeiten zu entscheiden. Wie die Praxis zeigt, fällt das häufig schwer: Manche Führungskräfte brüten so lange im stillen Kämmerlein, bis weißer Rauch aufsteigt; andere wiederum veranstalten einen endlosen Besprechungsmarathon, bis endlich eine Entscheidung fällt.

Wie bei allen wichtigen Entscheidungen, die Sie als Führungskraft treffen, müssen Sie zu Ihrer Entscheidung stehen. Nur wenn Sie selbst von ihr überzeugt sind, werden Sie die Mitarbeiter hinter sich scharen und die Entscheidung erfolgreich umsetzen können.

> **Stehen Sie hinter Ihren Entscheidungen!** Niemand weiß, ob sich eine Entscheidung morgen noch als richtig herausstellt. Stehen Sie dennoch fest hinter Ihren Entscheidungen. Nur dann tragen auch Ihre Mitarbeiter die Entscheidung mit und tun alles dafür, dass sich die Entscheidung als richtig erweist.

Kontrollieren

Was nützen Pläne und Entscheidungen, wenn die Umsetzung nicht kontrolliert wird? Dritte Schlüsselaufgabe bei der Strategie-Umsetzung ist die Kontrolle. Immer wieder stellt sich heraus, dass Aufgabenpakete zu groß geschnürt und parallel zum Alltagsgeschäft nicht bewältigt werden. Nur eine gute Kontrolle bringt solche Fehlplanungen ans Licht und verhindert, dass das gesamte Projekt aus den Fugen gerät. »Kontrollieren« mag eine unbeliebte Führungsaufgabe sein. Gerade bei der Strategie-Umsetzung ist sie jedoch unbedingt notwendig.

> **Springen Sie über Ihren Schatten!** Viele Führungskräfte kontrollieren nur ungern. Doch wer mit seiner Strategie erfolgreich sein will, muss hier über seinen Schatten springen. Es geht bei der Kontrolle nicht darum, Mitarbeiter zu beschnüffeln, sondern Probleme rechtzeitig zu erkennen.

Die Strategie-Umsetzung im Alltag verankern

Wenn ein Strategie-Projekt nicht wie geplant umgesetzt wird und irgendwann hängen bleibt, läuft es immer wieder auf eine Ursache hinaus: Das Alltagsgeschäft geht vor, die zusätzlichen Aufgaben aus dem Projekt bleiben liegen. Wie ausgeführt kann hier ein stringentes Projektmanagement die Disziplin verbessern. Es gibt aber noch ein weiteres, viel zu wenig genutztes Instrument, das die Strategie-Umsetzung unterstützt – nämlich die Einbeziehung der Strategie-Ziele in die Zielvereinbarungen mit den Mitarbeitern.

In vielen Unternehmen sind Zielvereinbarungen zur lästigen Pflichtübung verkommen. Richtig angewendet können sie jedoch ungeahnte Energien freisetzen und dazu beitragen, dass strategische Ziele im Arbeitsalltag berücksichtigt werden. Wie bereits ausgeführt (siehe Kapitel »Auf in den Kampf«) ist das Führen durch Zielvereinbarung (Management by Objectives) keineswegs ein neues Konzept. Trotzdem wenden viele Führungskräfte dieses Konzept in einer Weise an, dass es seinen Zweck verfehlt. Das überrascht umso mehr, als ohne systematische Zielvereinbarungen eine Personalentwicklung hin zu qualifizierten und selbstständigen Mitarbeitern kaum denkbar ist.

Entscheidend ist, dass der Vorgesetzte im Zielvereinbarungsgespräch den Zusammenhang mit den Abteilungs- und Unternehmenszielen herstellt. Er sollte dem Mitarbeiter nicht nur genau erklären, was er von ihm erwartet, sondern auch erläutern, was diese Erwartungen mit den übergeordneten Zielen und der Strategie der Abteilung zu tun haben. Eine Zielvereinbarung sollte also nicht unter dem Aspekt erfolgen, was der Mitarbeiter leisten muss, sondern der Leitfrage folgen: Was kann er zu den Unternehmenszielen und der daraus abgeleiteten Strategie beitragen?

Der Zusammenhang ist im Grunde einfach: Ein Ziel vor Augen hilft gegen Perspektivlosigkeit, Müdigkeit und innere Leere. Wer das »größere Bild des Ganzen« kennt und die eigene Arbeit in die vor- und nachgeordnete Prozesskette einordnen kann, empfindet seinen eigenen Beitrag als wertvoll. Dementsprechend ist er in der Lage, Energie zu mobilisieren. Bezogen auf seine Position wird er unternehmerisch denken und handeln. Die Orientierung an Zielen ist daher eine der Grundvoraussetzungen für die erfolgreiche Umsetzung von Strategien.

In Toms Tagebuch findet man 100 Tage nach seinem Strategie-Meeting einen interessanten Eintrag: Für diesen Tag hat er eine Nachbesprechung angesetzt, um festzustellen, wie weit er und sein Team mit der Umsetzung ihrer Strategie gekommen sind.

Strategie wird nicht umgesetzt

Der Kraftakt, den die Umsetzung einer Strategie abverlangt, wird häufig unterschätzt. So kommt es, dass viele Strategien nicht wirklich »auf die Straße kommen«. Die Dringlichkeiten des Tagesgeschäfts schieben sich in den Vordergrund – und nach einem Jahr müssen Sie feststellen: Ihre Strategie wurde nicht umgesetzt.

So wappnen Sie sich ...

- Achten Sie darauf, dass alle Mitarbeiter Ihre Strategie kennen und mittragen. Existiert die Strategie nur in Ihrem Kopf und auf einigen wenigen Folien, besteht wenig Aussicht auf Erfolg.

- Stehen Sie als Führungskraft hundertprozentig hinter Ihrer Strategie. Ohne Ihr Engagement und Herzblut fehlt Ihrer Strategie die nötige Durchschlagskraft.
- Sorgen Sie dafür, dass die Strategie professionell umgesetzt wird. Die Umsetzung einer Strategie ist ein anspruchsvolles, mitunter mehrjähriges Projekt, das gut gemanagt werden will.
- Stellen Sie sicher, dass die festgelegten Maßnahmen und Initiativen konsequent Schritt für Schritt umgesetzt werden.
- Gehen Sie produktiv mit Widerständen um. Begreifen Sie Skepsis und Widerspruch als eine Chance, um sich mit Ihren Mitarbeitern konstruktiv auseinanderzusetzen und sie für das Projekt zu gewinnen.

Führungsstärke

Leadership-Qualitäten sind wichtig, um strategische Ziele zu erreichen

»However beautiful the strategy,
you should occasionally look at the results.«
Winston Churchill, engl. Politiker

Fast schon zum Alltag vieler Unternehmen gehört, dass Projekte im Sande verlaufen. Diese Gefahr besteht natürlich auch bei Strategie-Projekten. Ein Scheitern ist hier jedoch für die verantwortliche Führungskraft besonders bitter: Sie demonstriert damit für alle sichtbar ihre Führungsschwäche. Zudem begräbt sie ihre eigenen Ziele – samt der Vision, die sie zuvor noch so laut verkündet hatte.

Beate S beging den wohl gravierendsten Führungsfehler, den man bei der Umsetzung einer Strategie machen kann: Sie hatte das Projekt gestartet und damit auch die Verantwortung für seine Umsetzung übernommen – es dann aber im Stich gelassen.

Das Projekt gestaltete sich zugegebenermaßen schwierig. Die Strategie, die Beate S durchsetzen wollte, verlangte erhebliche Einschnitte. Das provozierte Widerstand und die Abteilungsleiterin musste zahlreiche Konflikte austragen. Mit der Zeit verlor sie die Lust, gegen immer neue Widerstände anzukämpfen, und begann zu zweifeln, ob die von ihr ausgedachte Strategie diese ganze Mühe wert war. Mehr und mehr ging sie innerlich auf Distanz zu ihren Ideen. Das spürten bald auch die Mitglieder des Projektteams, die an ihrer Seite für die Strategie gekämpft hatten – und auch deren Engagement erlahmte. Die Mitstreiter hatten das Gefühl, von der eigenen Vorgesetzten im Stich gelassen worden zu sein. So mancher von ihnen ballte die Faust in der Tasche.

Damit war das Schicksal der Strategie besiegelt. Das Projektteam setzte nur noch Maßnahmen um, die von den Betroffenen freiwillig akzeptiert wurden. Anstatt um Fortschritte bei der Strategie-Umsetzung zu ringen, ging man bei den entscheidenden Punkten faule Kompromisse ein. Für Beate S waren die Konsequenzen gravierend: Nicht nur ihre Strategie scheiterte. Sie hatte es fortan auch schwer, für andere Projekte gute Mitstreiter zu finden.

Wie eine Analyse dieses Falls zeigt, war nicht nur die Führungsschwäche der Abteilungsleiterin an dem Debakel schuld. Sie wurde auch Opfer einer Art historisch gewachsener Verweigerungskultur, wie sie vielen Führungskräften zu schaffen macht. Während in den einen Unternehmen neue Strategien entschlossen und voller Zuversicht angepackt werden, stoßen sie bei anderen auf Skepsis, Abwarten und Verweigerung. In dieser Hinsicht reagieren Organisationen ganz ähnlich wie Einzelpersonen: Die einen sind geprägt von der Lebenserfahrung, dass sie Dinge, die sie entschlossen anpacken, auch zum erfolgreichen Abschluss bringen – während die anderen von vornherein davon überzeugt sind, dass der ganze Aufwand »für die Katz« sein wird. Beides sind Prophezeiungen, die sich mit großer Wahrscheinlichkeit selbst erfüllen.

Dennoch bleibt es in jedem Fall ein gravierender Führungsfehler, ein einmal angefangenes Strategieprojekt während der Umsetzungsphase aufzugeben. Als neue Führungskraft haben Sie mit dem Projekt Ihren ersten Strategie-Prozess auf den Weg gebracht. Ihr Umfeld wird Sie daran messen, wie Sie dieses Projekt managen. Gegenüber Ihren Mitarbeitern handelt es sich um eine echte Feuerprobe: Die Mitarbeiter wollen wissen, ob man sich auf Sie als Führungskraft verlassen kann oder ob Sie letztlich nur jede Menge heiße Luft produzieren. Sie wollen wissen: »Führt unser Chef zu Ende, was er so groß angekündigt hat?« Die Mitarbeiter beobachten genau, inwieweit den Worten Taten folgen – und ob es sich lohnt, bei künftigen Ankündigungen überhaupt hinzuhören.

Die große Gefahr! Wer bereits bei der Umsetzung der eigenen Strategie Führungsschwäche zeigt, bringt sich um seine Glaubwürdigkeit. Er wird es bei künftigen Projekten schwer haben, engagierte Mitstreiter zu finden.

Führungsfehler im Strategieprozess können fatale Folgen haben. Der Vorgesetzte gilt schnell als »lahme Ente«, die es nicht fertigbringt, die Zukunft ihrer Abteilung zu gestalten. Um sich gegen diese Gefahr zu wappnen, erscheint eine Doppelstrategie sinnvoll: Zum einen empfiehlt es sich, die häufigsten Führungsfehler zu kennen und bewusst zu vermeiden. Gleichzeitig kommt es darauf an, systematisch zusätzliche Führungskompetenz aufzubauen.

Vorsicht Falle: die häufigsten Führungsfehler bei Projekten

Betrachten wir zunächst die häufigsten Führungsfehler, die ein Projekt zum Scheitern bringen kann. Wenn Sie die folgenden sieben Fehler vermeiden, stehen die Chancen gut, dass Sie Ihr Strategie-Projekt erfolgreich abschließen.

Fehler 1: Leichtfertiger Start

Viele Führungskräfte verstehen es, ihr Umfeld für Ziele, Initiativen und Projekte zu begeistern. Dadurch laufen sie Gefahr, auch leichtfertig Projekte zu starten, die ihnen einige Zeit später gar nicht mehr so wichtig sind. Für die Mitarbeiter ist das ein Schlag ins Kontor. Wenn sie ein oder zwei Mal erlebt haben, dass eine mit großem Tamtam angekündigte Strategie nach einigen Wochen oder Monaten »sanft einschläft«, hat der Vorgesetzte ein Glaubwürdigkeitsproblem. Meint er es beim nächsten Projekt ernst, wird er es schwer haben, seine Mitarbeiter noch dafür zu gewinnen. Einen leichtfertigen Projektstart können Sie vermeiden, indem Sie das Projekt mit einem Strategie-Workshop einleiten (siehe Kapitel »Ideenwerkstatt«) und Ihre Strategie dementsprechend sorgfältig durchdacht haben.

Fehler 2: Fehlender Leidensdruck

Der Volksmund sagt: Wer kein Problem sieht, hat auch keine Lust, sich mit dessen Lösung zu befassen. Wenn Sie als Führungskraft Handlungsbedarf sehen und deshalb ein Strategie-Projekt auflegen, müssen Ihre Mitarbeiter das längst nicht ebenso sehen. Es ist eine Illusion, zu glauben, man könnte Mitarbeiter durch die Präsentation einiger Zahlen, Daten und Fakten zu Veränderungen bewegen. Dazu braucht es echten Leidensdruck! Um es drastisch auszudrücken: Sie brauchen eine »Burning Platform«, damit Ihre Mitarbeiter das Feuer unterm Hinterteil spüren. Erst dann werden sie sich vom Tagesgeschäft losreißen und für Veränderungen bereit sein.

Fehler 3: Nachlässigkeit

Ist das Projekt erst einmal auf den Weg gebracht, droht die Gefahr der Nachlässigkeit: Die Führungskraft glaubt, ihren Job in Sachen Strategie erst einmal erledigt zu haben, und wendet sich vermeintlich wichtigeren Aufgaben zu. Im Falle eines Strategie-Projekts genügt es jedoch nicht, sich in regelmäßigen Abständen Bericht erstatten zu lassen. So wichtig und richtig es ist, Aufgaben an Mitarbeiter zu delegieren und auf deren Eigenverantwortung zu setzen – ein zu weit gehender Rückzug aus dem Projekt sendet das falsche Signal. Die Mitarbeiter kommen zu dem Schluss, dass Ihnen die Strategie vielleicht doch nicht so wichtig ist. Mit dem innerlichen Rückzug der Mitarbeiter jedoch gerät schnell das gesamte Projekt ins Wanken.

Fehler 4: Fehlende Institutionalisierung

Jedes Strategie-Projekt bringt Veränderungen mit sich, zum Beispiel werden Prozesse umgestaltet oder neu geschaffen. Damit verbunden sind neue Verhaltensweisen, die »in Fleisch und Blut« übergehen und zu einem Teil des Arbeitsalltags werden müssen. Dazu ist es notwendig, die Veränderungen durch den Aufbau dauerhafter Strukturen zu »institutionalisieren«. Fehlt diese Institutionalisierung, werden die Mitarbeiter bald in alte Gewohnheiten zurückfallen.

Fehler 5: Kontrollwut

Keine Frage: Die Führungskraft muss den Fortgang des Strategie-Projekts kontrollieren und steuern. Sie hat dafür zu sorgen, dass Aufgaben erledigt und Termine eingehalten werden – mithin das Projekt seinen geplanten Lauf nimmt und die Strategie sichtbare Erfolge zeigt. Wer jedoch seinen Mitarbeitern ständig im Nacken sitzt, ihnen laufend Zwischenberichte abverlangt und alle zwei Tage nachfragt, beflügelt nur eines: die Demotivation. Zu viel Kontrolle stößt gerade die engagierten Mitarbeiter vor den Kopf, weil sie das Gefühl bekommen, der Vorgesetzte unterstelle ihnen Faulheit oder fehlende Kompetenz.

Fehler 6: Keine Zeit für die Mitarbeiter

Chronischer Zeitmangel ist ein »Markenzeichen« der meisten Führungskräfte. Wenn dann noch das Strategie-Projekt dazukommt, nimmt der Druck zusätzlich zu. Darunter leiden auch die Mitarbeiter, häufig entsteht Frust auf beiden Seiten. Es kommt deshalb darauf an, die Prioritäten klar zugunsten des Strategie-Projekts zu verschieben.

Damit eine Strategie »zum Fliegen« kommt, braucht es ausreichend Zeit – etwa um Fragen zu beantworten, Anliegen vorzubringen, Ideen auszudiskutieren, Probleme zu lösen, Konflikte auszutragen, Entscheidungen vorzubereiten oder Vorgaben durchzusetzen. Im Durchschnitt widmen Führungskräfte gerade einmal 15 Prozent ihrer Zeit den Mitarbeitern. Um ein Strategie-Projekt erfolgreich umzusetzen, muss dieser Anteil deutlich höher liegen.

Fehler 7: Scheuklappen

Ein Mensch im Elfenbeinturm verliert den Kontakt zur Realität. Er weiß nicht mehr, wie das gemeine Volk denkt und handelt. Auch Führungskräfte leben, häufig ohne sich darüber bewusst zu sein, in einem Elfenbeinturm. Sie laufen mit Scheuklappen durchs Unternehmen, hetzen von einer Besprechung zur nächsten oder igeln sich in ihrem Büro ein. So entgehen ihnen die alltäglichen Belange ihrer Mitarbeiter. Häufig sind sie von Jasagern umgeben, die Probleme, Schwierigkeiten oder schlechte Nachrichten von ihnen fernhalten. In dieser Situation dürfte es kaum gelingen, eine Strategie umzusetzen – denn wie bei jedem Veränderungsprozess ist die Führungskraft hier auf offenes Feedback aller Beteiligten angewiesen.

Die Leadership-Formel: Wie Sie Führungskompetenz entwickeln

Letztlich geht es nicht nur darum, Führungsfehler zu vermeiden. Um neue Strategien umzusetzen und die Zukunft Ihres Verantwortungsbereichs erfolgreich zu gestalten, benötigen Sie Führungskompetenz. Es kommt darauf an, dass Ihre Mitarbeiter Sie als Führungspersönlichkeit, als »Leader«, wahrnehmen.

Was macht einen solchen Leader aus? »Leadership hat für mich etwas mit Charisma zu tun«, sagt Anette Bronder. »Ein Leader ist ein Mensch, für den man auch mal durch dick und dünn geht.« Es handelt sich um eine

Führungspersönlichkeit, die es versteht, sich schnell einen Überblick zu verschaffen, die Impulse gibt und die sich traut, in wichtigen Momenten schnell eine Entscheidung zu treffen. Vor allem aber: »Ein Leader muss in der Lage sein, andere mitzunehmen.«

Die spannende Frage lautet nun: Was gehört dazu, um ein Leader zu werden? Hilfreich ist hier das im Folgenden vorgestellte Modell, das davon ausgeht, dass Leadership von vier wesentlichen Faktoren abhängt: Vision, Leidenschaft, Disziplin und Vertrauen.

Damit sich Leadership entfaltet, benötigen Sie also zunächst eine *Vision*, ein langfristiges Ziel, das Sie antreibt und auch Ihre Mitarbeiter motivieren kann. Erst dieses Ziel stellt die Weichen und versetzt Sie in die Lage, Ihre Mitarbeiter für das Vorhaben zu begeistern. Das setzt allerdings voraus, dass Sie selbst mit *Leidenschaft* bei der Sache sind. Notwendig ist darüber hinaus *Disziplin*, verbunden mit der Bereitschaft, sich den negativen Aspekten des Vorhabens zu stellen und schwierige Situationen durchzustehen. Nicht zuletzt benötigen Sie eine gewisse Zuneigung zu den Mitarbeitern, die Sie führen. Denn erst dann entsteht gegenseitiges *Vertrauen*, ohne das schwierige Situationen und kritische Phasen kaum durchzustehen sind.

Leadership braucht alle vier Komponenten; sie lässt sich als Produkt aus Vision, Leidenschaft, Disziplin und Vertrauen beschreiben:

Leadership = Vision × Leidenschaft × Disziplin × Vertrauen

Eine Grundregel des Multiplizierens besagt, dass ein Produkt null ist, wenn einer der Faktoren null ist. Bezogen auf die Leadership-Formel heißt das: Lassen Sie eine der vier Komponenten vermissen, wird Ihnen Ihr Umfeld keine Führungsstärke, also keine Leadership-Fähigkeiten, zubilligen.

Wie gut Sie Ihre Leadership-Funktion ausfüllen, können Sie anhand von vier Leitfragen abschätzen:

- Welche Ziele verfolge ich mit meinem Bereich?
- Wie leidenschaftlich bin ich bei der Sache?
- Wie diszipliniert verfolge ich diese Ziele?
- Wie sehr vertrauen mir meine Mitarbeiter?

Sehen wir uns die vier Komponenten noch etwas näher an. Was macht sie jeweils aus? Was können Sie tun, damit der jeweilige Aspekt zur Geltung kommt?

Komponente 1: Leadership braucht eine Vision

Führen impliziert die Antwort auf eine Frage, die viele Führungskräfte vernachlässigen: Wohin soll die Reise gehen? Die Geschwindigkeit, mit der sich

Unternehmen, ja ganze Branchen verändern, veranlasst die Mitarbeiter immer häufiger, die Sinnfrage zu stellen. Sie fordern von ihren Führungskräften Perspektiven und Orientierung ein. Die Mitarbeiter wollen wissen, wofür der Vorgesetzte steht, was er mit der Abteilung vorhat und welchen Sinn ihre Arbeit hat; sie wollen zu positiven Zielen beitragen, eigenständig Entscheidungen treffen und selbstständig handeln. Hieraus entsteht eine emotionale Bindung, aus der sich wiederum das Engagement der Mitarbeiter ergibt.

Eine Vision kann diese sinnstiftende Rolle spielen. Sie drückt aus, was Sie mit Ihren Mitarbeitern gemeinsam erreichen wollen, aber auch warum es so bedeutend und wichtig ist, dieses Ziel zu erreichen. Antoine de Saint-Exupéry hat das mit einer schönen Metapher verdeutlicht: »Willst du ein Schiff bauen, rufe nicht die Menschen zusammen, um Pläne zu machen, die Arbeit zu verteilen, Werkzeug zu holen und Holz zu schlagen, sondern wecke in ihnen die Sehnsucht nach dem großen, endlosen Meer.«

Sorgen Sie für eine Vision!

- Denken Sie an Ihre Ausgangssituation und die Zielvorgaben aus dem Management, und leiten Sie hieraus eine Vision für Ihre Abteilung ab.
- Vermitteln Sie Ihren Mitarbeitern anhand der Vision, wofür ihre Abteilung steht, was Sie erreichen wollen, und welchen Beitrag sie leisten sollen (vgl. Kapitel »Das Ziel vor Augen«).
- Überzeugen Sie alle Teammitglieder von der Vision, besser noch: Versuchen Sie, alle Beteiligten zu begeistern und mitzureißen.
- Sorgen Sie dafür, dass sich eine Mehrzahl der Mitarbeiter der Vision verschreibt.
- Nutzen Sie die Vision, um die Mitarbeiter zu motivieren und Ihre Vorhaben auch in schwierigen Situationen auf Kurs zu halten.

Komponente 2: Leadership braucht Leidenschaft

»Leidenschaftliche Führungspersönlichkeiten ernten leidenschaftliche Reaktionen«, konstatierte der Leadership-Experte John C. Maxwell. Seiner Ansicht nach kann man durch Leidenschaft viel erreichen. Mahatma Gandhi mit seinem Einsatz für die Menschenrechte, Winston Churchill mit seinem Wunsch nach Freiheit, Martin Luther King mit seinem Engagement für Gleichberechtigung oder Bill Gates mit seiner Begeisterung für die Technologie – jeder von ihnen beeindruckte durch seine Leidenschaft und veränderte auf seine Art die Welt.

Wenn die Seele Feuer fängt, wenn ein Herz brennt, wird Unmögliches machbar. Eben deshalb erbringen leidenschaftliche Führungskräfte so starke Leistungen. Eine leidenschaftliche Führungskraft mit dürftigen Fach- oder Managementfähigkeiten wird stets mehr bewegen als eine fachlich und methodisch versierte Führungskraft mit wenig Leidenschaft. Es gilt der Leitspruch: »When you set yourself on fire, people love to come and see you burn.«

Leider dominiert im Arbeitsalltag oft die Routine. Der Alltagstrott hält die Menschen gefangen, Leidenschaft scheint ein Fremdwort zu sein. Viele Führungskräfte versäumen, die besten Kräfte ihrer Mitarbeiter zu wecken, indem sie sie durch ihre Leidenschaft für klare Werte, begeisternde Ziele, unbedingte Qualität und Kundennutzen mitreißen. Wandelt ein Vorgesetzter als Schlaftablette durch die Reihen seiner Mitarbeiter, überträgt sich das auf das Team. Umgekehrt gilt dasselbe: Ist er Feuer und Flamme für das, was er tut, wird er auch sein Team mitnehmen.

Notwendig sind also zwei Schritte: Zunächst müssen Sie selbst für Ihre Arbeit Feuer und Flamme sein, im zweiten Schritt übertragen Sie diese Begeisterung auf die anderen.

Sorgen Sie für Leidenschaft!

- Machen Sie Ihre Arbeit mit echter Leidenschaft – nur dann können Sie Ihre Mitarbeiter anstecken.
- Ergreifen Sie die Initiative, und erweisen Sie sich als Vorkämpfer, der für sein Team und die Sache eintritt.
- Stehen Sie zu Ihrer Meinung und vertreten Sie keine Standpunkte, hinter denen Sie nicht selbst stehen.
- Entwickeln Sie eine persönliche Ausstrahlung und vermitteln Sie Sinn und Schwung über das Alltägliche hinaus.
- Bringen Sie die Bereitschaft mit, sich mit allen – positiven wie negativen – Aspekten Ihres Bereichs auseinanderzusetzen.

Komponente 3: Leadership braucht Disziplin

Führungserfolg wird sich nie ohne operative Exzellenz einstellen. Diese lässt sich weder durch Vision noch durch Leidenschaft allein erreichen, hierzu bedarf es einer weiteren Eigenschaft: der Disziplin. Aufgabenlisten führen, nachhaken, Termine einhalten, Ergebnisse kontrollieren, Probleme abarbeiten – auch um diese alltäglichen Dinge muss sich eine Führungskraft kümmern. Und auch hier kommt ihr eine Vorbildfunktion zu.

Folgende Eigenschaften zeichnen eine disziplinierte Führungskraft aus und ergeben ein unter diesem Aspekt konsistentes Führungsverhalten:

- der Wille, in und mit Ihrem Bereich außergewöhnliche Ergebnisse zu erzielen
- die Bereitschaft, dafür einen höheren Einsatz zu bringen als andere
- die Fähigkeit, auch schwierige Entscheidungen zu treffen
- die Fähigkeit, diese Entscheidungen konsequent umzusetzen
- die Bereitschaft, sich auch negativen Aspekten der Arbeit zu stellen
- die Konsequenz, Probleme zeitnah anzugehen und zu lösen
- die Fähigkeit, nach Rückschlägen sofort wieder aufzustehen
- die Zuverlässigkeit bei getroffenen Aussagen
- die Berechenbarkeit der eigenen Reaktionen
- anderen das Gefühl zu geben, fair und gerecht behandelt zu werden

Disziplin hat viel mit Konsequenz zu tun – der Konsequenz, an den Dingen dranzubleiben, nichts unter den Teppich zu kehren und eigene Vorhaben erfolgreich abschließen zu wollen.

Sorgen Sie für Disziplin!

- Es gilt das Highlander-Prinzip: Es kann nur einen geben! Für Ihren Bereich tragen letztlich Sie allein als Führungskraft die Verantwortung.
- Als Führungskraft treffen Sie auch schwierige Entscheidungen, setzen diese konsequent um – und nehmen sie nicht peu à peu wieder zurück.
- No mercy! Als Führungskraft kennen Sie keine Gnade. Sie akzeptieren weder schlechte Leistungen noch Regelverstöße durch Ihre Mitarbeiter.
- Bei Konflikten greifen Sie konsequent ein, analysieren die Ursachen und erarbeiten mit den Konfliktparteien eine konstruktive Lösung.
- Als Führungskraft kümmern Sie sich um die Belange Ihres Bereichs, gehen Probleme zeitnah an und kehren nichts unter den Teppich.
- Sie gehen beherzt vor und sind jederzeit bereit, alle notwendigen Maßnahmen zu ergreifen, um die Kontrolle über Ihren Bereich zu behalten.

Komponente 4: Leadership braucht Vertrauen

Die vierte Grundlage für gute Führung – neben Vision, Leidenschaft und Disziplin – ist Vertrauen. Wenn die Mitarbeiter ihrer Führungskraft vertrauen, gehen sie für sie durch die Hölle. Doch während man Vision, Leidenschaft und Disziplin selbst schaffen kann, ist man beim Faktor »Vertrauen« auf die anderen angewiesen. Vertrauen entsteht beim Gegenüber; man kann es nicht direkt erzeugen. Der Mitarbeiter muss es seiner Führungskraft schenken! Entscheidend sind drei Faktoren, unter denen Vertrauen entsteht: Sicherheit, Glaubwürdigkeit und Priorität (siehe Abbildung 5.10).

- **Vermitteln Sie Sicherheit!** Vertrauen entsteht, wenn die Mitarbeiter sich unter ihrer Führungskraft gut aufgehoben fühlen. Das ist dann der Fall, wenn Sie Sicherheit vermitteln – Sicherheit in Bezug auf Ihr Handeln, aber auch in Bezug auf Vertraulichkeit. Jeder Mitarbeiter sollte die Gewissheit haben: »Unser Chef weiß, was er tut. Er schickt uns nicht auf ein Himmelfahrtskommando.« Ein Mitarbeiter sollte aber auch die Sicherheit haben, ein Anliegen mit Ihnen offen besprechen zu können – also zum Beispiel einen Fehler einzugestehen, ohne eine heftige Reaktion befürchten zu müssen.
- **Seien Sie glaubwürdig!** Vertrauen entsteht, wenn Sie glaubwürdig sind. Der Mitarbeiter muss sich auf das, was Sie ihm vermitteln, verlassen können. Glaubwürdig sind Sie, wenn der Mitarbeiter Ihnen abnimmt, was Sie sagen. Glaubwürdigkeit gründet sich deshalb vor allem auf Know-how und Erfahrung, aber auch auf Ehrlichkeit und Zuverlässigkeit. In der Konsequenz heißt das: Glaubwürdigkeit und das damit verbundene Vertrauen Ihrer Mitarbeiter können Sie nur gewinnen, wenn Sie über ausreichendes Wissen und genügend Erfahrung verfügen, um ihren Bereich zu managen. Gerade eine neue Führungskraft wird sich am Anfang mächtig ins Zeug legen müssen, um trotz geringer Führungserfahrung Glaubwürdigkeit zu vermitteln.

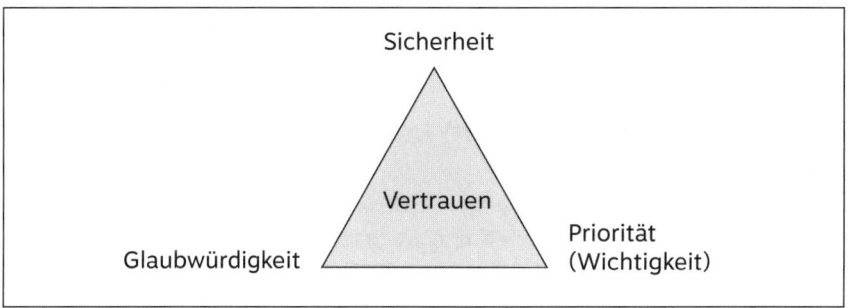

Abbildung 5.10: Dreieck des Vertrauens: Sicherheit, Glaubwürdigkeit, Priorität

- **Geben Sie Ihrem Bereich oberste Priorität!** Vertrauen entsteht, wenn keinerlei Zweifel bestehen, dass Sie als Führungskraft Ihrem Bereich und damit auch Ihren Mitarbeitern die oberste Priorität einräumen. Die Bedeutung des Faktors »Priorität« für die Entstehung von Vertrauen lässt sich am Beispiel einer Verkaufssituation verdeutlichen: Viele Verkäufer haben ein Vertrauensproblem, weil der Kunde das Gefühl hat, dem Verkäufer könnte die Provision wichtiger sein als das Kundenanliegen. Vertrauen setzt also absolute Transparenz bei der Prioritätensetzung des Verkäufers voraus. Nicht anders verhält es sich bei Ihnen als Führungskraft. Der Mitarbeiter muss sich sicher sein, dass bei einem Anliegen stets die Abteilungsinteressen Vorrang haben – und alle anderen Interessen, Wünsche und Bedürfnisse dahinter zurücktreten.

Sorgen Sie für Vertrauen!

- Vertrauen hängt von den Faktoren Sicherheit, Glaubwürdigkeit und Priorität ab. Behalten Sie alle drei fest im Blick.
- Strahlen Sie Sicherheit aus. Geben Sie Ihren Mitarbeitern das Gefühl, in Ihrer Abteilung gut aufgehoben zu sein.
- Vermitteln Sie Ihren Mitarbeitern die Sicherheit, dass sie Fehler begehen dürfen, um daraus zu lernen.
- Seien Sie offen für die Anliegen Ihrer Mitarbeiter – und gehen Sie vertraulich mit diesen Informationen um.
- Sagen Sie, was Sie denken. Und tun Sie, was Sie sagen. Gehen Sie mit gutem Beispiel voran.

Tom macht sich in diesen Tagen viele Gedanken darüber, wie er als Führungskraft Fehler vermeiden und Führungsqualitäten entwickeln kann. Da drückt ihm sein Mentor eines Morgens ein Buch in die Hand – »Seven failings of really useless leaders«. Was Tom dort liest und welche Schlüsse er daraus zieht, hält er in seinem Tagebuch fest.

Fehlende Leadership

Die Anforderungen an Führungskräfte sind hoch und der Umgang mit sich widersprechenden Zielen und wechselnden Rahmenbedingungen wird immer anspruchsvoller. Doch viele Führungskräfte scheitern nicht an den ihnen gestellten Aufgaben, sondern an mangelnder Führungsstärke.

So wappnen Sie sich ...

- Verlieren Sie sich nicht zu sehr in den operativen Tätigkeiten. Das Tagesgeschäft am Laufen zu halten ist zwar notwendig, ebenso kommt es aber auch auf Führung oder »Leadership« an.
- Formulieren Sie eine Zielvorstellung (Vision), die Ihren Mitarbeitern ein klares Zukunftsbild Ihrer Abteilung verdeutlicht.
- Üben Sie Ihre Führungsaufgabe mit ehrlicher Leidenschaft aus. Nur dann können Sie auch Ihr Team begeistern und mitreißen. Leidenschaft erleichtert, auch schwierige Situationen zu meistern.
- Seien Sie diszipliniert. Bleiben Sie konsequent an den Dingen dran und zeigen Sie den unbedingten Willen, ihre Strategie zum Erfolg zu führen.
- Gewinnen Sie das Vertrauen Ihrer Mitarbeiter. Vermitteln Sie hierzu Sicherheit, bleiben Sie glaubwürdig – und räumen Sie den Interessen Ihrer Abteilung oberste Priorität ein.

Anette Bronder im Interview
»In schwierigen Situationen muss man selbst mit anpacken.«

Frau Bronder, Sie haben viel Erfahrung damit, neue Strategien und die hierfür notwendigen Veränderungen umzusetzen. Wie reagieren die Mitarbeiter bei Veränderungsprozessen? Es gibt ganz unterschiedliche Typen. Da sind zum einen die Extrovertierten, die immer mit vorne dranstehen. Die schreien zwar schnell, dass sie mit dabei sein wollen, merken aber oft erst auf der Reise: »Hoppla, was heißt das eigentlich für mich?« Extrovertiert bedeutet eben nicht, dass diese Mitarbeiter sich schon ein Bild gemacht haben und wissen, was auf sie zukommt. Zum anderen gibt es die Abwartenden, die versichern, dass sie mit dabei sind – bei denen ich aber genau merke, dass sie am Überlegen sind, was die Veränderung für sie bedeutet. Dann gibt es noch diejenigen, die erst einmal komplett dichtmachen: Die geben nicht zu erkennen, wie sie dazu stehen – weder im Positiven noch im Negativen. Sie verhalten sich nach dem Motto: »Ich komme nur, wenn ich gefragt werde.«

Als Führungskraft haben Sie die Aufgabe, diese unterschiedlichen Charaktere im Veränderungsprozess steuern? Ja – wobei ich nicht nur auf die

Individuen schaue, sondern auch auf die Zusammenarbeit im Team und auf die Kultur des Unternehmens. Wenn man die DNA des Unternehmens nicht versteht, kann man das beste individuelle Coaching machen und kommt trotzdem nicht zum Erfolg.

Sie haben lange Zeit als Unternehmensberaterin in der Industrie Veränderungsprozesse begleitet. Was haben Sie aus diesem Blick von außen gelernt? Die wichtigste Erkenntnis war für mich: Wenn ein Projekt im Unternehmen A gut läuft, heißt das nicht, dass ein vergleichbares Projekt auch in Unternehmen B funktioniert. Damit sind wir wieder bei der Kultur und der DNA des Unternehmens. Nehmen wir einen SAP-Rollout in der Automobilindustrie: Das funktioniert bei Volkswagen anders als bei BMW oder bei Mercedes – andere Unternehmenskultur, andere Strukturen, andere Organisationen, anderes Hierarchiedenken und anderes Verhalten. Das bedeutet: Gleicher Inhalt, aber komplett andere Vorgehensweise.

Wo liegt für Sie der zentrale Ansatzpunkt, um ein solches Change-Projekt zu managen? Für mich gilt nach wie vor: It's all about people. Ähnlich wie als Führungskraft muss sich auch ein externer Berater die Frage stellen: Wer sind meine Key-Player? Wo stehen diese mental? Und wie kann ich sie in den Veränderungsprozess aktiv mit einbinden?

Welche Ihrer Erfahrungen als Change-Beraterin konnten Sie später in Ihren Führungspositionen nutzen? Aus der Change-Beratung habe ich natürlich das für Change-Prozesse notwendige Handwerkszeug mitgenommen. Change-Beratung ist eine gute Schule: Man lernt, wie man mit Prozessen umgeht und Organisationsmodelle aufbereitet. Auch die vielfältigen Moderationserfahrungen, die man als Berater macht, sind sehr hilfreich. Einer Führungskraft steht es gut zu Gesicht, wenn sie es versteht, einen Prozess im Team professionell zu moderieren.

Die wertvollste Erfahrung aus meiner Tätigkeit als Unternehmensberaterin war aber das Kennenlernen unterschiedlicher Führungskulturen. Über kurz oder lang betreibst du da »Cherry-Picking«: Du suchst dir das Beste heraus, bist vielleicht fasziniert von jemandem und fängst an – ob du es willst oder nicht –, diese Dinge zu adaptieren. Mit dem, was du kannst und was du von anderen lernst, entwickelst du deinen ganz eigenen Stil.

Wie halten Sie bei einem Change-Projekt die Fäden in der Hand? Bei wichtigen Veränderungsvorhaben bilde ich immer ein Kernteam, das ich auch gerne persönlich begleite. Zu Besprechungen komme ich aber nur aus zwei Anlässen: Wenn das Team eine Entscheidung von mir braucht oder wenn es eine dramatische Wendung gibt, über die mich das Team informieren will. Ein laufendes Update des Projektverlaufs brauche ich nicht. Stattdessen versuche ich, die Teammitglieder zu befähigen, eigenverantwortlich zu agieren – während ich mich auf die Schneepflugrolle konzentriere, um ihnen die Hindernisse aus dem Weg zu räumen.

Wen berufen Sie in ein solches Kernteam? Grundsätzlich gehören ihm die direkt betroffenen Führungskräfte an. Zum einen will ich diese nicht in eine Kino-Position entlassen nach dem Motto: »Ich lehne mich gemütlich zurück und schaue, was auf der Leinwand so geboten wird.« Zum anderen finde ich es wichtig, dass sie gegenüber ihren eigenen Mitarbeitern eine tragende Rolle spielen. Hinzu kommen dann noch einige fachliche Gurus. Ich bin aber auch ein großer Fan davon, den jungen Wilden eine Chance zu geben. Diese »Wild Horses«, die vor Energie strotzen und mit ihrer eigentlichen Aufgabe noch nicht richtig ausgelastet sind, setze ich ganz bewusst in solche Teams. So gebe ich ihnen ein Spielfeld, auf dem sie sich zeigen und beweisen können.

Läuft man nicht Gefahr, dass ein solches Veränderungsprojekt scheitert, wenn man – wie Sie es tun – das Team mehr oder weniger sich selbst überlässt? Das ist natürlich ein gewisses Risiko. Aber ein solches Projekt ist mein Baby, auch wenn ich vielleicht nur in 20 Prozent der Meetings gehe. Das genügt, um das Projekt zu verfolgen und die Leute in die Pflicht zu nehmen, wenn es nicht so läuft, wie wir uns das vorgestellt haben. Für die Teammitglieder ist meine Zurückhaltung auch ein Vertrauensbeweis – und für mich hat sie den Vorteil, dass ich mehrere strategische Projekte gleichzeitig angehen kann.

Was bringt Veränderungsprojekte ins Straucheln? Wann droht ein Projekt zu scheitern? Da sind wir wieder bei den Mitarbeitern. Es kommt vor, dass ein Mitarbeiter für ein solches Projekt Verantwortung übernimmt, im innersten aber denkt: »Ich will gar nicht, dass das jemals kommt.« Wer das Projektziel nicht möchte, gleichzeitig aber in verantwortungsvoller Position ist, kann viel dazu beitragen, dass das Vorhaben scheitert. Da gibt es genügend Möglichkeiten. Ein zweiter Grund liegt bei Führungskräften auf der mittleren Ebene, gerade auch bei neuen Führungskräften, die nicht zugeben, dass sie ein solches Vorhaben überfordert.

Wie kommt es zu solchen Überforderungen? Im Grunde gibt es zwei Arten von Führungskräften. Die einen sind die strategisch-konzeptionellen Köpfe, die anderen sind die Umsetzer. Nur wenige können beides. Wer eine tragende Rolle in einem großen Veränderungsprojekt übernehmen will, muss konzeptionell stark sein. Das Konzept liegt ja nicht wie ein Drehbuch fertig auf dem Tisch, sondern muss laufend den veränderten Gegebenheiten angepasst werden. Gleichzeitig muss er aber auch stark in der Umsetzung sein. Und mit beidem sind viele Führungskräfte einfach überfordert. Ein solches Veränderungsprojekt geht weit über das Tagesgeschäft hinaus – es bringt Führungskräfte an ihre Grenzen. Manche wollen das nicht zugeben, versuchen es dennoch, bis dann das Projekt in Schieflage gerät. Die Hilfe kommt dann oft zu spät.

Wie können Sie als übergeordnete Führungskraft ein solches Projekt dann doch noch retten? Wie bei jedem großen Projekt lautet das oberste Gebot: Ruhig bleiben, einen kühlen Kopf bewahren und sich einen Überblick verschaffen: Wo ist das Problem? Gibt es inhaltliche Probleme? Ist es ein Ressourcenproblem? Ist es fehlende Leadership? Entscheidend ist, jetzt nicht nur Symptome zu behandeln, sondern wirklich die Ursachen zu finden und anzugehen. Wenig Sinn macht es, die Teammitglieder unter Druck zu setzen nach dem Motto: »Jetzt sagt mir mal: Warum ist es schiefgegangen? Was ist euer Plan?« Wenn sie das wüssten, wäre es ja nicht so weit gekommen.

Die Führungskraft muss also selbst eingreifen und im Team präsent sein? Ja. Als Führungskraft muss ich jetzt Präsenz zeigen, Führung übernehmen, selbst mit anpacken. Wenn es irgendwo richtig eng wird und knallt, muss eine Führungskraft ihren Mitarbeiter zeigen, dass sie da ist. Zur Not muss sie bereit und in der Lage sein, das Team selbst anzuleiten. Dafür darf sie sich nicht zu schade sein! Wer bei Schieflage eines strategischen Projekts nicht an Deck erscheint und den Kurs neu bestimmt, muss sich fragen, ob er überhaupt zur Führungskraft taugt.

Sie unterscheiden zwischen strategischen Initiativen und einem kontinuierlichen Verbesserungsprozess. Was macht den Unterschied aus? Ein strategisches Projekt ist vergleichbar mit dem Bau eines Hauses. Das ist eine einmalige Geschichte, man errichtet das Haus nicht alle drei Monate neu. Trotzdem fällt einem noch viel ein, was man an dem Haus verbessern kann – im Garten, im Keller, in der Gestaltung. Man sollte das klar auseinanderhalten: Das eine ist strategische Veränderung, das andere ein kontinuierlicher Anpassungs- und Verbesserungsprozess.

Achten sollte man auch darauf, wirklich nur dann ein neues Haus zu bauen, wenn es notwendig ist. Das heißt: Es ist nicht zielführend, seinen Bereich alle drei Monate neu auszurichten. Stattdessen sollte man versuchen, das, was man geschaffen hat, erst einmal auf einem hohen Niveau zu bewahren. Das ist nicht einfach – und geht nicht ohne kontinuierliche Verbesserungen.

Etappe 6

Prüfungen und Hindernisse
Der Umgang mit den ersten Rückschlägen

Gefragt nach den größten Bewährungsproben einer Führungskraft, antwortet Jens Bohlen, ehemaliges Vorstandsmitglied der Wincor Nixdorf AG, ohne Zögern: »Wenn die Zahlen nicht mehr stimmen, kommt Druck auf.« Der Manager weiß, wovon er spricht: Meistens wurde er gerufen, wenn es darum ging, einen Bereich oder ein Unternehmen wieder auf Kurs zu bringen. Nach seiner Beobachtung reagieren Manager in solchen Ausnahmesituationen ganz unterschiedlich: Die einen stellen alles auf den Kopf, wechseln Mitarbeiter aus und schlagen eine komplett neue Richtung ein. Andere verhalten sich eher abwartend, machen im Grund gar nichts.

Jens Bohlen positioniert sich selbst zwischen diesen Extremen. Er nimmt sich zwei bis drei Jahre Zeit, um den übernommenen Bereich wieder in Ordnung zu bringen. »Das hört sich lange an«, erläutert er, »aber die Zeit verfliegt: Ich brauche etwa ein Jahr, um meine Mannschaft aufzustellen – und dann dauert es ein weiteres Jahr, bis man merkt: Jetzt zieht es an! Im dritten Jahr stimmen die Zahlen dann meistens wieder.« Der Manager spricht hier nicht von Sanierungsfällen, in denen die Notwendigkeit besteht, in kurzer Zeit radikal aufzuräumen. Gemeint sind vielmehr Rückschläge oder negative Trends, mit denen sich jede Führungskraft früher oder später konfrontiert sieht. Die Herausforderung in einer solchen Situationen liegt vor allem darin, kühlen Kopf zu bewahren. Es geht darum, die vorhandenen Potenziale auszumachen und richtig zu nutzen. »In jeder Organisation gibt es solche Assets«, ist Jens Bohlen überzeugt, »und ich versuche, diese Assets aufzuspüren und sinnvoll einzusetzen.« Anstatt radikal einzugreifen und sich von einem Großteil der Mitarbeiter zu trennen, setzt er auf eine eher behutsame Wende: Er spürt schlummernde Potenziale auf und bringt sie zur Entfaltung. Oft liegt die Kunst auch darin, »einfach das Naheliegende zu tun, das in den meisten Organisationen nicht gesehen wird«.

Das Abenteuer Führung nimmt seinen Lauf. Die ersten 100 Tage haben Sie erfolgreich bestanden, außerdem eine eigene Strategie entwickelt und auf den Weg gebracht. Doch nun zeigt sich: Auf Dauer verlaufen die Dinge nicht nach Plan. Zahlen brechen ein, erste ernsthafte Schwierigkeiten tauchen auf. Jetzt zeigt sich, ob Sie wirklich das Zeug zur guten Führungskraft haben! In Etappe 6 trennt sich der Spreu vom Weizen.

Begleiter auf der Etappe: Jens Bohlen

Jens Bohlen erinnert sich noch gut an seinen Einstieg als Führungskraft. Seine Abteilung war damals kontinuierlich gewachsen und die Geschäftsleitung hatte beschlossen, das Team zu splitten – und ihm die Leitung einer der beiden Gruppen zu übertragen. Gestern noch Mitarbeiter und Kollege, heute Vorgesetzter: Dieser Rollenwechsel hatte es in sich. Jahrelang hatte er mit den Kollegen gut zusammengearbeitet, in der Kaffee-Ecke geplaudert, abends vielleicht auch mal ein Bierchen getrunken. »Die meisten Mitarbeiter waren in meinem Alter oder jünger«, erzählt er, »da war ich überzeugt, dass sie mich in der veränderten Rolle akzeptieren würden.«

Kopfzerbrechen bereiteten ihm jedoch zwei ältere Mitarbeiter, die wesentlich erfahrener waren als er selbst. Lange überlegte er, wie er auf diese Mitarbeiter zugehen sollte. Er war dann sehr erleichtert, als ihm einer der beiden im Gespräch sagte: »Pass auf, mach dir da keine Sorgen! Du bist der Richtige, du bekommst das hin. Ich finde es gut, dass du es geworden bist – und unterstütze dich voll.« An diese Szene denkt der heutige Spitzenmanager gerne zurück. Die Worte des älteren Ex-Kollegen hatten ihm sehr geholfen, um als junge Führungskraft Fuß zu fassen.

Danach ging alles sehr schnell, viele Stationen und Positionen folgten. 2006 wechselte Jens Bohlen zu Wincor Nixdorf, einem weltweit führenden Anbieter von IT-Lösungen und Services für Retail-Banken und Handelsunternehmen. Unter seiner Leitung entwickelte sich erfolgreich das weltweite IT-Services-Geschäft. Zum 1. Januar 2013 wurde er in den Vorstand der Wincor Nixdorf AG berufen, wo er bis April 2015 das weltweite Banking-Geschäft zwei Jahre lang verantwortete.

Ausblick auf die Etappe

In Etappe 6 wird das Klima rauer. Als Führungskraft segeln Sie mit Ihrer Mannschaft auf hoher See und sind der Unbill des Wetters ausgeliefert. Jederzeit kann der Wind umschlagen oder gar ein Sturm aufziehen, der das

Schiff vom Kurs abzubringen droht. In der bevorstehenden Etappe gilt es, vier große Stürme zu bestehen.

Im Kapitel »Prüfungen und Hindernisse« droht das Unheil von oben. Da kommen plötzlich Ihre Chefs auf die Idee, in Ihren Wirkungsbereich hineinzuregieren. Ihr Vorgesetzter setzt sich über getroffene Vereinbarungen hinweg und macht Ihnen das Leben schwer. Oder Sie kämpfen gegen bürokratische Hindernisse: Wenn Sie eine Entscheidung benötigen, ist niemand da, der sie treffen will, kann oder darf. Dadurch bleiben wichtige Aufgaben liegen, die Ziele Ihrer Abteilung sind gefährdet. Im Kapitel »Der Tyrannosaurus erfahren Sie, wie Sie sich gegen Fehlentscheidungen von oben zur Wehr setzen oder erfolgreich gegen »Blockierer« vorgehen.

Zum Alltag einer Führungskraft gehört, dass sie mit ihrer Abteilung immer wieder an Projekten beteiligt ist. Auch von dieser Seite droht Gefahr: Gerät ein Großprojekt ins Kentern, kann die Abteilung schnell in den Strudel mit hineingerissen werden. Wie Sie im Falle einer Projektkrise richtig handeln und das Unheil noch rechtzeitig abwenden, beschreibt das Kapitel »In Schieflage«.

Nicht zuletzt stellen die klassischen Schlechtwetterfronten eine permanente Bedrohung dar: Einbrechende Geschäftszahlen oder unerwartete Qualitätsprobleme bringen das »Abteilungsschiff« vom Kurs ab. Nun gilt es, wie von Jens Bohlen beschrieben, kühlen Kopf zu bewahren und die vorhandenen Ressourcen zu mobilisieren, um das Unwetter heil zu überstehen. Wie das gelingt und worauf dabei zu achten ist, erfahren Sie im Kapitel »Nur keine Panik«.

Auch Tom erlebt die ersten großen Abenteuer seiner Karriere als Führungskraft. Ein Prestigeprojekt gerät in Schwierigkeiten, ein wichtiger Kunde droht abzuspringen – er muss die Nerven behalten und richtig reagieren.

Der Tyrannosaurus
Entscheidungen des Managements können alles zunichtemachen

> »Das Leben ist wie ein Kartenspiel, man kann sich
> seine Karten und Voraussetzungen nicht aussuchen,
> aber man kann beeinflussen, was man aus ihnen macht
> und wie sich das ›Spiel‹ entwickelt.«
> *Unbekannt*

Ärger mit dem Chef. Ideen stoßen bei ihm auf taube Ohren, Verbesserungsvorschläge blockt er ab, Entscheidungen schiebt er hinaus. Immer wieder müssen sich Führungskräfte mit dem oberen Management herumschlagen:

Mal regiert der Chef in ihren Wirkungsbereich hinein, mal verweigert er sich, wenn sie ihn dringend benötigen.

Mit seinem Buch *Der Arschloch-Faktor* erregte Stanford-Professor Robert Sutton Aufsehen. Sein weltweit erfolgreiches Buch handelt vom Umgang mit den Despoten im Unternehmen. Zu den Erfolgstiteln des deutschen Karriereautors Martin Wehrle gehört *Das Chefhasserbuch*. In die gleiche Kerbe schlägt eine Vorstandssekretärin, die unter dem Pseudonym Katharina Münk über ihren Vorgesetzten schreibt. Ihr Titel: *Und morgen bringe ich ihn um*. Angeblich lästert jeder deutsche Arbeitnehmer im Schnitt vier Stunden pro Woche über seinen Chef.

Das alles zeigt: Die Beziehung nach oben, zu den Chefs, ist alles andere als harmonisch. Setzt sich das gestörte Verhältnis auf den Führungsebenen fort, entstehen gravierende Probleme – denn als Führungskraft sind Sie auf eine gedeihliche Zusammenarbeit mit Ihrem Vorgesetzten angewiesen. Einerseits brauchen Sie ihn, damit er Ihre Ziele unterstützt und die dafür notwendigen Entscheidungen trifft. Andererseits müssen Sie gegenhalten, wenn er versucht, in Ihre Abteilung hineinzuregieren. Beides erfordert eine kluge Strategie im Umgang »mit denen da oben«.

Der Umgang mit den Chefs fällt gerade jungen Führungskräften oft schwer. Weit verbreitet sind zwei Verhaltensweisen. Die einen versuchen, den Erwartungen des Chefs vollkommen gerecht zu werden, und führen sämtliche Aufträge ohne Murren aus. Die anderen gerieren sich als Rebellen, die ihrem Vorgesetzten knallhart ihre Meinung sagen – nach dem Motto: »Mit mir geht das so nicht!« Beide Extreme führen langfristig nicht zum Erfolg: Wer ständig nur das tut, von dem er denkt, dass andere es von ihm gerne hätten, wird seiner Rolle als Führungskraft nicht gerecht. Aber auch wer den Unnachgiebigen spielt und immer wieder verbrannte Erde hinterlässt, steht sich selbst im Weg.

Ein Beispiel für die erste Variante ist Iris W. Um die Karriereleiter schnell nach oben zu klettern, so glaubte sie, müsse man den Anweisungen des Chefs bedingungslos Folge leisten. Dementsprechend direkt und ungefiltert reichte sie die Aufträge ihres Vorgesetzten an die Mitarbeiter weiter. Als diese anfingen, sich gegen die Arbeitslast zu wehren, reagierte Iris W unwirsch: »Was soll ich denn machen? Ihr habt doch keine Ahnung, unter welchem Druck ich stehe!« Umso überraschter war die junge Abteilungsleiterin, als sich dann auch ihr Chef unzufrieden zeigte und von ihr eine klare Führung ihren Mitarbeitern gegenüber einforderte.

Ganz anders Andreas R, ein durch und durch »harter Hund«. Schon sein Vater hatte ihm die Devise mitgegeben: »Junge, lass dir bloß nichts gefallen. Wer tut, was andere sagen, hat schon verloren.« Diesem inneren Kompass folgend schlug sich Andreas R zunächst recht wacker. Er eckte zwar immer wieder an, wurde aber auch für seine Direktheit bewundert. Letztlich verdankte er dieser Eigenschaft seinen Aufstieg: Immer wenn es galt, unangenehme Themen anzusprechen oder Maßnahmen auch gegen Widerstände durchzuziehen, war er zur Stelle. Doch nun, in der neuen Führungsposition, wendete sich das Blatt. Sein Vorgesetzter konnte sich dem »Hau drauf«-Stil nicht anfreunden. Unmissverständlich machte er seiner jungen Führungskraft klar, dass gemeinsame Ziele nicht mit brachialer Gewalt, sondern nur mit Fingerspitzengefühl erreichen könne: »Sonst werden Sie sich nicht lange auf dem Chefsessel halten!«

Weder Iris W noch Andreas R beherrschen eine Kunst, die für den Erfolg als Führungskraft unbedingt notwendig ist: Leadership nach oben – die Fähigkeit, den eigenen Chef zu führen.

> ☠ **Die große Gefahr!** Der Führungskraft mangelt es an der Fähigkeit, mit ihren Chefs adäquat umzugehen. Sie ist deshalb nicht in der Lage, die Interessen ihrer Abteilung erfolgreich »nach oben« durchzusetzen.

Ob Sie eine Entscheidung nicht bekommen, die Sie für den Erfolg Ihrer Abteilung dringend benötigen, oder ob Sie sich gegen Entscheidungen aus dem Management zur Wehr setzen müssen, die Sie nicht mittragen können: In beiden Situationen dürfen Sie als Führungskraft nicht den Kopf in den Sand stecken, sondern müssen agieren. Nur so bleiben Sie mit Ihrem Team auf Kurs. Leadership nach oben erfordert viel Rückgrat, aber auch Einfühlungsvermögen. »Man kann manche Dinge nicht einfach nur hinnehmen«, stellt Jens Bohlen fest. »Kritik muss möglich sein.« Andererseits gelte es, für die Argumente des Managements offen zu sein – und auch »die Grenze zu erkennen, ab der man aufhört, um eine Sache zu kämpfen«.

Die größten Fehler im Umgang mit dem Chef

Für den Umgang mit Ihrem Vorgesetzten gilt es ein Faktum zu beachten: Der Chef bleibt auf seinem Chefsessel! Vermeiden Sie deshalb alles, was den Eindruck wecken könnte, dass Sie seine Position nicht respektieren oder gar an seinem Stuhl sägen. Wenn Sie zum Beispiel Ihren Vorgesetzten vor versammelter Mannschaft offen angreifen, bringen Sie ihn in eine Zwangslage. Um sein Gesicht zu wahren, muss er in dieser Situation die hierarchische Beziehung zwischen sich und Ihnen verdeutlichen. Er wird Sie also in die Schranken verweisen oder bei nächster Gelegenheit zeigen, dass er immer noch am längeren Hebel sitzt.

Achten Sie darauf, Ihren Vorgesetzten nicht auf diese oder ähnliche Weise vor den Kopf zu stoßen. Hierbei kann folgende Liste der wohl häufigsten Fehler im Umgang mit dem Chef hilfreich sein:

- **Fehler 1: Sie bringen Ihren Chef in die Lage, sich verteidigen zu müssen.** Selbst wenn Sie sich in einer kontroversen Diskussion mit den meisten Anwesenden einig sind, muss er Ihren Angriff parieren, um nicht sein Gesicht zu verlieren. Statt ihn argumentativ in die Ecke zu drängen, bitten Sie ihn lieber, zu erläutern, wie er auf seine Ideen kam. Falls das nicht zum Ziel führt, klären Sie die Sache besser hinterher in einem persönlichen Gespräch.
- **Fehler 2: Sie verärgern Ihren Chef mit Totschlagargumenten.** »Das hat noch nie funktioniert!« – »Das haben wir schon immer so gemacht!« Solche Killerphrasen sind schnell gefallen, wenn Ihr Chef von einer Idee überzeugt ist, von der Sie ganz und gar nichts halten. Eine verständliche Reaktion, die aber in der Regel verhängnisvoll endet: Damit provozieren Sie geradezu den Widerstand Ihres Chefs, der die Sache dann womöglich erst recht umsetzt.
- **Fehler 3: Sie stellen Ihren Chef bloß.** Selbst wenn er keine Ahnung von einem Thema hat, sollten Sie es sich verkneifen, den Besserwisser zu geben und ihn vor versammelter Mannschaft bloßzustellen. Notfalls können Sie ihm immer noch unter vier Augen erklären, warum der Vorschlag keine gute Idee ist.
- **Fehler 4: Sie kritisieren Ihren Chef zu direkt.** Achten Sie auf Ihre Wortwahl, wenn Sie Ihren Chef kritisieren. Servieren Sie die Kritik wie eine bittere Medizin – immer auf einem Stückchen Zucker. Anstatt einen Vorschlag des Chefs einfach abzubügeln, gehen Sie besser erst einmal darauf ein und stellen kritische Fragen. So können Sie ihn zu der Einsicht bewegen, dass er vielleicht doch falschliegt.
- **Fehler 5: Sie reden Ihrem Chef nach dem Mund.** Wenn Sie Ihrem Vorgesetzten immer nur zustimmen und sagen, was er gerne hören will, wirkt das schnell aufgesetzt. Bleiben Sie lieber authentisch – was nicht heißt, dass Sie nicht ab und zu auch Ihre Zunge zu hüten sollten.
- **Fehler 6: Sie jammern.** Es kommt nie gut an, wenn Sie Ihrem Chef mit Ihren Problemen die Ohren vollheulen. Wahrscheinlich wird er daraus schließen, Sie seien überfordert.

Um Missverständnisse, Frust und Streit zu vermeiden, kommt es vor allem auf eines an: Sie sollten wissen, wie Ihr Chef tickt. Ist er Bauchmensch oder Kopftyp? Handelt er strategisch oder spontan? Steht er auf kühne Visionen oder kühle Prognosen? Kommuniziert er am liebsten schriftlich oder mündlich? Nur wenn Sie Ihren Chef kennen, können Sie sich auf ihn einstellen und richtig agieren – sei es im Beisein von Kollegen und Geschäftspartnern oder bei Verhandlungen unter vier Augen.

Entscheidungen bekommen: Machen Sie Ihrem Chef Beine!

Die Klage, dass Entscheidungen liegen bleiben, ist in vielen Unternehmen allgegenwärtig. Um als Führungskraft mit Ihrem Team voranzukommen und die Abteilungsziele zu erreichen, sind Sie jedoch darauf angewiesen, dass Ihr Vorgesetzter oder das Management immer wieder entscheidet. Vor allem zwei Situationen machen es schwer, die notwendigen Entscheidungen zu bekommen: Das sind zum einen schwerfällige Strukturen, die zu einer Art »Entscheidungs-Arthrose« führen – und zum anderen gibt es Vorgesetzte, die nie greifbar sind. Keine Zeit, immer unterwegs!

Entscheidungs-Arthrose im Management

»Für einen neuen Bleistift brauche ich mehr Unterschriften als für einen Bauantrag«, erzählte einmal der Teilnehmer eines Führungsseminars. Tatsächlich ist in den meisten Unternehmen geregelt, wer was entscheiden oder nicht entscheiden darf. Häufig wird dabei übertrieben – und neue Führungskräfte müssen feststellen: »Meine Befugnisse sind erschreckend gering!« Sie machen Bekanntschaft mit einer überbordenden Bürokratie, die Projekte ebenso ausbremst wie die Arbeit in der Linie. Bevor ein Antrag nicht mit drei Stempeln versehen ist, passiert einfach nichts. In manchen Unternehmen müssen Vertriebsmitarbeiter sich sogar ihre Dienstfahrten zum Kunden genehmigen lassen, als gehörte dies nicht zu ihren ureigenen Aufgaben.

»Wie um alles in der Welt soll ich so meine Ziele erreichen?« fragt sich da so manche Führungskraft. Die Antwort ist ernüchternd: Aus den verkrusteten Strukturen ist ein Ausbrechen kaum möglich. Zwar könnte ein Abteilungsleiter über die Regeln hinwegsehen und eigenmächtig etwa eine Bestellung unterschreiben, um so einen wichtigen Prozess zu beschleunigen. Es wäre jedoch ein gewagtes Spiel. Um sich hierauf einzulassen, müsste er ein ziemlich gewiefter Diplomat sein und sich im Unternehmen hervorragend auskennen. Andernfalls riskierte er seine Stellung und damit seine Zukunft im Unternehmen.

Als Ausweg bleiben eiserne Hartnäckigkeit, lückenlose Argumentationen und eine gute Portion Courage. Jens Bohlen rät zu Gelassenheit und Geduld:

»Man darf sich nicht verrückt machen lassen. Wenn ich immer eng am Business bleibe, finde ich auch genügend Argumente, um zu sagen: Leute, wir müssen das jetzt entscheiden!«

Um den Kampf gegen die Entscheidungs-Arthrose im Management zu gewinnen, benötigen Sie langen Atem. Getreu dem Motto »Steter Tropfen höhlt den Stein« weisen Sie beharrlich auf die bürokratischen Hemmnisse hin, mit denen sich letztlich das ganze Unternehmen um seine Schlagkraft bringt. Es geht also um Lobbyarbeit bei den Entscheidern. Der Unternehmensberater Klaus D. Tumuscheit hat in seinem Buch *Projektfallen* eine Reihe von Situationen aufgelistet und Maßnahmen genannt, die dabei helfen können, die Entscheidungsprozesse zu beschleunigen (siehe Abbildung 6.1).

Häufig bleiben Entscheidungen aber einfach nur liegen, weil sie in der operativen Hektik untergehen. Viele Entscheider agieren permanent in einer Art »Feuerwehr-Modus«, sodass sie keine Zeit finden, sich mit den Anliegen ihrer untergebenen Führungskräfte zu befassen. Sehen wir uns diesen wohl häufigsten Fall noch etwas näher an.

Keine Zeit, keine Zeit!

Ob Sie den Zeitmangel bei Ihrem Vorgesetzten nun beklagen oder nicht – er ist da. Versetzen Sie sich nun einmal in seine Situation und überlegen Sie, was Ihnen lieber wäre: ein Mitarbeiter, der sein Anliegen in allen Details darlegt und dazu eine knappe Stunde braucht – oder ein Mitarbeiter, der das Wesentliche in fünf Minuten auf den Punkt bringt?

Jede Fachzeitschrift setzt auf das Prinzip »Das Wichtigste in Kürze«. Meist steht am Anfang des Artikels eine Kurzfassung, die den Leser sofort über das Wesentliche ins Bilde setzt. Machen Sie es ebenso. Auch wenn Sie felsenfest davon überzeugt sind, dass Ihre Zahlen, Daten und Fakten von ungeheurer Bedeutung sind: Nehmen Sie Rücksicht darauf, dass der Vorgesetzte mit einer enormen Informationsflut umgehen muss. Beschränken Sie sich deshalb auf ein absolutes Minimum. Der Trainer Emil Hierhold spricht hier vom »Fünf-Minuten-Präsentations-Prinzip«, hinter dem drei Aspekte stehen: Zunächst gilt es, *schnell zur Sache* zu kommen, dann bringen Sie die wesentlichen *Argumente und Vorschläge* – gefolgt von einem *klaren, kräftigen Abschluss* der Präsentation.

Angenommen Ihr Vorgesetzter soll ein Budget genehmigen, ein Projekt freigeben oder in ein IT-System investieren – dann gehen Sie am einfachsten nach dem Prinzip »Problem – Lösung« vor. In der Werbung ist dieses Prinzip weit verbreitet: »Sie sind erkältet? Hier ist unser Medikament.« – »Sie sind urlaubsreif? Verreisen Sie mit einem Traumschiff.« Nach diesem Muster können

Situation	Maßnahmen
Der Chef hat die Angewohnheit, just in dem Moment verreist oder nicht greifbar zu sein, wenn man dringend eine Entscheidung von im braucht.	Seien Sie vorausschauend. Überlegen Sie sich, wann Sie das nächste Mal eine Entscheidung von Ihrem Chef brauchen. Klären Sie mit ihm im Vorfeld seine Verfügbarkeit oder sorgen Sie für eine Stellvertreterregelung.
Die Entscheidungsspielräume sind zu klein. Nichts geht ohne die Zustimmung des Vorgesetzten – nicht einmal eine Buchbestellung über wenige Euro.	Verlassen Sie sich nicht darauf, dass Ihnen irgendwann irgendwer irgendwelche Spielräume einräumt. Spielräume sind Holschuld. Holen Sie sich Entscheidungsbefugnisse.
Viele wichtige Entscheidungen verzögern sich, weil sich die Entscheider nicht mit der Thematik befassen oder die Entscheidung immer wieder vertagen.	Versorgen Sie den Entscheider mit Informationen. Je besser Ihre Entscheidungsvorlage ist, desto schneller geht es mit Ihren Vorhaben auch wieder voran.
Eine Entscheidung bedarf der Zustimmung mehrerer Bereiche. Bis jedoch mit allen Entscheidungsträgern ein gemeinsamer Termin gefunden wird, vergehen Wochen.	Versteifen Sie sich also nicht auf einen gemeinsamen Termin, sondern führen Sie eine Entscheidung in bilateralen Gesprächen herbei. Das bedeutet zwar viel Aufwand, Sie kommen aber schneller zum Ergebnis.
Der Vorgesetzte drückt sich um eine unliebsame Entscheidung. Wie er auch entscheidet, bringt sie ihm Nachteile.	Sprechen Sie mit dem Vorgesetzten. Vielleicht finden Sie gemeinsam einen Weg aus seinem Dilemma.

Abbildung 6.1: Strategien gegen die Entscheidungs-Arthrose im Management

Sie auch bei Ihrem Anliegen gegenüber dem Vorgesetzten verfahren: Etwas ist nicht so, wie es eigentlich sein sollte – und Sie haben einen Vorschlag, wie es geht. Bleiben Sie unbedingt bei der Reihenfolge, beginnen Sie also niemals mit einem Vorschlag, sondern immer mit dem Problem Ihres Chefs. In der Praxis wird diese Regel leicht übersehen: Da stürmt die Führungskraft in das Büro des Chefs und schwärmt von ihrer neuen Idee…

Bleibt festzuhalten: Ihrem Chef gegenüber sollten Sie zunächst das Problem aufzeigen und deutlich machen, dass dieses Problem wirklich gelöst werden muss. Im nächsten Schritt tragen Sie Ihren Vorschlag vor. Wenn der Chef vom Problem und vom Nutzen Ihres Vorschlags überzeugt ist, sollten Sie darauf drängen, dass wirklich etwas passiert. Das Vorgehen lässt sich in Abschnitte gliedern (siehe Abbildung 6.2):

- **Situation.** Beschreiben Sie die aktuelle *Situation*. Welches sind die Fakten? Was ist an der momentanen Situation so kritisch? Vermeiden Sie jeden Hinweis auf Ihre Lösungsvorschläge, das wäre noch viel zu früh.
- **Negative Folgen.** Aus psychologischen Gründen ist es wichtig, die Tragweite Ihrer Aussagen zu verdeutlichen. Führen Sie Ihrem Chef die *negativen Folgen* vor Augen. Weisen Sie darauf hin, was passiert, wenn in dieser Situation nicht gehandelt wird.
- **Vorschlag.** Jetzt ist es an der Zeit, Ihren *Vorschlag* zu nennen und kurz auszuführen. Stellen Sie sicher, dass diese zentrale Aussage klar rüberkommt.
- **Positive Ergebnisse.** Verlassen Sie sich nicht darauf, dass Ihr Chef sofort die Brillanz Ihrer Idee begreift und in Jubel ausbricht! Machen Sie ihm deutlich, mit welchen *positiven Ergebnissen* er rechnen kann, wenn er auf Ihren Vorschlag eingeht.
- **Nächste Schritte.** Sie brauchen am Ende eine klare Botschaft, besonders aber klare Aktionsvorschläge in Form von *nächsten Schritten*. Sagen Sie klipp und klar, was als Nächstes passieren soll und von wem Sie welche Maßnahmen erwarten.

Geben Sie jedem der fünf Abschnitte eine aussagekräftige Überschrift. Diese Titelzeilen wirken wie Leuchttürme, die Ihnen bei der Präsentation helfen, Ihre Argumente sicher und schnell zu vermitteln.

Entscheidungen abwehren: Begegnung mit dem Tyrannosaurus

Als Projektleiter haben Sie wahrscheinlich schon erlebt, dass Ihnen die Mächtigen des Unternehmens in Ihre Arbeit hineinregieren. Ständig stehen sie auf der Matte, setzen sich über Projektvereinbarungen hinweg und drücken Ihnen irgendwelche Zusatzaufgaben aufs Auge. Machen Sie sich darauf gefasst, dass es Ihnen als Führungskraft ganz ähnlich ergeht: Da sind Sie gerade dabei, den operativen Betrieb zu stabilisieren oder Ihre Strategie umzusetzen – und plötzlich steht der Chef an der Tür und ruft neue Ziele aus.

Das Schlimme dabei: Diese Ziele zeugen häufig von Unkenntnis der aktuellen Situation in Ihrer Abteilung und erscheinen Ihnen völlig falsch. Nun wäre es kontraproduktiv, wenn Sie als Führungskraft über Ihren Chef jetzt einfach nur meckern würden. Im täglichen Kampf mit den Mächtigen gilt es, ein Stück weit um die Ecke zu denken: Das Image der eigenen Abteilung hängt immer auch davon ab, wie Ihr Chef sie repräsentiert. Das

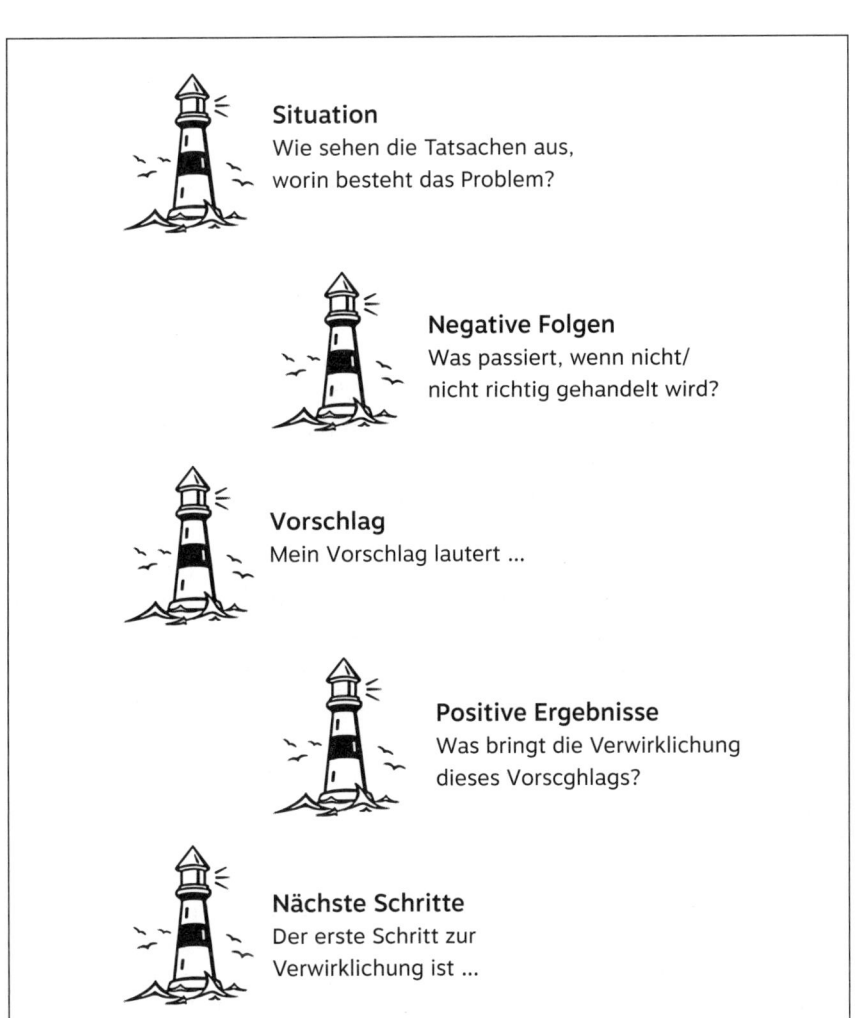

Abbildung 6.2: Ein Anliegen beim Chef durchsetzen: Navigator nach Emil Hierhold

heißt: Gibt der Chef eine gute Figur ab, tut das auch Ihnen und Ihren Führungskollegen gut. Wenn also Sie und Ihre Führungskollegen den gemeinsamen Vorgesetzten bei seiner Arbeit unterstützen, nützt das am Ende allen Beteiligten.

Doch was tun, wenn der Chef Ihnen hineinregiert? Klein beigeben? Das kann auf Dauer keine Lösung sein, wenn Sie als Führungskraft erfolgreich sein wollen. »Wer mit seinem Vorgesetzten unzufrieden ist, sollte versuchen, ein Stück weit Einfluss auf ihn zu nehmen«, rät Jens Bohlen. Schließlich sei es allemal schwieriger, seinen Vorgesetzten auszutauschen als »ihn sich ein bisschen zurechtzubiegen«. Notwendig sind also Strategien, mit denen Sie dem Tyrannosaurus erfolgreich begegnen.

Den Chef führen: ein subtiles Unterfangen

Letztlich geht es auch bei der Abwehr unliebsamer Entscheidungen darum, »nach oben« zu führen – sprich: den Vorgesetzten zu beeinflussen. »Seinen Chef zu führen ist ein unterschwelliges Tauschgeschäft«, sagt Jens Bohlen. »Der Chef darf sich dabei nie als Verlierer fühlen.« Im Kern läuft es darauf hinaus, dass Sie Ihren Chef mit Informationen versorgen und ihm das Gefühl geben, dass er frei entscheidet.

Wie bei jeder Strategie gilt auch hier: Fangen Sie mit der Analyse der Ausgangssituation an. Überlegen Sie, in welcher Lage sich Ihr Vorgesetzter gerade befindet. Steht er unter Druck? Kämpft er um seinen Job? Oder ist er ganz im Gegenteil wegen eines Gewinnsprungs in Spendierlaune? Kennen Sie die Lage Ihres Chefs, können Sie Ihr Verhalten darauf abstimmen.

Achten Sie auf ein gutes Gesprächsklima. Wenn das Gespräch angenehm verläuft und Ihr Vorgesetzter sich verstanden fühlt, steigt die Chance, dass er auf Sie hört. Halten Sie deshalb das Gespräch mit offenen Fragen lebendig. Geben Sie Ihrem Vorgesetzten die Gelegenheit, ausführlich von sich selbst zu erzählen. Die meisten Menschen empfinden Konversationen als angenehm, in denen sie selbst viel reden – das gilt natürlich auch für die Chefs.

Verdeutlichen Sie den Preis, den der Chef für sein Ansinnen bezahlen muss. Auf diese Weise lässt sich die Begeisterung, mit der er sein neues Ziel vertritt, auf einfache Weise relativieren. Gehen Sie dabei behutsam vor: »Ich verstehe, dass Ihnen das Projekt wichtig ist. Ich werde mich da gerne voll reinhängen ...« Mit dieser Einleitung nehmen Sie ihm erst einmal den Wind aus den Segeln. Dann fahren Sie in etwa fort: »Ganz wird das nicht funktionieren, weil ich schon jetzt zeitlich sehr angespannt bin. Deshalb würde ich gerne folgende Aufgaben zurückstellen.«

Damit wird dem Vorgesetzten klar, dass seine Wünsche einen Preis haben. Nun steht er vor der Wahl: Entweder er macht einen Rückzieher, weil ihm der Preis zu hoch ist: »Was? Sie stellen das Projekt X deshalb zurück? Das will ich auf gar keinen Fall. Greifen Sie die Idee wieder auf, wenn Projekt X abgeschlossen ist.« Oder er segnet die geänderten Prioritäten ab: »Wenn es nicht anders geht, dann lassen Sie eben Projekt X weg. Das ist jetzt nicht mehr so wichtig.« Wie der Chef auch entscheidet – in beiden Fällen gewinnen Sie. Manchmal geht es in diesem Gespräch hart zur Sache. Sie müssen gut argumentieren und mit Ihrem Chef um die Alternativen ringen. Aber es lohnt sich, darüber zu verhandeln.

Durch Fragen überzeugen

Konkret wird das »Führen nach oben« immer dann, wenn Sie im Gespräch mit dem Vorgesetzten ein konkretes Anliegen durchsetzen wollen – zum Beispiel einen Auftrag abwehren, der in Ihren Augen keinen Sinn ergibt. In einem solchen Fall können Sie ihm schlecht entgegnen: »Also bitte, das geht nun wirklich nicht!« Stattdessen hat sich eine Strategie des behutsamen, aber beharrlichen Nachfragens bewährt. Erkundigen Sie sich zum Beispiel danach, welcher Aufwand dafür gerechtfertigt ist oder welches unternehmerische Ziel dahintersteht. Erst durch solche Rückfragen erkennt mancher Chef den Arbeitsaufwand, den seine Anweisungen verursachen. Meist lernt der Vorgesetzte daraus – und verhält sich künftig bei der Vergabe ähnlicher Aufträge vorsichtiger.

Vermeiden Sie also eine Konfrontation, wenn Sie das Ansinnen Ihres Chefs abwehren möchten. »Man kann diese Themen auch auf intelligentere Art und Weise hochmelden«, erklärt Jens Bohlen, »einfach durch Nachfragen.« Anstatt sich mit Ihrem Wissen in den Mittelpunkt zu rücken, führen Sie den Chef zur eigenen Einsicht. Etwa in der Art:

- »Chef, wir haben das schon mal ausprobiert. Schauen Sie sich das Ergebnis an. Ist das so beabsichtigt?«
- »Chef, wenn wir das jetzt tun – was wäre, wenn das und das passiert? Wie gehen wir mit den Konsequenzen um?«
- »Ich habe das jetzt für mich so interpretiert. Ist das richtig? Was wäre, wenn die Konsequenz die folgende wäre?«

»Durch Fragen führen«, lautet hier die Strategie. Durch geschicktes Fragen lenken Sie die Aufmerksamkeit des Vorgesetzten dahin, wo Sie selbst die Probleme sehen – und bewegen ihn dazu, über seine Entscheidung noch einmal nachzudenken. Jens Bohlen: »Ziel ist ein Prozess, bei dem die Führungskraft gemeinsam mit dem Chef herausfindet, ob es noch eine bessere Alternative gibt.«

Allerdings gilt es auch zu erkennen, wenn die Situation ausgereizt ist und der Vorgesetzte nicht mehr mit sich reden lässt. Jens Bohlen: »Ich muss wissen, wann der Zug abgefahren ist. Dann setzen wir die Entscheidung eben um, anstatt noch weiter darüber zu diskutieren.«

Und wenn sich dann herausstellt, dass die Entscheidung des Chefs tatsächlich unsinnig war? »Im Zweifelsfall müssen wir es dann halt wieder reparieren«, antwortet Jens Bohlen. »Wenn wir nach zwei Wochen feststellen, die Entscheidung war falsch, stoppen wir das.« Wichtig sei es jedoch, mit dem Chef im Dialog zu bleiben – und die Entscheidung dann so zu revidieren, dass keiner der Beteiligten dabei sein Gesicht verliere.

Keine Angst vor dem »Nein«

Nein zu sagen fällt oft schwer – gerade auch gegenüber dem Vorgesetzten. Wer wagt es schon, seinem Boss einen Wunsch auszuschlagen? Dieser könnte die Ablehnung ja übel nehmen und nachtragen. Andererseits gilt aber auch: Wenn Sie niemals Nein sagen, schaden Sie auf längere Sicht Ihrem Ansehen. Unversehens hängt Ihnen das Image eines Jasagers nach, der widerstandslos alle Arbeiten erledigt, die sonst keiner machen will.

Hinzu kommt: Chronische Jasager laufen Gefahr, mit Arbeit zugeschüttet zu werden und bis zur völligen Erschöpfung zu schuften. Der Vorgesetzte weiß zwar, dass er seine Mitarbeiter nicht endlos ausbeuten kann. Das muss ihn aber keineswegs davon abhalten, es dennoch zu versuchen. Gerade wenn Ihr Chef nicht erkennt, wo ein verträgliches Limit liegt, sollten Sie ihm die Grenzen Ihrer Geduld und Gutmütigkeit zeigen. Ein klares »Nein« ist da ein Zeichen von Souveränität.

Nur: Wie funktioniert ein solches Nein? Sicher nicht, indem Sie sich dem Vorgesetzten verweigern nach dem Motto: »Arbeit? Ohne mich!« oder »Nicht mein Problem!«

Anstatt den Chef zu brüskieren und mit seinem Anliegen im Regen stehen zu lassen, gehen Sie besser auf ihn ein: Erklären Sie, warum Sie keine Zeit haben, die Aufgabe zu übernehmen – und versuchen Sie, ihm eine Alternative aufzuzeigen. Zum Beispiel können Sie ihm anbieten, sich zu einem späteren Termin um das Anliegen zu kümmern. Oder Sie einigen sich mit ihm auf einen Kompromiss, indem Sie einen Teil der Aufgabe übernehmen. Auch ein Tauschhandel ist denkbar: Wenn Sie die Sache übernehmen, geben Sie im Gegenzug eine Tätigkeit ab.

Mit etwas Übung ist es auf diese Weise gar nicht so schwer, einen Auftrag des Vorgesetzten auch einmal abzulehnen. Dennoch haben gerade junge, unerfahrene Führungskräfte immer wieder Angst davor, ihrem Chef mit einem Nein zu kommen. Für diesen Fall gibt es jedoch ein gutes Gegenmittel: Stellen Sie sich einfach einmal vor, wie es sich anfühlt, wenn Sie in der gegenwärtigen Situation diese zusätzliche Aufgabe übernehmen. Vermutlich vertreibt Ihnen diese Vorstellung die Angst vor dem Nein – und motiviert Sie, das Gespräch mit dem Vorgesetzten zu suchen. Wenn nicht, dann dürfte Ihre Überlastung nur halb so schlimm sein – und die zusätzliche

Aufgabe ist das kleinere Übel. In diesem Fall können Sie Ihrem Chef ganz entspannt »Ja« sagen.

Tom ärgert sich derweil über seinen Vorgesetzten, der mit Kritik nicht umgehen kann. Im Gespräch mit seinem Mentor findet er aber einen Weg, wie er künftig Kritik so formuliert, dass sein Chef sie auch besser annehmen kann. Mehr darüber lesen Sie in Toms Tagebuch.

Mächtige regieren hinein

Der Chef steht an der Tür und will Ihnen mal wieder eine Sonderaufgabe aufdrücken. Oder Sie laufen ihm hinterher, damit er endlich eine längst überfällige Entscheidung trifft. Keine Frage: Es gibt viele Anlässe, über den eigenen Vorgesetzten zu klagen. Kein Grund, die Flinte ins Korn zu werfen.

So wappnen Sie sich ...

- Meckern hilft nicht weiter, selbst wenn Sie Ihren Chef für unfähig halten. Denken Sie daran: Ihr Image und das Ihrer Abteilung hängen immer auch davon ab, wie Ihr Vorgesetzter Sie und Ihr Team repräsentiert. Wenn Ihr Chef eine gute Figur abgibt, tut das auch Ihnen gut!
- Lassen Sie sich nicht ausbremsen, bleiben Sie aber sachlich. Sagen Sie den übergeordneten Führungskräften klipp und klar, wer welche Entscheidung aufhält und welche Folgen das hat. Dokumentieren Sie diese Gespräche.
- Kommen Sie im Gespräch mit dem Vorgesetzten auf den Punkt. In wenigen Minuten entscheidet sich, ob Sie sich mit Ihren Argumenten durchsetzen. Es funktioniert wie bei einem sportlichen Wettbewerb: ein schneller Start und ein kräftiges Finale.
- Sagen Sie auch einmal »Nein«. Vermeiden Sie den Anfängerfehler, eine zusätzliche Aufgabe noch »irgendwie unterkriegen« zu wollen. Zeigen Sie aber auch Verständnis für Ihren Chef: Beschreiben Sie ihm Ihre Lage – und sagen Sie freundlich, aber bestimmt ab, wenn Ihr Terminkalender bereits randvoll ist.
- Fallen Sie positiv auf. Der Grat zwischen Selbstmarketing und Selbstbeweihräucherung ist schmal. Prahlerei stößt ab, bescheidene Menschen sind sympathischer. Die erfolgreicheren Führungskräfte sind jedoch diejenigen, die vor einem gewissen Maß an Eigen-PR nicht zurückschrecken.

In Schieflage

Um ein Krisenprojekt muss sich die Führungskraft selbst kümmern

»Bemühe dich, deiner Krise zu begegnen,
bevor sie dich überfällt«.
Pavel Kosorin, tschechischer Schriftsteller

 Immer wieder überschatten große Projekte den Arbeitsalltag einer Führungskraft. Zur Gefahr wird ein solches Projekt, wenn es in Schwierigkeiten gerät und das Projektteam die Probleme nicht mehr aus eigener Kraft lösen kann. Dann droht die Projektkrise auf die Abteilung überzugreifen und auch die Führungskraft mit in den Abgrund zu reißen.

»Houston, wir haben ein Problem!« Als dieser Funkspruch der Astronauten im Kontrollzentrum eintraf, nahmen dort die Experten die Füße vom Tisch: Der Flug der Apollo 13 entwickelte sich in den folgenden Stunden zu einem der dramatischsten der Raumfahrtgeschichte. Es hätte die dritte Mondlandung der USA werden sollen. Doch auf dem Weg dahin explodierte ein Sauerstofftank. Es ging um Leben und Tod der Besatzung – und nur mit viel Glück und Können schafften es die Astronauten, heil zur Erde zurückzukehren ...

Das Beispiel zeigt: Auch minutiös geplante Projekte können in eine Krise geraten. Im Idealfall gibt es einen Notfallplan, der dafür sorgt, dass die Geschichte wie beim Apollo 13-Flug einigermaßen glimpflich ausgeht. In vielen Fällen haben die Projektverantwortlichen jedoch nicht einmal das Risiko identifiziert, geschweige denn einen Plan – und werden von der Situation kalt erwischt.

So erging es auch Katharina B, nachdem sie bei einem mittelständischen Unternehmen die Leitung der IT-Abteilung übernommen hatte. Just zu diesem Zeitpunkt modernisierte das Unternehmen sein ERP-System. Die Verbindung zwischen unterschiedlichen IT-Lösungen und der zentralen Produktionssteuerung war immer komplizierter geworden; hier sollte nun eine einheitliche Lösung von SAP Abhilfe schaffen. Das Projekt war auf zwei Jahre ausgelegt, hatte ein Budget von vier Millionen Euro und beanspruchte den Einsatz aller IT-Kräfte des Unternehmens. Die Geschäftsführung versprach sich von dem einheitlichen IT-System wesentlich effizientere Abläufe und maß dem Projekt daher eine hohe Priorität zu.

Katharina B hatte zwar schon einige Projekte gemanagt – kleinere Vorhaben wie Applikationsentwicklungen, Webdesign oder Infrastruktur-Erweiterungen. Ein solches Großprojekt war für die junge IT-Leiterin jedoch neu. Sie vertraute darauf, dass hier ähnliche Regeln gelten und ihre »erfahrenen Leute« das Projekt schon stemmen würden. Wie sich zeigte, eine grobe Fehleinschätzung: Bei der Inbetriebnahme versagten Teile des neuen ERP-Systems. Die IT-Spezialisten versuchten verzweifelt, die Fehler aufzuspüren, doch die operative Inbetriebnahme verzögerte sich immer weiter. Produkte konnten nicht pünktlich ausgeliefert werden, aus Vertrieb und Handel hagelte es Proteste bis hinauf in die Unternehmensführung. Innerhalb weniger Wochen versank das Projekt im Chaos.

Katharina B war auf dieses Desaster nicht vorbereitet. Sie hatte keine Idee, wie sie die Krise managen sollte ...

Die große Gefahr! Ein prestigeträchtiges Projekt gerät in die Krise. Die Führungskraft, in deren Abteilung das Projekt angesiedelt ist, sieht sich unerwartet mit einem Sanierungsfall konfrontiert. Fehlende Erfahrung im Krisenmanagement kann da schnell zum Verhängnis werden.

Unkontrollierbare Dynamik

Beim Apollo 13-Flug hatten die Beteiligten kühlen Kopf bewahrt und die Krise erfolgreich gemanagt. Ganz anders beim Space Shuttle »Challenger«: Das Raumschiff explodierte am 28. Januar 1986, etwa eine Minute nach dem Abheben von der Startrampe im Kennedy Space Center der NASA. Sieben Astronauten verloren ihr Leben, Ursache war ein Konstruktionsfehler.

Als das Space Shuttle in einem Feuerball verglühte, waren die Projektverantwortlichen wie gelähmt. Gegenüber der Öffentlichkeit tauchten sie erst einmal unter und ließen keine Informationen nach außen dringen. Wenig später begann intern das »Finger Pointing« – jeder versuchte, dem anderen die Schuld in die Schuhe zu schieben. Die Gerüchteküche brodelte. Anstatt die Krise zu bewältigen, verschärften die Verantwortlichen sie.

Was hier der Weltöffentlichkeit vorgeführt wurde, nämlich die Folgen eines unprofessionellen Krisenmanagements, gilt ganz ähnlich für große Projekte in Unternehmen. Ohne einen Verantwortlichen, der die Sache in die Hand nimmt, verschlimmert sich die Krise. Und dieser Verantwortliche ist in solchen Fällen nicht der Projektleiter, der von der Situation meist völlig überfordert ist. Nein: In der Pflicht ist vielmehr die Führungskraft, in deren Bereich das Projekt angesiedelt ist.

Viele Führungskräfte wollen das nicht wahrhaben. Sie tauchen ab, wenn es brenzlig wird. Als es noch darum ging, über erste Erfolge und positive Zwischenergebnisse des Projektes zu berichten, haben sie diesen Job gerne übernommen. Doch jetzt, wo das Projekt abschmiert? Da bleiben sie lieber ganz still und verstecken sich hinter ihren Aufgaben in der Linie. Damit jedoch begehen sie einen gravierenden Fehler – denn jetzt werden die Gerüchte hochkochen und die Kommunikation über das Krisenprojekt entwickelt eine unkontrollierbare Eigendynamik.

Die Horrormeldungen »unters Volk« bringen: »Genau das ist jetzt die Aufgabe«, bestätigt Jens Bohlen. Wer als zuständige Führungskraft seine Mitarbeiter schnell und ehrlich über eine Projektkrise informiert, hat eine gute Chance, dem »Flurfunk« zuvorzukommen und so die Deutungshoheit über die Geschehnisse zu behalten. Dass sich viele Führungskräfte stattdessen lieber verdrücken, führt Jens Bohlen auf die Angst um die eigene Karriere zurück. Man fühlt sich überfordert, befürchtet, der Aufgabe als Krisenmanager nicht gewachsen zu sein – und lässt deshalb lieber die Finger davon.

Viele Führungskräfte unterschätzen jedoch die Eigendynamik, die ein Krisenprojekt entwickelt und am Ende auch sie selbst bedroht. Der Projektleiter mag seinen Ruf verspielen, die verantwortliche Führungskraft kostet ein gescheitertes Projekt nicht selten die Position. Diese Erfahrung musste auch Katharina B, die junge IT-Leiterin, machen. Anstatt entschieden einzugreifen, kniff sie und versuchte, die Probleme kleinzureden. Indem sie das Projektteam unter Druck setzte, hoffte sie, die Sache wieder in den Griff zu bekommen. Als sie auf dem Höhepunkt der Projektkrise dann auch noch im Urlaub weilte und nicht erreichbar war, zog die Geschäftsführung die Konsequenzen – und setzte sie kurzerhand vor die Tür.

An Bord gehen und Flagge zeigen

Wenn ein Projekt in eine Schieflage gerät, braucht das Projektteam Unterstützung – Ihre Unterstützung. Es ist ja offensichtlich, dass das Team selbst nicht in der Lage ist, die Krise zu meistern. Es genügt dann nicht, ein paar Anweisungen zu geben und den Projektleiter mit seinen Mitarbeitern weiter sich selbst zu überlassen. Ebenso wenig führt es weiter, sich den Projektleiter zur Brust zu nehmen. Vielmehr ist es jetzt Ihre Aufgabe, die Ärmel hochzukrempeln, bei dem Projekt mit an Bord zu gehen – und dafür zu sorgen, dass alle gemeinsam wieder aus dem Schlamassel herauskommen.

> **Nehmen Sie sich Zeit und steigen Sie ins Projekt ein!** Sagen Sie Termine ab, sorgen Sie für Entlastung im Arbeitsalltag – Sie brauchen jetzt viel Zeit, um eine aktive Rolle im Projekt zu übernehmen. Nur so kann der Turnaround gelingen.

Mit Ihrem Eintritt in das Projekt zeigen Sie Flagge und nehmen das Projekt in die Hand. Ihre Aufgabe besteht nun darin, den Druck vom Projektteam zu nehmen und dabei zu helfen, in einer brenzligen Situation die richtigen Weichen zu stellen. Gefragt ist also Ihre Führungspersönlichkeit: Sie müssen zeigen, dass Sie der Lage gewachsen sind und in dem ganzen Chaos einen kühlen Kopf bewahren.

Flagge zeigen bedeutet jedoch nicht, dass Sie im Projekt nun eine inhaltliche Verantwortung oder gar die Rolle des Projektleiters übernehmen. Vielmehr sollte es das Ziel sein, den Projektleiter dazu zu befähigen, das Projekt nach einer erfolgreichen Sanierung weiterzuführen. Das gelingt nur, wenn Sie ihn während der Turnaround-Phase an verantwortlicher Stelle mit einbinden.

Es gilt, den Blick nach vorne zu richten. Ob jemand seinen Job nicht richtig gemacht hat, welche Versäumnisse zu beklagen sind oder wer die Probleme hätte vorhersehen können – all das darf jetzt keine Rolle spielen. Erfahrene Führungskräfte haben gelernt, eine Projektkrise zu akzeptieren, und verkneifen sich, Schuldige zu finden. Stattdessen blicken sie nach vorne und suchen mit dem Projektteam gemeinsam nach Möglichkeiten, den Schaden zu begrenzen und aus der Krise herauszufinden. Sie doktern auch nicht an den Symptomen herum oder betreiben Flickschusterei, vielmehr stoppen sie das Projekt und starten Schritt für Schritt eine Rettungsaktion.

Das Heft in die Hand nehmen

Sobald Sie bei dem Krisenprojekt mit an Bord stehen, ist schnelles Handeln entscheidend. Ergreifen Sie sofort die Initiative und versuchen Sie, durch eine offensive Kommunikation den Gerüchten über die Schieflage des Projekts zuvorzukommen. Alle Betroffenen im Unternehmen sollten von Ihnen selbst erfahren, wie die Situation aussieht. Sonst besteht die Gefahr, dass irgendwelche Schwarzmaler über die Projektkrise reden und alles noch schlimmer machen.

Reagieren Sie schneller als der Flurfunk! Wenn Sie selbst rechtzeitig über die Krisensituation berichten, behalten Sie die Deutungshoheit über die Geschehnisse. Nur so gewinnen Sie das Vertrauen der Projektbeteiligten, von denen Sie dann wiederum wichtige Informationen erhalten.

Doch Vorsicht: So wichtig es ist, frühzeitig zu informieren, um der Gerüchteküche den Hahn abzudrehen – schlimmer wäre es, übereilt widersprüchliche oder gar falsche Informationen zu verbreiten. Besprechen Sie sich deshalb mit dem Projektteam und vereinbaren Sie, nur abgestimmte Informationen »nach draußen« zu geben. Je mehr Ihr Team mit einer Stimme spricht, desto eher finden Sie Rückendeckung für Ihre bevorstehenden Rettungsmaßnahmen.

🧭 **Geben Sie keine falschen Informationen weiter!** Rufen Sie, das Projektteam zusammen, klären Sie, was geschehen ist, und formulieren Sie gemeinsam mit dem Team ein stimmiges Statement. Besetzen Sie das Thema und informieren Sie über die aktuelle Situation und mögliche Auswirkungen.

Die Kommunikation sollte sich zunächst darauf konzentrieren, das Problem sachlich und ehrlich zu benennen. Im Idealfall sind Sie auch schon in der Lage, einen konkreten Lösungsweg aufzuzeigen. Wenn das nicht möglich ist, genügt es auch, erst einmal das weitere Vorgehen zu skizzieren, etwa in dem Tenor: »Anfang nächster Woche werden sich Experten für die betroffenen Systeme zusammensetzen und die Ursachen für das Problem klären. Auf dieser Grundlage finden wir dann einen Weg, um Abhilfe zu schaffen ...«

Die Stimmung im Team aufhellen

Die Atmosphäre in einem kriselnden Projekt ist oft belastet. Teamgeist, Wir-Gefühl und Spaß am Projekt sind längst vergangen, stattdessen prägen Angst, Besorgnis, Enttäuschung, Resignation, Ärger und Aggressionen die Stimmung. Es wäre ein Fehler, diese Emotionen zu ignorieren oder als unerwünschte Störfaktoren abzutun. Kümmern Sie sich deshalb intensiv um das Team – denn Sie benötigen jetzt Mitstreiter, die zupacken, an einem Strang ziehen und sich gegenseitig unterstützen.

Es geht also darum, als Führungskraft Flagge zu zeigen und klarzustellen, dass weder das Projekt noch der Projektleiter infrage gestellt sind. Rufen Sie alle Beteiligten dazu auf, das Ruder jetzt in einer gemeinsamen Anstrengung herumzureißen.

🧭 **Sorgen Sie erst einmal für eine bessere Stimmung!** Ob Hexenkessel, Eiszeit oder Jammertal: Wenn Sie in einem Krisenprojekt das Ruder herumreißen wollen, müssen Sie zuallererst den emotionalen Turnaround schaffen und das Projektteam aus dem Stimmungstief holen.

Als Krisenmanager an Bord bleiben

Ihre erste Aufgabe als Krisenmanager ist, das Projekt zu stabilisieren. Erst wenn es gelungen ist, die Lage zu beruhigen, besteht die Möglichkeit, die Dinge neu zu sortieren und einen Neuanfang einzuleiten. Dazu ist eine Reihe von Maßnahmen notwendig, die den Projektleiter in der augenblicklichen Situation schlicht überfordern würden. Machen Sie klar, dass Sie als Krisenmanager an Bord bleiben und die notwendigen Entscheidungen treffen. Auf diese Weise nehmen Sie Druck vom Projektleiter und seinem Team.

Nehmen Sie den Druck von Ihrem Projektteam! Stellen Sie sich schützend vor das Projektteam. Nehmen Sie Ihre Leute aus dem Kreuzfeuer der Kritik und fechten Sie an deren Stelle bestehende Konflikte aus. Sorgen Sie durch konsequentes und schnelles Handeln wieder für Zuversicht.

In der Krise sind die Beteiligten häufig wie gelähmt. Keiner traut sich mehr, Verantwortung zu übernehmen, zu entscheiden und die Dinge voranzutreiben. In dieser Lage kommt es darauf an, die Blockaden zu durchbrechen. Erzeugen Sie eine positive Energie, schaffen Sie eine von Zuversicht, Selbstvertrauen und Mut geprägte Atmosphäre. Das gelingt am ehesten, wenn Sie einen deutlichen Schlussstrich unter die Vergangenheit ziehen und einen Neustart des Projekts in Aussicht stellen.

Sorgen Sie für einen Neustart im Projekt! Ziehen Sie einen Schlussstrich unter die Vergangenheit und stellen Sie einen Neustart in Aussicht. Entwickeln Sie ein neues »Wir-Gefühl« und eine »Can do«-Mentalität. So mobilisieren Sie Ihre Mitarbeiter und können wieder durchstarten.

Krisen verunsichern Mitarbeiter zutiefst. Bevor sie an Lösungen mitarbeiten, brauchen sie Zuspruch und das Gefühl von Sicherheit. Sprechen Sie mit Ihren Mitarbeitern über Ängste und Sorgen – und bitten Sie dann ausdrücklich um ihre Mithilfe, um das Projekt aus den Schwierigkeiten zu befreien und für einen Neustart zu sorgen.

Organisieren Sie einen regelmäßigen Austausch mit den Teammitgliedern. Das schafft Vertrauen. Gut bewährt hat sich hier eine tägliche Kurzbesprechung des Projektteams, das »Standup-Meeting«. Die Teilnehmer treffen sich täglich zu einer festen Uhrzeit, um innerhalb von 15 Minuten folgende Fragen zu beantworten:
- Was wurde seit dem letzten Standup-Meeting gemacht?
- Was soll bis zur nächsten Besprechung erledig werden?
- Gibt es Probleme oder Hindernisse, die angegangen werden sollten?

Organisieren Sie einen regelmäßigen Austausch! Eine tägliche Kurzbesprechung hat sich bewährt, um alle Beteiligten zügig auf den neuesten

Stand der Dinge zu bringen. Die regelmäßigen Meetings vermitteln dem Team das Gefühl von Sicherheit und Handlungsfähigkeit.

In der Krise benötigt das Projektteam einen Unterstützer, der von außen kommt, gut zuhört, die Situation begreift und hilft, die Weichen wieder richtig zu stellen. Mehr noch: der die Befugnis hat, die Weichen auch neu zu stellen. Diese Rolle kommt Ihnen jetzt zu.

Die Krise in den Griff bekommen

Bei einem Krisenprojekt die Wende zu schaffen erfordert den vollen Einsatz der Führungskraft. Jens Bohlen drückt es drastisch aus: »Man muss die Ärmel hochkrempeln und tief in den Schlamm hineingreifen.« Das bedeutet: Beim Projektteam anwesend sein, an Besprechungen teilnehmen, den Mitarbeitern genau zuhören – und so den Ursachen der Probleme auf den Grund gehen. Jens Bohlen ist selbst schon einmal für neun Monate in die USA gegangen, um dort eine Krise in seinem Verantwortungsbereich zu meistern.

Sich einen Überblick verschaffen

Die jetzt wohl drängendste Frage lautet: Wo stehen wir wirklich? Das lässt sich nicht immer leicht herausfinden. Die Mitglieder des Projektteams zeigen sich anfangs meistens noch verschlossen. Sie trauen sich nicht, ihrem Chef gegenüber Fehler zuzugeben oder offen auf die Probleme oder Verzögerungen im eigenen Aufgabengebiet hinzuweisen. Keiner mag die Katze aus dem Sack lassen – und nicht selten müssen Sie in Ihrer neuen Rolle als Krisenmanager erst einmal aus den Rechtfertigungen und Geheimniskrämereien der Mitarbeiter die wesentlichen Informationen herauslesen. Eine vordringliche Aufgabe liegt daher darin, wie schon betont, das Eis zu brechen und das Vertrauen der Mitarbeiter zu gewinnen.

> **Machen Sie sich mit dem Projekt vertraut!** Tauschen Sie sich mit den Projektbeteiligten über das Projekt aus. Ermutigen Sie Ihre Leute, die Karten offen auf den Tisch zu legen. Nur so erfahren Sie, wo das Projekt wirklich steht.

Wenn ein Projekt in Schwierigkeiten gerät, liegt das meistens nicht an äußeren Einflüssen, sondern an Fehlern im Projekt selbst. Ihre Aufgabe ist, diese handwerklichen Versäumnisse zügig herauszufinden. Da helfen natürlich einschlägige Projekterfahrungen. Häufig zeigt sich dann, dass die Ursachen bereits in der Anfangsphase des Projekts liegen, etwa bei der Festlegung der Projektanforderungen. Eine Verkettung weiterer Umstände bringt schließlich das ganze Projekt ins Wanken.

Neben der Analyse von Ursachen sollten Sie auch das Projektziel hinterfragen, selbst wenn Sie damit ein Tabuthema anfassen: Ist das Ziel unter den gegebenen Rahmenbedingungen überhaupt noch erreichbar? Welche Bestandteile des Projekts sind wirklich wichtig, welche nur »nice to have«? Gibt es eine Möglichkeit, vielleicht sogar ganz auf das Projekt zu verzichten?

Die Rettungsaktion starten

Die Zeit drängt! Bleiben Sie deshalb dran und helfen Sie dem Team, die richtigen Sofortentscheidungen zu treffen. Hierzu werten Sie gemeinsam mit den Mitarbeitern zügig die Ergebnisse der Standortbestimmung aus und leiten daraus einige schnell wirkende Maßnahmen ab. Welche Engpässe gibt es? Wo bestehen zum Beispiel Lieferschwierigkeiten, die kurzfristig behoben werden müssen? Wo könnte eine wichtige Aufgabe durch zusätzliche Ressourcen beschleunigt werden? Welches drängende technische Problem ließe sich durch einen zusätzlichen Spezialisten schnell lösen?

Der große Vorteil: Als Vorgesetzter können Sie über einen guten Vorschlag sofort entscheiden und die Maßnahmen auf den Weg bringen. So lassen sich schnelle Erfolge erzielen, die den Mitarbeitern, aber auch der Geschäftsleitung und den Kunden wieder Mut machen. Die Umsetzung der Sofortmaßnahmen führt auch dazu, dass sich die Stimmung im Team aufhellt. Anstatt wie ein Kaninchen vor der Schlange verängstigt das untergehende Projekt anzustarren, kommt wieder Bewegung in das Projektteam.

Beginnen Sie mit der Umsetzung von Sofortmaßnahmen! Es gibt Engpässe, die beseitigt werden müssen, ohne dass zuvor erst noch Konzepte erstellt oder Workshops stattfinden müssen. Ziehen Sie solche Maßnahmen vor, um einige schnelle und ermutigende Erfolge vorweisen zu können.

Zügiges Handeln ja, aber keine Panik! So sehr die Zeit drängt: Vermeiden Sie, Hektik zu verbreiten. »Das macht den ohnehin schon verschreckten Mitarbeitern zusätzliche Angst«, warnt Jens Bohlen, »und verängstigte Mitarbeiter igeln sich ein.« Die Kunst bestehe darin, die richtige Balance zu finden zwischen Gelassenheit und Zuversicht auf der einen Seite und einer der prekären Lage angemessenen Ernsthaftigkeit – »ein schmaler Grat, der nicht so einfach zu halten ist«.

Das Projekt neu aufsetzen

Viele Krisenprojekte müssen nur nachjustiert werden, andere brauchen einen kompletten Neustart. Über das Ausmaß und die Form des Neuanfangs sollten Sie mit dem Team verschiedene Szenarien durchspielen.

Um das Projekt neu aufzusetzen, wird die gesamte Planung zurückgesetzt und neu geschrieben. Dabei wird der Status quo als »Tag 0« festgelegt. Wichtig ist, dass nun das Projekt komplett neu geplant wird und alle damit verbundenen Aktivitäten unter einem höheren Druck stehen, als dies in »normalen« Planungsphasen der Fall ist. Auf diese Weise lässt sich der in der Krisensituation immer vorhandene – und psychisch fatale – Planungsrückstand beseitigen. Das Team kann jetzt die Maßnahmen gemäß den neuen Projektplänen umsetzen.

Die Neuauflage des Projekts impliziert wichtige Entscheidungen. So kann es notwendig sein, mit dem Kunden neu zu verhandeln oder die Führungsstruktur des Projekts zu verändern. Möglicherweise sind Sie in der Position, diese Entscheidung selbst zu fällen – andernfalls ist es Ihre Aufgabe, für zügige Entscheidungen im Topmanagement zu sorgen.

Mit der Neuplanung und der Einleitung der Umsetzungsmaßnahmen wird die akute Krise in der Regel überwunden. Das Projektteam folgt wieder einem realistischen Plan, der mit Ressourcen und Verantwortlichkeiten hinterlegt ist. Damit können Sie die Verantwortung für das Projekt wieder an den Projektleiter zurückgeben und sich aus der Rolle des Krisenmanagers zurückziehen.

Behalten Sie das Projekt aber trotzdem weiterhin im Auge – noch ist es nicht über dem Berg. Bei Abweichungen vom Plan oder bei Problemen in der Umsetzung sollten Sie unverzüglich reagieren, um zu verhindern, dass das Projekt erneut in eine Schieflage gerät. Läuft die Umsetzung hingegen nach Plan, sollten Sie daran denken, Ihre Mitarbeiter gebührend zu loben.

Nutzen Sie die Gelegenheit, Ihre Mitarbeiter zu loben! Erkennen Sie an, dass das Projektteam bereit war, sich für die Rettung des Projekts einzusetzen, und hierzu eine Spitzenleistung erbracht hat. Am Ende des Turnarounds sollte eine Belohnung stehen, etwa in Form Ihrer ausdrücklichen Anerkennung.

Ist das Projekt gerettet, können Sie rückblickend feststellen: Der persönliche Einsatz hat sich gelohnt. Sie haben erfahren, welche beeindruckenden

Kräfte eine Krise freisetzen kann, wenn sie nur richtig gemanagt wird. Anstatt zu resignieren, haben die Mitarbeiter nach kreativen Lösungen gesucht. Anstatt sich gegenseitig die Schuld in die Schuhe zu schieben, haben sie an einem Strang gezogen und sich gegenseitig zu Höchstleistungen angespornt. Dieser »Spirit« hat schon manches gestrandete Projekt wieder auf Kurs gebracht.

Gerade noch rechtzeitig erfährt Tom, dass ein Prestigeprojekt seiner Abteilung in gewaltige Schwierigkeiten geraten wird. Um das Schlimmste zu verhindern, bleiben ihm wenige Tage … Lesen Sie in seinem Tagebuch, welche Schlüsse Tom aus dem Krisenprojekt zieht.

Projekt in Schieflage

Wenn ein großes und wichtiges Projekte außer Kontrolle gerät, ist das nicht nur eine Angelegenheit des Projektleiters und seines Teams. Auch die Führungskraft, in deren Bereich das Projekt angesiedelt ist, steht in der Verantwortung. Scheitert das Projekt, ist schnell auch ihre Karriere gefährdet.

So wappnen Sie sich …

- Kommen Sie dem Flurfunk zuvor. Gehen Sie in die Offensive und berichten Sie von sich aus über die Krisensituation. Auf diese Weise behalten Sie die Deutungshoheit über die Geschehnisse.
- Krempeln Sie die Ärmel hoch – und übernehmen Sie die Rolle des Krisenmanagers. Planen Sie hierfür auch genügend Zeit ein. Nur so werden Sie den Turnaround schaffen.
- Nehmen Sie Druck von Ihrem Projektteam. Stellen Sie sich schützend vor Ihre Leute und fechten Sie Konflikte aus, die das Projekt derzeit belasten.
- Machen Sie eine Bestandsaufnahme und leiten Sie dann einige Sofortmaßnahmen ein, um die Zuversicht der Mitarbeiter wiederzugewinnen. Anschließend sollten Sie das Projekt neu aufsetzen und einen neuen Zeitplan entwickeln.
- Nutzen Sie die Gelegenheit. Ein Krisenprojekt bietet die Chance, im Unternehmen zu zeigen, dass Sie und Ihre Mitarbeiter in der Lage sind, schnell zu handeln und eine Krisensituation professionell zu meistern.

Nur keine Panik!
Es gilt Ruhe zu bewahren, wenn die Zahlen nicht mehr stimmen

> »Beherzt ist nicht, wer keine Angst kennt,
> beherzt ist, wer die Angst kennt und sie überwindet.«
> *Khalil Gibran, libanesischer Dichter*

 Es hagelt Beschwerden wegen eines Qualitätsproblems, ein A-Kunde wechselt zur Konkurrenz, die Auftragszahlen brechen ein: Unerwartet gerät der eigene Unternehmensbereich in den Strudel einer handfesten Krise. Angst, Wut und Selbstzweifel packen die Führungskraft. Davon angesteckt breitet sich auch unter den Mitarbeitern Panik aus.

Wenn die Geschäftszahlen nicht mehr stimmen, wird es ungemütlich. Diese Erfahrung machte Christian B. Er leitete für sein Unternehmen das Vertriebsteam Südwest am Standort Stuttgart. Der Erfolg hatte ihn verwöhnt, er galt als »Shining Star« unter den Vertriebsleitern. Zwei Jahre lang. Dann bekam er Zahlen auf den Tisch, die ihn den Atem stocken ließen: Die Aufträge waren im Vergleich zum Vorjahresquartal um 30 Prozent zurückgegangen. Das hatte es im Unternehmen noch nie gegeben.

Christian B war ratlos. Bisher ging alles locker voran, die Aufträge kamen fast wie von selbst. Und jetzt das: Die Kunden blieben weg! Verzweifelt überlegte er, wie er den Umsatz wieder ankurbeln konnte. Aufregung und Angst verengten seine Wahrnehmung zu einem »Tunnelblick« und hinderten ihn daran, die Lage einigermaßen gelassen und umsichtig anzugehen. So kamen ihm auch keine Ideen, wie er den Abwärtstrend hätte stoppen können.

Die Krise war da, an dieser Tatsache ließ sich nicht rütteln. Im Grunde hätte Christian B klar sein müssen, dass es jetzt nicht weiterhalf, über Ursachen zu streiten und Schuldige auszumachen. Doch genau das tat er: Er stellte einzelne Mitarbeiter zur Rede. Er warf ihnen vor, sie hätten ihre Kunden »nicht im Griff«, und setzte sie unter Druck: »Ich mache Sie persönlich dafür verantwortlich …« Das kam bei den Betroffenen nicht nur schlecht an, sondern hatte auch unmittelbar zur Folge, dass die Krise voll auf die Mitarbeiter durchschlug. Die Gerüchteküche brodelte, jede neue Information geriet zur Hiobsbotschaft – die Mitarbeiter überboten einander in Worst-Case-Szenarien.

Nicht lange und Christian B geriet massiv unter Druck. Sein Chef wollte wissen, warum die Zahlen derart »abgeschmiert« seien, wo doch die Kollegen aus den anderen Vertriebsregionen noch vergleichsweise gut dastünden. Als auch die folgenden Monate schlecht liefen, sah sich der vor Jahresfrist noch so erfolgreiche Vertriebsleiter mit existenziellen Fragen konfrontiert: Kann ich meine Mannschaft halten? Können wir überhaupt weitermachen?

 Die große Gefahr! Eine unerwartete Krise überfordert die Führungskraft. Sie verfällt in Panik und handelt unüberlegt.

Die häufigsten Fehlreaktionen

Nicht in Panik geraten, einen kühlen Kopf bewahren – so sehr dieser Ratschlag einleuchtet, so schwer fällt es vielen Menschen, ihn im Ernstfall zu beherzigen. Reaktionen wie die von Christian B sind durchaus typisch: Obwohl er damit seine Autorität als Führungskraft gefährdete, agierte er kopflos und übertrug seine eigene Untergangsstimmung auf das ganze Team.

Um es besser zu machen und im Krisenfall richtig zu reagieren, kann es hilfreich sein, die häufigsten Fehlreaktionen zu kennen. Sehen wir uns sieben Verhaltensweisen an, die Sie in einer Krisensituation vermeiden sollten.

Fehlreaktion 1: Untergangsstimmung verbreiten

Geraten Menschen unter starken Stress, neigen sie zur Panik. Das gilt auch im Berufsalltag. Ereignisse wie ein unerwarteter Umsatzeinbruch lösen einen Schock aus, dem ein Adrenalinschub und eine entsprechend heftige Reaktion folgen. Der eine verbietet dann sämtliche Geschäftsreisen, der andere storniert alle Weiterbildungsmaßnahmen, der dritte entlässt kurzerhand die Zeitarbeitskräfte. Erreicht wird mit solchen kopflosen Entscheidungen im Grunde nur eines: Die Führungskraft überträgt die eigene Untergangsstimmung auf ihr Umfeld.

Im Falle einer Bedrohung panisch zu reagieren ist im Grunde ganz normal. Es liegt seit Zehntausenden von Jahren in der menschlichen Natur. Das Problem daran ist, dass im Panikmodus der Verstand ausgeschaltet bleibt. Und der würde, könnte er zum Zuge kommen, zu einem ganz anderen Verhalten raten. Zum Beispiel würde er davor warnen, wichtige Geschäftsreisen zu stornieren, die Weiterbildung zu stoppen oder die Zeitarbeitskräfte zu entlassen: Wenn Kundentermine nicht stattfinden, verliert das Unternehmen dann nicht noch weitere Aufträge? Wenn die Schulungen gestoppt werden, fehlen den Mitarbeitern dann nicht dringend gebrauchte Qualifikationen? Wenn Arbeitskräfte vor die Tür gesetzt werden, knirscht es dann nicht bei den Arbeitsabläufen und Auslieferungstermine lassen sich nicht mehr einhalten?

Solche Überlegungen kommen nicht zustande, wenn die Angst regiert und der Verstand ausgeschaltet bleibt. Doch genau darum geht es jetzt: klaren Kopf behalten und die richtigen Entscheidungen treffen.

> **Schalten Sie Ihren Verstand ein!** Lassen Sie sich nicht von einer Panikreaktion hinreißen. Bewahren Sie einen kühlen Kopf und lassen Sie Ihren Verstand zum Zuge kommen. Angst ist der falsche Ratgeber!

Fehlreaktion 2: Vertuschen

Ursache einer Krise ist häufig eine gravierende Fehlentscheidung, manchmal auch eine ganze Reihe an Fehlern. Es ist nur allzu menschlich, diese Fehler zu vertuschen, abzustreiten oder auf andere zu schieben. Dieses Verhalten macht jedoch eine saubere Bestandsaufnahme unmöglich und führt zudem zu Frust und Ärger bei den Mitarbeitern.

Gehen Sie deshalb in die Offensive, kommunizieren Sie relevante Informationen, auch wenn sie unangenehm sind – und zwar nicht erst dann, wenn Sie danach gefragt werden. Transparenz ist nicht nur für die anstehenden Entscheidungen wichtig, sondern signalisiert den Mitarbeitern auch Wertschätzung. Werden hingegen Fehler vertuscht, bleibt die Situation undurchsichtig. Das heizt die Gerüchteküche an, weil alle versuchen, sich einen Reim auf die bruchstückhaften Informationen zu machen, die ihnen zu Ohren kommen.

> **Suchen Sie nicht nach Ausreden!** Spielen Sie mit offenen Karten und geben Sie Fehler offen zu. Benennen Sie die Gründe, wie es nach Ihrem Wissen zu der schwierigen Situation gekommen ist. Nur so schaffen Sie die notwendige Transparenz, um eine Weg aus der Krise zu finden.

Fehlreaktion 3: Schuldzuweisungen

Irgendjemand ist immer schuld. Und so liegt es nahe, die Schuldigen für die Krise auszumachen und an den Pranger zu stellen. Das mag verlockend erscheinen, kann man doch auf diese Weise seinem Ärger oder seiner Enttäuschung Luft machen. Das Problem ist nur: Die Schuldigen vorzuführen bringt keinen Schritt weiter. Mit Schuldzuweisungen lässt sich niemals eine Krisensituation entschärfen.

Natürlich ist es richtig, nach den Ursachen einer Krise zu forschen. Nur so lassen sich effektive Lösungswege finden und die gleichen Fehler in Zukunft vermeiden. Die Suche nach den Krisenursachen ist jedoch etwas völlig anderes als die Suche nach Schuldigen. Mag sein, dass ein Problem bei einer bestimmten Person aufschlägt. Entscheidend ist jedoch die Frage, warum das Problem entstanden ist. Oft stellt sich dann heraus, dass eine Verkettung von unterschiedlichsten Umständen dazu geführt hat.

Suchen Sie nicht nach Schuldigen! Versuchen Sie, die Ursachen der Krise herauszubekommen – nicht jedoch Schuldige zu finden. Fragen Sie danach, warum ein Problem entstanden ist. Viele Fehler sind nicht einer einzigen Situation geschuldet, sondern einer Verkettung unterschiedlichster Umstände.

Fehlreaktion 4: Am falschen Ende sparen

Wenn sich das wirtschaftliche Umfeld eintrübt und die eigenen Zahlen plötzlich nicht mehr stimmen, setzen gerade junge und unerfahrene Führungskräfte oft in blindem Aktionismus den Rotstift an. Dabei werden auch strategisch wichtige Projekte und Initiativen beschnitten, zurückgestellt oder ganz geopfert. Ein gefährliches Spiel: Die kurzfristige Erleichterung geht hier auf Kosten der Zukunft. Gekappt werden ja gerade die Maßnahmen, die den langfristigen Erfolg der Abteilung oder letztlich des Unternehmens sichern.

Sparen Sie nicht am falschen Ende! Solange eine wirtschaftliche Eintrübung nicht die Existenz des Unternehmens gefährdet, sollten Sie sich darauf konzentrieren, operative Schwächen und Effizienzmängel zu beseitigen, anstatt Ihre strategischen Pläne zu opfern.

Fehlreaktion 5: Falsche Versprechungen

Die Verlockung mag groß sein, die Stimmung unter den Mitarbeitern mit einigen optimistischen Versprechungen aufzuhellen. Widerstehen Sie dieser Versuchung! Was im Augenblick nützt, rächt sich im Nachhinein: Sie können sicher sein, dass sich Ihre Mitarbeiter später, wenn sich die Dinge anders entwickelt haben, an das Versprochene erinnern und es Ihnen vorhalten werden. Die Mitarbeiter werden enttäuscht sein – und Sie haben einen Großteil Ihrer Glaubwürdigkeit verspielt.

Deshalb: Halten Sie sich zurück, machen Sie keine falschen Versprechungen. Versichern Sie Ihren Mitarbeitern, dass Sie sich voll einsetzen und alles tun, um die Situation in den Griff zu bekommen – vermeiden Sie es jedoch, ihnen etwas zu versprechen.

> **Versprechen Sie nicht zu viel!** Sie setzen Ihre Glaubwürdigkeit aufs Spiel, wenn Sie Erwartungen enttäuschen. Versprechen Sie deshalb nichts, was Sie nicht halten können oder wollen. Mühsam erworbenes Vertrauen ginge so innerhalb kürzester Zeit verloren.

Fehlreaktion 6: Den Helden spielen

Die Krise ist eine Ausnahmesituation. Auf den Schultern der Führungskraft lastet eine besondere Verantwortung, geht es doch jetzt nicht nur um die eigene Karriere, sondern auch um Arbeitsplätze und damit die Zukunft von Mitarbeitern und ihren Familien. Es gibt Führungskräfte, die vor diesem Hintergrund autoritär reagieren: Sie glauben zu wissen, wo es langgeht, und setzen die entsprechenden Maßnahmen im Alleingang um. »Einer muss jetzt entscheiden und handeln, um das Schlimmste abzuwenden«, lautet ihre Überzeugung. Mit anderen Worten: Sie spielen den Helden.

Das mag gut gemeint sein, in Wirklichkeit ist ein solches Mikro-Management ein Klassiker für demotivierendes Verhalten einer Führungskraft. Es vermittelt den Mitarbeitern das Gefühl, dass der Chef ihnen kaum noch etwas zutraut und ohnehin alles alleine macht. Das frustriert und demotiviert – lähmt bei den Mitarbeitern das eigenständige Denken.

> **Machen Sie nicht alles selbst!** Widerstehen Sie der Versuchung, in Krisensituationen alles an sich zu reißen. Setzen Sie auch auf das Wissen, die Ideen und das Engagement Ihrer Mitarbeiter. Spielen Sie nicht den einsamen Helden, sondern machen Sie Ihre Mitarbeiter zu Mitstreitern.

Fehlreaktion 7: Die Work-Life-Balance missachten

Die Forderung mag seltsam klingen, gerade jetzt in der Krise: Achten Sie auf die Work-Life-Balance! Instinktiv machen die meisten Führungskräften genau das Gegenteil. In dem Wissen, dass die Situation größte Anstrengungen abverlangt, versuchen Sie, aus sich und ihren Mitarbeitern das Letzte herauszupressen. Meist schadet das mehr, als es nutzt: Die Mitarbeiter fühlen sich erschöpft, die Stimmung ist gereizt, Frust und Demotivation machen sich breit. Keine guten Voraussetzungen, um einen Weg aus der Krise zu finden!

Es stimmt schon: Der Druck ist groß und es braucht außerordentliche Leistungen, um die Situation zu meistern. Zeigen Sie Ihren Mitarbeitern aber auch, dass Ihnen Wohlergehen und Privatleben nicht gleichgültig sind. Je mehr Verständnis Sie für die privaten Belange der Mitarbeiter zeigen, desto höhere Anforderungen können Sie am Arbeitsplatz stellen und desto bessere Leistungen können Sie erwarten. Das gilt umso mehr in Zeiten, in denen der Stress groß ist. Wenn Sie Ihren Mitarbeitern signalisieren, dass Ihnen die angespannte Situation bewusst ist, werden diese es Ihnen vermutlich mit Loyalität und außergewöhnlichem Einsatz danken.

Lassen Sie Raum für das Privatleben! Achten Sie darauf, dass Ihre Mitarbeiter sich auch in der Krisensituation um ihr Privatleben kümmern. Zwar kommt es in der Krise darauf an, dass alle kräftig mit anpacken. Doch wer ausgebrannt ist, dem fehlen hierfür die Kräfte.

Der Weg aus der Krise

In der Krise erwarten die Mitarbeiter Führung. Aufgabe des Vorgesetzten ist, für die Mitarbeiter eine Art Leuchtturm zu sein, an dem sie sich orientieren können. Um dieser Rolle gerecht zu werden, ist es oft empfehlenswert, sich Hilfe von außen zu holen. Das Geld hierfür ist in der Regel gut investiert: Ein externer Coach verhilft dazu, Fehlreaktionen zu vermeiden, die Krise nüchtern zu betrachten und die richtigen Maßnahmen zu ergreifen. Damit besteht eine gute Chance, die Krise nicht nur zu überstehen, sondern aus ihr für die eigene Entwicklung und die der Abteilung sogar zu profitieren. Der Weg aus der Krise lässt sich grob in zwei Teile gliedern:

1. Im ersten Schritt geht es darum, die Situation in den Griff zu bekommen. Ziel ist, den Abwärtstrend zu stoppen und wieder Boden unter die Füße zu bekommen. »Stop the bleeding!« lautet die Devise – den Patienten durch Sofortmaßnahmen retten.
2. Im zweiten Schritt, wenn die »Blutung gestoppt« ist, wird es Zeit, sich über eine neue Strategie Gedanken zu machen – quasi zu überlegen, wie der Patient wieder gesund wird.

Entscheidend für den zweiten Schritt ist die Frage: War die Krise ein einmaliger Ausrutscher und die Lage hat sich durch die Sofortmaßnahmen bereits wieder normalisiert? Oder war die Krise ein Hinweis darauf, dass sich Strukturen ändern und die Abteilung sich strategisch neu aufstellen muss? Im zweiten Fall kehren Sie zurück zu Etappe 5 dieses Buches – dort sind die Entwicklung und die Umsetzung einer neuen Strategie beschrieben. Bleibt also die Frage: Wie gelingt es, die akute Krise in den Griff zu bekommen?

Den Ernst der Lage erkennen

Zwischen der Bewältigung einer Projektkrise (siehe Kapitel »In Schieflage«) und einer Krise des eigenen Geschäftsbereichs gibt es einen deutlichen Unterschied. Die Probleme bei einem Projekt lassen sich wesentlich einfacher eingrenzen. Die Krise bezieht sich auf ein isoliertes Projekt. Es geht um ein einmaliges, zeitlich begrenztes Thema. Darin involviert ist ein überschaubares Projektteam, je nach Projekt auch ein bestimmter Kunde. Anders bei einer Krise des Geschäftsbereichs: »Wenn die Geschäftszahlen nicht mehr stimmen, funktioniert in der Organisation als Ganzes etwas nicht, möglicherweise an vielen Stellen«, beobachtet Jens Bohlen. »Letztendlich können Preisprobleme, Absatzprobleme, Liefer- oder Qualitätsprobleme die Ursache dafür sein.«

Dieser Unterschied wirkt sich auch auf das Krisenmanagement aus. Während sich ein festgefahrenes Projekt wie ein gestrandetes Schiff wieder ins Fahrwasser hieven und auf Kurs bringen lässt, liegen die Verhältnisse bei einer Krise des Unternehmensbereichs deutlich komplizierter. Die Probleme sind verteilter und reichen weit ins Unternehmen. Oft wird es notwendig, in die Prozesse und Abläufe zum Beispiel der Lieferketten einzusteigen. »Das Krisenmanagement wird dadurch viel schwieriger«, weiß Jens Bohlen, »auch weil viel mehr Menschen involviert sind.«

Ein weiterer Aspekt kommt hinzu: Eine Projektkrise wird meist schneller erkannt und angepackt. Das Projektteam steckt bereits mittendrin im Schlamassel, wenn die ersten Meilensteine nicht erreicht werden. Demgegenüber wird eine sich anbahnende Unternehmenskrise lange Zeit nicht ernst genommen. Da mag es zum Beispiel absehbar sein, dass das Unternehmen die Lieferzeiten reduzieren muss, um konkurrenzfähig zu bleiben. Doch in den einzelnen Abteilungen entlang der Produktions- und Lieferkette wird die Dringlichkeit der Lage nicht gesehen – da ist jeder für sich überzeugt, einen guten Job zu machen. »Die Probleme sind absehbar, aber die Hütte brennt noch nicht«, konstatiert Jens Bohlen. »Erst wenn dann die Zahlen einbrechen, wird die Krise greifbar. Dann ist es aber eigentlich schon fünf nach zwölf.«

So kommt es, dass es eigentlich im Vorfeld genügend Hinweise auf die Krise gibt, die Führungskräfte dann aber doch von ihr kalt erwischt werden.

Ruhe bewahren – Prioritäten setzen

Angenommen Sie stellen wie damals Christan B fest, dass die Zahlen Ihrer Abteilung abstürzen: Wie reagieren Sie richtig, was ist als Erstes zu tun? Ihre Situation ist jetzt vergleichbar mit der eines Notarztes, der am Unfallort einen Schwerverletzten versorgen muss. Oberstes Ziel muss jetzt sein, erste Hilfe zu leisten und die Blutungen zu stoppen. Erst wenn der Patient gerettet ist, kann man seine Genesung einleiten.

»Stop the bleeding!« lautet also das Gebot der Stunde. Konzentrieren Sie sich auf die Notmaßnahmen. Fragen Sie: Was müssen wir unmittelbar tun, um den Schaden so gering wie möglich zu halten?

Um die richtigen Sofortmaßnahmen treffen zu können, benötigen Sie einen Überblick über die Lage. Bevor Sie also vorwärtsstürmen, Ihre Vorgesetzten aufscheuchen und mit Schnellschüssen alles womöglich noch schlimmer machen, sollten Sie nach den Ursachen der Krise forschen. Klären Sie zunächst, ob es sich um eine Krise des gesamten Unternehmens handelt oder ob sich das Problem auf Ihren Bereich beschränkt. Fragen Sie im nächsten Schritt, welche Aspekte zur aktuellen Situation geführt haben. Es geht hier nicht – wie schon betont – um die Suche nach Schuldigen, sondern darum, die Lage möglichst wertfrei zu sondieren.

Auf dieser Grundlage können Sie einschätzen, worauf es in der aktuellen Situation ankommt. Zwei Beispiele:

- Ein Produktionsleiter stellt fest, dass sich die Beschwerden über Qualitätsmängel gehäuft haben und aus diesem Grund Kunden verloren gegangen sind. Also nimmt er den Produktionsprozess unter die Lupe und erklärt das Qualitätsmanagement zur obersten Priorität.
- Ein Teamleiter im Einkauf macht Lieferengpässe als gravierendes Problem aus. Also sucht er das Gespräch mit den Lieferanten und erklärt die Liefertreue zum wichtigsten Ziel.

Kommen wir noch einmal zu Christian B zurück. Wie wäre er vorgegangen, wenn er sich einen kühlen Kopf bewahrt hätte? Zunächst hätte er wohl festgestellt, dass der Auftragseinbruch vor allem seinen Bereich betraf, also zum großen Teil »hausgemacht« war. Als Leiter eines Vertriebsteams wäre es für ihn oberste Priorität gewesen, den Verkauf wieder anzukurbeln. Hierzu hätte er das Gespräch mit einigen A-Kunden gesucht, um herauszubekommen, was in den letzten Wochen und Monaten falschgelaufen war. Hieraus hätte er dann einige wirksame Sofortmaßnahmen ableiten können. Vermutlich wäre es ihm geglückt, auf diese Weise das Ruder herumzureißen.

Die Mitarbeiter gewinnen

Sobald Sie sich einen ersten Überblick über die Situation verschafft haben, gilt es, die Mitarbeiter an Bord zu holen. Rufen Sie dazu ein Teammeeting ein. Das sollte rasch geschehen, denn nur so können Sie dem Flurfunk zuvorkommen und die Kommunikation in der Krise aktiv steuern.

Beginnen Sie die Besprechung mit einem Lagebericht. Informieren Sie Ihre Mitarbeiter über die Situation und legen Sie dar, wie es aus Ihrer Sicht zu der Krise gekommen ist. Fordern Sie dann die Mitarbeiter auf, Fragen zu stellen, Eindrücke zu schildern und ihrerseits die Sicht der Dinge darzustellen. So kommen neue Aspekte auf den Tisch, die das Gesamtbild korrigieren oder vervollständigen.

Nutzen Sie die Besprechung aber auch gleich, um möglichst schnell den Blick nach vorne zu richten: Wie könnte eine Lösung aussehen? Welche Sofortmaßnahmen müssen jetzt ergriffen werden? Wer muss darüber informiert werden? Ihre Aufgabe ist, gemeinsam mit dem Team Lösungen zu suchen und einen Weg aus der Krise zu finden.

Die eigenen Vorgesetzten ins Bild setzen

Die Lage ist sondiert, die Prioritäten sind klar, die Mitarbeiter stehen hinter Ihnen. Nun ist es an der Zeit, Ihren Vorgesetzten zu informieren. Gehen Sie von sich aus auf Ihn zu – warten Sie nicht, bis er auf Sie zukommt. Allerdings erfordert das Gespräch eine gründliche Vorbereitung. Sie müssen sich eingehend mit der Entwicklung Ihres Geschäftsbereichs auseinandersetzen, die Zahlen interpretieren und kommentieren. Vor allem kommt es darauf an, das Zahlenwerk so aufzubereiten, dass Ihr Chef die Situation und Ihre daraus gezogenen Konsequenzen unmittelbar nachvollziehen kann.

Was den Termin beim Chef häufig so schwer macht, ist eine fehlende Kommunikation im Vorfeld. Viele Führungskräfte beschränken den Kontakt zum Vorgesetzten auf das Notwendigste. Weder gibt es regelmäßige Gespräche, noch sehen die Abläufe planmäßige Abstimmungen vor. Damit fehlt eine gewachsene Basis, auf der ein überraschendes Krisengespräch aufbauen kann. Die Empfehlung lautet hier ganz klar: Halten Sie auch in guten Zeiten Kontakt zu Ihrem Chef und informieren Sie Ihn regelmäßig über den aktuellen Stand der Dinge. Das erleichtert die Kommunikation im Falle einer Krise ganz erheblich.

Eingerichtet im Schützengraben: Konflikte als Ursache von Krisensituationen

Es gibt auch Konflikte, die sich dauerhaft im Unternehmen festgefressen haben und früher oder später auch in den Zahlen ihre Spuren hinterlassen. Die wenigsten Konfliktmodelle erfassen diese Situation, weil oberflächlich gesehen gar kein Konflikt besteht: Der heiße Konflikt ist erstarrt, quasi in einen »kalten Krieg« übergegangen. Die Konfliktparteien haben sich auf eine Art Waffenstillstand geeinigt. Die Mitarbeiter verharren in ihren Schützengräben, haben sich mit dem Konflikt arrangiert und sehen keinen Anlass, ihn zu lösen. Die Folgen können für das Unternehmen schlimm sein – und für die verantwortlichen Führungskräfte stellt sich die Frage, wie sie mit dieser speziellen Krisensituation umgehen sollen.

Jens Bohlen kennt diesen Konflikttyp. »Es handelt sich um Konflikte, die historisch gewachsen sind, aber nicht mehr ausgelebt werden. Da wird nicht mehr offen gebrüllt, da kämpft keiner mehr. Wozu auch unnötige Energie verschwenden? Man hat sich arrangiert: Der Kollege ist da, ich bin hier. Solange er nicht mein Terrain betritt, lasse ich ihn auch in Ruhe.«

Die einzelnen Mitarbeiter igeln sich in ihrem eigenen Verantwortungsbereich ein. Die Zusammenarbeit untereinander ist abgerissen, keiner fühlt sich mehr für das Ganze verantwortlich. Aus der Sicht des Vorgesetzten sind die Folgen geradezu paradox: »Da erzählt mir jeder, dass sein Bereich bestens läuft und wächst«, erinnert sich Jens Bohlen. »Aber in Summe verschlechtern sich die Zahlen, weil die einzelnen Teilbereiche nicht zusammenarbeiten.«

Wer als Führungskraft einen solchen Konflikt erbt, läuft Gefahr, erst einmal nichts davon zu merken. »Man spürt keinen ausgetragenen Konflikt«, berichtet Jens Bohlen aus eigener Erfahrung. Er hatte damals die Leitung eines Unternehmensbereichs übernommen. Die scheinbare Harmonie ging so weit, dass sich die Kontrahenten in bestimmten Situationen sogar gegenseitig unterstützten – mit dem Ziel, den Status quo aufrechtzuerhalten. Offensichtlich hatte man sich in den Schützengräben bequem eingerichtet – getreu dem Motto: Du bist da, ich bin hier. »Die Mitarbeiter wirkten richtiggehend einig«, so Jens Bohlen. »In Wirklichkeit handelte es sich jedoch um einen Waffenstillstand zwischen Kontrahenten, die nicht mehr offen miteinander kämpfen wollten. Die Einigkeit bestand darin, dass sie uneinig waren. Das hatten sie für sich so akzeptiert und fühlten sich dabei auch noch als gute Manager.«

Mit anderen Worten: Jeder hatte seinen Verantwortungsbereich definiert und sich gegen die anderen abgeschottet. Es fand keinerlei Zusammenarbeit statt, die Strukturen waren erstarrt. Für Jens Bohlen war klar, dass er unter diesen Bedingungen seinen Bereich nicht erfolgreich führen konnte. Weltweiter Wettbewerb, Innovationen, neue Kundenanforderungen, ein großes Projekt – für all das benötigte er ein schlagkräftiges und flexibles Team.

Um die erstarrten Strukturen aufzubrechen, traf Jens Bohlen personelle Entscheidungen und entfernte auch einige Mitarbeiter aus dem Team. Zudem engagierte er einen externen Coach und Berater. So gelang es, den Mitarbeitern ein übergreifendes Bereichsziel zu vermitteln, die Gräben zu überwinden und allmählich wieder gegenseitiges Vertrauen aufzubauen. Vor allem die gemeinsame Arbeit an den Zielen und an der Strategie des Unternehmensbereichs half dabei, die Vergangenheit hinter sich zu lassen. »Wir haben uns komplett von der bestehenden Organisation gelöst«, erinnert sich Jens Bohlen, »und versuchten, gemeinsam herauszufinden: Wo wollen wir eigentlich hin?«

Paukenschlag für Toms Team

Tom plagen derweil ganz andere Sorgen. Er hat seinen größten Kunden an die Konkurrenz verloren. Man braucht kein Hellseher zu sein: Das wird durchschlagen bis auf das Jahresergebnis. In seinem Tagebuch beschreibt Tom, wie er mit dieser Situation umgeht.

Panik bei schlechten Zahlen

Auf den Notfallschildern in Hotels oder Flugzeugen steht es ganz groß: »Ruhe bewahren!«. Der Hinweis macht Sinn, denn wenn der Ernstfall eintritt, droht Panik auszubrechen. Das gilt auch für Führungskräfte, wenn die Zahlen plötzlich nicht mehr stimmen.

So wappnen Sie sich ...

- Suchen Sie sich einen Coach. In einer brenzligen Situation brauchen Sie einen außenstehenden Ratgeber, der nicht dem Adrenalin ausgesetzt ist. Er kann auch helfen, schnell wieder aus dem Panikmodus herauszukommen.
- Benennen Sie die Dinge, wie sie sind. In der Krise neigen Führungskräfte dazu, die Situation zu beschönigen, um die Mitarbeiter zu beruhigen. Das bringt nichts, dieser Schuss geht nach hinten los.

- Handeln Sie konsequent. Erklären Sie Ihren Mitarbeitern, welche Maßnahmen anstehen und warum eine Kursänderung notwendig ist – und handeln Sie dann konsequent. So vermitteln Sie dem Team Sicherheit.
- Schießen Sie nicht alle Tore selbst, sondern versuchen Sie, die Bälle geschickt zu verteilen. Eine Krisensituation ist der falsche Zeitpunkt, zu zentralisieren. Vielmehr sind Sie jetzt auf das Geschick und die Kreativität der gesamten Mannschaft angewiesen.
- Vermeiden Sie einen autoritären Führungsstil, auch wenn der Druck auf Sie größer wird. Die Mitarbeiter erwarten eine klare Führung, nicht jedoch einen Umgang aus Befehl und Gehorsam, der sie zu bloßen Handlangern macht.

Jens Bohlen im Interview

»Eine Organisation, die Leadership hat, kann gar nicht verlieren.«

Herr Bohlen, schwierige Situationen zu meistern ist ja so etwas wie Ihre Spezialität ... Da ist was dran. Irgendwie habe ich es nie geschafft, in einen Bereich hineinzukommen, der einfach nur gut lief. Wo ich hinkam, gab es bereits Probleme – zum Beispiel fehlende Aufträge oder schlechte Profit-Margen. Und das Top-Management machte Druck: Jetzt aber schnell! Nicht ausreichend Zeit bekommen, dieser ständige Druck – das ist das, was dann den größten Stress macht.

Wie gehen Sie eine solche Aufgabe an? Die Frage ist zunächst, wie schnell die notwendigen Veränderungen erfolgen müssen. Geht man radikal vor und trennt sich von allem, was vorher war? Oder nimmt man sich die Zeit, Vorhandenes zu bewahren, schlummernde Potenziale aufzudecken und die Veränderungen mir den vorhandenen Leuten umzusetzen. Ich versuche immer, den zweiten Weg zu gehen – also die vorhandenen Assets freizusetzen und sinnvoll zu nutzen.

Vordringlich geht es aber doch darum, von den schlechten Zahlen wegzukommen? Sicher. Aber da liegt meistens nicht wirklich das Problem. Die Mitarbeiter sind ja im Geschäft drin und verfügen über viel Wissen. Da ist es gar nicht so schwierig, den Problemen auf die Spur zu kommen und festzustellen, was nicht mehr so gut läuft. Wenn das interne Wissen nicht reicht, geht man eben zu den Kunden und hört ihnen zu. Die erklären einem schon, was sie haben wollen.

Wo liegt dann die eigentliche Schwierigkeit? Die Menschen zu verändern, ihnen wieder Mut zu machen. Ihnen Ziele vorzugeben, die deutlich über das hinausgehen, womit sich die Organisation derzeit zufrieden gibt. Denn wenn eine Organisation nicht mehr richtig performt, müssen Dinge komplett in Frage gestellt werden und es braucht neue Ziele. Entscheidend ist dann, dass die Menschen aus ihren Gräben herauskommen, wieder miteinander reden, wieder Spaß an gemeinsamen Zielen haben.

Das hinzubekommen braucht aber Zeit ... Ja, dieser Weg braucht seine Zeit. Dafür hat man den Vorteil, es mit Leuten zu tun zu haben, die man kennt, die loyal sind, die das Know-how haben und die meistens ehrlich sind.

Der von Ihnen geschilderte Veränderungsprozess ist vor allem eine Führungsaufgabe. Wie sehen Sie hier Ihre Rolle als Führungskraft? Ich versuche, die Menschen ernst zu nehmen und mit ihnen klarzukommen. Dazu gehören vor allem Ehrlichkeit und Berechenbarkeit. Spüren die Mitarbeiter, dass sich ihr Vorgesetzter für sie interessiert und ehrlich zu ihnen ist? Oder glauben sie, dass ihnen da einer Geschichten erzählt? Ehrlich sein und Interesse für die Arbeit der anderen zeigen – das halte ich für entscheidend, um überhaupt erst einmal menschlich akzeptiert zu werden. Selbst wenn der andere einem dann nicht folgt oder anderer Meinung ist, stimmt dann zumindest die menschliche Seite.

Wie erreichen Sie, dass die Mitarbeiter »aus ihren Gräben herauskommen« und wieder Freude an gemeinsamen Zielen finden? Dazu braucht es ein Bild von der Zukunft. Man kann das Vision nennen oder strategische Ausrichtung: Ich entwerfe ein Bild, das den Mitarbeitern zeigt, wo es hingehen soll. Zum Beispiel habe ich einmal einen Berg gemalt und den Weg auf den Gipfel beschrieben. Entscheidend war es dabei die Vorstellung, wie die Gruppe den Berg erklimmt: Das ist kein gerader Weg nach oben. Es gibt Zwischenstationen, jeder hat seine Aufgabe. Vielleicht muss die Gruppe auch stoppen oder umkehren, um eine neue Route zu nehmen. Der Gipfel steht dann zum Beispiel für eine Umsatzzahl, die man erreichen möchte. Wichtiger noch ist aber, dass in den Köpfen der Beteiligten ein Bild davon entsteht, wie die Organisation in einer nicht allzu fernen Zukunft aussehen soll. Wenn es gelingt, dieses Bild in zwei oder drei wichtige Initiativen und Grundsätze zu überführen, entsteht daraus eine unglaublich positive Dynamik.

Können Sie ein Beispiel für einen solchen Grundsatz geben – und wie dieser eine derartige Wirkung entfalten kann? In dem beschriebenen Beispiel lautete ein solcher Grundsatz: »Unser wichtigstes Thema ist Qualität!« Das hört sich banal an. Aber wenn jeder Mitarbeiter begriffen hat, dass das bedeutet: »Egal wie groß der Druck ist, wir liefern Qualität – kompromisslose Qualität« –, dann entfaltet das seine Wirkung. Wenn zudem noch jeder Mitarbeiter weiß, wie sich fehlende Qualität bemerkbar macht und welche Konsequenzen sie haben kann, bleibt dieser Grundsatz keine leere Worthülse, sondern wird von einer Organisation mit Leben gefüllt.

Sie haben ein Zukunftsbild gemalt. Doch wie führen Sie Ihre Mitarbeiter dahin? Wie übersetzen Sie die Vision in konkretes Handeln? Wenn die Führungskraft, die das Bild entworfen hat, für die Mitarbeiter glaubwürdig ist, erhält sie einen Vertrauensvorschuss – und die Mitarbeiter folgen ihr. Hat sie dann auch noch zwei oder drei Ideen parat, wie man das Ziel erreichen kann, merken die Mitarbeiter: Da gibt es nicht nur eine Vision, sondern es besteht auch eine Chance, sich ihr zu nähern. Das Schöne daran ist, dass die Lösung meistens schon irgendwo in der Organisation existiert, sie ist nur irgendwo verschüttet. Fast immer gibt es Leute, die den Weg bereits gehen wollten, aber keine Beachtung fanden. Diese Ansätze gilt es nun wieder freizuschaufeln.

Herr Bohlen, Sie haben vor Jahren einmal abends in einem Restaurant auf einem Bierdeckel den Unterschied zwischen »Manager« und »Leader« skizziert (siehe Abbildung 6.3). Erinnern Sie sich noch? (lacht) Ja, ich erinnere mich. Natürlich sind das Schubladen und wahrscheinlich passt kein Mensch nur in eine der beiden Schubladen. Aber ich finde diese Unterteilung schon hilfreich, weil sie den Unterschied deutlich macht.

Sehen Sie diese Unterscheidung heute immer noch so? Ich würde heute eher von »Leadership« und »Management« sprechen als von »Leader« und »Manager« – und auch eher auf die Eigenschaften einer Organisation abheben. Eine Organisation, die Leadership zeigt, hat eine Vision, hat ein gut integriertes Team, hat auch bunte Vögel, die Veränderungen erfinden und nach außen orientiert sind. Leadership kommt hier nicht nur von einer Person, sondern aus dem Team. Eine Organisation, die Leadership hat, kann gar nicht verlieren. Allerdings kann die Führungskraft alles kaputt machen, wenn sie zulässt, dass Leadership kein Thema mehr ist und vom operativen Tagesgeschäft erstickt wird. Die Führungskraft muss nicht unbedingt selbst ein Leader sein. Entscheidend ist, dass sie einen Rahmen schafft, in dem sich Leadership entfalten kann.

Reicht Leadership oder braucht es auch das Management? Die Managementthemen sind natürlich auch wichtig. Am Anfang meiner Karriere prägten mich eher die Managementthemen. Ich musste mich ja erst einmal mit Prozessen auskennen. Heute befasse ich mich zwar immer noch mit Prozessen, aber eigentlich ist das Aufgabe meines Teams. Ich achte vor allem auf die Leadership-Themen: Habe ich das richtige Team beisammen? Arbeiten die Mitarbeiter gut zusammen? Haben wir genügend bunte Vögel? Gibt es eine Idee, wo es hingehen soll?

Demnach sehen Sie Ihre Hauptaufgabe als Führungskraft darin, für Leadership in der Organisation zu sorgen? Ja, das Thema »Leadership« macht den Unterschied. Hieraus erwächst Begeisterung, hieraus kommt Neues. Hieraus entsteht der Anspruch, jeden Tag besser zu werden. Die Schwierigkeit ist, die Mitarbeiter so weit zu bekommen, dass aus der Organisation heraus Leadership wächst. Dieser Prozess braucht etwas Zeit. Die größte Herausforderung sind dabei die Menschen: zu erreichen, dass die Mitarbeiter vertrauensvoll zusammenarbeiten, Neues wagen und es dann auch umsetzen.

Was macht eine gute Führungskraft aus? Das Wichtigste ist, dass eine Führungskraft Sicherheit und Zuversicht ausstrahlt. Dazu muss sie wissen, wo es langgeht. Eine gute Führungskraft weiß auch, wo sie stark ist und wo sie Hilfe braucht. Wer seine Stärken und Schwächen kennt, kann agieren. Für die Schwächen sucht er sich Leute in seinem Team, die das kompensieren.

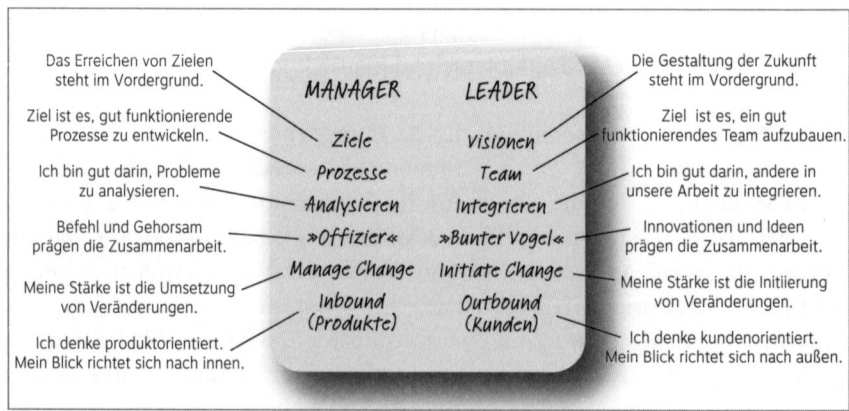

Abbildung 6.3: Leadership-Bierdeckel von Jens Bohlen

Demnach können die Stärken einer Führungskraft ganz unterschiedlich sein? Durchaus. Eine Führungskraft sollte wirklich erkennen, wo sie gut ist. Dazu sollte sie in sich hineinhorchen, um herauszubekommen, was sie antreibt. Und da unterscheiden sich die Führungskräfte dann: Die einen spüren vielleicht, dass sie Prozesse verändern wollen, andere legen ihren Fokus darauf, mit welchen Leuten sie sich umgeben möchten.

Was treibt Sie an, Herr Bohlen? Wo sehen Sie Ihre Stärke? Mir fällt es leicht, zu erkennen, wohin eine Organisation sich entwickeln sollte. Ich weiß schnell: »Da müssen wir hin!« Und dann möchte ich da auch hinkommen und die anderen mitnehmen. Es hat mich immer fasziniert, mir vorzustellen, wo ich eine Organisation gerne hinbringen würde. Dadurch bin ich dann irgendwann tatsächlich in Situationen gekommen, in denen ich etwas gestalten konnte. Ich bin kein Weltverbesserer, der meint, alles umkrempeln zu müssen. Eine durchschnittliche Organisation besser zu machen – darin sehe ich meinen Auftrag. Das, glaube ich, kann ich gut.

Etappe 7

Der entscheidende Kampf
Unternehmenskrisen – ein Härtetest für jede Führungskraft

Im Jahre 2000 braute sich über dem Technologieunternehmen Agilent Technologies ein Sturm zusammen. Nach der Abspaltung von Hewlett-Packard litt das Unternehmen unter einer schlechten Kostenstruktur – zu viele Produktionsstandorte, zu viele Vertriebsbüros und eine viel zu große Infrastruktur. Das störte zunächst nicht weiter, weil der Markt sich im Aufwind befand: Agilent profitierte vom Boom der New Economy und stellte in den Jahren 1999 und 2000 weltweit rund 8 000 Mitarbeiter ein.

An der Börse mischten sich zu dieser Zeit erste warnende Stimmen unter die allgemeine Euphorie. »Internetfirmen ohne Substanz?«, fragte etwa das Monatsmagazin *Capital*. »Die halbe Republik, so scheint es, ist derzeit närrisch«, stellte der *Spiegel* fest. Im Frühjahr 2000 löste eine für sich genommen harmlose Nachricht den Absturz aus: Als die Inflation unerwartet anstieg, stellte die US-Notenbank Fed höhere Zinsen in Aussicht. Das genügte, um die Kurse auf Talfahrt zu schicken. Der Einbruch am Aktienmarkt löste eine Wirtschaftskrise aus, Tausende von »dot.com«-Firmen gingen Pleite.

Auch Agilent Technologies erfasste die Krise mit voller Wucht, zumal sich jetzt die noch immer ineffizienten Kostenstrukturen rächten. »Es ging steil bergab und wir hatten keine Idee, wie weit der Absturz gehen würde«, erinnert sich Reinhard Hamburger, der damals für das Halbleitergeschäft des Unternehmens verantwortlich war. »Spätestens 2002 war uns allen klar: Das wird länger andauern und es wird ziemlich tief nach unten gehen.«

Wenn es tief nach unten geht und das Unternehmen in eine ernste Krise gerät, kommt es zum entscheidenden Kampf: Der Abwärtstrend muss gestoppt, der Turnaround geschafft werden. Nicht nur für das Topmanagement, sondern für alle Führungskräfte wird die Situation zum Härtetest. Etappe 7 führt Sie in dieses wohl größte und gefährlichste Abenteuer einer Führungskraft – in der Hoffnung, dass Sie es später einmal, wenn der Ernstfall eintritt, heil überstehen.

Begleiter auf der Etappe: Reinhard Hamburger

Anfang 2003, mitten in der Krise, übernahm Reinhard Hamburger den Vorsitz der Geschäftsführung bei Agilent Technologies in Deutschland. Solidarität, offene Kommunikation – diese Leitwerte stammten noch aus der Zeit von Hewlett-Packard. Der Agilent-Chef hielt ganz bewusst an ihnen fest, als er vor seine Mannschaft trat und über die Lage informierte. Er forderte Mitarbeiter und Führungskräfte dazu auf, solidarisch miteinander umzugehen. Jeder sollte mithelfen, die Krise zu überwinden. »Transparenz war in dieser Phase extrem wichtig«, meint er rückblickend. »Jeder Mitarbeiter hat begriffen, wie es um das Unternehmen steht und welche Konsequenzen sich daraus ergeben.«

Die schonungslose Offenheit zahlte sich schon zu Beginn der Krise aus, als man mit einem temporären freiwilligen Gehaltsverzicht versuchte, der Lage Herr zu werden. Fast alle Mitarbeiter stimmten zu und ließen sich ein halbes Jahr später auf eine Verlängerung um weitere sechs Monate ein. »Das schafft man nur, wenn das Management transparent handelt und eine hohe Glaubwürdigkeit hat«, ist sich Reinhard Hamburger sicher. »Glaubwürdigkeit ist in solchen Situationen absolut entscheidend.«

Die Lage verschlechterte sich weiter, das Unternehmen musste auch Mitarbeiter abbauen. Die Geschäftsführung tat sich schwer, gute Mitarbeiter, die man in der Boomphase mühevoll für das Unternehmen gewonnen hatte, zu verlieren, und handhabte den Personalabbau daher sehr zögerlich. Schließlich wurden dann fünf Runden daraus. Heute sieht Reinhard Hamburger dieses Vorgehen kritisch: Anstatt »fünf Mal ranzugehen« und immer wieder Mitarbeiter abzubauen, sei es besser, die Personalanpassung möglichst schnell in einem großen Schnitt durchzuziehen.

Es dauerte einige Jahre, bis sich Agilent wieder voll erholt hatte. Die Zeit an der Spitze eines in Not geratenen Unternehmens hat Reinhard Hamburger geprägt. Heute gibt er seine Erfahrungen weiter, um Unternehmen, vor allem auch mittelständischen Familienunternehmen, in Krisensituationen zu helfen.

Ausblick auf die Etappe

Die meisten Führungskräfte haben die Ausnahmesituation einer Krise noch nie durchlebt. Da sie auf keine Erfahrungen zurückgreifen können, sind sie unsicher und schnell überfordert. Hinzu kommt die Angst um das eigene Schicksal: In der Krise bangen nicht nur die Mitarbeiter um ihre Zukunft, auch Führungskräfte sind häufig vom Personalabbau betroffen. Das macht es doppelt schwer, richtig zu agieren.

Im Kapitel »Donnergrollen« deuten klare Anzeichen auf die aufziehende Krise hin – doch für die einzelne Führungskraft ist die Verlockung groß, die Augen davor zu verschließen und mit dem Team weiterzumachen wie bisher. Das kann gefährlich sein: Aufgabe der Führungskraft ist, die Lage zu verfolgen und der Verunsicherung des eigenen Teams rechtzeitig entgegenzuwirken.

Die Krise hat das ganze Unternehmen erfasst. Im Kapitel »Flagge zeigen« stehen Sie als Führungskraft an Deck und zeigen Flagge. Jetzt sind Sie an allen Fronten gefordert: Das Management erwartet die Umsetzung der eingeleiteten Maßnahmen und fordert laufende Reportings. Gleichzeitig suchen die verängstigten Mitarbeiter bei Ihnen Schutz und Halt. Die Mitarbeiter dürfen jetzt nicht in Angststarre verfallen, sondern müssen weiterhin ihrer täglichen Arbeit nachgehen.

Das Kapitel »Im Auge des Sturms« beschreibt den wohl schwersten Schritt in einer Unternehmenskrise: den Personalabbau. Sie erfahren, wie Sie Trennungsgespräche führen und einen Personalabbau für alle Beteiligten halbwegs verträglich gestalten.

Im Kapitel »Ende oder Wende?« schließt sich der Kreis – sofern der Turnaround gelingt und Sie als Führungskraft überlebt haben. Das Unternehmen nimmt auf seinem neuen Kurs Fahrt auf. Als Führungskraft stehen Sie wieder einmal vor der Aufgabe, Ihren eigenen Bereich zu positionieren und auf die neue Strategie hin auszurichten.

Auch Tom erlebt eine Unternehmenskrise. Er beobachtet, wie sich im Management Hektik breitmacht. Eine Krisensitzung jagt die nächste. Ein Klima der Verunsicherung macht sich breit, das bald auch seine Abteilung erreicht. Für Tom ist die Situation heikel: Einerseits soll er seinen Mitarbeitern unnötige Ängste nehmen, andererseits muss er den Tatsachen ins Auge sehen und sollte den Mitarbeitern reinen Wein einschenken. Doch genau davor hat er Angst, schließlich will er sie nicht noch zusätzlich verunsichern. Verzweifelt sucht er nach einem Ausweg ...

Donnergrollen

Wegducken hilft nicht, wenn die Einschläge näher kommen

»Wenn einem das Wasser bis zum Hals steht,
darf man den Kopf nicht hängen lassen.«
Ingrid Matthäus-Maier, dt. Politikerin

Die Einschläge kommen näher – und viele Führungskräfte ducken sich weg. Anstatt Zuversicht auszustrahlen und auf die Mitarbeiter zuzugehen, werden sie selbst von der Angst gepackt. Kritischen Fragen der Mitarbeiter gehen sie aus dem Weg und verstärken dadurch die Verunsicherung noch weiter.

Etwas stimmt nicht – das spüren die Mitarbeiter eines mittelständischen Produktionsunternehmens ganz deutlich. Seit einigen Wochen eilen ihre Vorgesetzten von einem Meeting zum nächsten. Sie sind kaum greifbar, und wenn es dann doch gelingt, ihnen eine Frage zu stellen, reagieren sie unwirsch und antworten ausweichend. Sogleich verschwinden sie wieder in ihren Büros oder treffen sich zur nächsten Besprechung.

Dieses Gebaren irritiert die Mitarbeiter. So kennen sie ihre Chefs nicht.

Die Führungskräfte indes wissen nicht, wo ihnen der Kopf steht. Das Unternehmen ist in den Strudel einer Krise geraten. Die Ereignisse überschlagen sich. Bis vor Kurzem blickten alle noch optimistisch in die Zukunft. Jetzt weiß keiner, wie es weitergehen soll. Während die Geschäftsführung mit ersten Maßnahmen gegensteuert, versuchen die Abteilungsleiter, die Folgen für ihr jeweiliges Team abzuschätzen: Wie wirkt sich der Umsatzeinbruch aus? Wie setzen wir die verordnete Kostensenkung um?

Dass die Chefs in der Hektik der Ereignisse ihre Mitarbeiter nahezu vergessen haben, mag zwar nachvollziehbar sein, erweist sich jedoch als schwerwiegender Fehler. Da die Mitarbeiter keine klaren Antworten erhalten, fangen sie an, untereinander zu reden und zu spekulieren: Was kommt da wohl auf uns zu? Wie ein ansteckendes Virus verbreitet sich die Unsicherheit im Unternehmen. Es wird diskutiert anstatt gearbeitet, wichtige Aufgaben bleiben liegen – die Leistungen lassen nach.

Das Beispiel ist typisch für die ersten Reaktionen bei einer aufziehenden Unternehmenskrise: Die Führungsriege zieht sich zurück, weil sie erst einmal selbst mit der Situation zurechtkommen muss. Die Lage ist neu und unübersichtlich, das Ausmaß der Krise unklar. Da fällt es schwer, die Mitarbeiter zu informieren, auch weil man sie nicht unnötig beunruhigen möchte. Das Zuwarten heizt jedoch die Gerüchteküche an. Angst und Unsicherheit machen sich breit, ersticken jede Kreativität und schüren das Misstrauen gegenüber den Führungskräften.

Das jedoch ist das Letzte, was eine Führungskraft in dieser Situation brauchen kann: dass ausgerechnet jetzt die Arbeitsergebnisse qualitativ einbrechen und die Zielvorgaben verfehlt werden. Nur wenn die Mitarbeiter mitziehen und die Ergebnisse weiterhin stimmen, besteht die Chance, dass die eigene Abteilung und das Unternehmen die Krise einigermaßen unbeschadet überstehen.

Die große Gefahr! Die Führungskraft verpasst den richtigen Zeitpunkt, um ihre Mitarbeiter über die Krisensituation des Unternehmens zu informieren.

Die eigene Angst besiegen

Wenn das Topmanagement erste Krisenmeetings abhält und gerüchteweise schlechte Geschäftszahlen die Runde machen, hat es sich bald auch unter den Führungskräften herumgesprochen: Es gibt ein Problem. Sie ahnen, dass eine ernste Gefahr droht, doch die Situation bleibt vage. Da ist es fast unvermeidlich, dass viele von ihnen die Angst packt. Manche verfallen in Pessimismus, andere wirken wie gelähmt – wieder andere ducken sich weg.

Doch wie soll ein Vorgesetzter seine Mitarbeiter beruhigen, wenn die eigenen Sorgen derart übermächtig sind? Zuversicht vermitteln kann nur, wer die eigene Angst in den Griff bekommen hat. Nur dann kann er seinen Mitarbeitern den notwendigen Rückhalt geben.

Zunächst geht es also darum, die eigene Angst zu besiegen. Versuchen Sie hierzu, sich erst einmal ein möglichst klares Bild von der Situation zu verschaffen. Es hilft nichts, die Lage zu verharmlosen – andererseits wird sich auch manches Gerücht als übertrieben oder unzutreffend herausstellen. Eine einigermaßen zutreffende Lagebeschreibung ermöglicht, die Krisensituation zu akzeptieren und sich darauf einzustellen.

Setzen Sie sich nun mit Ihrer persönlichen Lage auseinander: Wie gehen Sie mit einer drohenden Kündigung oder einem möglichen Jobverlust um? Vor welchen aktuellen Aufgaben haben Sie Angst? Was macht Mitarbeiterführung im Moment so schwierig? Was kann schlimmstenfalls passieren und wie würden Sie mit diesem Worst Case umgehen? Indem Sie diese Fragen beantworten, erhalten Sie Klarheit und bekommen den Kopf frei. Erst jetzt kann es gelingen, zuversichtlich nach vorne zu blicken – und erst jetzt sind Sie in der Lage, vor Ihre Mitarbeiter zu treten.

◆ **Identifizieren Sie Ihre eigenen Ängste!** Stärke zeigen und Ihren Mitarbeitern die Angst nehmen: Das können Sie nur, wenn Sie Ihre eigenen Ängste im Griff haben. Setzen Sie sich deshalb mit Ihren persönlichen Befürchtungen in der aktuellen Lage auseinander – auch wenn Sie sich damit im Moment gar nicht befassen wollen.

Auf die Mitarbeiter zugehen

Als Führungskraft tragen Sie Verantwortung für Ihre Mitarbeiter und haben die Aufgabe, Orientierung und Halt zu geben. Das gilt mehr denn je in Krisenzeiten, wenn die Sorgen übermächtig werden oder die Topleute womöglich schon mit dem Gedanken spielen, sich nach einem neuen Job umzuschauen. Zögern Sie deshalb nicht, auf Ihre Mitarbeiter zuzugehen. »Es ist in einer Krisensituation enorm wichtig, transparent zu machen, was gerade passiert«, bekräftigt Reinhard Hamburger. Zugleich gelte es »Zuversicht auszustrahlen, auch wenn es schwerfällt« – also zum Beispiel deutlich zu machen, dass die Krise nicht das Ende der Welt sei und es Mittel und Wege gebe, mit ihr umzugehen.

Räumen Sie ruhig ein, dass Sie selbst besorgt sind. »Ich habe durchaus auch darüber gesprochen, wie es mir als Führungskraft geht«, sagt Reinhard Hamburger. »Aber bei allen inneren Kämpfen, die ich mit mir ausgefochten habe, war für mich immer entscheidend: Ich wollte meinen Mitarbeitern Mut machen und ihnen vermitteln, dass wir die Krise in den Griff bekommen können, wenn wir die richtigen Dinge tun. Davon war ich auch überzeugt.«

Stellen Sie sich vor Ihre Mannschaft, beschreiben Sie die Situation, wie sie ist. Bleiben Sie bei der Wahrheit und schildern Sie die Lage so objektiv wie möglich. Dramatisieren Sie nicht, aber verschweigen Sie auch nichts. Informieren Sie offen über die möglichen Auswirkungen der Krise. Vor allem wollen Ihre Mitarbeiter einschätzen können, ob es sich um einen vorübergehenden Durchhänger oder doch eine existenzbedrohende Krise handelt. Bleiben diese Informationen aus, beginnt die Gerüchteküche zu brodeln.

Reden Sie die Ängste der Mitarbeiter nicht klein. Widerstehen Sie der Versuchung, die Situation zu beschönigen, um die Mitarbeiter zu beruhigen. Entwerfen Sie aber auch keine unbegründeten Horrorszenarien, um den Mitarbeitern Zugeständnisse abzuringen. Beides zerstört letztlich das Vertrauen in Sie als Führungskraft.

 Betreiben Sie keine Schönfärberei! Beschönigen Sie nichts. Es hat keinen Sinn, eine schwierige Lage zu verschweigen. Ihre Mitarbeiter wissen ohnehin um den Ernst der Situation. Versuchen Sie also erst gar nicht, ihnen etwas vorzumachen.

Stellen Sie sich darauf ein, dass Ihre Mitarbeiter mit ihren Ängsten auf Sie zukommen werden. Sie wollen wissen, wie das Unternehmen dasteht, wie es weitergeht, ob es Entlassungen geben wird. Machen Sie sich zu den absehbaren Fragen am besten schon im Voraus Gedanken, um sofort eine Antwort parat zu haben – bleiben Sie aber ehrlich und beantworten Sie die Fragen wahrheitsgemäß. Wenn Sie auf eine Frage nicht antworten können, sollten Sie zu Ihrer Unkenntnis stehen: »Dazu habe ich leider auch keine Informationen.« Oder: »Darüber wurde noch nicht entschieden.«

Ihre Aufgabe in der Krise ist klar umrissen: Als Führungskraft sind Sie der Fels in der Brandung und müssen dem Sturm trotzen. Versichern Sie Ihren Mitarbeitern Ihre Solidarität und Unterstützung. Verschweigen Sie aber auch nicht, dass es zu betriebsbedingten Kündigungen kommen kann und Sie sich dieser Notwendigkeit gegebenenfalls beugen müssen. Vermitteln Sie, dass Sie auch dann für Ihre Leute da sein und ihnen mit Rat und Tat zur Seite stehen werden.

> **Stehen Sie zu Ihren Mitarbeitern!** Signalisieren Sie Ihren Mitarbeitern, dass Sie in der nächsten Zeit für sie da sind und alles tun werden, um das Team sicher durch die Krise zu geleiten. Vermitteln Sie das Gefühl, ihnen mit Rat und Tat zur Seite zu stehen.

Bleiben Sie nicht zu lange bei der Beschreibung der Situation stehen, sondern richten Sie möglichst bald das Augenmerk nach vorne. Legen Sie dar, wie es jetzt weitergeht, etwa indem Sie einen Plan vorstellen oder ihn zumindest ankündigen, etwa in dem Tenor: »Ich habe jetzt noch keinen konkreten Plan, aber wir werden zusammen einen erarbeiten.«

Definieren Sie Meilensteine und Maßnahmen, um den Weg aus der Krise zu skizzieren – und vereinbaren Sie mit den Mitarbeitern klare Ziele und Aufgaben, damit jeder weiß, was er zu tun hat, um seinen Beitrag zur Lösung der Krise zu leisten. So geben Sie Halt und vermitteln die Botschaft: Es lohnt sich zu kämpfen! Setzen Sie auf diesen Kampfgeist, schwören Sie Ihre Mitarbeiter darauf ein, sich gemeinsam für die Überwindung der Krise einzusetzen.

Wichtig ist, dass Sie selbst Ihren Worten glauben. Nur dann werden die Mitarbeiter Vertrauen fassen und ihrerseits glauben, dass Sie die Situation realistisch einschätzen. Nur dann folgen sie dem Plan – und es besteht eine reelle Chance, gemeinsam aus der schwierigen Lage herauszufinden und beispielsweise die Auftragslage zu verbessern.

🧭 **Machen Sie Ihren Mitarbeitern Mut!** Geben Sie Hoffnung – und zeigen Sie auf, dass aus der Krise auch neue Chancen entstehen können. Vermitteln Sie Ihren Mitarbeitern ein klares Ziel, das Sie gemeinsam mit ihnen erreichen wollen.

Bei den Mitarbeitern präsent sein

»Step up your communication by a factor of two«, so lautete die Devise von Reinhard Hamburger. In der Krise kommt es darauf an, die Kommunikationsanstrengungen mit den Mitarbeitern zu verdoppeln. Mehr denn je ist es wichtig, die Mitarbeiter über die aktuelle Lage auf dem Laufenden zu halten, Gerüchten vorzubeugen und über die nächsten Schritte zu informieren.

Ganz gleich wie sehr sich die Termine in Ihrem Kalender drängen: Nehmen Sie sich die Zeit, immer wieder mit Ihren Mitarbeitern zu sprechen. Zeigen Sie Präsenz im Arbeitsalltag, erkundigen Sie sich auch nach dem Befinden Ihrer Mitarbeiter – denn nichts verunsichert in der Krise mehr als ein Chef, der abgetaucht ist. Schnell entstehen Spekulationen und die Mitarbeiter fangen an, an seiner Loyalität zu zweifeln.

🧭 **Kommunizieren Sie mehr denn je!** Lassen Sie Ihre Mitarbeiter nicht im Unklaren, denn damit würden Sie den Nährboden für Angst und Misstrauen legen. Kommunizieren Sie stattdessen mehr denn je mit Ihren Mitarbeitern.

Trotz aller Bemühungen müssen Sie damit rechnen, dass einzelne Mitarbeiter weiterhin verängstigt sind. Greifen Sie sofort ein, wenn Sie merken, dass ein solcher Mitarbeiter Unruhe verbreitet und anfängt, mit seinem Krisengerede die Kollegen zu infizieren. Suchen Sie das Gespräch mit ihm und fragen Sie ihn, wie er die Erfolgsaussichten beurteilt. Verdeutlichen Sie ihm die Alternative, vor der das Team steht: sich in sein Schicksal ergeben und zuschauen, wie alles noch schlimmer wird – oder gemeinsam die Krise meistern. Vermutlich wird er sich für die zweite Alternative aussprechen. Nehmen Sie ihn dann beim Wort und vereinbaren Sie mit ihm den Beitrag, den er zur Lösung der Krise leisten soll. Fruchtet dies nichts, ziehen Sie die nötigen Konsequenzen.

Natürlich gibt es Aspekte, über die Sie mit Ihren Vorgesetzten Stillschweigen vereinbart haben und über die Sie auch Ihre Mitarbeiter nicht informieren dürfen – selbst wenn Sie das gerne täten. Anstatt nun auf Tauchstation zu gehen, sollten Sie lieber mit offenen Karten spielen: »Das ist ein Thema, über das ich im Moment nicht sprechen darf, da bitte ich um Verständnis. Sobald es offiziell wird, werde ich euch umgehend informieren.« Auf diese Weise geben Sie Ihren Mitarbeitern zumindest das Gefühl, sie in der Krise nicht alleine zu lassen und so weit wie möglich einzubeziehen.

Abstimmung im Führungskreis

Als wäre die Krise allein nicht schon schlimm genug. Allzu oft sorgen widersprüchliche Statements aus dem Führungskreis für zusätzliche Unruhe. Der Grund ist einfach: Die Führungskräfte sind so sehr damit beschäftigt, die Lage zu sondieren und nach Lösungen für die drängendsten Probleme zu suchen, dass sie versäumen, sich auch noch mit der Kommunikation zu den Mitarbeitern zu befassen. Völlig erschöpft kommen sie aus den diversen Krisensitzungen in ihre Abteilungen zurück – und dementsprechend unkoordiniert ist anschließend die Information der Mitarbeiter.

Und nicht nur das. Immer wieder führt der enorme Druck in der Krisensituation dazu, dass Führungskräfte einander in die Haare geraten. Es kommt zu Vorwürfen und gegenseitigen Schuldzuweisungen. Womöglich eskaliert der Streit weiter, die Kontrahenten verletzen sich gegenseitig – und in der Führungsmannschaft entsteht ein weiterer Brandherd, der die Krise zusätzlich verschärft. Das Bild, das der Führungskreis bei den Mitarbeitern hinterlässt, ist jedenfalls verheerend.

Vermeiden Sie solche Situationen und stimmen Sie sich im Führungskreis über die Kommunikation mit den Mitarbeitern ab:

- Welche Informationen geben wir an die Mitarbeiter weiter?
- Wie begründen wir unser aktuelles Vorgehen?
- Was erwarten wir in dieser Situation von unseren Mitarbeitern?
- Welche Versprechen geben wir unseren Mitarbeitern?

Welche Strategie und welches Verhalten richtig sind, hängt natürlich von der jeweiligen Krisensituation ab. Grundsätzliche gilt es, das Vorgehen gemeinsam mit den Führungskollegen immer wieder nachzujustieren. Das bedarf einer engmaschigen Abstimmung: Wie verhalten wir uns in den nächsten Tagen oder Wochen? Wie bleiben wir im Kontakt mit unseren Mitarbeitern? Worüber informieren wir auf welche Weise? Wie beantworten wir die drängendsten Fragen?

Diese Fragen beschäftigen seit einigen Tagen auch Tom. Sein Chef hat die aktuellen Zahlen präsentiert und die sprechen eine eindeutige Sprache: Das Unternehmen steckt in einer handfesten Krise. Wie Tom mit dieser Situation umgeht, erfahren Sie in seinem Tagebuch.

Stress in Krisenzeiten

Angst und Unsicherheit machen sich breit, die Gerüchteküche brodelt, die Arbeitsmoral sinkt, die Leistungen drohen abzustürzen: Wenn sich eine Unternehmenskrise anbahnt, entsteht für Führungskräfte enormer Stress.

So wappnen Sie sich ...

- Lernen Sie, mit Ihren eigenen Ängsten umzugehen. Sie dürfen Emotionen haben und auch zeigen, sich aber nicht von ihnen beherrschen lassen. Stattdessen gilt es, Stärke und Zuversicht zu zeigen. Nur so können Sie Ihren Mitarbeitern den notwendigen Rückhalt geben.
- Nehmen Sie die Sorgen und Ängste der Mitarbeiter ernst. Holen Sie sie an einen Tisch, um über die Situation zu sprechen. Das hilft auch, die Arbeitsmoral zu heben.
- Lenken Sie die Aufmerksamkeit Ihrer Mitarbeiter auf mögliche Lösungen. In der Krise kommt es mehr denn je auf eine positive Einstellung an. Stellen Sie deshalb Fragen, die zu Lösungen ermuntern.
- Halten Sie Unwichtiges von sich und Ihren Mitarbeitern fern – und konzentrieren Sie sich auf den Kern Ihrer Arbeit. Legen Sie zusammen mit Ihren Mitarbeitern klare Prioritäten fest. Gerade in wirtschaftlich angespannten Zeiten sind Brainstorming-Sitzungen wichtiger denn je.
- Widmen Sie sich der Situation mit Kopf und Herz. Menschen sind dann erfolgreich, wenn sie an eine Sache glauben und durch ihr intensives Tun zum Gelingen beitragen.

Flagge zeigen

Im Sturm muss der Kapitän an Deck stehen

»Wenn harte Zeiten kommen,
bleibt uns keine andere Wahl,
als tief durchzuatmen, weiterzumachen
und unser Bestes zu tun.«

Lee Iacocca, amerik. Topmanager

Die Krise hat das Unternehmen im Griff. Um gegenzusteuern, beschließt die Geschäftsleitung drastische Maßnahmen. Die Führungskräfte stehen vor der Aufgabe, diese Beschlüsse in ihren jeweiligen Abteilungen umzu-

setzen. Eine heikle Aufgabe: Noch nie kam es so sehr darauf an, Führungsstärke zu zeigen – denn beim Krisenmanagement gibt es meist nur eine Chance. Wird sie vertan, bedeutet das zumindest für die betreffende Führungskraft das Aus.

Mark K war Vertriebsleiter, als die Krise sein Unternehmen, einen mittelständischen Lebensmittelhersteller, erfasste. Gewinn und Umsatz brachen ein und die Geschäftsführung reagierte prompt: Sie forderte vom Vertrieb zusätzliche Anstrengungen und mehr Verkäufe. Anstatt den Druck aus der Führungsetage ein Stück weit abzufangen, gab Mark K die Vorgaben direkt an seine Vertriebsmannschaft weiter. Damit jedoch provozierte er Unverständnis und Widerstände. Zwischen ihm und seinen Mitarbeitern entbrannte eine heftige Diskussion, die sich um Ursachen und Schuldige drehte: Wer ist an den schlechten Zahlen schuld? Wer hätte etwas besser machen sollen?

Der junge Vertriebsleiter spürte den Druck der Geschäftsführung im Nacken und reagierte zunehmend nervös. »Ich will keine Erklärungen und Ausreden hören, sondern Ergebnisse sehen«, beendete er kurzerhand die Besprechung und schickte seine Leute zurück an die Arbeit. Anschließend knöpfte er sich in Vier-Augen-Gesprächen seine vermeintlichen »Low Performer« vor, die er als Schuldige für die Misere ausgemacht hatte.

Offenbar hatte Mark K tatsächlich geglaubt, es würde ausreichen, an zwei oder drei Stellschrauben zu drehen, und der Erfolg ließe sich zurückholen. Tatsächlich frustrierte er mit seinem Vorgehen die von der Krise verunsicherten Mitarbeiter, anstatt sie zu motivieren und auf einen gemeinsamen Kampf einzuschwören. Mit seinem Auftrag, die Vorgaben der Geschäftsführung umzusetzen, war Mark K gründlich gescheitert.

Wie das Beispiel zeigt, kann eine Krisensituation unerfahrene Führungskräfte schnell überfordern. Sie haben gelernt, das Abteilungsschiff in ruhigem Fahrwasser zu steuern. Doch jetzt ist ein heftiger Sturm aufgezogen, die See rau und gefährlich geworden. Vorbei ist die Zeit, in der kooperative Führung als die einzig wahre galt. Vorbei die Zeit, in der Mitarbeiter in die Organisationsentwicklung einbezogen wurden. Vorbei die Zeit, in der alle einen sicheren Job zu haben glaubten. Stattdessen ist die Lage unsicher geworden. Die Führungskraft muss harte Maßnahmen durchzusetzen, womöglich Trennungsgespräche führen. Alleine lässt sich das kaum durchstehen.

Im Sturm suchen Menschen Halt und Schutz. Jeder will nur eines: überleben. Er denkt vor allem an die eigene Sicherheit und versucht, den Gefahren aus dem Wege zu gehen. Da braucht es ein sehr gutes Motiv, sich in den Sturm hinauszuwagen. Wenn etwa ein nahestehender Mensch in Gefahr gerät, versuchen wir, ihm zu helfen, allen Gefahren und Widrigkeiten zum Trotz. Deutlich wird, vor welcher Aufgabe die Führungskraft steht: Sie muss die Mitarbeiter dafür gewinnen, sich dem Unwetter auszusetzen, um das schlingernde Schiff gemeinsam wieder auf Kurs zu bringen.

> ☠ **Die große Gefahr!** Die Führungskraft ist von der Situation überfordert. Dennoch versucht sie, das Abteilungsschiff alleine durch den Sturm zu steuern. Sie nimmt keine Unterstützung wahr – und erleidet Schiffbruch.

Zerstörerische Dynamik

In einer Unternehmenskrise lassen sich typische Reaktionsmuster beobachten, die allesamt wenig hilfreich sind. Viele Führungskräfte fangen an, über die Ursachen zu debattieren oder darüber zu streiten, wie man die Krise hätte verhindern können. Andere verlegen sich darauf, nach Schuldigen zu suchen. Genauso kontraproduktiv ist es, wie Mark F den Druck auf einzelne Mitarbeiter zu erhöhen, die jetzt den Karren irgendwie aus dem Dreck ziehen sollen. Diese Verhaltensweisen zeigen, wozu die meisten Menschen in Krisensituationen beinahe reflexartig tendieren: sich selbst aus der Gefahrenzone zu bringen und die eigene Haut zu retten.

Besonders prekär wird die Lage, wenn der Vorgesetzte diesen Fluchttendenzen nicht Einhalt gebietet und ihnen womöglich ebenso verfällt. Die Folge ist eine Art Massenpanik: Jeder versucht, sich selbst in Sicherheit zu bringen, etwa indem er auf Fehler und Versäumnisse von Kollegen hinweist und so von der eigenen Mitverantwortung ablenkt. Oder indem er zu beweisen versucht, dass er vor gewissen Entwicklungen von Anfang an gewarnt hat. Keiner möchte sich in der Rolle des Letzten wiederfinden, den die Hunde beißen.

Kommt es zu dieser »Massenflucht«, zerfällt der Zusammenhalt in der Abteilung. Damit schwinden auch die Chancen, einen systematischen Lösungsweg zu finden und die Krise zu bewältigen. Stattdessen bestätigen sich die Beteiligten durch ihre hektischen Absetzbewegungen gegenseitig, dass sie die Lage für aussichtslos halten – es gilt der Ruf: »Rette sich, wer kann!« Wenn die so entstandene Eigendynamik nicht rasch und entschieden gestoppt wird, geraten die Ängste der Mitarbeiter zur sich selbst erfüllenden Prophezeiung: Am Ende erleidet die Abteilung, womöglich das gesamte Unternehmen, tatsächlich Schiffbruch.

Damit diese zerstörerischen Dynamiken gar nicht erst in Gang kommen, sollten Sie als krisenunerprobte Führungskraft Rat suchen. Das kann die Hilfe eines Mentors, vielleicht auch eines Coachs sein. Auch die Personalabteilung kann in wichtigen Fragen Rat geben. Vor allem sollten Sie auf Ihren

Vorgesetzten zugehen und sich mit ihm möglichst offen über die Lage austauschen. So können Sie mit ihm besprechen, welche Informationen Sie an die Mitarbeiter weitergeben oder wie die vom Management beschlossenen Krisenmaßnahmen umgesetzt werden. Lassen Sie sich von Ihrem Vorgesetzten Informationen und klare Handlungsanweisungen geben!

> **Holen Sie sich Unterstützung!** Unterschätzen Sie nicht die Gefahr, vom Strudel einer Krise mitgerissen zu werden. Scheuen Sie sich deshalb nicht, Rat und Unterstützung zu holen. So gewinnen Sie an Sicherheit und können sich zum Beispiel für schwierige Gesprächssituationen mit Ihren Mitarbeitern wappnen.

Souverän im Sturm: Führungsstärke beweisen

Während einer Unternehmenskrise kommt es vor allem auf eines an: Führungsstärke. Für Ihre Mitarbeiter sind Sie erster Ansprechpartner – bei Ihnen informieren und orientieren sie sich, bei Ihnen heulen sie sich aus. Als Führungskraft ist es Ihre Aufgabe, den Mitarbeitern ihre Ängste zu nehmen, ohne die Gefahren der Krise kleinzureden. Ihre Aufgabe ist, Zuversicht zu verbreiten, aber dennoch den Tatsachen ins Auge sehen. Obwohl Sie selbst von der Krisensituation betroffen sind, dürfen Sie keine Unsicherheit zeigen. Vielmehr ist es Ihre Aufgabe, auf die Mitarbeiter zuzugehen, ihnen Mut zu machen, Handlungsmöglichkeiten aufzuzeigen und mit ihnen gemeinsam die Probleme zu meistern.

Krisenerprobte Führungskräfte, denen all das gelingt, zeichnen sich durch sieben zentrale Eigenschaften aus:

- **Integrität:** Anstand, Integrität und die Bereitschaft zur Verantwortungsübernahme sind elementare Voraussetzungen, um in einer Krisensituation erfolgreich zu sein. Integrität bedeutet, auch und gerade in schwierigen Zeiten Verantwortung zu übernehmen, dabei an den eigenen Grundüberzeugungen festzuhalten, diese Überzeugungen anderen darzulegen und nach ihnen zu handeln. Wer innerlich gefestigt ist, lässt sich durch äußere Einflussfaktoren oder Krisen nicht so leicht aus dem Gleichgewicht bringen.
- **Souveränität:** Gute Führungskräfte agieren souverän und lassen sich auch in kritischen Situationen nicht aus der Ruhe bringen. Sie verlassen sich auf ihr Urteilsvermögen und verstehen es, Richtiges von Falschem ebenso wie Nebensächliches von Wichtigem zu unterscheiden. Das kommt auch der Produktivität der Abteilung zugute: Die Mitarbeiter befassen sich nicht

mit Nebensächlichkeiten und endlosen Vorschriften, sondern tendieren ebenfalls dazu, sich mit dem Wesentlichen zu beschäftigen.
- **Entschlossenheit:** Eine Krise erfordert Entschlossenheit. Die Führungskraft versteht sich darauf, Entscheidungen entschlossen zu treffen und ebenso zielstrebig wie beharrlich umzusetzen. Dazu gehört, dass sie sich an klaren Zielen orientiert und diese Ziele auch verständlich und nachvollziehbar kommuniziert. Zugleich sollte sie auf Mitarbeiter setzen, die ebenfalls zielstrebig und bereit sind, Verantwortung zu übernehmen.
- **Risikobereitschaft:** Viele Entscheidungen in Krisensituationen erfordern Mut, weil sie mit großer Unsicherheit behaftet sind und immer auch das Risiko bergen, die Lage womöglich noch zu verschlimmern. Es geht hier nicht um den Mut eines Helden, der wie in einem Actionfilm der übermächtigen Gefahr trotzt und ringsum die Funken sprühen lässt. Gefordert ist vielmehr eine angemessene Risikobereitschaft: Die Führungskraft erkennt die Gefahr, schätzt sie realistisch ein – und entscheidet, wie sie es für richtig hält. Sie ist eine Persönlichkeit, die lieber im Nachhinein um Verzeihung bittet, als am Anfang um Erlaubnis fragt.
- **Prioritätensetzung:** In der Krise bleibt keine Zeit für Nebenschauplätze – mehr denn je müssen sich alle Beteiligten auf das Wesentliche konzentrieren. Es gilt, Stabilität und Orientierung zu schaffen und zügig die richtigen Entscheidungen zu treffen und umzusetzen. Das gelingt nur, wenn die Führungskräfte in der Lage sind, die richtigen Prioritäten zu erkennen und konsequent danach zu handeln.
- **Begeisterungsfähigkeit:** Große Führungspersönlichkeiten umgibt eine inspirierende und begeisternde Aura. Allein durch ihre Präsenz strahlen sie Ruhe und Souveränität aus. Auch wirkt ihre Begeisterung für das Unternehmensziel und die bevorstehenden Aufgaben ansteckend. Gerade in schwierigen Zeiten spielt diese Fähigkeit, zu begeistern und ein positives Klima zu schaffen, eine wichtige Rolle: Die Mitarbeiter werden dazu motiviert, trotz der Krise gern und produktiv zu arbeiten.
- **Ausgeglichenheit:** Gute Führungskräfte sind ausgeglichen und besonnen. Sie können die wesentlichen Fakten schnell erfassen, in Zusammenhänge bringen und auf diese Weise selbst chaotische Situationen zu strukturieren. Während der Druck der Krise allenthalben Unsicherheit und Angst auslöst, bleibt die Führungskraft ruhig. Sie entwirft Lösungswege, in die sie die Mitarbeiter einbezieht und ihnen so das Gefühl der Hilflosigkeit nimmt.

Kaum eine Führungskraft wird alle sieben Fähigkeiten in gleicher Weise auf sich vereinen – zumal jede Krisensituation ihre besonderen Anforderungen stellt. Die geschilderten Fähigkeiten machen aber deutlich, worauf es in der Krise in erster Linie ankommt: das richtige Führungsverhalten.

Gefährlicher Flurfunk: Kommunizieren in der Krise

Mal heißt es, das Unternehmen will ein Fünftel der Stellen abbauen, dann wird erzählt, dass die Löhne um zehn Prozent gekürzt werden sollen: In der Krise jagt ein Gerücht das nächste. An allen Ecken und Enden wird geredet, ob in der Teeküche, in der Kantine, auf den Fluren oder gar am Schreibtisch. Längst steht bei vielen Mitarbeitern nicht mehr die Arbeit im Mittelpunkt, sondern die Sorge um den Job. Personal- und Managementexperten schätzen, dass Arbeitnehmer in Krisenzeiten etwa zwei Stunden täglich damit verbringen, Vermutungen und neueste Gerüchte über Einsparprogramme, Kündigungs- oder Kurzarbeitspläne auszutauschen.

Das Fatale an der Situation: Selbst wenn die im Flurfunk gehandelten Schreckensszenarien übertrieben oder gar unzutreffend sind, schlagen sie auf die Arbeitsergebnisse durch. Gerüchte lähmen die Mitarbeiter und halten sie von ihren Aufgaben am Schreibtisch oder der Werkbank ab.

Es käme also darauf an, die Gerüchte zu unterbinden. Dass das häufig nicht gelingt, macht deutlich, wie schlecht es in der Krise um die kommunikativen Fähigkeiten vieler Führungskräfte bestellt ist. Geht man den Ursachen von Flurfunk und Gerüchteküche nach, stößt man schnell auf Mängel in der formellen internen Kommunikation des Unternehmens. Das fängt beim Topmanagement an, das mit seinem Verhalten die interne Kommunikation am stärksten beeinflusst. Gerüchte entstehen, wenn die offiziellen Mitteilungen der Unternehmensleitung Lücken hinterlassen – wenn Fragen ungeklärt bleiben oder Ungereimtheiten entstehen, etwa weil uneinheitlich kommuniziert wird.

Schweigen ist Silber, Reden ist Gold

Als Leitlinie für das Kommunizieren in der Krise kann die Umkehrung einer alten Redewendung gelten: Schweigen ist Silber, Reden ist Gold. Informieren Sie Ihre Mitarbeiter offen über die Lage. Wie weit Sie dabei gehen, hängt von Ihrem eigenen Informationsstand und der augenblicklichen Relevanz der Informationen ab – doch gilt es zu bedenken: Erhalten Ihre Mitarbeiter wichtige Informationen zuerst aus anderen Quellen, kann das schnell das Vertrauen zwischen Ihnen und Ihren Mitarbeitern zerstören.

Bewährt hat sich zudem eine gewisse Regelmäßigkeit in der Kommunikation. Nutzen Sie zum Beispiel das Monatsmeeting oder andere Jour-fixe-Termine, um über die aktuelle Lage zu informieren. Wenn Sie das Thema »Krisensituation« nicht auf die Agenda setzen, werden Ihre Mitarbeiter trotzdem darüber reden – mit dem Unterschied, dass diese die inhaltlichen Akzente setzen. Dadurch wird es für Sie deutlich schwieriger, die Kommunikation zu steuern.

Selbstverständlich führen Sie als »Krisenkommunikator« auch zahlreiche Einzelgespräche. Lassen Sie das Thema »Krise« zu, wenn ein Mitarbeiter Sie bei einem Gespräch über tagesgeschäftliche Fragen darauf anspricht. Nutzen Sie die Gelegenheit, seine Sorgen anzuhören und ihm Orientierung zu geben.

Achten Sie bei allem Verständnis für die Sorgen und Nöte Ihrer Mitarbeiter aber darauf, die Entscheidungen der Unternehmensführung nicht infrage zu stellen. Wenn Sie zum Beispiel andeuten, dass Sie den Beschluss, Personal abzubauen, »eher kritisch« sehen, können Sie sicher sein: Diese Äußerung wird die Runde machen. »Auch unser Chef ist dagegen«, wird der Flurfunk schon in Kürze verkünden. Schlimmer noch: Ihre Mitarbeiter werden Sie künftig immer wieder mit Ihrer Aussage konfrontieren – auch dann, wenn Sie mit ihnen Trennungsgespräche führen müssen.

> **Achten Sie auf Loyalität gegenüber der Geschäftsleitung!** Lassen Sie sich nicht dazu verleiten, im Gespräch mit den Mitarbeitern Entscheidungen der Geschäftsleitung zu kritisieren oder gar gemeinsam mit den Mitarbeitern auf »die da oben« zu schimpfen. Ihre Aufgabe als Führungskraft ist, die Entscheidung der Unternehmensführung mitzutragen und umzusetzen.

Blick in den Abgrund

Die Unternehmensleitung hat entschieden, Arbeitsplätze abzubauen. Nun liegt es an Ihnen, die zermürbende Ungewissheit bei Ihren Mitarbeitern so schnell wie möglich zu beenden. Überbringen Sie die Nachricht und geben Sie anschließend den Mitarbeitern etwas Zeit, die Hiobsbotschaft zu verdauen – etwa indem Sie sagen: »Lasst uns in zwei Tagen nochmals zusammensetzen und darüber sprechen. Dann habe ich vielleicht schon etwas mehr Informationen.«

Wenn der Blick in den Abgrund unvermeidlich geworden ist, hat sich diese Pause bewährt. Die zurückliegenden Wochen und Monate war für die Mitarbeiter sehr belastend, auch weil sie schon länger geahnt haben, was sich jetzt bewahrheitet hat: der Verlust des Arbeitsplatzes. Bei vielen

Menschen muss der angestaute Überdruck erst einmal heraus, bevor sie innerlich dazu bereit sind, sich über die nächsten Schritte und möglichen Lösungen Gedanken zu machen. Zwei bis drei Tage nach der Ankündigung des Personalabbaus hat sich der erste Sturm der Entrüstung in der Regel gelegt. Die Mitarbeiter konnten darüber schlafen und sich über die Folgen Gedanken machen. Meist ist nun ein sachlicheres Gespräch über die veränderte Situation möglich.

Doch auch dieses zweite Gespräch bleibt schwierig genug. Anstatt über ihre Gefühle und Bedürfnisse wie etwa ihre Angst, Frustration oder Enttäuschung zu sprechen, flüchten sich die Mitarbeiter meistens in Schuldzuweisungen oder besserwisserische Erklärungen, was man hätte tun müssen. Das entlastet zwar die Betroffenen selbst, erhöht aber den Druck auf andere Gesprächsbeteiligten, die je nach Charakter mit Rechtfertigungen, Gegenvorwürfen oder anderen Abwehrmechanismen reagieren. Das hilft natürlich nicht weiter: Anstatt sich zusammenzuraufen, redet sich die Gruppe auseinander.

Manchmal ist so viel Druck im Kessel, dass es unmöglich wird, den Prozess überhaupt noch zu moderieren. In diesem Fall können Sie im Grunde nur zusehen, wie der Kessel explodiert – sprich: die Leute sich gegenseitig an die Gurgel gehen. Nun gut – wenn es dazu kommt, ist das eben so! Lassen Sie dann dieses kollektive Auskotzen einfach laufen, bis der größte Druck entwichen ist. In der Regel tritt nach einer Weile eine erschöpfte Entspannung ein. Irgendwer sagt dann: »So kommen wir nicht weiter!« Und die anderen nicken vorsichtig.

Jetzt ist der Zeitpunkt gekommen, an dem die meisten Anwesenden wieder für Argumente offen sind. Nun können Sie einhaken, etwa indem Sie sagen: »Leute, dass etwas geschehen würde, war doch klar – bei den Zahlen, bei der Marktsituation. Da musste der Vorstand reagieren. Hätte er jetzt nicht gehandelt, hätten wir im nächsten Jahr vermutlich alle darüber geklagt: Warum hat er nicht früher reagiert?« Vermitteln Sie den Mitarbeitern noch einmal, dass Sie ihre Ängste und Gefühle verstehen – und versprechen Sie, dass Sie im Rahmen Ihrer Möglichkeiten alles tun werden, um den Personalabbau möglichst fair zu gestalten.

An Deck stehen und Flagge zeigen

Die Krise erzeugt einen enormen Druck, die Nervosität in den oberen Führungsetagen ist greifbar. Ungeduldig möchte die Geschäftsleitung wissen, ob die eingeleiteten Maßnahmen greifen. Als Führungskraft des mittleren Managements müssen Sie deshalb in immer kürzeren Abständen Berichte und

Kennzahlen abliefern. Ständig müssen Sie Ihren Chefs Rede und Antwort stehen, Fragen beantworten oder Pläne und Maßnahmenkataloge erläutern. Gleichzeitig wollen die Mitarbeiter wissen, wie es um das Unternehmen steht, wohin die Reise geht und was von ihnen erwartet wird.

Jetzt ist eine pragmatische Führungsweise gefragt, sonst ist diese Situation schlicht nicht zu bewältigen. An Deck stehen und Flagge zeigen – so lautet das Gebot der Stunde. Fassen wir zusammen, was das genau heißt.

- Beugen Sie Gerüchten und Spekulationen vor, indem Sie auf höchstmögliche Transparenz achten: Gehen Sie frühzeitig auf die Mitarbeiter zu und informieren Sie offen über die Lage.
- Stimmen Sie Ihre Kommunikation mit den Führungskollegen ab. Es gibt Situationen, in denen Sie den Mitarbeitern nicht die volle Wahrheit sagen dürfen, etwa weil das Management zur Geheimhaltung verpflichtet ist (zum Beispiel aus aktienrechtlichen Gründen oder wegen laufender Verkaufsverhandlungen).
- Wenn Sie schlechte Nachrichten überbringen müssen, darf das nicht zwischen Tür und Angel geschehen. Nehmen Sie sich dafür viel Zeit, das gebietet allein schon Ihre Wertschätzung den betroffenen Mitarbeitern gegenüber.
- Reden Sie schlechte Nachrichten nicht schön. Viele Führungskräfte neigen dazu, die Lage gegenüber ihren Mitarbeitern zu beschönigen, etwa nach dem Motto: »Es wird schon nicht so schlimm werden.« Solches Verhalten schadet der Glaubwürdigkeit und erschüttert das Vertrauen der Mitarbeiter.
- Verstecken Sie sich nicht. Auch wenn es schwerfällt: Kommunizieren Sie kontinuierlich mit Ihren Mitarbeitern, bleiben Sie präsent. Legen Sie Wert auf klare Kommunikation, konsequente Aussagen und entschlossenes Auftreten.
- Seien Sie zurückhaltend mit Versprechungen. In unsicheren Zeiten benötigen Mitarbeiter eine klare Orientierung, keine schwammigen Versprechungen. Sie vertrauen eher Führungskräften, die mit Fakten argumentieren.
- Stecken Sie den Kopf nicht in den Sand. Wenn Ihr Unternehmen nicht unmittelbar vor der Insolvenz steht, bieten Krisen immer auch neue Chancen. Es mag wichtig sein, Ihre Mitarbeiter zu beruhigen – noch wichtiger ist es, deren Aufmerksamkeit auf Chancen und Lösungen zu richten.
- Legen Sie für Ihre Abteilung einen Plan vor. Sie sollten eine Idee haben, mit welchen Maßnahmen Sie die Probleme lösen und aus der Krise herausfinden wollen. Ist Ihr Plan überzeugend, schafft er Vertrauen.
- Geben Sie Fehler oder Fehleinschätzungen offen zu und zeigen Sie, was Sie aus ihnen gelernt haben. So vermeiden Sie, auf Ihre Mitarbeiter einen arroganten Eindruck zu machen.

All das zeigt einmal mehr: Bei Sturm muss die Führungskraft ihr Abteilungsschiff durch meterhohe Wellen navigieren. In dieser Situation Hilfe hinzuzuziehen ist für einen Schönwetterkapitän keine Schwäche, sondern ein Zeichen von Stärke.

Allmählich begreift auch Tom, wie heftig der Sturm werden wird. Das gesamte Unternehmen rutscht immer tiefer in die roten Zahlen. Schnell erkennt Tom, was seine Mannschaft jetzt von ihm braucht: ein Gefühl von Sicherheit. Lesen Sie, was Tom hierzu in seinem Tagebuch notiert.

Verlorener Rückhalt

In der Krise sind Sie mehr denn je auf Ihre Mitarbeiter angewiesen, verlieren aber auch leicht deren Rückhalt. Häufig verlassen gerade die fähigsten Mitarbeiter das Unternehmen – genau diejenigen, die Sie zur Bewältigung der Krise so dringend benötigen.

So wappnen Sie sich ...

- Gehen Sie auf Ihre Mitarbeiter zu, damit diese Ihnen zur Seite stehen und Sie mit ihnen gemeinsam die Probleme meistern können. Unterstützen Sie Ihre Leute nach Kräften – dann erhalten auch Sie die notwendige Unterstützung.
- Achten Sie darauf, dass Ihre Mitarbeiter nicht resignieren. Machen Sie ihnen Mut und zeigen Sie verschiedene Handlungsmöglichkeiten auf. Dies bedeutet nicht, die Verantwortung abzugeben, sondern Zuversicht zu wecken und gemeinsam anzupacken.
- Erläutern Sie Ihren Mitarbeitern die Unternehmensziele und wie sie erreicht werden können. Helfen Sie mit, den richtigen Weg zu finden und ihn erfolgreich zu beschreiten.
- Die Krise ist auch für Ihre Abteilung ein Neuanfang. Erklären Sie Ihren Mitarbeitern diesen Neuanfang, definieren Sie für Ihre Abteilung neue Ziele und neue Aufgaben.
- Wenn die Ziele klar definiert sind und Sie Ihren Mitarbeitern Freiheiten für die Umsetzung eingeräumt haben, benötigen die Mitarbeiter dennoch einen roten Faden. Als Führungskraft dirigieren Sie – nicht durch Drängen, sondern durch Vorbild.

Im Auge des Sturms
Der Personalabbau ist eine Zerreißprobe für jede Führungskraft

> »Wir haben einfach das Skalpell genommen und losgelegt.
> Der Patient bekam keine Betäubung und litt höllische Schmerzen.
> Aber immerhin wurde er wieder gesund.«
> *Greg Brenneman, amerik. Manager*

 Personalabbau ist im Krisenmanagement das letzte Mittel – manchmal aber unvermeidlich, um das Unternehmen vor der Insolvenz zu bewahren. Viele Führungskräfte würden vor dieser Situation am liebsten davonlaufen: Sie kennen ihre Mitarbeiter und deren familiäre Situation sehr gut, haben jahrelang mit ihnen zusammengearbeitet – und müssen nun die Nachricht von der Kündigung überbringen.

»Am Samstag fand ich die Kündigung im Briefkasten«, erzählt eine frühere Mitarbeiterin bei einem Industrieunternehmen, »und am Montagmorgen war bereits mein Zugangscode im Betrieb gesperrt. Die Kollegen wussten schon Bescheid, als ich ins Büro kam, und gingen mir aus dem Weg. Wer sich nicht blicken ließ, war meine Chefin – die war plötzlich krank geworden.«

So hätte es nicht laufen müssen. Die Vorgesetzte Marion W hatte schon seit Wochen damit gerechnet, die schlechte Geschäftslage könnte irgendwann Entlassungen notwendig machen. Doch allein schon der Gedanke, möglicherweise bald Trennungsgespräche führen zu müssen, belastete sie. Als die Geschäftsleitung dann tatsächlich einen Personalabbau beschloss, fühlte sich die Abteilungsleiterin völlig überfordert. Wie sollte sie den betroffenen Mitarbeitern die Nachricht überbringen? Sie durchwachte zahlreiche Nächte und litt unter heftigen Migräneanfällen. Sie hatte keine Ahnung, wie sie vorgehen sollte, und schob die Trennungsgespräche vor sich her. So kam es, dass die Mitarbeiter nicht informiert waren, als ihnen die Kündigung per Einschreiben ins Haus flatterte. Und die Chefin? Die lag krank zu Hause im Bett!

Dieser Fall ist zugegebenermaßen drastisch – so stillos verlaufen Entlassungen selten. Dennoch: Kommt es zum Personalabbau, befindet sich das Unternehmen im Auge des Sturms. Die Nachricht löst Schockstarre aus, es herrscht einen Augenblick lang atemlose Stille, obwohl das Unwetter gerade seinen Höhepunkt erreicht hat. Die Situation ist angespannter denn je. Die meisten Führungskräfte fühlen sich überfordert, weil sie die Phase eines Personalabbaus noch nie in verantwortlicher Position durchlebt haben.

Dementsprechend kopflos sind häufig die Reaktionen. Viele Führungskräfte scheuen sich, einem Mitarbeiter die Kündigung persönlich in einem Kündigungsgespräch mitzuteilen. Haben sie sich dennoch dazu durchgerungen, meiden sie anschließend den Kontakt zum Gekündigten. Dieser reagiert enttäuscht und verletzt: Er sieht sich und seine Arbeit herabgewürdigt und lässt an seinem Arbeitgeber kein gutes Wort mehr. Das drückt auf die Arbeitsmoral der ganzen Abteilung, nicht zuletzt weil jeder denkt: »So wird mein Arbeitgeber irgendwann auch mit mir verfahren!«

Hartnäckig hält sich die Legende, dass es Managern ein geradezu sadistisches Vergnügen bereitet, Mitarbeiter »rauszuwerfen«. Diese Vorstellung erweist sich bei näherem Hinsehen als blanker Unsinn: In aller Regel ist der Geschäftsleitung höchst unbehaglich zumute, wenn sie feststellt, dass die Lage des Unternehmens einen Personalschnitt erfordert. Sie setzt ihre Entscheidung dann mit mehr oder weniger großem Geschick um. »Der Eindruck einer eiskalten Exekution entsteht meist deshalb«, beobachtet Reinhard Hamburger, »weil das Topmanagement – vielleicht auch aus einem schlechten Gewissen heraus – nach der Devise ›Augen zu und durch‹ verfährt, statt den Stellenabbau mit der nötigen Sorgfalt und dem der Ernsthaftigkeit der Situation angemessenen Stil zu betreiben.«

Doch auch wenn es keine »eiskalte Exekution« war, sondern schlicht eine unprofessionelle Umsetzung, können die Folgen verheerend sein. Wer den Abbau durchgepaukt hat und plötzlich die Leere in den Augen der verbliebenen Mitarbeiter bemerkt – dem wird klar: Viele von ihnen haben sich innerlich von ihrem Unternehmen verabschiedet. Doch um aus der Krise herauszukommen, wäre das Unternehmen jetzt auf das volle Engagement gerade dieser Mitarbeiter angewiesen.

Der Personalabbau stellt Sie als Führungskraft vor eine Zerreißprobe. Da ist nicht nur die emotionale Belastung, wenn Sie Mitarbeitern kündigen müssen, mit denen Sie seit Jahren zusammengearbeitet haben. Die Herausforderung liegt zugleich darin, die Entlassungen auf eine Weise durchzuführen, dass Motivation und Loyalität der übrigen Mitarbeiter erhalten bleiben. Denn mit dem verbliebenen Team müssen Sie weiterarbeiten, was konkret meist bedeutet: mit weniger Mitarbeitern die Produktivität steigern, und das bei mindestens gleichbleibender Qualität.

Vom Gelingen dieser Herkulesaufgabe hängt viel ab. Auf dem Spiel steht die Zukunft des Unternehmens, aber auch Ihr Ansehen als Führungskraft. Oder möchten Sie enden wie Marion W?

Die große Gefahr! Die Führungskraft geht mit der Situation eines Stellenabbaus falsch um und richtet großen Schaden an – für die Mitarbeiter, für das Unternehmen, auch für die eigene Karriere. Mit ihrem Verhalten macht sie die Situation noch schlimmer, als sie ohnehin ist.

Die Nachricht überbringen

Eine schlechte Nachricht bleibt eine schlechte Nachricht, daran kann auch die beste Kommunikation nichts ändern. Wohl aber ist es möglich, eine schlechte Nachricht durch schlechte Kommunikation zu verschlimmern. Das gilt es zu verhindern! Dazu gehört vor allem Offenheit: Suchen Sie Ihre Mitarbeiter persönlich am Arbeitsplatz auf und berichten Sie über die Entscheidungen des Managements und inwieweit davon auch die Arbeitsplätze Ihrer Abteilung betroffen sind. Ihre Offenheit und Nähe machen die Lage für die Betroffenen erträglicher.

Viele Führungskräfte kommunizieren jedoch vage und unkonkret. Sie trauen sich nicht, ihren Mitarbeitern reinen Wein einzuschenken. Als Grund nennen sie häufig die Befürchtung, dadurch Unruhe auszulösen – als ob das angesichts der brodelnden Gerüchteküche noch möglich wäre. Ernster zu nehmen ist ein anderes Argument: Die Führungskraft bleibt vage, weil sie sich selbst nicht ganz sicher ist und nichts Falsches sagen möchte.

Dem lässt sich entgegenhalten, dass auch hier Offenheit die beste Strategie ist: Erklären Sie Ihren Mitarbeitern ganz konkret, welche Punkte noch unklar sind, zum Beispiel weil die Geschäftsleitung darüber noch nicht entschieden hat. Nur so bleiben Sie glaubwürdig. Vereinbaren Sie in einer solchen Situation, sich nach zwei bis drei Tagen noch einmal zusammenzusetzen und erneut über die Situation zu sprechen – in der Erwartung, dass Sie dann über weitere Informationen verfügen. Auf diese Weise kann sich die Nachricht vom Stellenabbau erst einmal setzen und jeder Mitarbeiter erhält Gelegenheit, die Situation für sich zu analysieren.

Kommunizieren Sie offen und präzise! Schenken Sie Ihren Mitarbeiter reinen Wein ein. Kommunizieren Sie präzise! Weichen Sie den Fragen Ihrer Mitarbeiter nicht aus, weil Sie Angst haben, etwas Falsches zu sagen. Benennen Sie stattdessen die Punkte, über die Sie keine Auskunft geben können, weil zum Beispiel das Management die Sache noch nicht abschließend geklärt hat.

Ein Personalabbau kommt nicht aus heiterem Himmel. Die Mitarbeiter wissen ja, wie es um das Unternehmen bestellt ist. Wenn Umsätze und Erträge sinken und der Druck steigt, kann jeder eins und eins zusammenzählen. Häufig geistern schon Gerüchte durchs Haus, obwohl das Management noch gar nichts entschieden hat und infolgedessen auch noch nichts mitteilen kann. Doch sobald die Katze aus dem Sack ist, sind die Führungskräfte gefordert, den Stellenabbau in angemessener Weise zu kommunizieren.

Als Führungskraft des mittleren Managements müssen Sie darauf vertrauen, dass auch das Topmanagement einen guten Job macht und auf eine geordnete interne Kommunikation achtet. Wenn Ihre Mitarbeiter die Entscheidung aus der Presse oder vom Betriebsrat erfahren, sind Vertrauen und Glaubwürdigkeit in die Führung schwer beschädigt – und Sie bekommen den Frust Ihrer Mitarbeiter zu spüren. Diese nehmen Sie dann quasi mit in Haftung für die Kommunikationsfehler des Topmanagements.

Unterstützung holen

Die Leiden der Marion W sind durchaus nachvollziehbar. Sie kannte ihre Mitarbeiter, wusste um deren familiäre Situation. Wie sollte sie so einfach einen Menschen vor die Tür setzen, mit dem sie jahrelang gut zusammengearbeitet hatte? Wenn auch Sie als Führungskraft erstmals in eine solche Situation geraten und Trennungsgespräche führen müssen, können Sie auf keine Erfahrungen zurückgreifen und fühlen sich dementsprechend unsicher. Gleichzeitig ist der Druck enorm, nicht nur weil Sie den Personalabbau managen müssen: Auch Ihre eigene Zukunft ist ungewiss. Womöglich wissen Sie nicht einmal, ob Ihr eigener Arbeitsplatz erhalten bleibt.

Was die Situation zusätzlich erschwert: In der Regel sind Sie erst einmal auf sich alleine gestellt, denn die Kollegen und Vorgesetzten haben in dieser Phase schon genug eigene Probleme. Dem Management fehlt es an Zeit und Geld, um den heillos überforderten Führungskräften unterstützend unter die Arme zu greifen. Wohl dem, der jetzt einen Mentor hat!

Wenn Sie noch keinen Mentor haben, sollten Sie sich jetzt unbedingt darum kümmern. Eine weitere Möglichkeit, mit der emotionalen Belastung umzugehen, ist die Bildung eines Gesprächskreises. Fragen Sie Ihre Führungskollegen, ob sie Interesse haben, untereinander ihre Probleme und Erfahrungen auszutauschen und sich gegenseitig zu unterstützen. Möglicherweise bekommen Sie sogar Hilfe aus der Personalabteilung, die einen solchen Gesprächskreis vorbereiten und moderieren kann.

Besorgen Sie sich rechtzeitig Unterstützung! Finden Sie einen Mentor, der Sie durch diese schwierige Zeit begleitet. Hilfreich ist in diesem Fall eine Persönlichkeit außerhalb des Unternehmens, die selbst nicht mit dem Personalabbau in der Firma zu kämpfen hat.

Trennungsgespräche führen

Wenn Ihr Unternehmen Entlassungen beschlossen hat, zählt es in der Regel zu Ihren Aufgabe als Führungskraft, die Betroffenen darüber zu informieren – und zwar bevor die Kündigungsschreiben in den Briefkästen liegen. Diese Gespräche sind schwer und sollten daher gut vorbereitet sein. Die Grundregel lautet: Reden Sie nicht um den heißen Brei, sondern nennen Sie das Kind nach ein oder zwei einleitenden Sätzen beim Namen. Folgende Hinweise helfen, das Trennungsgespräch vorzubereiten:

- **Ausspruch der Kündigung:** Vermeiden Sie jede Art von Small Talk zu Beginn des Gesprächs, dazu ist die Situation zu ernst. Verzichten Sie auch auf unnötiges »Geschwafel« und kommen Sie schnell zum Punkt: »Ich habe eine unangenehme Nachricht für Sie: Wir haben uns entschieden, Ihnen zu kündigen.« Nennen Sie das Kind beim Namen und reden Sie nicht vom »schwierigen Marktumfeld« oder »erforderlichen arbeitsrechtlichen Schritten«, sondern schlicht von »Kündigung«.
- **Trennungsbegründung:** Nachdem Sie die Kündigung ausgesprochen haben, hat Ihr Mitarbeiter einen Anspruch darauf, die Kündigungsgründe zu erfahren. Begründen Sie die Entscheidung kurz und sachlich – und bieten Sie Ihrem Gesprächspartner an, eine ausführlichere Begründung nachzureichen, sobald er den ersten Schock überwunden hat. Achten Sie darauf, die Gründe individuell zu formulieren, damit der Mitarbeiter nachvollziehen kann, warum es gerade ihn trifft. Lassen Sie sich keinesfalls auf eine Diskussion über die Kriterien ein, die zur Kündigung geführt haben. Bei einer Sozialauswahl können Sie sich auf die dort genannten Kriterien berufen. Wenn jedoch Fertigkeiten, Einstellungen oder Leistungsunterschiede ausschlaggebend waren, ist Fingerspitzengefühl gefragt.
- **Reaktion des Mitarbeiters:** Erfahrungsgemäß ist der Mitarbeiter nun angeschlagen. Er fühlt sich tief gekränkt oder glaubt, sein Gesicht zu verlieren; existenzielle Nöte spielen dagegen erst in zweiter Linie eine Rolle. Stellen Sie sich auf starke Emotionen ein, die von Beschimpfungen bis zu Tränen reichen können. Zeigen Sie Verständnis für die Gefühle des Mitarbeiters und geben Sie ihm Zeit, die Fassung wiederzugewinnen. Widerstehen Sie dem Drang, jede Gesprächspause mit weiteren Ausführungen zu füllen, nur um eine unangenehme Stille zu vermeiden.
- **Das weitere Prozedere:** Nach dem ersten Schock möchte der Mitarbeiter in der Regel wissen, wie es weitergeht. Nun können Sie das Gespräch auf eine sachliche Ebene zurückführen. Geben Sie dem Mitarbeiter kurz alle Informationen, die notwendig sind.

- **Information der Arbeitskollegen:** Suchen Sie mit dem Mitarbeiter nach einer gemeinsamen Sprachregelung gegenüber den Arbeitskollegen. Besprechen Sie, ob der Mitarbeiter selbst seine Kollegen informiert oder ob Sie das übernehmen, vielleicht auch gemeinsam mit ihm.
- **Gesprächsabschluss:** Meist ist es nicht ratsam, bei diesem Gespräch schon die einzelnen Modalitäten der Kündigung zu besprechen – letztlich hängt das aber von der emotionalen Verfassung und Aufnahmefähigkeit des Mitarbeiters ab. In der Regel geben Sie Ihrem Mitarbeiter erst einmal Zeit, die Kündigung zu verdauen, und vereinbaren deshalb zeitnah ein Folgegespräch. Als verständnisvoller Chef bieten Sie dem Mitarbeiter an, dass er jetzt nach Hause geht. Bestellen Sie ihm ein Taxi oder bitten Sie einen Kollegen darum, ihn zu begleiten. Es hat schon manche Suizide nach einem Kündigungsgespräch gegeben.

Wird das Trennungsgespräch ordentlich geführt, empfindet es der Mitarbeiter meistens als klärend. Entscheidend sei es, sich in den Menschen hineinzuversetzen und das Gespräch auf Augenhöhe und fair zu führen, betont Reinhard Hamburger. »Der Mitarbeiter muss trotz der für ihn schwierigen Situation mit erhobenem Kopf aus dem Gespräch gehen können.«

Den Laden am Laufen halten

Der Personalabbau und die damit verbundenen Trennungsgespräche dürfen nicht dazu führen, das eigentliche Ziel der Maßnahme aus dem Auge zu verlieren: die Überwindung der Unternehmenskrise. Der Eingriff hilft dem angeschlagenen Unternehmen ja nur, wenn sich der »Patient« relativ schnell von der Operation erholt und wieder gesund wird. Die Situation wird sich kaum zum Besseren wenden, wenn der Personalabbau zwar wie geplant die Kosten senkt, gleichzeitig aber Motivation und Loyalität der übrigen Mitarbeiter verloren gehen.

Kümmern Sie sich auch um die Mitarbeiter, die bleiben! Es genügt nicht, die »Abbauziele« zu erreichen: Entscheidend ist, dass die übrig gebliebene Mannschaft die psychischen Belastungen unbeschadet übersteht und bereit ist, die Krise gemeinsam zu bewältigen.

Auch die Mitarbeiter, denen nicht gekündigt wird, leiden unter der Situation. Sie stehen unter dem Eindruck der Ereignisse, fürchten um ihre eigene Zukunft – und die Gefahr ist groß, dass sie im Tagesgeschäft abschalten und den Kopf hängen lassen. Wenn aber dem Unternehmen das Wasser bereits bis zum Hals steht, kann das Hängenlassen der Köpfe vollends zum Ertrinken führen.

Die Situation verlangt von Ihnen ein geändertes Führungsverhalten: In guten Zeiten konnten Sie Ziele vereinbaren und Ihre Leute machen lassen. Jetzt müssen Sie täglich präsent sein und Ihre Mitarbeiter ermuntern, aufmuntern und manchmal auch ermahnen, nicht zu resignieren, sondern um den nächsten Auftrag zu kämpfen. Bleiben Sie in Kontakt zu Ihren Mitarbeitern und machen Sie ihnen immer wieder klar, dass gerade jetzt das Geschäft weiterlaufen muss!

Ihre Aufgabe als Führungskraft liegt also keineswegs nur darin, die Entlassungen zu managen. Gleichzeitig gilt es, den »Laden« am Laufen zu halten. Sobald der Stellenabbau publik wird, müssen Sie sich darauf einstellen, dass die Leistung Ihrer Abteilung erst einmal stark sinkt – zumindest für ein bis zwei Wochen. Erfahrungsgemäß steigt sie dann wieder etwas an, auch weil viele Mitarbeiter beweisen wollen, wie wichtig sie für die Abteilung sind. Dahinter steht die Hoffnung, dadurch von der »Kündigungswelle« verschont zu bleiben. Entscheiden Sie spätestens jetzt, welche Mitarbeiter Sie auf jeden Fall behalten wollen, auf wen Sie hingegen am ehesten verzichten können. In Grenzfällen lässt die Sozialauswahl gewisse Spielräume, die Sie nutzen können und auch sollten.

Die Gefahr ist groß, in der Krise gerade die besten Mitarbeiter zu verlieren. Gute Leute finden leicht eine neue Stelle und rechnen sich bei einem anderen Arbeitgeber möglicherweise bessere Karrierechancen aus als in ihrem vom Absturz bedrohten Unternehmen. Gehen Sie deshalb auf diese Mitarbeiter zu und führen Sie mit ihnen Einzelgespräche. Machen Sie ihnen deutlich, dass Sie sie unbedingt halten wollen.

Viele Arbeitgeber stellen die gekündigten Mitarbeiter bis zum Ende ihres Beschäftigungsverhältnisses frei. Dies ist nicht nur ein Ausdruck der Fairness, weil der Betroffene einen neuen Job suchen und sich um seine Familie kümmern muss. Auch betriebliche Gründe sprechen dafür: Der Mitarbeiter wird kaum mehr gute Leistung bringen. Auch die Zusammenarbeit mit den nicht gekündigten Kollegen dürfte sich schwierig gestalten und ist für beide Seiten belastend.

Die Empfehlung lautet daher: Verhandeln Sie allenfalls noch eine Abfindung, regeln Sie die Modalitäten der Trennung und vereinbaren Sie eine geordnete Übergabe. So erreichen Sie, dass der normale Alltag möglichst bald wieder einkehrt.

Auch für Tom kommt es, wie es kommen musste: Das Unternehmen baut Stellen ab – und Tom muss Trennungsgespräche führen und Kündigungen aussprechen. Die Situation ist neu für ihn, und so unterläuft ihm ein schwerer Fehler …

Führungsaufgabe Personalabbau

Wenn ein Unternehmen Personal abbaut, kommt auf die Führungskräfte eine große, auch emotional fordernde Mehrbelastung zu. Das gilt vor allem für junge Führungskräfte, die zum ersten Mal mit einer solchen Situation konfrontiert sind.

So wappnen Sie sich ...

- Signalisieren Sie Ihren Mitarbeitern, dass Sie Verständnis haben für das Wechselbad der Gefühle, das nun entsteht. Nehmen Sie die Ängste der Mannschaft ernst und beschwichtigen Sie nicht.
- Informieren Sie Ihre Mitarbeiter, sobald Sie Genaueres über den Personalabbau wissen. Vertreten Sie dabei die Entscheidung der Geschäftsführung – das gehört zu Ihrer Rolle als Führungskraft.
- Kämpfen Sie für gute Mitarbeiter. Auch im Rahmen einer Sozialauswahl können dem Unternehmen in begründeten Ausnahmefällen Leistungsträger erhalten bleiben.
- Bereiten Sie sich auf die Trennungsgespräche gut vor. Vielleicht haben Sie die Möglichkeit, Ihren Personaler als Coach zu nutzen. Ansonsten bitten Sie eine erfahrene Führungskraft, das Thema mit Ihnen gemeinsam vorher zu bearbeiten.
- Halten Sie auch die verbleibenden Mitarbeiter auf dem Laufenden. Auch sie müssen das Geschehen nachvollziehen können. Haben Sie Verständnis, dass die restliche Mannschaft bei einem Personalabbau mitleidet.
- Achten Sie auf Ihr körperliches und psychisches Wohlbefinden. Treiben Sie Sport und sorgen Sie privat für einen emotionalen Ausgleich. Eine Abteilung in Zeiten eines Personalabbaus zu führen ist eine der schwierigsten Führungsaufgaben – vor allem wegen der damit verbundenen emotionalen Belastung.

Ende oder Wende?
In der Bewältigung der Krise beweist die Führungskraft ihre Handlungsfähigkeit

>»Krise kann ein produktiver Zustand sein.
>Man muss ihr nur den Beigeschmack
>der Katastrophe nehmen.«
>
>Max Frisch, Schweizer Schriftsteller

 Die Talsohle ist erreicht, das Sanierungskonzept steht. Führungskräfte und Mitarbeiter können aufatmen und den Blick wieder nach vorne richten. Für eine Entwarnung ist es jedoch noch zu früh: Erst mit der Umsetzung der Sanierungsmaßnahmen entscheidet sich, ob der Turnaround gelingt. Erneut beginnt eine Phase, in der die Führungskräfte ihre Handlungsfähigkeit unter Beweis stellen müssen.

Katharina L leitete als junge Führungskraft das Projekt-Controlling in einem Technologiekonzern. Als die Krise über das Unternehmen hereinbrach, pfiffen es bald die Spatzen von den Dächern: Der Vorstand erwog, Teile des Projekt-Controllings aus Kostengründen nach Osteuropa zu verlagern. Die Abteilungsleiterin – eine alleinerziehende Mutter, die dringend auf ihren Job angewiesen war – verfiel in eine Art Schockstarre: Aus Angst, einen Fehler zu begehen und ihre Situation so noch zu verschlimmern, agierte sie immer zögerlicher.

Eben das war ihr Fehler. Jedem größeren Unternehmen ist der Effekt der »Lehmschicht« bekannt, die manchmal auch als »Lähmschicht« tituliert wird. Gemeint ist damit eine Situation, in der die Unternehmensbasis von den aktuellen Zielen des Topmanagements weitgehend abgekoppelt ist, weil das mittlere Management die Vorgaben nur unzulänglich weitergibt oder umsetzt. Die Mitarbeiter arbeiten in gewohnter Weise weiter, ganz gleich was »oben gerade angesagt ist«. Die Folge davon ist, dass das Unternehmensschiff träge dahingleitet und kaum mehr steuerbar ist. Spätestens wenn eine Krise schnelles Umsteuern verlangt, kann die Unternehmensleitung diese »Lehmschicht« nicht hinnehmen. Daher bleibt ihr oft keine andere Wahl: Sie muss bestimmte Positionen neu besetzen – mit Leuten, die bereit sind, Verantwortung zu übernehmen und die angesagten Maßnahmen konsequent umzusetzen.

Fast zwangsläufig traf es deshalb auch Katharina L, die am Ende tatsächlich ihren Arbeitsplatz verlor. Durch ihr verängstigtes Zaudern und

Zögern fiel sie als typische Vertreterin der »Lehmschicht« auf. Anstatt Verantwortung zu übernehmen, sich mit ihrem Team als schlagkräftige Abteilung hervorzutun und beherzt nach Möglichkeiten für Kosteneinsparung zu suchen, hatte sie die Vorgaben und Rettungspläne aus der Konzernzentrale bestenfalls halbherzig umgesetzt.

Für Führungskräfte ist eine Unternehmenskrise ein »Härtetest«, wie es Reinhard Hamburger formuliert. In den ersten Wochen liegt das vorrangige Ziel darin, den Absturz aufzuhalten: Stop the bleeding, lautet das Motto. Das Management muss lebensrettende Maßnahmen einleiten und Aufgabe der Führungskräfte ist, diese Maßnahmen in ihren jeweiligen Bereichen umzusetzen. Ist der Erste-Hilfe-Einsatz erfolgreich und das Unternehmen hat die Talsohle erreicht, kommt der Zeitpunkt, den Schalter umzustellen – weg vom Krisenmodus, hin auf die künftige Entwicklung.

Damit ist der Härtetest aber längst nicht beendet: Nun geht es darum, den Sanierungsplan zu realisieren – und erst jetzt entscheidet sich, ob die Wende gelingt. Noch einmal müssen die Führungskräfte ihre Handlungsfähigkeit beweisen.

Die große Gefahr! Der Führungskraft gelingt es nicht, die von der Krise erschöpften Mitarbeiter auf den Neuanfang einzuschwören und die Wende tatsächlich herbeizuführen. Der Turnaround scheitert.

Jetzt heißt es kraftvoll zupacken!

Der Schlüssel für den Weg aus der Krise sind die Bereitschaft, Verantwortung zu übernehmen, und der Entschluss, an seinem Platz den bestmöglichen Beitrag zu einer Wende zu leisten. Das gilt für das Mitglied der Geschäftsleitung ebenso wie für die Führungskraft oder das einfache Teammitglied. Dazu gehören die Fähigkeit und der Mut, die eigene Befindlichkeit hintanzustellen und sich trotz aller Angst und Unsicherheit auf die bevorstehende Aufgabe zu konzentrieren.

Übernehmen Sie Verantwortung! Ergreifen Sie die Initiative, auch wenn Sie noch nicht erkennen, wie die Krise zu lösen ist. Es stimmt zwar, dass die Wende nicht immer gelingt. Aber ohne die Bereitschaft, Verantwortung zu übernehmen, ist sie ganz sicher unmöglich.

Verantwortung übernehmen und kraftvoll zupacken, lautet die Devise. Was Führungskräfte wie Katharina L hieran hindert, ist eine diffuse Angst, die Situation durch ihr Handeln noch schlimmer zu machen und vielleicht noch mehr Schaden anzurichten. Reinhard Hamburger vergleicht dieses Verhalten mit der Angst, die einen Verkehrsteilnehmer davon abhält, nach einem schweren Unfall erste Hilfe zu leisten. Doch so wie es bei einem Unfall besser ist, anzupacken und etwas einigermaßen Sinnvolles zu tun, so ist es auch in einer Unternehmenskrise besser, einen unvollkommenen Rettungsversuch zu organisieren, anstatt tatenlos dem Ende entgegenzusehen.

Blockieren Sie sich nicht selbst! Überwinden Sie Ihre Angst – und leisten Sie besser einen unvollkommenen als gar keinen Beitrag zur Bewältigung der Krise. Befürchten Sie nicht, alles noch schlimmer zu machen. Dazu besteht kein Grund: Das Unternehmen steckt ohnehin tief in der Krise, wie sollen Sie da noch Schlimmes anrichten?

Bleibt festzuhalten: Nicht ein perfektes Krisenmanagement ist entscheidend, sondern dass Sie mit anpacken und einen Beitrag leisten. Fehler bleiben da nicht aus, doch darauf kommt es nicht an. Viel wichtiger ist, dass Ihr Verhalten andere ermutigt, ebenfalls ihren Beitrag zu leisten – und in der Summe ergibt sich die Chance, gemeinsam das Ruder herumzureißen.

Das gemeinsame Zupacken setzt natürlich voraus, dass die Unternehmensleitung die Richtung vorgibt. Nach dem Abfangen der akuten Krise hat das Topmanagement die Aufgabe, den Blick nach vorn zu richten. »Die Kunst ist«, erklärt Reinhard Hamburger, »schon während der Krise die richtigen Maßnahmen zu ergreifen, die das Unternehmen nach der Krise wieder in eine starke Position bringen. Folgende Fragen sollten frühzeitig klar beantwortet werden: Was kürzen wir? Was nicht? Oder gar: Wo wollen wir in der Krise unsere Anstrengungen verstärken? Nur dann besteht die Chance, am Ende gestärkt aus der Krise hervorzugehen.«

Was Reinhard Hamburger für das Topmanagement formuliert, gilt im Kleinen für jede einzelne Abteilung: Wenn Sie als Führungskraft jetzt die richtigen Prioritäten setzen und die richtigen Entscheidungen treffen, haben auch Sie eine gute Chance, die Krise zusammen mit Ihrem Team unbeschadet zu überstehen. Überlegen Sie deshalb, wie Sie die Wende in Ihrer Abteilung bewerkstelligen. Wie stellen Sie sich mit Ihrem Team besser auf, wie ändern Sie als Vertriebsleiter zum Beispiel die Vertriebsstrukturen? Bei allen Maßnahmen ist natürlich zu beachten, dass sie sich an der Gesamtstrategie des Unternehmens orientieren.

Die wohl größte Gefahr besteht darin, dass die Anstrengungen nachlassen, wenn der Druck der Krise abnimmt und erste Erfolge sichtbar werden. Man fängt an zu glauben, die Krise ließe sich auch überwinden, ohne etwas

Grundlegendes zu verändern. Das klingt verlockend, erweist sich aber fast immer als gefährlicher Irrtum: Es waren ja gerade die bestehenden Prozesse und Strukturen oder die sich verändernden Märkte, die das Unternehmen in die Schieflage gebracht haben. Bleiben Sie also dran und gewinnen Sie Ihre Mitarbeiter, Neues zu wagen und die Veränderungen durchzusetzen. Konzentrieren Sie sich dabei auf wenige, aber wichtige Vorhaben. Reinhard Hamburger: »Das setzt Kräfte frei, die Sie für die Bewältigung der Krise brauchen.«

Den Neuanfang einleiten

Ende oder Wende? Eine schwere Krise kann das Todesurteil für ein Unternehmen sein, aber auch zu einem Neuanfang führen. Wer wie Reinhard Hamburger als Geschäftsführer oder Vorstandschef mit seiner Firma den Turnaround schafft, hat zusammen mit seinem Team eine der größten unternehmerischen Leistungen überhaupt vollbracht. Als Führungskraft unter der Topebene stehen Sie vor der Aufgabe, im Rahmen der großen Wende Ihren eigenen kleinen Turnaround hinzubekommen: Ausgehend von der Gesamtstrategie braucht auch Ihre Abteilung einen Neuanfang.

Die Ausgangslage hierfür ist allerdings schwierig, denn Ihre Mitarbeiter sind von den zurückliegenden Krisenmonaten gezeichnet. Mit einem einfachen Vergeben und Vergessen ist es da in der Regel nicht getan. Wenn die Krise harte Einschnitte brachte und der Stellenabbau von vielen Mitarbeitern als wenig professionell und unfair empfunden wurde, zeigen die »Überlebenden« oft die klassischen Symptome einer Depression: Antriebsarmut, Pessimismus, Schuldgefühle, mangelnde Initiative, Resignation. In den USA spricht man explizit von einer »Überlebenden-Depression« (survivors' depression). Manchmal drängt sich der Eindruck auf, dass die Entlassenen einen Stellenabbau besser verkraften als die »Überlebenden«.

Ein Neubeginn ist da erst möglich, wenn die gemeinsame Leidenszeit einigermaßen verarbeitet ist. Es existiert nun einmal keine »Reboot-Taste«, mit der man ein Team einfach neu starten kann. Auch wenn der Stellenabbau auf anständige Weise über die Bühne gegangen ist, bedarf es einer »Revitalisierung« des Teams: Es geht darum, die Vergangenheit abzuschließen und die Bereitschaft zu wecken, sich den neuen Herausforderungen zu stellen.

 Bereiten Sie Ihr Team auf den Neuanfang vor! Geben Sie Ihren Mitarbeitern die Gelegenheit, die Krisenzeit emotional zu verarbeiten. Sorgen

Sie dafür, dass alle Beteiligten sinnvolle Schlussfolgerungen aus ihren Erfahrungen ziehen.

Mittlerweile hat das Unternehmen seinen neuen Kurs eingeschlagen. Auch die Mitarbeiter blicken wieder nach vorne. Nun ist es an der Zeit, auch Ihren eigenen Bereich neu zu positionieren und hierfür eine Strategie zu entwickeln. Wie das funktioniert, haben Sie in Etappe 5 bereits ausführlich kennengelernt. Viel Erfolg dabei!

An dieser Stelle enden Toms Tagebucheinträge. Das Unternehmen hat sich wieder gefangen – und Tom lässt die letzten Wochen noch einmal Revue passieren. Mit seinem letzten Tagebucheintrag beginnt für ihn ein neues Kapitel.

Kraftloser Neustart

Die akute Krise ist überwunden, die Talsohle durchschritten. Die zurückliegenden Wochen haben an den Kräften gezehrt – und die Gefahr ist groß, den nun anstehenden tief greifenden Wandel nicht beherzt genug anzugehen. Damit aber stehen der Neustart und der Turnaround auf dem Spiel.

So wappnen Sie sich ...

- Schaffen Sie unter Ihren Mitarbeitern ein Bewusstsein für den notwendigen Veränderungsbedarf. Bewerten Sie den Markt und die Wettbewerbssituation und versuchen Sie, die Chancen und Risiken für Ihre Abteilung zu identifizieren.
- Entwickeln Sie eine Strategie für einen Neuanfang Ihrer Abteilung – und stellen Sie für die Umsetzung der Strategie eine Gruppe zusammen, die überzeugt, kompetent und gewillt ist, die notwendigen Veränderungen herbeizuführen.
- Nutzen Sie jede Gelegenheit, Vision und Strategie gegenüber Ihren Mitarbeitern zu kommunizieren. Schmieden Sie mit Ihren Führungskollegen eine starke Führungskoalition, um deutliche Signale an die Belegschaft zu senden.
- Sorgen Sie für kurzfristig sichtbare Erfolge. Spalten Sie größere Initiativen in kleine Projekte auf, um schnell sichtbare Verbesserungen aufzeigen und kommunizieren zu können.
- Ermutigen Sie Ihre Mitarbeiter, sich an der Neugestaltung von Strukturen zu beteiligen. Honorieren Sie dabei vor allem die Risikobereitschaft und Eigeninitiative der Mitarbeiter, die bereit sind, Verantwortung zu übernehmen.

- Sichern Sie Ihre Erfolge ab. Nutzen Sie die wachsende Zuversicht, um alle Strukturen und Arbeitsabläufe zu ändern, die einem Neuanfang im Wege stehen.

Reinhard Hamburger im Interview
»Hilfe zu holen ist keine Schwäche, sondern ein Zeichen von Stärke.«

Herr Hamburger, Sie haben inmitten eines gewaltigen Sturms den Vorsitz der Geschäftsführung bei Agilent Technologies in Deutschland übernommen. Für solch ein Himmelfahrtskommando bewirbt man sich doch nicht, oder!? Doch, es war interessanterweise die erste Bewerbung nach meiner Einstellung im Unternehmen. Bei allen anderen Jobs bin ich immer gefragt worden – selbst als ich 1999 zum Geschäftsführer wurde. Als mitten in der Krise der Vorsitz der Geschäftsführung frei wurde, habe ich mich bei unserem CEO beworben.

Was trieb Sie dazu, ein Schiff mitten im Unwetter als Kapitän zu übernehmen? Ich hatte keinen Zweifel daran, dass Agilent in einer starken Position war – egal wie schwer der Sturm werden würde. Wir hatten immer wieder bewiesen, dass wir aus Krisen gestärkt hervorgegangen sind. Und so war ich überzeugt, dass wir das schaffen. Ich habe nicht einen Moment daran gezweifelt.

Maßnahmen wie etwa ein freiwilliger Gehaltsverzicht haben am Ende nicht gereicht, um einen Personalabbau kamen Sir nicht herum ... Einige Geschäftsbereiche erwischte die Krise derart dramatisch, dass völlig unklar war, ob oder wie schnell sie sich wieder erholen und zu alter Stärke zurückfinden würden. Da blieb uns nur, Personal abzubauen. Das führte zu einer großen Diskussion über Werte. Einen Personalabbau hatte es bei HP und Agilent über Jahrzehnte nicht gegeben und so ist daraus für viele Mitarbeiter ein impliziter Wert geworden: »Bei HP oder Agilent wird kein Personal abgebaut.« Das stand zwar nirgends, spielte aber in den Diskussionen eine zentrale Rolle. Bei jeder Ansprache habe ich erklärt, wie sich die Maßnahmen mit unseren Werten vereinbaren lassen.

Und wie war das möglich, wie ließ sich der Personalabbau mit den Werten vereinbaren? Das erste unserer sieben langfristigen Firmenziele, die auf unsere Firmengründer zurückgehen, ist Profit. Nicht zum Selbstzweck, sondern, wie dort formuliert, damit wir alle anderen langfristigen Ziele erreichen können. Deshalb muss man bei akuter Bedrohung dieses Ziels natürlich auch einen Personalabbau beschließen können. Die Frage, die wir uns im Management stellten, war deshalb nur: Wie machen wir dies so, dass es zu unseren Werten passt? Was wir vermeiden wollten waren Entlassungen über betriebsbedingte Kündigungen. Uns war klar, dass wir im Falle betriebsbedingter Kündigungen nachher eine andere Firma sein würden als vorher. Es ging also nur über individuelle Vereinbarungen beziehungsweise Einigungen mit jedem einzelnen Mitarbeiter.

Das hat Konsequenzen! Natürlich. Wenn ein Unternehmen betriebsbedingte Kündigungen vermeiden will, muss es das Personal über freiwillige Verzichte abbauen. Da muss man über Abfindungen reden, also Geld in die Hand nehmen. Das muss man sich leisten können – und diese Option hat nicht jedes Unternehmen, das in einer existenzbedrohenden Krise steckt. Wir konnten es uns glücklicherweise noch leisten. So schafften wir es mit enormem Aufwand über viele individuelle Gespräche, innerhalb von drei Jahren 900 Stellen auf freiwilliger Basis abzubauen.

Keine kleine Zahl. Das kann man wohl sagen. Bei jeder neuen Runde haben wir uns gefragt, ob wir noch genügend Zustimmungswillige finden. Wir haben Kontakt mit anderen Firmen in der Region aufgenommen, um Mitarbeiter direkt dorthin zu vermitteln. So haben wir schließlich einen Personalabbau hinbekommen, der halbwegs menschlich war. Natürlich ist kein Mitarbeiter glücklich, wenn er seinen Arbeitsplatz verliert. Ich glaube aber, ich könnte jedem dieser Mitarbeiter heute noch in die Augen schauen und sagen: »Hey, ich habe es nach bestem Wissen und Gewissen getan.«

Herr Hamburger, eine Krise kommt ja meist nicht aus heiterem Himmel. Sie ist eher mit einem aufziehenden Sturm zu vergleichen: Die Sonne scheint noch, aber am Horizont türmen sich die Wolkenberge. Wann kommt der Moment, an dem man merkt, dass es wirklich heftig wird? Die Krise zeichnet sich meistens schon in der Hochphase ab. In unserem Fall gab die Industrie für Mess-Equipment, also für unsere Produkte, enorm viel Geld aus. Das war völlig überzogen, ein totaler Hype. Jeder von uns wusste eigentlich, dass das nicht normal war. Aber wer verzichtet schon gerne auf Umsatz? Also macht man mit, allein schon, um keine Marktanteile zu verlieren. Die bange Frage war aber schon: Wie lange geht das noch weiter? Im Jahr 2000 bekam dann die Telekommunikations-Industrie, einer unserer größten Absatzmärkte, ein gewaltiges Problem. Der Infrastrukturausbau wurde jäh gestoppt, große Firmen wie Northern Telecom oder Cisco stürzten massiv ab. Die Einschläge trafen also unsere größten Kunden – und uns war schon klar, dass da kein kleines Sommergewitter, sondern ein gewaltiger Sturm tobte.

Was bedeutet das für die Führungskräfte? Welche Themen kommen jetzt auf eine Führungskraft zu? Eine Vielzahl an Themen! Eines ist sicher die Frage: Was mache ich und was lasse ich besser sein? Welche Projekte bringen mich weiter, welche Initiativen stoppe ich lieber? Was können wir über Bord werfen, weil es uns nicht weiterbringt? Ein anderes Thema sind natürlich die Kosten: Was können wir tun, um die Kosten zu senken?

Zurück zur Krise bei Agilent Technologies. Was war für Sie persönlich damals das Schwierigste? Mit den Job-Ängsten der Mitarbeiter umzugehen. Solche Ängste sind ja normal – und man kann sie den Mitarbeitern nur teilweise nehmen, weil man ja nicht weiß, wie viele Mitarbeiter es bis zum Ende der Krise treffen wird, speziell wenn die Krise stark von der Marktsituation beeinflusst und es völlig unklar ist, wie schnell eine Erholung stattfinden wird. Einerseits muss man den Mitarbeitern irgendwie die Angst nehmen, denn Angst ist nun mal ein ganz schlechter Ratgeber. Auf der anderen Seite sollte man auch keine übertriebene Zuversicht ausstrahlen – um dann vielleicht doch wieder die nächste Runde im Personalabbau einzuläuten, weil es einfach noch nicht gereicht hat. Da gibt es kein Patentrezept. Aber ehrlich und glaubwürdig zu bleiben ist wichtig!

Wie konnten Sie verhindern, dass gerade Ihre besten Leute das Unternehmen verlassen? Die Gefahr ist natürlich da, weil die besten Mitarbeiter stark mitdenken, hinterfragen und auch schnell einen neuen Job finden können. Man muss viele individuelle Gespräche führen und es muss gelingen, den Silberstreif am Horizont glaubhaft zu vermitteln. Dann bleiben die guten Mitarbeiter, weil sie an das Unternehmen glauben. Wir konnten die meisten unserer stärksten Mitarbeiter trotz der Krise halten, weil sie davon überzeugt waren, dass das Unternehmen gestärkt aus der Krise hervorgehen würde. Entscheidend ist hier klares Handeln des Managements, das auf eine gute Positionierung des Unternehmens und auf den langfristigen Erfolg ausgerichtet ist. Ein Unternehmen, das so agiert, hat gute Chancen, die Schlüsselleute zu halten. Tut es das nicht und kann das Management keine Perspektiven aufzeigen, sind die guten Mitarbeiter die ersten, die das sinkende Schiff verlassen.

Was haben Sie, bezogen auf Ihr Führungsverhalten, in dieser Krisensituation anders gemacht als vorher? Mir war wichtig, die Stimmung unter meinen Mitarbeitern zu erfahren. Ich wollte wissen, was dort abgeht. Die Antwort bekommt man nur, wenn man nahe an den Leuten dran ist – »Management by walking around« heißt das Zauberwort. Also raus aus der Managementecke und rein ins Unternehmen – in die Produktion, ins Marketing, ins Controlling, in den Vertrieb. Ich bin jede Woche durch die Firma gegangen und habe das Gespräch mit den Mitarbeitern gesucht. Ich habe die Geschäftsstellen besucht. So bekam ich einen Eindruck davon, welche Themen diskutiert wurden und worüber die Mitarbeiter gerade sehr verunsichert waren. Gleichzeitig ging es mir natürlich auch darum, Präsenz zu zeigen, um den Mitarbeitern zu vermitteln: »Der interessiert sich für uns, fragt nach, kümmert sich, hat einen Plan.«

Was zeichnet eine Führungskraft in einer Unternehmenskrise aus? Welche Fähigkeiten sind entscheidend? Es zählt eine gewisse unternehmerische Kompetenz – ein Gefühl dafür zu haben, was in einer Krisensituation getan werden muss. Bei aller Mitarbeiterorientierung, die natürlich wichtig ist, darf eine gute Führungskraft sich nicht dazu verleiten lassen, die eigenen Mitarbeiter um jeden Preis schützen zu wollen, womöglich zulasten des Gesamtunternehmens. Stattdessen gilt es, die Notwendigkeiten des Unternehmens zu erkennen und zu vertreten. Dazu ist auch der Blick über den eigenen Tellerrand erforderlich – eine jetzt besonders wichtige Fähigkeit.

Welchen Rat geben Sie einer jungen, noch unerfahrenen Führungskraft mit auf den Weg, wenn das eigene Unternehmen in eine existenzbedrohende Krise rutscht? Ganz klar: Eine junge Führungskraft muss sich in der Situation Rat holen. Bei Agilent übernahmen damals unsere Personalreferenten und erfahrene Vorgesetzte die Aufgabe, den jungen Vorgesetzten zu helfen. Anders geht es nicht. Wer in seinem Unternehmen keine Unterstützung bekommt, sollte sich selbst Hilfe suchen. Eine Unternehmenskrise zählt zu den schwierigsten Situationen, die man als Führungskraft mitmacht – und dafür brauchen junge Führungskräfte Unterstützung. Hilfe zu holen ist hier keine Schwäche, sondern ein Zeichen von Stärke.

Was braucht es noch, außer sich Hilfe zu holen? Als junge Führungskraft muss ich mich natürlich fragen, ob ich an das Unternehmen glaube und bereit bin, dafür zu kämpfen. Die kommende Zeit wird für jede Führungskraft schwierig und anstrengend – und natürlich ist die Frage berechtigt und erlaubt, ob es sich lohnt, sich für das Unternehmen einzusetzen. Aber es ist auch eine Charakterfrage: Laufe ich davor weg oder stelle ich mich der Situation? Ich kann jede Führungskraft nur ermutigen, sich der Situation zu stellen, denn gerade in den schwierigsten Situationen lernt man am meisten. Wer als Führungskraft eine Unternehmenskrise durchgestanden hat, ist für künftige Stürme gut gerüstet.

Wie kann eine Führungskraft ihre Mitarbeiter dazu bringen, den Blick wieder nach vorne zu richten und mit gemeinsamen Kräften den Turnaround anzugehen? Es ist extrem schwierig, über die Zukunft zu reden, wenn die Abwärtsbewegung fortdauert. Abgesehen vom Silberstreif am Horizont, den man immer im Augenwinkel behalten sollte, ist der Zeitpunkt, nach vorne zu schauen, erst gekommen, wenn die Talsohle erreicht ist. Andernfalls wird das Bemühen, den Blick der Mitarbeiter nach vorne zu lenken, laufend durch neue Hiobsbotschaften gestört. Das entmutigt irgendwann! Kein Mensch kann vernünftig nach vorne blicken, wenn ihn die Gegenwart voll in Anspruch nimmt und er erleben muss, wie das Geschäft immer weiter einbricht. Es wäre fatal, eine Aufbruchstimmung zu erzeugen, die von der nächsten Runde schlechter Zahlen wieder zerstört wird.

Sie empfehlen also abzuwarten? Ja, und zwar bis zu dem Moment, in dem man das Gefühl hat, dass das Unternehmen wieder Bodenhaftung hat, also die Talsohle erreicht ist. Dann muss man aber erst einmal anfangen, Selbstvertrauen aufzubauen – zumindest nach einem so tiefen Absturz wie seinerzeit bei Agilent. Selbstvertrauen heißt, sich wieder auf die Stärken zu besinnen, die in der Krisenstimmung in Vergessenheit geraten sind.

Wie sind Sie da vorgegangen? Ich war mir sicher, dass wir unsere Stärken in der Krise nicht verloren hatten. Deshalb machte ich mir nochmals bewusst, was uns in der Vergangenheit so stark gemacht hatte. Dazu trug ich einige wichtige Kennzahlen aus der Zeit vor der Krise zusammen: Wie standen wir im Vergleich zu anderen Landesgesellschaften und dem Gesamtunternehmen da? Dabei zeigte sich, für mich nicht überraschend, dass wir sehr innovativ waren – wir hatten in unseren deutschen Geschäftsbereichen tolle Produkte herausgebracht, die uns auch finanziell sehr erfolgreich, ja, weit überdurchschnittlich erfolgreich gemacht hatten. Mit diesen Überlegungen setzten wir uns im erweiterten Managementteam zusammen und erarbeiteten eine Vision: Wir wollten der führende Innovationsmotor im Konzern sein, überdurchschnittliche Ergebnisse erzielen und damit unseren Mitarbeitern attraktive Entwicklungsmöglichkeiten bieten. Aus diesem Selbstbewusstsein heraus entstand wieder eine Aufbruchstimmung, eine »Can do«-Mentalität. Im deutschen Vertrieb führten einige Schlüsselveränderungen personeller und struktureller Art dazu, dass wir innerhalb eines Jahres vom Problemfall zum Vorzeigeland wurden.

Was war für Sie – rückblickend – entscheidend für den Erfolg Ihres Krisenmanagements? Das Vertrauen in mein Team. Ich hatte ein starkes Team um mich, auf das ich mich voll und ganz verlassen konnte. Es ist einfach so: Alleine kannst du eine solche Situation nicht erfolgreich durchstehen, da brauchst du starke Mitstreiter. Ich habe schon früh in meiner Karriere erkannt, wie wichtig es ist, ein Team mit komplementären Stärken und Charakteren aufzubauen. Eine solche Gruppe kann eine enorme Schlagkraft entwickeln. Zwar ist es nicht immer ganz einfach, ein Team aus so unterschiedlichen Menschen zu führen. Doch gerade diese Unterschiedlichkeit, diese positive Reibung aneinander hat enorm wichtige Ergebnisse hervorgebracht, die geholfen haben, die Krise erfolgreich zu meistern.